民机先进制造工艺技术系列

主 编 林忠钦

先进复合材料的制造工艺

Manufacturing Processes for
Advanced Composites

【美】F·C·坎贝尔 著

戴 棣 朱月琴 译

上海交通大学出版社
SHANGHAI JIAO TONG UNIVERSITY PRESS

内容提要

本书意在满足希望深入了解树脂基复合材料制造技术的读者需求。书中介绍了树脂基复合材料的构成、主要的增强纤维和基体树脂类型、树脂基复合材料的性能特点及其主要用途。着重和系统地阐述了制造树脂基复合材料产品所采用的各类方法,以及不同方法的工艺原理、质量控制影响因素、模具形式和适用对象。此外,书中还对复合材料产品制造和使用过程涉及的胶接、加工、装配、无损检测和修理问题进行了讨论。对于从事复合材料生产的技术人员和高校相关专业的学生,本书可以起到很好的帮助作用。

This edition of Manufacturing Processes for Advanced Composites by Flake Campbell Jr is published by arrangement with ELSEVIER LIMITED of The Boulevard, Langford Lane, Kidlington, Oxford, OX5 1GB, UK.

上海市版权局著作权合同登记号:09 - 2014 - 813

图书在版编目(CIP)数据

先进复合材料的制造工艺/(美)F. C. 坎贝尔(Flake C. Campbell)著;
戴棣,朱月琴译. —上海:上海交通大学出版社,2016
(大飞机出版工程)
ISBN 978 - 7 - 313 - 16300 - 4

Ⅰ.①先⋯ Ⅱ.①F⋯②戴⋯③朱⋯ Ⅲ.①复合材料-制造
Ⅳ.①TB33

中国版本图书馆 CIP 数据核字(2016)第 309771 号

先进复合材料的制造工艺

著　　者:【美】F・C・坎贝尔　　　　　　　　　　译　　者:戴　棣　朱月琴
出版发行:上海交通大学出版社　　　　　　　　　　地　　址:上海市番禺路 951 号
邮政编码:200030　　　　　　　　　　　　　　　　电　　话:021 - 64071208
出 版 人:郑益慧
印　　制:苏州市越洋印刷有限公司　　　　　　　　经　　销:全国新华书店
开　　本:787mm×1092mm　1/16　　　　　　　　印　　张:25.75
字　　数:492 千字
版　　次:2016 年 12 月第 1 版　　　　　　　　　　印　　次:2016 年 12 月第 1 次印刷
书　　号:ISBN 978 - 7 - 313 - 16300 - 4/V
定　　价:195.00 元

大飞机出版工程

丛书编委会

总主编

顾诵芬（中国航空工业集团公司科技委副主任、中国科学院和中国工程院院士）

副总主编

金壮龙（中国商用飞机有限责任公司董事长）

马德秀（上海交通大学原党委书记、教授）

编　委（按姓氏笔画排序）

王礼恒（中国航天科技集团公司科技委主任、中国工程院院士）

王宗光（上海交通大学原党委书记、教授）

刘　洪（上海交通大学航空航天学院副院长、教授）

许金泉（上海交通大学船舶海洋与建筑工程学院教授）

杨育中（中国航空工业集团公司原副总经理、研究员）

吴光辉（中国商用飞机有限责任公司副总经理、总设计师、研究员）

汪　海（上海市航空材料与结构检测中心主任、研究员）

沈元康（中国民用航空局原副局长、研究员）

陈　刚（上海交通大学原副校长、教授）

陈迎春（中国商用飞机有限责任公司常务副总设计师、研究员）

林忠钦（上海交通大学常务副校长、中国工程院院士）

金兴明（上海市政府副秘书长、研究员）

金德琨（中国航空工业集团公司科技委委员、研究员）

崔德刚（中国航空工业集团公司科技委委员、研究员）

敬忠良（上海交通大学航空航天学院常务副院长、教授）

傅　山（上海交通大学电子信息与电气工程学院研究员）

民机先进制造工艺技术系列

编 委 会

主 编

林忠钦（上海交通大学常务副校长、中国工程院院士）

副主编

姜丽萍（中国商飞上海飞机制造有限公司总工程师、研究员）

编 委（按姓氏笔画排序）

习俊通（上海交通大学机械与动力学院副院长、教授）

万 敏（北京航空航天大学飞行器制造工程系主任、教授）

毛荫风（中国商飞上海飞机制造有限公司原总工程师、研究员）

孙宝德（上海交通大学材料科学与工程学院院长、教授）

刘卫平（中国商飞上海飞机制造有限公司副总工程师、研究员）

汪 海（上海市航空材料与结构检测中心主任、研究员）

陈 洁（中国商飞上海飞机制造有限公司总冶金师、研究员）

来新民（上海交通大学机械与动力工程学院机械系主任、教授）

陈 磊（中国商飞上海飞机制造有限公司副总工程师、航研所所长、研究员）

张 平（成飞民机公司副总经理、技术中心主任、研究员）

张卫红（西北工业大学副校长、教授）

赵万生（上海交通大学密歇根学院副院长、教授）

倪 军（美国密歇根大学机械工程系教授、上海交通大学密歇根学院院长、教授）

黄卫东（西北工业大学凝固技术国家重点实验室主任、教授）

黄 翔（南京航空航天大学航空宇航制造工程系主任、教授）

武高辉（哈尔滨工业大学金属基复合材料与工程研究所所长、教授）

总　序

国务院在2007年2月底批准了大型飞机研制重大科技专项正式立项,得到全国上下各方面的关注。"大型飞机"工程项目作为创新型国家的标志工程重新燃起我们国家和人民共同承载着"航空报国梦"的巨大热情。对于所有从事航空事业的工作者,这是历史赋予的使命和挑战。

1903年12月17日,美国莱特兄弟制作的世界第一架有动力、可操纵、比重大于空气的载人飞行器试飞成功,标志着人类飞行的梦想变成了现实。飞机作为20世纪最重大的科技成果之一,是人类科技创新能力与工业化生产形式相结合的产物,也是现代科学技术的集大成者。军事和民生对飞机的需求促进了飞机迅速而不间断的发展和应用,体现了当代科学技术的最新成果;而航空领域的持续探索和不断创新,为诸多学科的发展和相关技术的突破提供了强劲动力。航空工业已经成为知识密集、技术密集、高附加值、低消耗的产业。

从大型飞机工程项目开始论证到确定为《国家中长期科学和技术发展规划纲要》的十六个重大专项之一,直至立项通过,不仅使全国上下重视起我国自主航空事业,而且使我们的人民、政府理解了我国航空事业半个世纪发展的艰辛和成绩。大型飞机重大专项正式立项和启动使我们的民用航空进入新纪元。经过50多年的风雨历程,当今中国的航空工业已经步入了科学、理性的发展轨道。大型客机项目其产业链长、辐射面宽、对国家综合实力带动性强,在国民经济发展和科学技术进步中发挥着重要作用,我国的航空工业迎来了新的发展机遇。

大型飞机的研制承载着中国几代航空人的梦想,在2016年造出与波音B737和空客 A320 改进型一样先进的"国产大飞机"已经成为每个航空人心中奋斗的目标。然而,大型飞机覆盖了机械、电子、材料、冶金、仪器仪表、化工等几乎所有工业门类,集成了数学、空气动力学、材料学、人机工程学、自动控制学等多种学科,是一个复杂的科技创新系统。为了迎接新形势下理论、技术和工程等方面的严峻挑战,迫切需要引入、借鉴国外的优秀出版物和数据资料,总结、巩固我们的经验和成果,编著一套以"大飞机"为主题的丛书,借以推动服务"大型飞机"作为推动服务整个航空科学的切入点,同时对于促进我国航空事业的发展和加快航空紧缺人才的培养,具有十分重要的现实意义和深远的历史意义。

2008 年 5 月,中国商用飞机有限公司成立之初,上海交通大学出版社就开始酝酿"大飞机出版工程",这是一项非常适合"大飞机"研制工作时宜的事业。新中国第一位飞机设计宗师——徐舜寿同志在领导我们研制中国第一架喷气式歼击教练机——歼教 1 时,亲自撰写了《飞机性能及算法》,及时编译了第一部《英汉航空工程名词字典》,翻译出版了《飞机构造学》《飞机强度学》,从理论上保证了我们飞机研制工作。我本人作为航空事业发展 50 年的见证人,欣然接受了上海交通大学出版社的邀请担任该丛书的主编,希望为我国的"大型飞机"研制发展出一份力。出版社同时也邀请了王礼恒院士、金德琨研究员、吴光辉总设计师、陈迎春副总设计师等航空领域专家撰写专著、精选书目,承担翻译、审校等工作,以确保这套"大飞机"丛书具有高品质和重大的社会价值,为我国的大飞机研制以及学科发展提供参考和智力支持。

编著这套丛书,一是总结整理 50 多年来航空科学技术的重要成果及宝贵经验;二是优化航空专业技术教材体系,为飞机设计技术人员培养提供一套系统、全面的教科书,满足人才培养对教材的迫切需求;三是为大飞机研制提供有力的技术保障;四是将许多专家、教授、学者广博的学识见解和丰富的实践经验总结继承下来,旨在从系统性、完整性和实用性角度出发,把丰富的实践经验进一步理论化、科学化,形成具有我国特色的"大飞机"理论与实践相结合的知识体系。

"大飞机"丛书主要涵盖了总体气动、航空发动机、结构强度、航电、制造等专业方向,知识领域覆盖我国国产大飞机的关键技术。图书类别分为译著、专著、教材、工具书等几个模块;其内容既包括领域内专家们最先进的理论方法和技术成果,也包括来自飞机设计第一线的理论和实践成果。如:2009年出版的荷兰原福克飞机公司总师撰写的 *Aerodynamic Design of Transport Aircraft*(《运输类飞机的空气动力设计》),由美国堪萨斯大学2008年出版的 *Aircraft Propulsion*(《飞机推进》)等国外最新科技的结晶;国内《民用飞机总体设计》等总体阐述之作和《涡量动力学》《民用飞机气动设计》等专业细分的著作;也有《民机设计1000问》《英汉航空双向词典》等工具类图书。

　　该套图书得到国家出版基金资助,体现了国家对"大型飞机项目"以及"大飞机出版工程"这套丛书的高度重视。这套丛书承担着记载与弘扬科技成就、积累和传播科技知识的使命,凝结了国内外航空领域专业人士的智慧和成果,具有较强的系统性、完整性、实用性和技术前瞻性,既可作为实际工作指导用书,亦可作为相关专业人员的学习参考用书。期望这套丛书能够有益于航空领域里人才的培养,有益于航空工业的发展,有益于大飞机的成功研制。同时,希望能为大飞机工程吸引更多的读者来关心航空、支持航空和热爱航空,并投身于中国航空事业做出一点贡献。

2009 年 12 月 15 日

序

制造业是国民经济的主体，是立国之本、兴国之器、强国之基。《中国制造2025》提出，坚持创新驱动、智能转型、强化基础、绿色发展，加快从制造大国转向制造强国。航空装备，作为重点发展的十大领域之一，目前正处于产业深化变革期；加快大型飞机研制，是航空装备发展的重中之重，也是我国民机制造技术追赶腾飞的机会和挑战。

民机制造涉及新材料成形、精密特征加工、复杂结构装配等工艺，先进制造技术是保证民机安全性、经济性、舒适性、环保性的关键。我国从运-7、新支线ARJ21-700到正在研制的C919、宽体飞机，开展了大量的工艺试验和技术攻关，正在探索一条符合我国民机产业发展的技术路线，逐步建立起满足适航要求的技术平台和工艺规范。伴随着ARJ21和C919的研制，正在加强铝锂合金成形加工、复合材料整体机身制造、智能自动化柔性装配等技术方面的投入，以期为在宽体飞机等后续型号的有序可控生产奠定基础。但与航空技术先进国家相比，我们仍有较大差距。

民机制造技术的提升，有赖于国内五十多年民机制造的宝贵经验和重要成果的总结，也将得益于借鉴国外的优秀出版物和数据资料引进。因此有必要编著一套以"民机先进制造工艺技术"为主题的丛书，服务于在研大型飞机以及后续型号的开发，同时促进我国制造业技术的发展和紧缺人才的培养。

本系列图书筹备于2012年，启动于2013年，为了保证本系列图书的品质，先后召开三次编委会会议和图书撰写会议，进行了丛书框架的顶层设计、提纲样章的评审。在编写过程中，力求突出以下几个特点：①注重时效性，内容上侧重在目前民机研制过程中关键工艺;②注重前沿性,特别是与国外先进技术差距大的方面;③关注设计,注重民机结构设计与制造问题的系统解决;④强调复合材料制造工艺,体现民机先进材料发展的趋势。

该系列丛书内容涵盖航空复合材料结构制造技术、构件先进成形技术、自动化装配技术、热表特种工艺技术、材料和工艺检测技术等面向民机制造领域前沿的关键性技术方向,力求达到结构的系统性,内容的相对完整性,并适当结合工程应用。丛书反映了学科的近期和未来的可能发展,注意包含相对成熟的内容。

本系列图书由中国商飞上海飞机制造有限公司、中航工业成飞民机公司、沈阳飞机设计研究所、北京航空制造工程研究所、中国飞机强度研究所、沈阳铸造研究所、北京航空航天大学、南京航空航天大学、西北工业大学、上海交通大学、西安交通大学、清华大学、哈尔滨工业大学和南昌航空航天大学等单位的航空制造工艺专家担任编委及主要撰写专家。他们都有很高的学术造诣,丰富的实践经验,在形成系列图书的指导思想、确定丛书的覆盖范围和内容、审定编写大纲、确保整套丛书质量中,发挥了不可替代的作用。在图书编著中,他们融入了自己长期科研、实践中获得的经验、发现和创新,构成了本系列图书最大的特色。

本系列图书得到 2016 年国家出版基金的资助,充分体现了国家对"大飞机工程"的高度重视,希望该套图书的出版能够真正服务到国产大飞机的制造中去。我衷心感谢每一位参与本系列图书的编著人员,以及所有直接或间接参与本系列图书审校工作的专家学者,还有上海交通大学出版社的"大飞机出版工程"项目组,正是在所有工作人员的共同努力下,这套图书终于完整地呈现在读者的面前。我衷心希望本系列图书能切实有利于我国民机制造工艺技术的提升,切实有利于民机制造行业人才的培养。

2016 年 3 月 25 日

译　者　序

　　2004 年 7 月经时任澳大利亚工科院(CSIRO)复合材料和纳米材料研究室主任伍东阳博士的牵线搭桥和亲自陪同,作者来到我所在的中国飞机强度研究所和国内其他单位进行了学术交流。作者在先进复合材料的制造方法方面的丰富经验给听众留下了深刻的印象,对国内航空复合材料结构制造方法的发展起到了一定的促进作用。近年来随着交通运输车辆结构(飞机、轨道交通车辆、汽车等)轻量化需求的要求越来越迫切,碳纤维复合材料作为轻量化的首选材料,也得到了越来越广泛的应用,各工业领域的技术人员苦于缺乏有关其制造方法的知识,因此译者希望能将国外的先进技术介绍到国内。不同于其他类似的著作,本书作者经历了波音公司碳纤维复合材料结构应用发展的全过程,具有丰富的实践经验,该著作是其毕生实践经验的总结,至今仍然是碳纤维复合材料技术方面宝贵的财富。对缺乏先进复合材料制造方法知识的工程技术人员,本书是一本最适合工程师全面了解碳纤维复合材料结构制造方法的教科书,同时也是有助于他们在解决实践中遇到问题,从中寻找解决途径的参考书。在作者 2004 年访华期间本人有幸得到了他的赠书,一直珍藏至今,虽然作者已然去世,仍感有责任把他的遗著译成中文,以志纪念,同时有益于国人,以促进先进复合材料在工业领域的推广应用。在几位复合材料业内同事和上海交通大学出版社的大力帮助下,这一想法终得实现。

　　本书前言及 1～4 章由朱月琴翻译,沈真校对。5～6 章由朱月琴翻译,戴棣校对。7～13 章由戴棣翻译,陈志平校对。沈真和戴棣负责全书通校。

沈　真

2016 年 11 月

作者介绍

Flake C. Campbell

  Flake C. Campbell 是波音公司鬼怪工厂研发机构制造技术领域的资深技术院士,目前负责先进复合材料和金属结构方面的研发项目。他在波音 34 年的职业生涯可均分为工程和制造两个部分,先后在工程试验部、制造研发部、三大飞机制造项目中的复合材料工程部和生产运营部门工作。他在成为资深技术院士之前,在圣路易斯运营部的制造工艺改进部门做了 5 年部长,在先进制造技术部做了 9 年部长。拥有金属工程学士和硕士学位以及 MBA 学位。

作 者 序

本书面向有意深入了解制造及装配先进复合材料产品所用材料和工艺的读者而写作。尽管先进复合材料可由多种不同类型的纤维与聚合物、金属或陶瓷基体复合而成，但本书所述对象限定在采用三种最常用纤维（玻璃、芳纶、碳）增强的聚合物基复合材料。

本书（第1章）首先对纤维、基体和产品形式进行综述，然后简要介绍书中涉及的各种制造工艺以及复合材料的优缺点。第1章中还包括了一些先进复合材料的应用实例。第2章对增强体材料和预浸料进行了进一步的详细讨论。第3章所覆盖的内容为主要的热固性树脂体系，包括聚酯、乙烯基酯、环氧、双马来酰亚胺、聚酰亚胺和酚醛树脂。该章还介绍了树脂的增韧原理，以及用于树脂和固化后层压板性能表征的理化检测方法。

第4至7章按实际顺序对工艺流程进行递进介绍。其中第4章涵盖固化工装的基本知识，随后在第5章介绍铺层的铺叠，包括手工铺叠、平面铺叠、自动铺带、纤维缠绕和纤维铺放等重要铺叠方法。在第五章中还讨论了作为固化准备工作的真空袋封装问题。第六章讨论热固性树脂的加成和缩合固化工艺，以及包括树脂净水压力、化学成分、树脂和预浸料状态、预压实处理和均压板在内的铺叠和固化变因的重要性。此章还包括了固化残余应力、反应热、固化过程监测以及固化模型方面的内容。第7章围绕一个研究工作实例介绍了化学成分和工艺过程对层压板质量的影响作用。

第8章介绍胶接和整体共固化结构。此章包括了胶接的基本要素及优缺点。讨论了接头设计、表面处理和胶接工艺的重要性，以及蜂窝夹层胶接结构、泡沫夹层胶接结构和整体共固化结构。

第9章介绍液体成形。内容包括预成形体技术（机织、针织、缝合、编织），以及主要的液体成形工艺，即树脂转移成形（RTM）、树脂膜浸注（RFI）和真空辅助树脂转移成形（VARTM）。

　　第 10 章讨论热塑性复合材料。内容首先为主要的基体材料和产品形式,然后涉及热塑性材料的固化和不同的成形方法。最后还讨论了热塑性复合材料独特的连接工艺。

　　第 11 章介绍民用复合材料产品的一些重要工艺。重点讲述铺叠、模压、注射、结构反应注射以及拉挤等成形工艺。

　　第 12 章讲述专门针对复合材料的结构装配工艺。此章的重点在于机械连接,包括孔的制备工艺和用于复合材料装配的紧固件。此章还简单介绍了复合材料结构的密封和涂漆。

　　最后一章(第 13 章)包括两个主题:无损检测(NDI)和修理。述及的 NDI 方法包括目视检测、超声波检测、射线检测和热成像检测。修理部分的内容包括填充修理、注射修理、螺接修理和胶接修理。

　　应该指出,本书内容仅限于先进复合材料制造过程中所使用的材料及工艺,未涉及单层、层压板、胶接接头或螺栓连接接头的力学问题。如将本书用作教材,可能更适宜于复合材料的中级教程。

　　作者对参与本书审阅的下列同事深表谢意:Gray Bond,Ray Bohlman,John Griffth,Mike Karal,Dan king,Bob Kisch,Doug McCarville,Mike Paleen 和 Bob Rapp。书中的任何错误均由作者负责。

F. C. Campbell

圣路易斯,密苏里州　　2003 年 12 月

目　　录

1 复合材料和工艺概论：需要特殊工艺的特殊材料　1

1.1　层压板　2

1.2　纤维　4

1.3　基体　7

1.4　材料产品形式　10

1.5　制造工艺综述　14

1.6　复合材料的优缺点　20

1.7　应用　24

1.8　总结　26

参考文献　28

2 纤维及增强体：提供强度的丝材　29

2.1　纤维术语　29

2.2　玻璃纤维　30

2.3　芳纶纤维　33

2.4　超高分子量聚乙烯（UHMPE）纤维　34

2.5　碳纤维和石墨纤维　34

2.6　机织物　36

2.7　增强毡　40

2.8　短切纤维　40

2.9　预浸料制造　41

2.10　总结　45

    参考文献 46

3 热固性树脂：维系丝材的胶黏剂 48
    3.1   热固性基体 49
    3.2   聚酯树脂 49
    3.3   环氧树脂 50
    3.4   双马来酰亚胺树脂 57
    3.5   氰酸酯树脂 59
    3.6   聚酰亚胺树脂 61
    3.7   酚醛树脂 62
    3.8   增韧方法 63
    3.9   物理化学试验和质量控制 69
    3.10 化学试验 70
    3.11 流变试验 71
    3.12 热分析 72
    3.13 玻璃化转变温度 73
    3.14 总结 76
    参考文献 77

4 固化用模具：迟早需要的投入 79
    4.1   一般性考虑 79
    4.2   对热相关问题的处理 84
    4.3   模具制造 89
    4.4   总结 96
    参考文献 97

5 铺叠：成本的主要动因 99
    5.1   预浸料控制 99
    5.2   铺叠间环境 100
    5.3   模具准备 100
    5.4   手工铺叠的铺层剪裁 100
    5.5   铺叠 102

5.6　平面铺叠及真空成形　104

5.7　自动铺带　107

5.8　纤维缠绕　109

5.9　纤维铺放　116

5.10　真空袋封装　119

5.11　总结　126

参考文献　126

6　固化：一个有关时间(t)、温度(T)和压力(P)的问题　128

6.1　环氧基复合材料的固化　132

6.2　空隙的形成理论　134

6.3　关于树脂静水压力的研究　139

6.4　化学成分的可变因素　146

6.5　零吸胶和低流动性树脂体系　147

6.6　树脂和预浸料的可变因素　147

6.7　铺叠的可变因素　149

6.8　预压实处理　150

6.9　均压板和增压块　153

6.10　缩合反应固化的材料体系　153

6.11　固化残余应力　155

6.12　反应热　161

6.13　固化过程监测　162

6.14　固化模型　162

6.15　总结　163

参考文献　164

7　化学成分和工艺过程对碳/环氧层压板质量的影响：综合的作用结果　166

7.1　预浸料的物理特性　167

7.2　化学特性　169

7.3　热性能　171

7.4　流变特性　173

7.5　层压板评估　174

7.6　总结　179

参考文献　180

8　胶接和整体共固化结构：通过零件整体化来减少装配成本　181

8.1　胶接　181

8.2　胶接的理论　183

8.3　接头的设计　183

8.4　胶黏剂试验　188

8.5　表面处理　190

8.6　环氧胶黏剂　194

8.7　胶接工序　197

8.8　夹层结构　201

8.9　蜂窝芯材　203

8.10　蜂窝加工　209

8.11　轻质木　215

8.12　泡沫塑料芯材　215

8.13　复合芯材　217

8.14　检测　218

8.15　整体共固化结构　219

8.16　总结　226

参考文献　226

9　液态成形：良好的制件来自良好的预成形体和模具　229

9.1　预成形体技术　231

9.2　纤维　232

9.3　机织物　233

9.4　三维机织物　233

9.5　针织物　236

9.6　缝合　237

9.7　编织　238

9.8　P4A 工艺　242

9.9　纤维随机取向的毡料　243

9.10　预成形体的优点　243

9.11　预成形体的缺点　244

9.12　采用纺织工艺制造的整体结构　245

9.13　预成形体的铺叠　246

9.14　树脂的注入　248

9.15　固化　252

9.16　RTM 模具　253

9.17　树脂转移成形效果　254

9.18　树脂膜浸注　256

9.19　真空辅助树脂转移成形　261

9.20　总结　264

参考文献　265

10　热塑性复合材料：一个未实现的希望　268

10.1　热塑性复合材料概况　268

10.2　热塑性复合材料基体　270

10.3　产品形式　275

10.4　固化　277

10.5　热成形　283

10.6　连接　291

10.7　总结　295

参考文献　296

11　民用产品复合材料工艺：制件数量远超高性能产品工艺的制造方法　298

11.1　铺叠工艺　298

11.2　模压　307

11.3　注射成形　314

11.4　结构反应注射成形　321

11.5　拉挤　322

11.5　总结　326

参考文献　326

12 装配：最佳装配即无需装配 328

12.1 制件修整和机械加工 329

12.2 对装配的一般性考虑 331

12.3 钻孔 333

12.4 紧固件安装 339

12.5 密封 346

12.6 涂漆 348

12.7 总结 348

参考文献 349

13 无损检测和修理：应对意外之所需 351

13.1 无损检测 352

13.2 目视检测 352

13.3 超声检测 353

13.4 便携式设备 359

13.5 X 射线检测 361

13.6 热成像检测 365

13.7 修理 365

13.8 填充修理 366

13.9 注射修理 367

13.10 螺接修理 369

13.11 胶接修理 373

13.12 总结 379

参考文献 380

索引 382

1 复合材料和工艺概论：
需要特殊工艺的特殊材料

复合材料可定义为两种或两种以上材料的复合产物，其性能较组分材料单独使用时的性能更优。与金属合金不同，每种组分材料均保持了其自身的化学、物理和力学特性。两种组分材料通常为纤维和基体。最常用的纤维包括玻璃纤维、芳纶纤维和碳纤维。纤维可以是连续形式，也可以是非连续形式。基体材料可以是聚合物、金属或陶瓷。本书主要涉及内埋连续或非连续纤维的聚合物基复合材料，重点在于连续纤维增强的高性能结构复合材料。连续增强体的实例有单向带、织物和用于纤维缠绕工艺的纱带，非连续增强体的实例则有短切纤维和毡料（见图 1.1）。

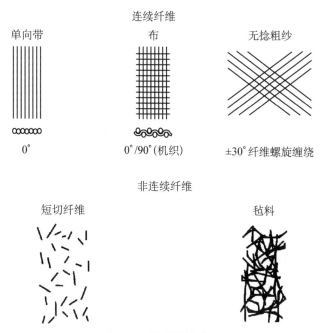

图 1.1 增强材料选项

1.1　层压板

　　连续纤维复合材料为层压材料(见图 1.2),其内部铺层的取向按主载荷方向确定,以对该方向增强。单向(0°)层压板在 0°方向强度和刚度非常高,但在 90°方向上的强度和刚度非常弱,因为载荷须由强度特别低的聚合物基体来承受。虽然高强度纤维拉伸强度能达到 3420 MPa(500 ksi)甚至更高,但典型聚合物基体的拉伸强度通常仅为 34.2~68.4 MPa(5~10 ksi)(见图 1.3)。纤维承受纵向拉伸载荷和压缩载荷,而基体受拉伸时在纤维间传递载荷,受压缩时则阻止纤维失稳屈曲。基体还是层间剪切载荷和横向(90°)载荷的主要承受者。表 1.1 总结了纤维和基体在决定力学性能上的相关作用。

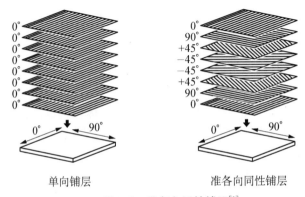

单向铺层　　　　　　　　准各向同性铺层

图 1.2　准各向同性铺层[1]

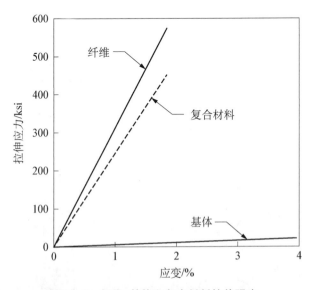

图 1.3　纤维、基体和复合材料拉伸强度

表 1.1　纤维和基体对力学性能的影响

力学性能	起主导作用的复合材料组分	
	纤维	基体
单向板		
0°拉伸	√	
0°压缩	√	√
剪切		√
90°拉伸		√
层压板		
拉伸	√	
压缩	√	√
面内剪切	√	
层间剪切		√

　　由于纤维方向直接影响力学性能，合乎逻辑的方法是让尽可能多个层中的纤维按主载荷取向。虽然该方法对一些结构是可行的，但通常需要在几个不同的方向上，如 0°、+45°、−45°和 90°平衡其承载能力。图 1.4 为环氧基体中正交铺叠的连续碳纤维增强材料显微照片。在 0°、+45°、−45°和 90°具有相同层数的均衡层压板称为准各向同性层压板，因为其在所有四个方向上具备相同的承载能力。图 1.5

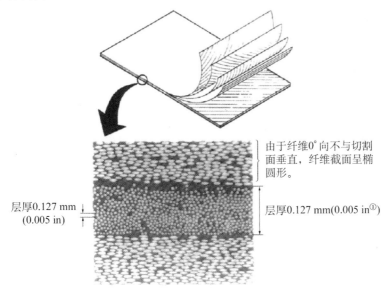

由于纤维0°向不与切割面垂直，纤维截面呈椭圆形。

层厚0.127 mm
(0.005 in)

层厚0.127 mm(0.005 in①)

图 1.4　层压板结构

---

① in 即英寸，1 in = 2.54 cm。——编注

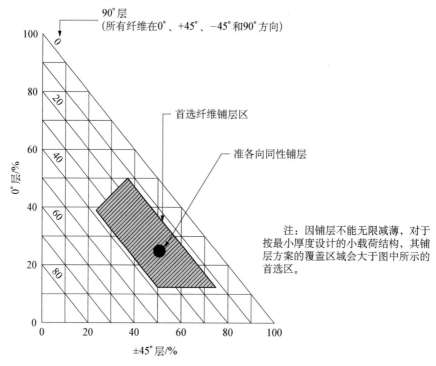

图 1.5　首选的层压板铺层

给出层压板铺层取向首选方案的图示说明。这些方案之所以成为首选是因为所构成的层压板能在多个方向上均衡承载。

1.2　纤维

纤维主要提供强度和刚度,然而,高强度类别的纤维呈脆性,具有线性的应力-应变行为,屈服特征极小或无。破坏应变(碳纤维为 1%~2%)很低,强度分散性大于金属。表 1.2 给出主要复合材料增强纤维的性能概要。

表 1.2　典型高强度纤维性能

纤维	密度 /g/cm³(lb①/in³)	拉伸强度 /MPa(ksi②)	弹性模量 /GPa(Msi③)	断裂应变 /%	直径 /μm(mil④)	热膨胀系数 /10⁻⁶ K (10⁻⁶ in/in·℉⑤)
E-玻璃纤维	2.49(0.090)	3448(500)	75.8(11.0)	4.8	9.1(0.36)	50.4(28)

① lb 为英制单位磅,1 lb = 0.453 6 kg。——编注
② ksi 即 4 磅力/平方英寸,1 ksi = 6.895 MPa。——编注
③ 1 Msi = 6.895 GPa。——编注
④ mil(密耳),非法定长度单位,1 mil = 10⁻³ in = 2.54×10⁻⁵ m。——编注
⑤ ℉ 即华氏度。——编注

（续表）

纤维	密度/g/cm³(lb/in³)	拉伸强度/MPa(ksi)	弹性模量/GPa(Msi)	断裂应变/%	直径/μm(mil)	热膨胀系数/10⁻⁶ K (10⁻⁶ in/in·℉)
S-玻璃纤维	2.55(0.092)	4 482(650)	86.8(12.6)	5.6	9.1(0.36)	2.3(1.3)
石英	2.19(0.079)	3 378(490)	69.0(10.0)	5.0	8.9(0.35)	1.8(1.0)
芳纶(Kevlar-49)	1.44(0.052)	3 792(550)	131(19.0)	2.8	12(0.47)	−2.0(−1.1)
超高分子聚乙烯 Spectra 100	0.97(0.035)	3 103(450)	172(25.0)	0.7	25(1.00)	−1.8(−1.0)
碳纤维(AS4)	1.80(0.065)	3 655(530)	227(33.0)	1.5	8.1(0.32)	−0.36(−0.2)
碳纤维(IM-7)	1.77(0.064)	5 033(730)	283(41.0)	1.8	5.1(0.20)	−0.36(−0.2)
石墨（P-100)	2.16(0.078)	2 413(350)	738(107)	0.3	10.9(0.43)	−0.54(−0.3)
硼	2.57(0.093)	3 585(520)	400(58)	0.9	10.2(4.00)	4.5(2.5)

$\qquad$玻璃纤维因其力学性能与低成本的出色平衡而成为应用最为广泛的增强材料。E-玻璃纤维或"电气级"玻璃纤维是在商用复合材料中最常见，应用最为广泛的玻璃纤维。E-玻璃纤维是一种低成本、高密度、低模量纤维，有良好的耐腐蚀性和良好的可操作性。S-2玻璃纤维也称为"结构级"玻璃纤维，是为满足纤维缠绕压力容器和固体火箭发动机外壳需要而开发的一种高强度纤维，其密度值、性能水平和成本介于E-玻璃纤维和碳纤维之间。石英纤维由于其介电常数低，在涉电领域有大量应用，但极其昂贵。

$\qquad$芳纶纤维（如Kevlar)是一种韧性极其出色的低密度有机纤维，表现出优异的损伤容限。尽管有很高的拉伸强度，但其受压缩时性能很差，且对紫外光敏感，长期使用温度需限制在177℃(350℉)以下。

$\qquad$另一类有机纤维是由超高分子聚乙烯(UHMWPE,如Spectra)制成，密度很低，具有优异的雷达透波性和低介电常数。其密度小，在室温下有很高的比强度和比刚度。但由于是聚乙烯，使用温度仅限于143℃（290℉)以下。像芳纶纤维一样，Spectra也具有优异的耐冲击性能。但是，尽管可采用等离子处理来改善粘接性能，此类纤维与基体的不良粘接仍是一大问题。

$\qquad$碳纤维具有最好的综合性能，但比玻璃纤维或芳纶纤维都贵。密度小、热膨胀(CTE)系数低且导电。碳纤维适用于高效结构，耐疲劳性能优良，但很脆（断裂应变小于2%），耐冲击性能低。由于其导电性，如果与铝直接接触会造成电偶腐蚀。现有不同种类碳纤维可覆盖的强度范围(2 050～6 840 MPa，300～1 000 ksi)和刚度范围（205～992GPa，30～145Msi）很大，针对这一大范围特点，通常将碳纤维分为三类（见表 1.3）：①高强度纤维；②中模量纤维；③高模量纤维。

表 1.3　PAN（聚丙烯腈）基碳纤维性能[2]

性　　能	航　　宇			
	民用高强度	高强度	中模量	高模量
拉伸模量/GPa(Msi)	228(33)	221～241 (32～35)	276～296 (40～43)	345～448 (50～65)
拉伸强度/MPa(ksi)	3 792(550)	3 448～4 826 (500～700)	4 137～6 206 (600～900)	4 137～5 516 (600～800)
断裂伸长率/%	1.6	1.5～2.2	1.3～2.0	0.7～1.0
电阻/$\mu\Omega \cdot cm$	1650	1650	1450	900
导热系数/(Btu①/ft-h-0F)	11.6	11.6	11.6	29～46
轴向热膨胀系数/10^{-6} K	-0.4	-0.4	-0.55	-0.75
密度/g/cm^3(lb/in^3)	1.799(0.065)	1.799(0.065)	1.799(0.065)	1.910(0.069)
含碳量/%	95	95	95	99
纤维直径/μm	6～8	6～8	5～6	5～8

　　术语碳纤维和石墨纤维常用于描述同一材料。然而碳纤维含碳量约为 95%，碳化温度是 982～1482℃（1800～2700℉）；石墨纤维含碳量约为 99%，首先碳化，然后在温度 1982～3038℃（3600～5500℉）之间石墨化。一般而言，石墨化会使纤维模量更高。碳纤维和石墨纤维是用人造纤维、聚丙烯腈（PAN）或是石油基沥青制成的。聚丙烯腈（PAN）基碳纤维综合性能最好；人造纤维的使用较 PAN 更早，因为其成本较高、生产率较低，现在已经很少使用；石油沥青基纤维作为 PAN 的低成本替代材料得以开发，但主要用于生产高模量和超高模量石墨纤维。碳纤维和石墨纤维都以不加捻的丝束形式生产，丝束大小一般为 1k、3k、6k 和 12k。这里 1k=1000 根纤维。制造完毕后，碳纤维和石墨纤维通常会立即进行表面处理以提高和基体的粘接性，常用不加固化剂的环氧树脂涂覆于纤维表面成一薄膜（1% 或更少）以提高纤维的可操作性，在织布中或在其他操作中保护纤维。

　　聚合物复合材料有时也会采用一些其他的纤维。在碳纤维开发之前，硼纤维是最初的高性能纤维，其为大直径纤维，制造过程中将一细钨丝牵引通过狭长反应室，采用化学气相沉积将硼覆于钨丝表面。因为一次只能制造一根纤维而非成千上万，所以极其昂贵。其直径大、模量高，所以表现出优异的压缩性能。但硼纤维的一个缺点是不能很好弯曲成复杂形状，机械加工也非常困难。高温陶瓷纤维如碳化硅（Nicalon）、氧化铝和铝硼硅（Nextel）纤维常用于陶瓷基复合材料，但很少用于聚合物基复合材料。

---

① Btu（英热单位），热量的非法定单位，1 Btu=$1.05506×10^3$ J。——编注

在玻璃纤维、芳纶纤维和碳纤维之间进行选择时应考虑下列因素：

● 拉伸强度——如果拉伸强度是主要的设计参数，玻璃纤维因为成本低会是最好的选择。

● 拉伸模量——如果设计主要考虑拉伸模量，碳纤维与玻璃纤维和芳纶纤维相比有明显优势。

● 压缩强度——如果压缩强度是主要需求，碳纤维有超过玻璃纤维和芳纶纤维的明显优势，而芳纶纤维压缩强度很差，应避免使用。

● 压缩模量——碳纤维是最好的选择，E-玻璃纤维的这一性能最差。

● 密度——芳纶纤维密度最低，随后是碳纤维、S-2玻璃纤维和E-玻璃纤维。

● 热膨胀系数(CTE)——芳纶纤维和碳纤维CTE为微小负值，而S-2和E-玻璃纤维为正值。

● 冲击强度——芳纶纤维具有优异的耐冲击性能，而碳纤维很脆，要尽量避免使用。应该注意的是基体对冲击强度也有重大影响。

● 耐环境性——基体的选择对复合材料耐环境性影响最大。但是，①芳纶纤维在紫外光中会降解，长期使用温度应低于177℃(350°F)；②碳纤维在超过371℃(700°F)时会氧化，1000 h长期热氧化稳定性试验发现，碳纤维聚酰亚胺复合材料在260～315℃(500～600°F)区间强度出现下降。③玻璃纤维的上浆剂易亲水和吸潮。

● 成本——E-玻璃纤维是最便宜的纤维。而碳纤维最贵，且丝束越小越贵。较大的丝束有助于降低人工成本，因为每层可以铺覆更多的材料。但较大丝束织布时会增加产生空隙的机会、造成较大树脂淤积，引起树脂微裂纹。

1.3 基体

基体将纤维固定在适当位置。保护纤维不受磨损，在纤维之间传递载荷并提供层间剪切强度。选择得当的基体还应满足耐热、耐化学和耐湿性方面的要求，具有较高的破坏应变，在尽可能低的温度下固化，有较长的适用期或外置期且无毒。普遍用作复合材料基体的热固性树脂(见表1.4)有聚酯、乙烯基酯、环氧树脂、双马来酰亚胺树脂、聚酰亚胺树脂和酚醛树脂。

表 1.4　复合材料基体树脂各自的特点

树　脂	特　　　点
聚酯	在民用产品中广泛应用，价格比较低廉并可采用多种工艺制作，用于连续和非连续纤维增强复合材料
乙烯基酯	类似于聚酯但韧性较好，且耐湿性较好
环氧树脂	高性能树脂体系，主要用于连续纤维复合材料，使用温度可达121～135℃(250～275°F)，高温性能比聚酯和乙烯基酯好

（续表）

树　脂	特　　点
双马来酰亚胺树脂	使用温度在 135～177℃（275～350°F）范围的高温树脂基体,工艺性与环氧类似,需要高温后固化
聚酰亚胺树脂	使用温度在 288～315℃（550～600°F）范围的极高温树脂体系,工艺性很差
酚醛树脂	耐烟雾和阻燃的高温树脂体系,广泛应用在飞机内饰件中,工艺性不好

聚合物复合材料基体可以是热固性或热塑性的树脂。热固性树脂由树脂（如环氧树脂）和匹配的固化剂组成,两种组分开始混合时所形成的为低黏度液体。其在内部反应热或外部热源的作用下发生固化。固化反应使分子链交联,从而形成网络状分子结构。而热塑性基体开始就是完全反应的高黏度材料,加热时不发生交联,当加热到足够高的温度时,树脂软化或熔融。因此,材料可反复多次加工。由于热固性复合材料在先进复合材料市场中占统治地位,热塑性复合材料的讨论延后到第 10 章（热塑性复合材料）和第 11 章（商业化工艺综述）。

选择树脂体系时,首先考虑的是制件的使用温度,玻璃化转变温度 T_g 是树脂基体耐温性的一个很好的指标。对聚合物材料而言,T_g 是指聚合物从刚性玻璃态变成半柔性软材料的温度,在这一温度点聚合物结构依然完整但交联不再固定于适当位置。除非使用寿命极短（如导弹弹体）,绝不可在高于 T_g 的温度下使用树脂。选择树脂时,一个很好的经验法是确保 T_g 比最高使用温度高出 28℃（50°F）。由于多数聚合物吸水后会使 T_g 降低,要求 T_g 高于使用温度 56℃（100°F）的场合不在少数。图 1.6 显示了温度和吸湿对玻璃纤维/环氧体系复合材料热-湿压缩强度的影响,应该注意到,不同的树脂吸湿速率各异,饱和吸湿度也互不相同,因而对特定的候选树脂一定要评估其耐环境性能。多数热固性树脂具有相当好的耐溶剂和耐化学特性。

一般而言,高温性能要求越高,基体越脆且损伤容限越小。可以买到增韧的热固性树脂,但价格更高,而且其 T_g 通常更低。高温树脂价格更贵且难加工,其在特定温度下的性能不易定量描述,因为这与温度的保持时间相关。但无论如何,全面掌握基体树脂预期的使用环境,这一点至关重要。

纤维的选择结果通常主导了复合材料的力学性能,对基体的选择结果也会影响性能。一些树脂对纤维的浸润和粘接性能好于其他树脂,所形成的化学或机械结合可改善纤维-树脂之间的载荷传递能力。基体在固化和使用中会产生微裂纹,富树脂区和脆性树脂中更易出现微裂纹,当固化温度较高而使用温度较低[如 -51℃（-60°F）]时尤其如此,因为此时纤维和基体间的热膨胀差异很大。再次强调:增韧树脂有助于防止微裂纹,但会损失高温性能。

对树脂的选择会在很大程度上影响对工艺条件的要求。选择树脂基体时应该考虑下列因素:

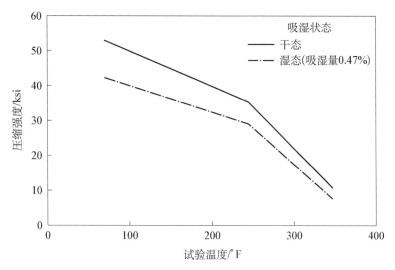

图 1.6　玻璃纤维/环氧树脂的湿热压缩强度

● 适用期(pot life)或工作寿命(working life)——指基体可操作性依然适宜使用的时间段。通常适用期针对纯树脂(未加增强体)而言，工作寿命则针对预浸料(加增强体)而言。用及纯树脂的工艺要求树脂有较长的适用期，如湿法缠绕工艺，树脂转移成形工艺和拉挤工艺等。如适用期过短，就需频繁更换树脂槽内的树脂，从而增大材料的耗费。适用期过短还会减少纤维的被浸润时间，这对湿法工艺制件的质量也会造成不利影响。

● 储存期(shelf life)——指一定环境条件下基体材料的可保存时间，在此期间材料的性能和可操作性满足所有要求。热固性预浸料一般储存在冷库中，在需要再次检验前有 6～12 个月的储存期。双组分供货的热固性材料，其 A 组分(树脂)、B组分(固化剂)分开容器供货，在室温下一般储存期更长(约 2 年)。尽管不像预浸料那样容易反应，但随时间推移仍会有黏度变化和化学变化发生。冷藏减慢了这个变化过程，延长了储存期。

● 黏度——未固化树脂的黏度可用其抵制流动的特性加以描述。黏度通过测量流动性来确定，用水作为标准、水的黏度为 1 cP(厘泊)①。对黏度的要求取决于工艺，但通常黏度越低加工越容易，基体对纤维的浸润性也越好。树脂在加热过程中黏度首先降低，然后随化学反应黏度增加，直至固化或凝胶。对于湿法成形的热固性复合材料，典型的黏度值推荐为 1 000 cP 以下，当黏度达到 100 000 cP 时，通常可认为热固性树脂发生凝胶化。

---

① cP(厘泊)，动力黏度的非法定单位，1 cP＝10^{-3} Pa·s。——编注

● 固化时间——对于热固性树脂,固化时间指发生交联反应所需的时间。通常 T_g 较高的树脂需要的固化时间较长。环氧树脂一般需在较高温度下固化 $2\sim6h$。某些环氧树脂、聚酯和乙烯基酯无须进行后固化,而无须后固化这一点应作为减少加工成本的途径在评估中给予考虑。T_g 较高的树脂如双马来酰亚胺树脂和聚酰亚胺树脂要求更长的固化和后固化时间。后固化可进一步提高某些环氧、双马来酰亚胺树脂和聚酰亚胺树脂基体的高温力学性能,并提高 T_g。一些工艺如模压和拉挤,要求固化时间非常短。环氧树脂的固化温度范围为 $121\sim177℃(250\sim350℉)$;双马来酰亚胺树脂固化温度范围通常为 $177\sim246℃(350\sim475℉)$(包括后固化);聚酰亚胺树脂固化温度范围为 $315\sim371℃(600\sim700℉)$。

1.4　材料产品形式

复合材料结构会用到多种形式的材料产品,其中一些如图 1.7 所示。纤维可以是连续或非连续,也可以是定向或非定向(随机取向),可以以未浸树脂的干态纤维形式提供,也可以以预浸料形式提供。由于市场驱动机制,并非所有的纤维或基体混合物均能以特定的形式在市场上购得。一般而言,要求供应商所做的工作越多,价格就越昂贵。比如,预浸的织物就比干态的织物价格更高。虽然复杂的纤维预成形体可能价格不菲,但其可通过减少或消除手工铺叠来降低制造成本。当结构效率和重量是重要的设计参数时,通常会使用连续纤维增强的产品形式,因为非连续纤维会导致较低的力学性能。

无捻粗纱、丝束和有捻纱由连续纤维集聚而成,为最基本的材料形式,可通过短切、机织、缝编或预浸来制成其他的材料形式。这些也是最便宜的产品,所有类型的纤维均可以此形式购得。粗纱和丝束以无捻形式提供,而有捻纱则稍稍加捻,以改善可操作性。一些湿法成形工艺如纤维缠绕工艺和拉挤工艺使用粗纱作为主要的原材料形式。

市场上有很多纤维和基体复合的连续纤维热固性预浸料。预浸料是由供应商将预先定量的未固化树脂预浸在纤维上的一种材料形式。预浸粗纱和预浸带通常用在自动化工艺中,例如纤维缠绕和自动化带铺放,而单向预浸带和预浸织物常用于手工铺叠。由于纤维不发生弯曲且易于设计剪裁,单向预浸带比织物预浸料有更好的结构性能,但织物预浸料有更好的可铺覆性。除了极端的单向结构设计方案,使用单向带会需要更多的铺层。比如,对于织物,每铺一个 $0°$ 层,$90°$ 向的增强材料已包含其中。而对于单向带,$0°$ 层和 $90°$ 层须分别在模具上铺叠。市场上供应的预浸料分为零吸胶形式(预浸料树脂含量=最终制件树脂含量)和带多余树脂形式(预浸料树脂含量>最终制件树脂含量)。带多余树脂的目的是通过树脂穿越铺层的流动来驱除裹入的空气,而多余树脂本身也进入叠层顶部的吸胶层而被排除。叠层上的吸胶层用量决定了最终的纤维和树脂含量。对于具体的预浸料,需精确计算吸胶

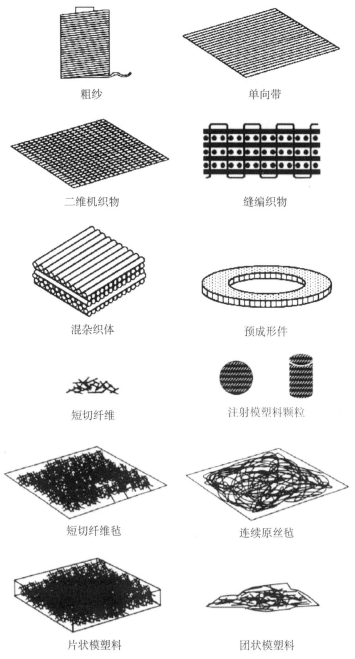

粗纱

单向带

二维机织物

缝编织物

混杂织体

预成形件

短切纤维

注射模塑料颗粒

短切纤维毡

连续原丝毡

片状模塑料

团状模塑料

图 1.7 复合材料用及的原材料产品形式

层的数量和单位面积重量，以确保最终产品具备合格的物理性能。零吸胶预浸料的树脂含量即为制品最终的树脂含量，故无需对树脂进行排除。由于纤维和树脂含量易于被控制，这是其优点之一。但是因为没有多余的树脂流过零件除去夹裹的空气,空隙含量较高。热固性预浸料性能参数包括挥发分含量、树脂含量、树脂流动性、凝胶时间、黏性、可铺覆性、储存期和外置时间,有必要仔细检测、评估和控制这些特性,以确保预浸料具备最佳的可操作性,确保最终制件的结构性能满足要求。

机织物是最普通的干态连续纤维材料形式,由经纱和纬纱交叉组成。径向是 $0°$ 方向,也是织物卷料的展开方向,纬向则为 $90°$ 方向。通常机织物比缝合材料更易铺覆,但特定的机织方式会影响可铺覆性。机织方式还会对机织物的可操作性和结构特性产生影响。可购得的机织物有多种形式。所有形式的机织物都有优点和不足,进行选择时有必要考虑零件构型。大多数纤维都能以机织物形式购得,但一些高模量纤维因其固有脆性而难以机织。机织物的优点包括可铺覆性好、可达到较高的纤维体积含量、结构效率高且市场供应充分;缺点是织布时会造成经向或纬向纤维弯曲。纤维上常常涂覆表面处理剂或上浆剂,这有助于纺织工艺,且在纺织中有助于减小纤维损伤。对于选定的机织物,其表面处理剂须与所选基体相容,这一点十分重要。

缝编织物通过将按不同要求取向的单向纤维层缝编在一起而构成,是由 $0°$、$+45°$、$90°$ 和 $-45°$ 多个方向层组成的一个多向织物。优点包括:①缝编织物开卷使用时,偏轴纤维已包含其中。相比于传统织物,多向缝编织物不需要偏轴裁切,减少了材料耗费(原可高达 25%);②减少了人工成本,因为采用多层的缝编织物制造零件时,裁剪和操作的层数较少;③由于存在 Z 轴缝线,各层的纤维方向在后续操作中可保持不变。不足之处是:①按特殊铺层方案设计的缝编织物难以在市场购得。根据用户的具体要求,如纤维选项、纤维含量、缝合要求等,须制单预定。许多公司只生产机织物而不生产缝编织物。②可铺覆性较差(但对大型的小曲率制件来说并非缺点)。有必要仔细选择缝线,以确保其与基体及加工温度的匹配性。

混杂织物是采用两种以上纤维制成的材料形式。常见的混杂形式包括玻璃纤维/碳纤维、玻璃纤维/芳纶纤维和芳纶纤维/碳纤维。使用混杂形式可发挥每种增强体类型的性能或功能优势,在一定程度上,混杂是增强材料的一种"权衡",增加了设计灵活性,混杂可以在层间(两层交替)、层内(在一个层)或选定的区域进行。使用玻璃纤维/碳纤维的层间混杂可以避免碳与铝的电偶腐蚀。选定区域混杂通常是为局部增加零件的强度或刚度。碳纤维/芳纶纤维混杂与其他混杂形式相比,因热膨胀系数相近而热应力较小;与全芳纶纤维设计方案相比,其模量和压缩强度较高;与全碳纤维设计方案相比,其韧性更好。碳纤维/E-玻璃纤维混杂比全 E-玻璃纤维设计的性能好,但成本比全碳纤维设计低。要对参加混杂的每种纤维的热膨胀系数进行认真评估,确保在层压板固化过程中,特别是在较高温度固化时不会产生大的内应力。

预成形体是在进入最终的成形模具之前,在芯模或外形模上预先成形的纤维增强体。预成形体的形状和零件的最终外形非常相似。除非接近最终制件构型,简单的多层缝编织物不被视为预成形体。预成形体是最昂贵的连续、定向、干态纤维制品形式,然而使用预成形体能降低制造成本。预成形体可以使用粗纱、短切纤维、机织物、缝编织物或单向材料来制造，这些增强材料通过缝合、黏合、编织或三维机织来成形和定位（保持增强材料在适当的位置）。

预成形体的优点包括降低人工成本，减少材料浪费，减少机织物或缝编织物的纤维磨损，且三维缝编或编织预成形体有较高的损伤容限。此外，可将纤维取向锁定于要求方向。缺点包括成本高，形状复杂时对纤维的浸润较困难，需考虑黏合剂与基体的匹配问题，以及设计方案的改动空间受限。常见的缺陷为预成形体超差，不做修整难以装入模具之中。

并不是所有的结构都适合采用预成形体。在确定将预成形体作为基本材料形式之前，对所有的问题都需要仔细评估，若制件外形不是很复杂，节省的人工成本可能不足以抵消预成形体的制造成本。对每一项应用都应进行单独的评估来确定预成形体方法是否具备成本和质量优势。

短切纤维是对无捻粗纱、原丝或丝束进行机械加工而制成，其长度通常为 $6.35\sim50.8\,mm(1/4\sim2\,in)$。为确保最大的增强效率，短切纤维的最小长度非常重要。通常 $0.79\sim6.35\,mm(1/32\sim1/4\,in)$ 长的磨碎纤维其长径比（长度/直径）较低，提供的强度也最低，不应考虑结构应用。复合材料强度随纤维长度增加而大大提高。刚度性能受纤维长度的影响要小得多。长度超过 $25.4\sim50.8\,mm(1\sim2\,in)$ 的短切纤维不会进一步提升结构性能，因为随机取向纤维的增强效率已达极限。短切玻璃纤维常混入热塑性或热固性树脂中，制成颗粒形式用于注射成型工艺。

短切纤维或卷缠状连续纤维可借助黏合剂来形成覆面毡。覆面毡是用来提高复合材料模塑制品表面光洁度的薄毡。这类材料广泛应用在要求高质量 A 级外观表面的汽车、娱乐用品、船舶和其他工业制品上，是非常便宜的材料产品形式，以 E - 玻璃纤维最为常见。

其他纤维也可以毡的形式提供，但由于产品的特殊性，通常价格不菲。因为需求少，目前碳纤维毡并不常见。市场上可得到某些用于电磁干扰（EMI）或雷击防护的碳纤维覆面毡，但很昂贵。以往航空航天领域对这类材料形式不感兴趣，原因是缺乏结构效率和非连续增强材料造成的增重代价。而另一方面，汽车工业因难以承受碳纤维材料的高昂成本，对毡料的使用颇为广泛。

片状模塑料（SMC）由随机取向短切纤维（纤维长度一般为 $25.4\sim50.8\,mm$）$(1\sim2\,in)$ 和 B-阶基体组成的片状材料由 E-玻璃纤维和聚酯树脂或乙烯基树脂组成。该材料以卷料或预切割片材形式出售。

团状模塑料（BMC）也是随机取向短切纤维预浸材料，但纤维长度仅为 $3.2\sim6.4\,mm(1/8\sim1/4\,in)$，而且增强材料含量很低，因此 BMC 复合材料力学性能比 SMC 复合材料性能低。BMC 可以料团状出售，也可为便于后续操作而挤压成柱状。乙烯基酯、聚酯和酚醛是最普通的 BMC 用基体材料。有时候为了表述方便，将模压成形中的短切预浸料也称为 BMC。

表 1.5 为一些部分材料产品形式及其所适用的工艺方法的汇总,而表 1.6 给出了干态纤维/纯树脂和预浸料这两种方法的使用对比情况。

表 1.5 典型材料形式及工艺

材料形式 ＼ 工艺	拉挤	RTM	模压	纤维缠绕	手糊	自动铺带
非连续						
片状模塑料			●			
团状模塑料			●			
随机取向连续						
连续原丝毡/纯树脂	●	●	●	●	●	
定向连续						
单向带			●		●	●
机织物预浸料			●		●	●
机织物/纯树脂	●	●		●		
缝编织物/纯树脂		●				
预浸粗纱				●		
粗纱/纯树脂	●			●	●	
预成形体/纯树脂		●				

表 1.6 干纤维/纯树脂和预浸料比较

	干态纤维/纯树脂	预浸料
成本	较低	较高
储存期	较长	较短
储存	较易	较难
材料工艺性		
● 可铺覆性	较好	较差
● 黏性	较差	较好
树脂控制	较差	较好
纤维体积控制	较差	较好
制件质量	较差	较好

1.5 制造工艺综述

预浸料铺叠是一种将预浸料逐层铺叠到模具之上然后固化成形的工艺方法,如图 1.8 所示。各个铺层按要求取向铺叠,直至叠层达到要求厚度。然后将尼龙薄膜覆于叠层之上封装成袋,将袋中和叠层内空气抽出,将完成真空袋封装的制件叠层放到烘箱或热压罐(一种可加热、加压的容器)内,并且在规定的时间、温度和压力下固化。如果使用烘箱固化，能够达到的最大压力为大气压力[0.10 MPa(14.7 psi)以下]。热压罐(见图1.9)按气压差原理工作。真空袋中的空气被抽出，热压罐气体压力被施加于制件叠层之上。热压罐内带有一加热系统，并装有鼓风机来使被加热气体循环流动。热压罐有很多优点如压力更高(如0.7 MPa[100 psi])，可用来产生更为密实、纤维体积百分比更高和孔隙与气孔更少的制件。压机也能用于铺叠工艺，但有几个缺点：①零件尺寸受压机平台尺寸限制；②压机平台平行性欠佳，在平台上会出现压力的高点和低点；③难以生产复杂形状产品。自动化下料、手工铺叠和热压罐固化(见图1.10)是航空航天工业应用最为广泛的高性能先进复合材料制造工艺。人工铺叠的成本高，但可以生产高质量复杂零件。随成本成为一个主要动因，目前有大量的研究工作正在进行之中，以寻求性价比更高的材料形式和生产工艺。

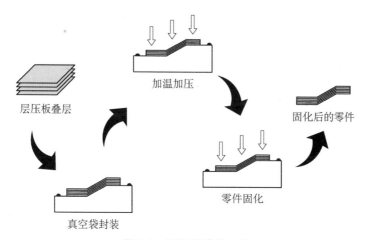

图1.8 预浸料铺叠工艺

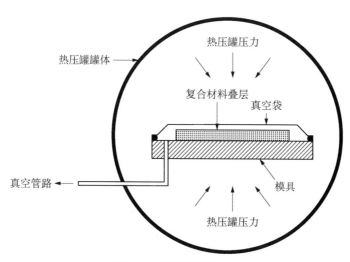

图1.9 热压罐固化原理

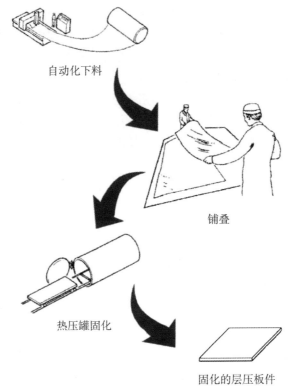

自动化下料

铺叠

热压罐固化

固化的层压板件

图 1. 10　传统铺贴和热压罐固化

纤维缠绕(见图 1.11)是一种已有多年历史的工艺方法,适用于制造具有旋转体或仅近旋转体外形的高效结构。湿法缠绕过程中,干态纤维纱被牵引通过树脂槽,然后缠绕到芯模之上。湿法缠绕虽是最为普遍采用的缠绕工艺,但预浸树脂的粗纱

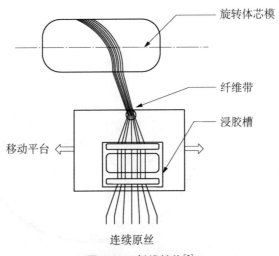

旋转体芯模

纤维带

浸胶槽

移动平台

连续原丝

图 1. 11　纤维缠绕[3]

或丝束也可用于纤维缠绕。固化一般在烘箱中进行，可使用真空袋，也可不使用。常在叠层上加隔离膜后再环向缠绕热缩带，以在固化过程中提供叠层压实力。

湿法手糊成形工艺如图 1.12 所示，常用于制造大型结构件如游艇船体。对数量需求小的制件而言，是经济有效的工艺方法。干态增强材料通常为机织物或毡，由人工逐层进行铺叠。各层在铺叠前或铺叠中采用低黏度树脂进行浸渍。每铺叠一层后，使用手持滚筒去除多余的树脂和夹裹的空气，并压实叠层。铺叠完毕后，可在室温或加热条件下进行固化。固化时多不用真空袋，但真空压力有助于提高层压板质量。由于固化通常在室温或较低的加热温度下进行，可采用极便宜的模具（如木制模具）来降低成本。

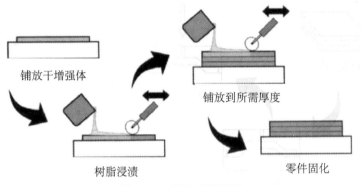

铺放干增强体

铺放到所需厚度

树脂浸渍

零件固化

图 1.12 湿法手糊成形

喷射成形工艺（见图 1.13）是比湿法手糊成形工艺更经济有效的工艺。但因为使用了随机取向的短切纤维，所得制件的力学性能要低得多。通常将连续的玻璃纤维无捻粗纱送入专用的喷枪中，喷枪对纤维进行短切，与此同时短切纤维和聚酯或乙烯基酯树脂混合，然后喷射到模具上，再用滚轮人工碾压以压实叠层。固化时可

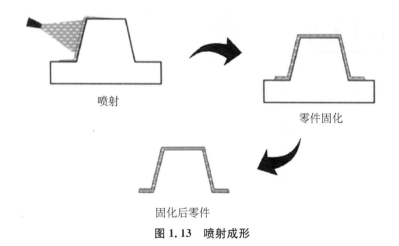

喷射

零件固化

固化后零件

图 1.13 喷射成形

采用真空袋来提高零件质量,但一般不采用。因为纤维短且随机取向,一般不用该工艺制造承力结构。

术语液态成形覆盖了相当大范围的工艺类别。树脂转移成形(RTM)如图1.14所示,工艺过程中先将干态的预成形体或纤维叠层放入金属对模,然后在压力作用下将低黏度树脂注入并使其充填模具。由于采用对模,该工艺能够满足极严格的尺寸精度容差要求。可在对模中安放加热装置或将模具移至压机的加热平台来完成材料的固化。该工艺的一个衍生种类为真空辅助RTM(VARTM),VARTM使用单面模具加真空袋来进行成形。不同于压力作用下的树脂注入,此工艺通过抽真空来拉动树脂流过导流介质,该介质可帮助完成对预成形体的树脂浸渍。

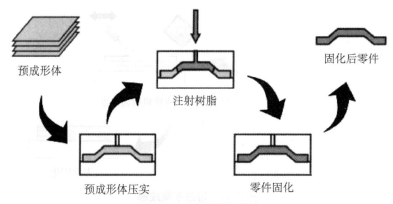

图 1.14　树脂转移成形

模压成形(见图1.15)是使用非连续随机取向SMC或BMC的另外一种对模工艺。该工艺将预先确定重量的材料放到对模的两个半模之间,然后加热加压。模塑料随即发生流动而充填模具,并在1～5min内迅速固化。固化速度取决于所用聚酯

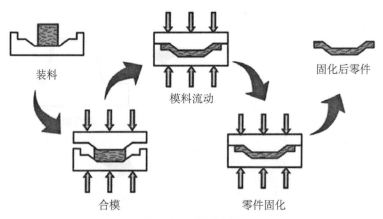

图 1.15　模压成形

或乙烯基类型。汽车工业常用的由玻璃纤维和聚丙烯组成的热塑性复合材料制件也多用模压工艺制造。

注射成形(见图 1.16)是一种适用于大批量生产中小型制件的工艺方法。该工艺采用的增强材料常为短切纤维，基体可以是热塑性或热固性树脂。但热塑性树脂的应用场合占多，因为其加工更快且韧性更好。在注射成形过程中，由短切纤维和树脂构成的模塑料颗粒送入料斗内，模塑料加热至熔融温度，然后在高压下注入金属对模。在热塑性制件冷却后或热固性制件固化后，取出制件并开始下一循环。

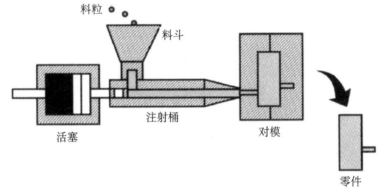

图 1.16　注射成形

图 1.17 所示的拉挤成形是一种产品针对性很强的复合材料制造工艺，能够被用来制造等厚度的长条形制件。工艺过程中，干态的 E - 玻璃纤维无捻粗纱被牵引通过树脂槽，然后预成形至要求形状，再进入加热的成形模腔。毡或覆面毡常被用于制件。制件的固化在成形模内进行。固化后制件从成形模中拉出后按要求长度切割成段。快速固化聚酯树脂和乙烯基树脂是主要使用的树脂体系。

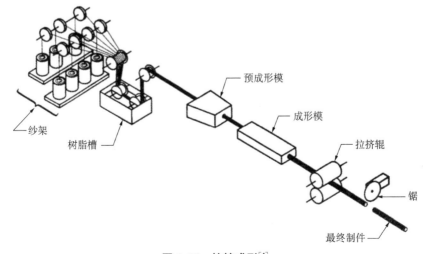

图 1.17　拉挤成形[4]

进行材料和工艺选择时，须考虑到多种权衡因素。一些需要考虑的因素汇总于表 1.7。

表 1.7 选择复合材料时通常考虑的权衡因素

设计决策	通常考虑的权衡因素	成本最低的选项	性能最高的选项
纤维类型	成本、强度、刚度、密度(重量)、冲击强度、导电性、环境稳定性、腐蚀、热膨胀	E-玻璃纤维	碳纤维
丝束大小(若选择碳纤维)	成本、纤维体积含量、树脂对纤维的浸润性、结构效率(单层厚度尽可能小)、表面光洁度	12k 丝束	3k 丝束
纤维模量(若选择碳纤维)	成本、刚度、重量、脆性	最低模量的碳纤维	最高模量的碳纤维
纤维形式(连续或非连续)	成本、强度、刚度、重量、纤维体积含量、设计的复杂性	随机取向/非连续	定向/连续
基体	成本、工作温度、压缩强度、层间剪切、环境性能(流动阻力、紫外线稳定性、吸湿性)、损伤容限、储存期、工艺性、热膨胀	乙烯基和聚酯	高温聚酰亚胺[a] 低-中温环氧树脂 韧性-增韧环氧
复合材料形式	成本(材料和人工)、工艺相容性、纤维体积含量控制、材料可操作性、纤维浸润性、材料废弃率	基本形式—纯树脂/粗纱	预浸料[b]

[a] 取决于如何定义"性能最高"——高温、高韧性和优异的力学性能；
[b] 材料形式的划分并非基于性能，一般根据制造工艺决定。

1.6 复合材料优缺点

复合材料的优点很多，包括重量轻、能够通过对铺层的设计剪裁来获得最佳的强度和刚度、疲劳寿命高、耐蚀性好、设计实践积累充分，并可通过减少零件和紧固件数量降低装配成本。

高强度纤维特别是碳纤维的比强度(强度/密度)和比模量(模量/密度)比其他与之功能类似的航空航天合金更高(见图 1.18)，这一优势可转化为减重效果，从而导致飞机性能的提升，载重量的增大，航程的延长和燃油的节省。图 1.19 给出了碳纤维/环氧树脂、Ti-6Al-4V 和 7075-T6 的总体结构效率比较。

美国海军的飞机结构总工程师曾向笔者表示过对复合材料的喜爱："它们既不会烂(腐蚀)，也不知累(疲劳)"。无论对于商用飞机还是军用飞机，铝合金的腐蚀是主要的成本和持续维护问题，而复合材料的耐腐蚀性可以节约大部分维护成本。虽然碳纤维若直接与铝接触会使铝产生电偶腐蚀，但可在所有与铝接触的表面粘贴玻璃纤维织物绝缘层来消除这个问题。复合材料的耐疲劳性能和高强金属的比较如

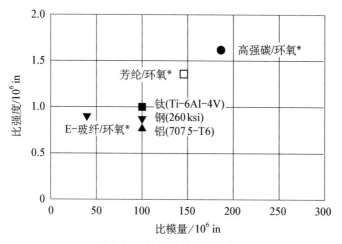

图 1.18 比强度比模量比较

*[±45°, 0°, 90°]s

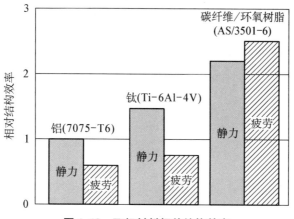

图 1.19 飞机材料相关结构效率

图 1.20 所示。只要在设计过程中使用了合理的应变水平，碳纤维复合材料的疲劳就应该不是问题。

飞机机身的装配成本约占总成本的 50%。复合材料提供了显著减少装配工作量和紧固件数量的机会。通过整体固化或二次胶接，许多零件能合并成单个固化组件。

复合材料的缺点包括：其原材料成本高，这一点经常导致较高的制造和装配成本；温度和湿度变化会对材料产生不利影响；由于面外载荷主要由基体来承受，材料在该方向的性能很弱，因此不适合用于传载路径复杂的部位（如耳片和接头）；复合材料对冲击损伤敏感，会导致分层或层分离；比金属结构更难维修。

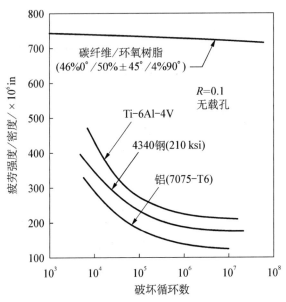

图 1.20　航空航天材料的疲劳性能

　　对普通的手工铺叠复合材料零件而言,主要的制造成本动因为铺叠成本。该成本(见图 1.21)一般为制造成本的 40% ～60%,取决于零件的复杂程度。装配成本是另外一个主要成本动因,约占制件总成本的 50%。如前所述,复合材料的潜在优势之一是可将若干零件共固化或胶接在一起,以减少装配成本和需要的紧固件数量。

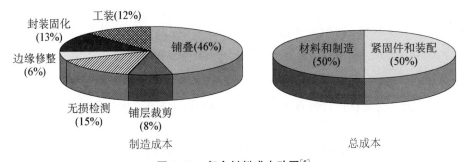

图 1.21　复合材料成本动因[5]

　　温度影响复合材料的力学性能,通常随温度增加,由基体主导的力学性能会发生下降。低温对由纤维主导的力学性能会有一定影响,但与高温对基体主导性能的影响相比,严重程度较低。如图 1.22 和图 1.23 所示,碳纤维/环氧材料设计参数是低温-干态拉伸和高温-湿态压缩性能。吸湿量取决于基体材料和相对湿度,高温会加快吸湿速率。吸湿降低了由基体主导的力学性能。吸湿还会引起基体膨胀,从而

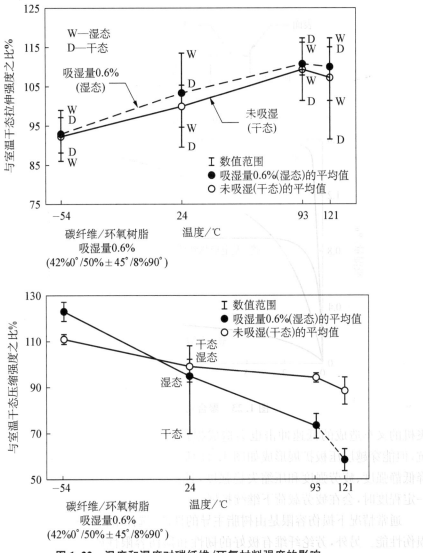

图 1.22　温度和湿度对碳纤维/环氧材料强度的影响

缓减材料在高温固化过程中形成的热应变。此类应变有可能很大，边缘被固定的大型壁板会因膨胀应变而发生屈曲。在融冻循环过程中，材料吸收的水分在冷冻膨胀时会造成基体开裂。而在高温下，吸收的水分又转变为蒸汽，当内部压蒸气超过复合材料层间拉伸强度时，层压板会产生分层。

复合材料在制造、装配和使用中很容易分层（层分离）。在制造过程中，预浸料背衬纸等外来物可能会因疏忽而被遗留在叠层中。在装配过程中，对零件的不恰当操作或对紧固件的不正确安装都会引起分层。在使用过程中，由跌落的工具或驶进

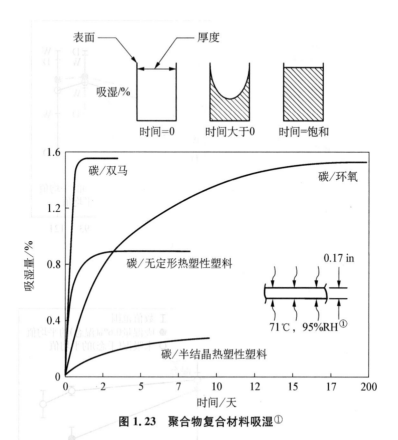

图 1.23　聚合物复合材料吸湿[1]

飞机的叉车造成的低速冲击也会造成损伤(LVID)。该损伤表面上仅是一个小凹坑,但能穿越层压板扩展形成如图 1.24 所示复杂的分层和基体开裂网络。分层可降低静强度、疲劳强度和压缩失稳强度,具体情况取决于分层尺寸。分层尺寸达到一定程度时,会在疲劳载荷下继续扩展。

通常情况下损伤容限是由树脂主导的性能,选择增韧树脂可以明显改善耐冲击损伤性能。另外,芳纶纤维有极好的韧性和损伤容限性能。在设计阶段,非常重要的一点是意识到潜在的分层隐患并采用足够安全的许用应变设计值,以保证受损结构能够被修理。

1.7　应用

复合材料的应用范围非常广泛并不断扩展。应用对象包括航空航天、汽车、船舶和体育用品,近年来还涉及公共基础设施(见图 1.25)。

---

① RH 为 Relative Humidity 缩写,即相对温度。——编注

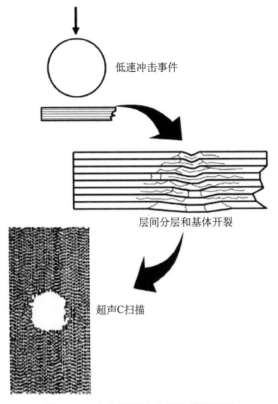

图 1.24 冲击引起的分层和基体开裂

图 1.25 复合材料应用各种各样并不断拓展

　　航空航天应用的实例包括波音777飞机的碳纤维/环氧材料水平尾翼和垂直尾翼。一些更新款的喷气式公务机机体几乎完全采用复合材料制造。小型和大型商用飞机均通过复合材料来实现减重和提升燃油使用效率。重量对军用飞机的性能和有效载重量影响最显著,复合材料用量常达飞机结构重量的20%～30%。几十年来,直升机一直使用玻璃纤维增强桨叶以改善疲劳性能,近年来对复合材料的应用又大量扩展到直升机机体结构。此外,复合材料还在重复使用和一次性使用的运载火箭和卫星结构上得到广泛应用。

　　各大汽车制造商也越来越多地转向复合材料以帮助产品满足性能和重量要求,并通过光滑的模塑制件来实现其造型要求。对商业运输而言,成本是其主要的考虑因素,而复合材料可实现更轻的重量和更低的维护成本。常用的材料为采用液态成形或模压成形的玻璃纤维/聚氨酯复合材料和采用模压成形的玻璃纤维/聚酯复合材料。房车使用玻璃纤维复合材料已有较长历史,主要原因是此类材料比金属更为耐用且可减重。常用的材料形式为玻璃纤维SMC,工艺方法为模压或注射成形。

　　维护是令船舶业头疼且投入大量资金的一个主要问题。复合材料有助于缓解这个问题,主要因为其不像金属那样会腐蚀或像木材那样会腐烂。从小型渔船到大型赛艇,采用玻璃纤维和聚酯或乙烯基酯制造船体极为常见。桅杆常常用碳纤维复合材料制造。复合材料助益于船舶业的另一个实例是玻璃纤维缠绕潜水用气瓶。由于重量比金属瓶更轻,此类气瓶可装入更多的空气。而所需维护则少于金属气瓶。摩托艇和拖船常含玻璃纤维复合材料以减重并减少腐蚀。

　　多年来网球拍一直用玻璃纤维复合材料制造,而许多高尔夫球杆则用碳纤维制造。制造工艺上,网球拍采用模压,高尔夫球杆则采用纤维缠绕。复合材料还可以使雪橇和冲浪板变得更轻,更好和更强。复合材料的另一个应用实例是滑雪板,这方面的应用虽遭遇困难但仍在延续。复合材料滑雪板一般采用夹层结构(复合材料蒙皮和蜂窝芯材),以获得较大的比刚度。

　　采用复合材料来完善道路、桥梁等公共基础设施,是一个较新但令人振奋的应用方向。世界上很多道路和桥梁严重腐蚀损毁,需要不断维护或更新。

　　由于其优异的耐腐蚀性能,复合材料有极长的使用寿命和较少的维护需求。在这方面,材料/工艺的典型范例包括湿法铺叠修理和高度耐蚀的拉挤产品。拉挤成形的玻璃纤维筋被用于增强水泥材料,而一些瓦片也由玻璃纤维材料制成。由于高大树木数量的减少,越来越多的电塔和灯杆采用了复合材料。这些产品常通过拉挤或纤维缠绕来成形。为提高发电效率,大型风力发电机的叶片一般也采用复合材料制造。

1.8　总结

　　先进复合材料由基体和埋入基体的连续或非连续纤维组成。常用的纤维包括玻璃纤维、芳纶纤维和碳纤维。由于性能与成本之间的良好均衡特点，玻璃纤维的商业应用极为广泛。作为有机材料的芳纶纤维具有低密度和优异韧性。而碳纤维在强度和刚度上的综合性能最为出色，但也是三种纤维中最贵的纤维。

基体将纤维固定于恰当位置并保护纤维不受磨损；基体在纤维之间传递载荷并在压缩时支撑纤维。通常用于复合材料的基体材料包含聚酯、乙烯基酯、环氧、双马来酰亚胺、酚醛和聚酰亚胺。其中，聚酯和乙烯基酯在商品市场中占统治地位，而环氧在航空航天市场占统治地位。基体一般决定了复合材料的使用温度上限。玻璃化温度(T_g)是基体的一项重要性能，在该温度下基体从刚性的玻璃态转变为较软的，与橡胶相似的状态。除非使用寿命特别短促，否则基体的使用温度绝不能超过玻璃化转变温度。

市场上提供众多的材料产品形式，无捻粗纱、丝束、有捻纱几乎是所有复合材料最基本的成分。预浸料由浸渍了预定量树脂的无捻粗纱、丝束或有捻纱制成，是一种面向高性能结构应用的主要材料产品形式。预浸料可以单向带或宽幅织物的形式提供。为发挥不同种类纤维的某些性能优势，在一定场合会采用混杂织物形式，如芳纶纤维和碳纤维的混杂(韧性高于纯碳纤维)、玻璃纤维和碳纤维的混杂(成本低于纯碳纤维)等。干态的机织物、缝编织物和可减少铺叠成本的预成形体可供液态成形工艺使用。在对强度性能要求不高的场合，短切纤维(主要为玻璃纤维)会被采用，通过模压(SMC)和注射成形得到产品。

复合材料制造工艺包括：

(1) 预浸料铺叠-铺叠成本高但生产的产品质量最高。预浸料制件通常在热压罐中固化以使产品质量最好。

(2) 纤维缠绕-用于生产旋转体或近似旋转体外形制件的工艺方法。纤维缠绕可采用预浸粗纱或湿法缠绕进行。

(3) 手糊成形(湿法铺叠)-与低温固化的树脂并用能制造很大的结构。对小批量的大型制件而言是非常适用的工艺。手糊成形制件的固化可采用真空袋封装，也可不采用。

(4) 喷射成形-另一种能被用于制造大型制件的工艺方法。由于纤维的随机取向和非连续特点，其力学性能低于用连续纤维预浸料或湿法铺叠制成的制件。

(5) 液态成形-将干态的预成形体置于对模之中并注入树脂，制件在模具内固化。树脂可以在压力下注射或通过真空抽入预成形体中。

(6) 模压成形-另一种采用对模的工艺方法。以 SMC 或 BMC 为原料。按预定量将原料装入模具，加热加压使制件按要求成形并固化。

(7) 注射成形-适合于大批量生产的工艺方法，每年能够生产成百万件的制件。在高压下将用短纤维增强的热塑性或热固性树脂注射到高精度的模具中，然后冷却(热塑性)或固化(热固性)。

（8）拉挤成形-用于制造恒定截面结构件的连续生产工艺方法。通常是将粗纱牵引通过树脂槽，然后进入加热的成形模具并在经过模具时完成固化。固化的制件从模具中拉出后按要求长度进行机械切割。

相比于与之竞争的金属材料，复合材料存在其独特优势，如重量更轻、性能更高和耐腐蚀，因此先进复合材料已成为一个包容多样化并不断成长的行业，其应用覆盖航空航天、汽车、船舶和体育用品，并在近年延伸至公共基础设施领域。复合材料主要的缺点是其成本高。适当选择材料（纤维和基体）、材料产品形式和工艺对最终产品的成本有重大影响。本书其余各章对这些工艺和成本动因加以详述。

致谢

本章包含的大部分信息来自 Ray Bohlmann、Mike Renieri、Gary Renieri 和 Russ Miller 于 2002 年 4 月 15～19 日在荷兰为 Thales 公司举办的一个题为"先进材料和高端整体化结构设计"的培训课程。

参考文献

[1] K Kawabe, H Sasayama, S Tomoda. Prepreg Technology [M]. Hexcel Composites, January 1997.

[2] Walsh P J. Carbon Fibers, in ASM Handbook [M]. Volume 21 Composites, ASM International, 2001, 38.

[3] Mantel S C, Cohen D. Filament Winding, in Processing of Composites [M]. Hanser, 2000.

[4] Groover M P. Fundamentals of Modern Manufacturing-Materials, Processes, and Systems [M]. Prentice-Hall, Inc.

[5] Taylor A. RTM Material Developments for Improved Processability and Performance[J]. SAMPE, 2000, 36(4): 17 - 24.

2 纤维及增强体：提供强度的丝材

复合材料增强体可以是颗粒、晶须或纤维。颗粒无最优取向，对力学性能的改善提供空间最小，经常用作填料降低材料成本。晶须为强度极高的单晶，但很难均匀分散到基体中，与纤维相比，其长度和直径都很小。与颗粒、晶须相比，纤维在轴向非常长，其截面为圆形或接近圆形。纤维在长度方向的性能要显著高于其他方向，因为其制造过程中通常会经历拉拔而使分子取向。这样，当纤维再受到拉伸载荷时，受拉对象更多的是分子链本身，而非纠缠在一起的分子链团。纤维出色的强度和刚度使其成为先进复合材料使用的主流增强体。纤维可以是连续的或非连续的，取决于用途和工艺。

2.1 纤维术语

在对用作复合材料增强体的各种纤维进行讨论之前，先重温一下用于纤维技术领域的主要术语[1]。纤维以多种形式产销：

（1）纤维（fiber）——通常将长度比直径大很多倍的纤细物质统称为纤维，术语"长径比"（纤维的长度除以直径 l/d）经常用来描述短纤维长度，纤维的长径比一般大于 100。

（2）单丝（filament）——纤维状材料的最小单元。对于纺制的纤维，这一基本单元在纺丝过程中通过单个纺丝孔形成，与纤维同义。

（3）股（end）——主要用于玻璃纤维的术语，指长度方向上平行的一组长单丝。

（4）原丝（strand）——另外一个与玻璃纤维有关的术语，指一束或一组未加捻的单丝。连续原丝组成的无捻粗纱有很好的综合工艺性，如浸润（树脂浸透到原丝）速度快，加工过程中受拉均匀且耐磨损等。采用模压成形时，其可被清洁切割并均匀分布到基体树脂之中。

（5）丝束（tow）——类似于玻璃纤维的原丝。该术语用于碳纤维和石墨纤维时，附带有表述"同时生产的无捻单丝数量"的意义。丝束大小经常用 XK 表示，例如 12k 丝束含有 12000 根单丝。

（6）无捻粗纱（roving）——一定数量的股或丝束集合成平行的无捻纤维集束。无捻粗纱可制成短切纤维段用于片状模塑料(SMC)、团状模塑料(BMC)或注射成形。

　　(7) 加捻纱(yarn)——一定数量的原丝或丝束集合而成的平行的加捻纤维集束。加捻改进了可操作性并使加工(如纺织)更为容易,但加捻也降低了强度。

　　(8) 带(band)——由多条无捻粗纱或丝束组成,用于往芯模或其他模具上进行铺放的材料形式,以其厚度或宽度作为表征,是纤维缠绕工艺的常用术语。

　　(9) 单向预浸带(tape)——用有机基体材料(如环氧)将大量平行的单丝(如丝束)结合在一起的复合材料产品形式。单向预浸带的长度沿其纤维方向,远远大于宽度,而宽度远远大于厚度。常见的单向预浸带的长度可达百米以上(几百英尺),宽度为 15.24~152.4 cm(6~60 in),厚度为 0.127~0.254 mm(0.005~0.010 in)。

　　(10) 机织布(woven cloth)——将加捻纱或丝束以不同形式机织而成的复合材料产品形式,可在两个方向上实现增强(一般为 0°或 90°向)。常见的机织布的长度可达百米以上(几百英尺),宽度为 60.96~152.4 cm(24~60 in),厚度为 0.254~0.381 mm(0.010~0.015 in)。

　　下面对不同的纤维类型、工艺和产品形式进行讨论时,还会对其他一些纤维和纺织术语加以介绍。

2.2　玻璃纤维

　　由于成本低、拉伸强度高、耐冲击性能高和良好的耐化学性能,玻璃纤维被广泛应用于民用复合材料制品。但是,其性能仍无法与高性能复合材料所用的碳纤维相匹敌。与碳纤维相比,玻璃纤维模量较低,疲劳性能也有所不如。三种最常用于复合材料的玻璃纤维是:E-玻璃纤维、S-2 玻璃纤维和石英纤维。E-玻璃纤维最为普通和便宜,有较高的拉伸强度[3447 MPa(500 ksi)]和模量[86.9 GPa(12.6 Msi)]。S-2 玻璃纤维的拉伸强度为 4481 MPa(650 ksi),模量为 86.9 GPa(12.6 Msi)。其价格较贵,但在高温下强度比 E-玻璃纤维高出 40%,有更高的强度保持率。石英纤维的价格相当昂贵,是由高纯二氧化硅构成,具有优良介电性能的纤维产品。石英纤维主要用于与电气相关的场合。表 2.1 给出一些在市场上占有重要位置的纤维产品的物理和力学性能。

表 2.1　高强度纤维性能比较

纤维类型	拉伸强度/MPa(ksi)	拉伸模量/GPa(Msi)	断裂伸长率/%	密度/(gm/cm³)	热膨胀系数/(10^{-3}℃)	纤维直径/μm
玻璃纤维						
E-玻璃纤维	3447(500)	75.8(11.0)	4.7	2.58	4.9~6.0	5~20
S-2 玻璃纤维	4481(650)	86.9(12.6)	5.6	2.48	2.9	5~10
石英	3378(490)	6.8.9(10.0)	5.0	2.15	0.5	9

（续表）

纤维类型	拉伸强度/MPa(ksi)	拉伸模量/GPa(Msi)	断裂伸长率/%	密度/(gm/cm³)	热膨胀系数/(10⁻³℃)	纤维直径/μm
有机纤维						
Kelvar - 29	3 619(525)	82.7(12.0)	4.0	1.44	−2.0	12
Kelvar - 49	3 792(550)	131.0(19.0)	2.8	1.44	−2.0	12
Kelvar - 149	3 447(500)	186.1(27.0)	2.0	1.47	−2.0	12
Spectra	3 102(450)	172(25.0)	0.7	0.97	—	27
PAN 基碳纤维						
标准模量	3 447~4 826 (500~700)	223(32.35)	1.5~2.2	1.80	−0.4	6~8
中模量	4 136~6 204 (600~900)	275.8~296 (40~43)	1.3~2.0	1.80	−0.6	5~6
高模量	4 136~5 515 (600~800)	345~448 (50~65)	0.7~1.0	1.90	−0.75	5~8
沥青基碳纤维						
低模量	1 379~3 102 (200~450)	172~241 (25~35)	0.9	1.9	—	11
高模量	1 895~2 757 (275~400)	379~620 (55~90)	0.5	2.0	−0.9	11
超高模量	2 412(350)	689~965 (100~140)	0.3	2.2	−1.6	10

注：仅为性能典型数据，特殊性能请联系制造商。

　　玻璃为无定形材料，是以二氧化硅为主干，与不同氧化物组成的具有特定成分和性能的化合物。玻璃纤维由二氧化硅砂、石灰岩、硼酸和其他微量成分如黏土、煤和萤石制成，在玻璃制造过程中这些成分在干态下混合并在耐火炉中高温下熔融。如图 2.1 所示，有两种工艺被用来制造高强度玻璃纤维[2]。在坩埚法工艺中，先把玻璃的各种配料熔制成小球，经质量筛选后重新熔融制成原丝。在另一种池窑法工艺中，玻璃配料被直接熔融制成原丝。当温度升至 1 260℃(2 300°F)左右时，熔融的玻璃以 54.86 m/s(180 ft/s)的速度流过拉丝孔形成单丝。采用水或喷射空气对原丝进行迅速冷却以得到无定形结构。单丝直径由拉丝孔大小、拉丝速度、温度、熔体黏度和冷却速度所控制。常见玻璃纤维术语中，无捻粗纱通常由多条原丝(或股)集合而成，对于后续工艺，这是一种便利的材料形式。许多纤维增强体都喜用无捻粗纱，因为相比于有捻纱，无捻粗纱有更高的力学性能。无捻粗纱缠于线轴(见图 2.2)上，每个线轴可缠 7.46~18.67 kg(20~50 lb)无捻粗纱。如果玻璃纤维用于机织，通常会对其加捻形成有捻纱，以使纱线在机织操作中有更好的强度。原丝用它们的长度（码/磅）或"旦尼尔"①[9000 m 纤维的质量（g）]表示。另外一个经常遇到的纺织上术语是"支"，指 1000 m 纤维的质量（g）。

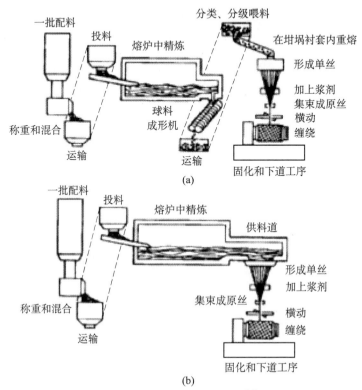

(a)

(b)

图 2.1　玻璃纤维制造工艺[2]

（a）坩埚法工艺　（b）池窑法工艺

图 2.2　玻璃无捻粗纱

原始玻璃单丝很容易受到机械磨损，从而降低强度，因此制造完毕后应立即涂覆上浆剂，以防止纤维在卷绕过程中表面形成划痕和在机织过程中产生机械损伤。上浆剂为极薄的一层，占重仅 1%～2%。上浆剂通常为浆状的润滑剂。在所有的机械操作完成后，用溶剂或热冲刷法除去。上浆剂被去除后，会代之以表面处理剂。表面处理剂可大大改善纤维-基体之间的粘接。例

---

① 　den（旦尼尔），线密度非法定单位，1 den=1 g/9000 m=0.111111 tex。

　　tex（特克斯），线密度法定单位，1 tex=1 g/km。——编注

如有机硅烷偶联剂有一端官能团能与玻璃中的硅烷结构稳定结合，而另一端官能团则能与有机基体稳定结合。偶联剂对于玻璃纤维增强复合材料的性能极为关键。在复合材料的拉伸、弯曲和压缩强度上，偶联剂促成的改善程度可达100%以上。偶联剂也保护玻璃纤维不受水分侵害。一些上浆剂也有偶联剂功能，因而保留在整个制造过程中。市场上有多种不同的上浆剂/偶联剂可供选择。重要的是：所选上浆剂/偶联剂与纤维和基体均能够相容。

抗静电剂和润滑剂也能用来提高与操作和加工相关的特性，例如硬度或柔软度。如果玻璃纤维要短切用于喷射成形，硬度是需关注的性能，因为这与短切的可行性相关。另一方面，纤维如要被用于铺叠操作，可铺覆性和随形性就十分重要，此时会要求纤维具备柔软性。玻璃纤维的最大使用温度范围从 E 玻璃纤维的 499℃（930°F）到石英的 1049℃（1920°F）。

2.3　芳纶纤维

芳纶纤维是强度和刚度介于玻璃纤维和碳纤维之间的真正有机纤维。杜邦公司的 Kevlar 是最常用的芳纶纤维产品。此类芳香聚酰胺属于尼龙一族。Kevlar 是由对苯二胺与对苯二酰氯在有机溶剂中反应制得，所形成的产物为聚对亚苯基对苯二酰胺（芳族聚酰胺）。上述反应为缩合反应，所合成的聚合物在后续工序中还会受到挤压和拉伸。这些聚合物经清洗后被溶于硫酸之中，形成部分取向的液晶。聚合物溶液随后穿越小孔（纺丝孔）被挤出成丝。纤维在溶液中，通过纺拉及穿越纺丝孔而被取向。制成的纤维经洗涤、烘干后卷绕存放。

芳纶纤维实际上是热塑性塑料，玻璃化转变温度 T_g 高于其分解温度。在纤维长度方向上，它们具有通过强共价键结合在一起高度取向的分子链，产生很高的纵向拉伸强度；但在纤维横向，分子链通过较弱的氢键来结合，这导致了较低的横向强度。不同于玻璃和碳或石墨纤维，Kevlar 纤维不做表面处理是因为至今没有开发出得到认可的芳纶纤维表面处理剂。芳纶纤维具有良好的拉伸强度和模量，重量轻，具有优异的韧性和出色的防弹和防冲击性能。但是，由于与基体的粘接状态较差，其横向拉伸、纵向压缩和层间剪切强度较差。类似于碳纤维和石墨纤维，芳纶纤维的热膨胀系数也为负值。

三种最流行的芳纶纤维是 Kevlar 29（低模量）、Kevlar 49（中模量）和 Kevlar149（高模量）。不同品级 Kevlar 的这些差异因制造工艺条件的变化而造成。这些条件决定了高模量和超高模量纤维的结晶度。Kevlar 29 具有高韧性；Kevlar 49 模量较高；而 Kevlar149 具有超高模量。通常的丝束大小范围为每束 134～10 000 根单丝。由于其有机特性，芳纶纤维最大使用温度限定在 177℃（350°F）。与碳纤维的情况相似，芳纶纤维也以不同重量的丝束和有捻纱形式提供，这些产品也可进一步制成机织布或短切纤维毡。然而因纤维极为柔韧，对其切割十分困难，从而带来一些操作问题。由于韧性出色,芳纶纤维常被用于防弹制品。芳纶纤维阻燃,可耐除强酸强碱外的大多数溶剂。但是,芳纶纤维易吸湿受潮。

2.4　超高分子量聚乙烯(UHMPE)纤维

高模量的聚乙烯纤维可通过对高密度聚乙烯进行固态拉伸而制得。此类纤维的使用温度限制为 143℃(290℉)或更低,有良好的耐湿性、耐冲击性和引人注目的介电性能(如介电常数低、损耗角正切低)。由于密度仅为 0.97 g/cm³,超高分子聚乙烯纤维甚至轻于芳纶纤维。其和基体不会形成很强的粘接,导致横向拉伸和压缩强度很差。由于是热塑性纤维,在持续载荷下会发生蠕变。

2.5　碳纤维和石墨纤维

在高性能复合材料结构中,碳纤维和石墨纤维是最普遍使用的纤维类型。目前可生产的碳纤维和石墨纤维的性能范围十分宽广,但一般都呈现出优异的拉伸强度和压缩强度,拥有高模量、出色的疲劳特性且不腐蚀。尽管碳纤维和石墨纤维这两个术语常被互换使用,但石墨纤维:①经受超过 1649℃(3000℉)的热处理;②原子 3D 有序排列;③弹性模量(E)超过 345 GPa(50 Msi)。而碳纤维含碳量较低(93%~95%),热处理温度也较低。

碳纤维和石墨纤维可以用人造丝、沥青或聚丙烯腈(PAN)原丝制造。尽管 PAN 更昂贵,但由于其残碳率几乎为人造丝的 2 倍,因此广泛用于结构碳纤维的制造。采用沥青工艺生产的纤维比 PAN 生产的纤维强度低,但能生产超高模量纤维[345~1000 GPa(50~145 Msi)]。

PAN 制造碳纤维的工艺流程(见图 2.3)为:牵引延伸、热定型(预氧化)、碳化、石墨化和随之进行的表面处理。牵引延伸工序用以帮助分子取向,在整个制造过程中,

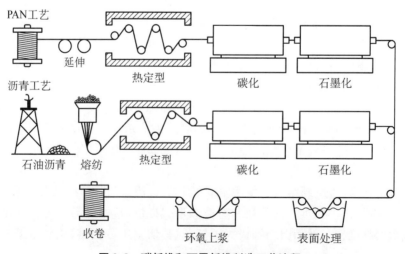

图 2.3　碳纤维和石墨纤维制造工艺流程

始终会使材料保持一定的张力。在 200～300℃（390～570°F）下进行热定型或预氧化，使 PAN 交联并使其结构稳定、防止在碳化过程中 PAN 熔融。热定型在空气中进行，将热塑性的 PAN 转变为非塑性的环化合物或梯形化合物，该化合物可以经受碳化处理的高温[3]。碳化是在 982～1482℃（1800～2700°F）的氮气中将 PAN 转化成碳的过程。在碳化过程中，纤维直径缩小并损失其自身重量约 50%。如要得到真正意义上的石墨纤维，纤维需在 1982～3038℃（3600～5500°F）之间石墨化。石墨化处理可生成结晶度更高的材料结构和更高的弹性模量。最后的一步是在电解碱浴中进行改善纤维-基体粘接效果的表面处理，表面处理在纤维表面添加了能够与聚合物基体粘接的羧基、羰基和羟基。如果纤维要被用于机织，一般在纤维上涂覆上浆剂以保护纤维表面不受机械磨损。

沥青基碳纤维和石墨纤维制造过程中，先在 427℃（800°F）下加热煤焦油沥青 40 h，形成一种分子高度定向的称之为中间相的高黏度液体。取向处理可使沥青易于固结为碳。中间相在纺丝过程中被牵引，通过一小孔，使其分子方向平行于纤维轴向。沥青基纤维随后的基本制造工序与 PAN 基纤维一致，同为：牵引延伸、碳化、石墨化和表面处理。沥青基石墨纤维和用 PAN 制造的碳纤维相比模量较高，强度较低。沥青基高模量石墨纤维模量在 345～1000 GPa（50～145 Msi）之间，常用在要求高刚性的空间结构制件上。对于石墨纤维，其石墨化工艺所用温度越高，导致石墨微晶的取向越接近纤维轴向，微晶的排列就越好，纤维的模量也就越高。然而结晶度高也使纤维剪切性能变弱，导致压缩强度变低。因此高结晶的石墨纤维拉伸和压缩力学性能不均衡。除了模量高和热膨胀低外，沥青基石墨纤维的热传导率很高，可达 900～1000 W/(m·K)。与之相比，PAN 基碳纤维仅为 10～20 W/(m·K)。如此高的导热特性可在空间结构制件上用于传热和散热。高模量石墨纤维也可以用 PAN 工艺制造，但获得的最高模量大约是 586 GPa（85 Msi）[4]。

碳纤维和石墨纤维的强度取决于所用的原丝类型、制造过程中的工艺条件如纤维张力和温度，以及纤维存在的瑕疵和缺陷。碳纤维微观结构中的瑕疵包括内部的微孔和夹杂，表面的沟槽、划痕和黏附残丝，以及诸如条痕和凹陷等不良特征。这些瑕疵对纤维拉伸强度有相当大的影响，但是对模量、导热性或热膨胀几乎无影响[5]。碳纤维和石墨纤维的热膨胀系数一般为微小负值，随模量 E 的提高，负膨胀变得更为显著。使用高模量和超高模量碳纤维导致的一个不利后果是：制造过程中或暴露于外部环境时基体微裂纹的生成可能性会增大，这是因为此类纤维与基体之间的热膨胀系数不匹配程度更为严重。

碳纤维可从不同制造商处购得，其强度和模量的变化范围十分宽广。商业化销售的 PAN 基碳纤维强度范围为 3447～6894 MPa（500～1000 ksi），模量范围在 207～310 GPa（30～45 Msi），伸长率可达 2%。标准模量 PAN 碳纤维性能好，成本较低，而高模量 PAN 纤维所需制造温度较高，因而成本也较高。加热至 982℃（1800°F）制成的 PAN 碳纤维含碳 94%，含氮 6%，而加热至 1260℃（2300°F）后，氮成分被驱除,碳含量可升至 99.7% 左右。较高的处理温度改善了晶体结构及其 3D 特性,从而拉伸模量得以提升。碳纤维直径一般为 0.3~0.4 mil。碳纤维以不加捻的"丝束"形式提供。每束所含纤维数量从 1000 到 200 000 根以上。常见的"12k丝束"这一标号是指该束纤维中含 12 000 根纤维。一般情况下随着丝束大小减少,其强度和成本提高。小丝束 1k 一般不使用,除非性能优势的重要性压倒成本劣势。对航空航天结构而言,常用丝束大小是 3k、6k 和 12k,其中 3k 和 6k 主要用于机织物,12k 用于单向带。需要提及的是,还有一些非常大的丝束(>200k),主要用于民用结构。此类丝束制造完毕后,为便于随后的操作加工将其再分为较小的丝束(例如 48k)。碳纤维的成本取决于制造工艺、所使用的原丝前驱体、所要求的最终力学性能和丝束所用上浆剂。成本从低于 10 美元一磅的大丝束民用纤维到几百美元一磅的小丝束超高模量沥青基纤维。碳纤维和石墨纤维的最高使用温度在氧化氛围中是 499℃(930°F)。

理想的工程材料应该具有高强度、高刚度、高韧性和低重量的优点。碳纤维增强聚合物基复合材料比其他任何材料都更接近满足这些要求。碳纤维在常温下是弹性破坏,耐蠕变和对失效不敏感。除非在强氧化环境中或同某些熔融金属接触,一般呈化学惰性。有出色的减振特性。碳纤维的缺点是:很脆,耐冲击性低;破坏应变低;压缩强度低于其拉伸强度;与玻璃纤维相比,相对昂贵。

2.6 机织物

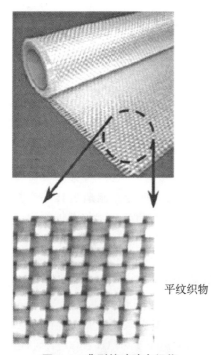

平纹织物

图 2.4 典型的玻璃布织物

市场提供的二维机织物产品(见图 2.4)一般由 0°和 90°纤维构成。偏轴铺层可通过偏转基本的 0°/90°机织物来得到。机织物由织布机将两股正交(相互垂直)的有捻纱交织而成。经向平行于织物卷的展开长度方向,纬向则垂直于卷的展开长度方向。织布机(见图 2.5)生产机织物时,将经纱分开并引入纬纱[6]。各根经纱由综框操控,依次带动综片。纬纱由织梭系统牵引,通过织梭的来回运动来交织形成织物[7]。大多数机织物在其经向和纬向所含纤维量相近且材质相同。但诸如由碳纤维和玻璃纤维构成的混杂织物(见图 2.6),以及由经向纱占主导地位的机织物也时常可见。混杂织物被用于获取特殊性能。例如,为利用芳纶的韧性优势,采用碳纤维和芳纶混杂。或者混杂玻璃纤维和碳纤维,以降低成本。可以购得的宽幅织物商品既包括干态织物,也包括预浸 B 阶树脂的预浸料(见图 2.7)。在大多数应用中,多层 2D 织物是层压在一起的。与单向带层压板一样,织物铺层也按强度和刚度设计要求进行取向。

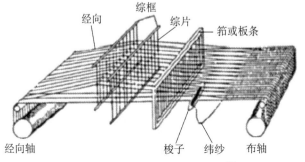

图 2.5 机织工艺基本概念示意[6]

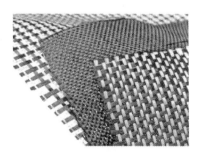

图 2.6 混杂织物样本

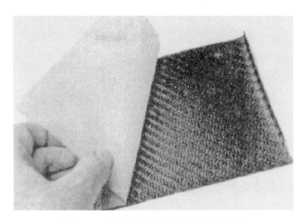

图 2.7 带背衬纸的碳纤维预浸织物

机织物可按交织模式进行分类,如图 2.8 所示。最简单的模式为平纹织法。在平纹织物中,每根经纱和纬纱分别从下一根纬纱和经纱的上方或下方交替地穿过。与其他任何织物相比,平纹织物单位面积的交织点最多,是最为紧凑的基本织物形式,其纤维最不易发生面内剪切运动。因此平纹织物在使用时不易变形,但在复杂形面上难以随形铺覆。在浸胶过程中也较难被树脂浸透。平纹织物的另外一个缺点是每根纱从上到下频繁交换位置,纱的这种波浪形或弯曲状态降低了复合材料的强度和刚度。

方平织物是平纹织物的一种变异形式。该织物中,两根(或两根以上)经纱和两根(或两根以上)纬纱交织在一起。两根经纱跨过两根纬纱的排列方式被称为 2×2 方平组织,但纤维的排列不必是对称的,例如有可能是 8×2、5×4 和其他变化。相比于平纹织物,方平织物的纤维弯曲较少,因此强度有一定提高。平纹织物常用在曲率小的制件上,而在大曲率制件上,会采用五枚或八枚的缎纹织物。

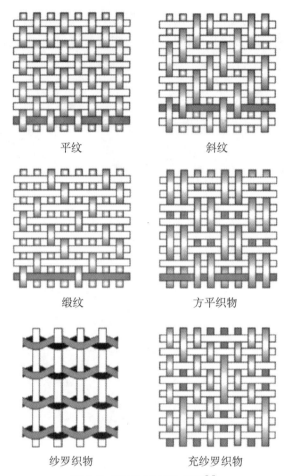

平纹   斜纹

缎纹   方平织物

纱罗织物   充纱罗织物

图 2.8   普通 2D 织物类型[8]

缎纹织物的交织最少,因此,其纤维容易发生面内剪切运动,但有最好的可铺覆性。四枚缎纹织物中经纱跳过三根纬纱然后被压在一根纬纱下。五枚缎纹织物中经纱跳过四根纬纱然后被压在一根纬纱下。而八枚缎纹织物经纱跳过七根纬纱然后被压在一根纬纱下。由于纤维交织少,缎纹织物比平纹织物强度高,单层厚度小,可以形成光滑的制件表面。缎纹织物中八枚织物的可铺覆性最好,但五枚织物一般用 6 k 碳纤维束,因此五枚织物比用 3 k 碳纤维束的八枚缎纹织物要便宜。工业上趋于越来越多地采用价格更低的五枚缎纹织物。

斜纹织物的可铺覆性优于平纹织物,因此会在一些场合得到应用。斜纹织物的突出特点是浸胶时有极好的浸透性。斜纹织物中,一根或多根经纱按一定的重复规则从两根或两根以上纬纱的上方或下方交替地穿过,使织物产生直或断"肋"的视觉效果。

纱罗织物以及充纱罗织物很少用在结构复合材料中。纱罗织物是平纹织物的一种形式。在纱罗织物中,相邻的经纱逐一地绕各根纬纱进行绞合,形成一对螺旋线,从而有效地将纬纱锁定到位。这一织法形成一种极稀疏的低纤维含量织物形式。纱罗织物常用于干态织物的边缘捆扎(见图2.9),以免织物在使用过程中散开。充纱罗织物也是平纹织物的一种形式,该织物中,每隔一定间距(数根纱宽)会有一根经纱背离与纬纱逐一上下交织的常规而与两根以上的纬纱交织。这种情况在纬向也以相似频度发生。所产生的总体结果是织物厚度变大,制件表面更为粗糙并有更多孔隙。机织物常含有示踪纱。例如,常在碳布上每2 in沿经向织入的黄色芳纶示踪纱,可以帮助制造人员在复合材料制件铺叠过程中识别经向和纬向。

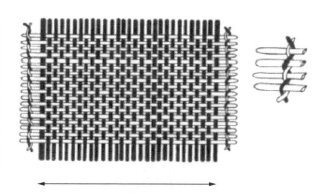

图2.9 纱罗织法平纹布[9]

织物选择涉及制造因素以及最终的力学性能,织物的类型会影响到其尺寸稳定性和对复杂形状表面的随形性(可铺覆性)。比如,缎纹织物就显现出良好的随形性。但令人遗憾的是,良好的随形性和抗剪切变形能力相互排斥而无法兼得。因此,对于复杂形状制件,机织物虽是经常采用的材料选项,但设计者还须意识到,特定的材料取向可能无法在复合曲面或其他复杂曲面上得以维持。也就是说,原本正交的纱束在最终产品上可能不再正交。表2.2给出了几种常用于高性能复合材料的机织物类型。

表2.2 常用于高性能复合材料的机织物类型

织 物	纤维类型	结构 纱数/in 经向×纬向	纤维面密度 /(g/m²)	固化后单层近似厚度[a] /in
120类型	E-玻璃纤维	60×58	107	0.005
7781类型	E-玻璃纤维	57×54	303	0.010
120类型	Kevlar-49	34×34	61	0.004
285类型	Kevlar-49	17×17	170	0.10
8枚缎纹	3k碳纤维	24×23	370	0.014
5枚缎纹	6k碳纤维	11×11	370	0.014

（续表）

织　物	纤维类型	结构 纱数/in 经向×纬向	纤维面密度 /(g/m²)	固化后单层近似厚度[a] /in
5枚缎纹	1k碳纤维	24×24	125	0.005
平纹	3k碳纤维	11×11	193	0.007

a 实际固化后单层厚度取决于树脂体系、树脂含量和工艺条件。

2.7　增强毡

增强毡如图 2.10 所示，用短切原丝或卷缠状的连续原丝制成。增强毡一般由树脂黏结剂黏在一起，常用在均匀截面的中等强度制件上。短切和连续原丝增强毡均可在市场购得，重量范围为 229～1 373 g/m²(0.75～4.5 oz/ft²[①])，并有多种宽度规格。覆面毡为很薄、重量轻的材料，可与增强毡和织物结合使用，提供良好表面光洁度，有效遮盖毡料或织物的纤维织纹。复合毡由一层粗纱织物以及与其化学粘连的短切纤维毡所组成，可从一些玻璃纤维制品生产商处购得。此类产品将双向增强的粗纱织物与随机取向的短切原丝毡结合成一体，形成具备可铺覆性的增强体形式。这在手糊工艺中节省了时间，因为在一次操作中可在模具上铺放两层。除多层的增强体外，在市场上还可以购得其他的复合毡，用以改善制品的表面光洁度。

图 2.10　玻璃纤维增强毡

2.8　短切纤维

短切纤维(见图 2.11)可用于模压和注射成形的制件，以此提升制件强度。市场上可购得的短切纤维长度规格通常为 3.175～50.80 mm(0.125～2 in)，但更短的磨碎纤维和更长的短切纤维也有出售。短切纤维和树脂及其他添加剂混合成模塑料，用于模压成形或注射成形、封装和其他工艺。市售的含不同表面处理剂的短切玻璃增强体可确保与大多数热固性和热塑性树脂体系的最佳匹配。较短的短切纤维适

① oz(盎司)，质量的非法定单位，1 oz＝28.349 g。——编注

合与用于注射成形的热塑性树脂混合,较长的短切纤维适合与用于模压成形和树脂转移成形的热固性树脂混合。在封装工艺和注射工艺中,磨碎纤维兼具增强性能和加工的便利性。磨碎纤维是 0.793 ~ 3.175 mm长(1/32~1/8 in)的玻璃纤维,常用作强度要求低或适中的热塑性制件增强体,也用作填充剂和胶黏剂的增强体。

图 2.11　短切玻璃纤维

2.9　预浸料制造[10]

在制造过程中,树脂要经过几个阶段。树脂一般为批量制造,在批量制造过程中,各组分放置到混合器中(见图 2.12),并且缓慢加热到 A 阶或最初的混合状态,

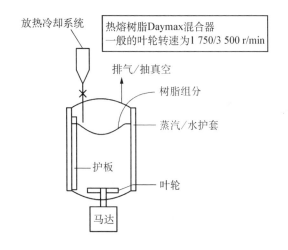

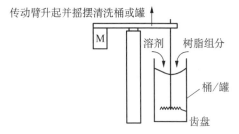

图 2.12　树脂混合示意

此时树脂黏度非常低,可以流动并浸透纤维。由于复合材料基体中所用树脂和固化剂的反应活性会比较高,在混合过程中,为了防止反应热过剧而造成火灾,仔细控制混合温度十分关键。一些化合物在加入主混合体前,可能需要预混合。树脂混合后一般放于塑料袋中冷冻储存,需要时取出以供预浸工序使用,或以树脂产品形式发送至湿法纤维缠绕、液态成形或拉挤成形等工艺现场。

　　预浸料是先进复合材料制造中最常用的原材料形式,一般由埋入B阶树脂的一层纤维组成,如图2.13所示。大卷包装的1219 mm(48 in)幅宽碳纤维/环氧树脂单向带如图2.14所示。一些制造商会采用包含多个层的预浸料产品,但只有在带来的好处能够抵消额外的成本耗费时方会如此。在预浸过程中,树脂会变成B阶状态,即在室温时是半固态,在固化过程中熔融和流动。B阶树脂一般带有黏性,铺叠过程中,黏性可以使预浸料相互粘贴或与模具零件粘贴。由于树脂处于持续变化(如化学反应)状态,若不保存于冷库中,其反应程度及与反应程度相关的黏性和流动特性均会发生改变。

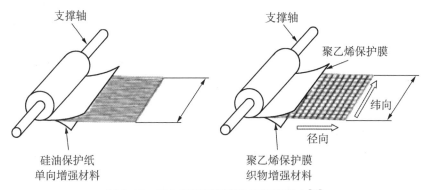

图2.13　复合材料预浸带和宽幅预浸布[11]

图2.14　1219 mm(48 in)宽碳纤维/环氧树脂预浸料商品

来源于波音公司

预浸料的主要参数为：纤维类型、纤维形式（如单向带或织物）、树脂类型、纤维面密度（FAW）、树脂含量（RC）和固化后单层厚度（CPT）。纤维面密度即单位面积上的纤维质量，一般用 g/m^2 表示。树脂含量为预浸料中的树脂重量百分比，它不一定是固化后制件的树脂含量。一些预浸料所带的树脂量大于实际需要（如 42%），多余树脂会在固化过程中被吸除，最终制件的树脂重量含量为 28%～30%。另一些预浸料称为零吸胶预浸料，其所带的树脂量几乎与固化后最终制件的树脂含量相等。因此对这类产品形式不需要吸除过量树脂。固化后单层厚度定义为零件中单个铺层的厚度，用英寸表示。应该注意到固化后单层厚度取决于零件外形，特别是零件厚度和用户所用的工艺条件。

预浸料通常以粗纱（或预浸丝束）、单向带或织物布提供。预浸粗纱是预浸纤维束，主要用于纤维缠绕或纤维铺放工艺。如其名称所示，单条的纤维纱束在浸胶过程被树脂浸渍。两种工艺所用的预浸粗纱产品的横截面均为扁平长方形，宽度为 2.54～6.35 mm（0.10～0.25 in）。该材料以卷提供，每卷材料的长度最大可达 6 096 m（20 000 ft）。单向预浸带由多束浸渍了树脂的平行纤维组成，通常的纤维面密度为 30～300 g/m^2，其中最常见的面密度值为 95、145 和 190，对应的固化后单层厚度为 0.0889、0.127 和 0.1905 mm（0.0035、0.005 和 0.0075 in），宽度为 152.4～1 524 mm（6～60 in）。自动铺带机一般使用 152～304 mm（6～12 in）宽的单向带材料，而宽度更大的 1 524 mm（60 in）宽幅预浸带则通过机器剪裁成铺层形状后用于手工铺叠。预浸布是预浸了树脂的机织布。因为预浸布主要用于手工铺叠材料一般以宽卷提供，最大宽度也可达 1 524 mm（60 in），以此减少制件内部的铺层拼接数量。预浸布一般比单向预浸带纤维面密度高，而且固化后单层厚度更厚，如每层 0.037 mm（0.0014 in）。

预浸可以通过热熔浸胶法、树脂膜法和溶剂浸胶法来完成。在热熔浸胶中，先将纤维从纱架上引出、校直，再浸渍熔融的树脂，快速冷却后收卷（见图 2.15）。更新

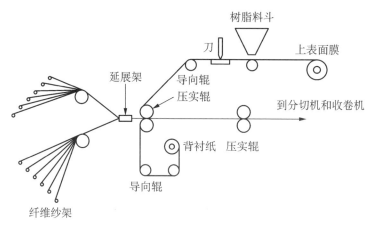

图 2.15　热熔融树脂浸胶工艺

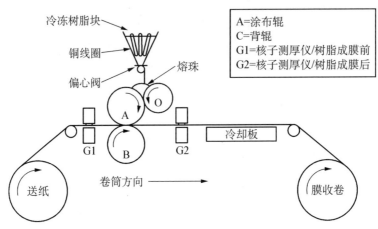

图 2.16　树脂膜工艺[10]

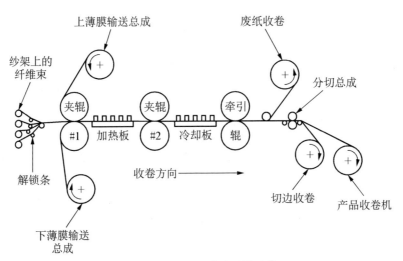

图 2.17　用树脂膜的热熔融带

的树脂膜工艺由两步不同的操作工序组成。首先如图 2.16 所示,将树脂按要求厚度成膜于背衬纸上。收卷的树脂膜可直接送至预浸操作工序,也可冷藏备用。目前大多数预浸料都用树脂膜工艺制造,这种技术使树脂含量和纤维面密度得到了更好的控制。典型的树脂膜重量范围为 $20\sim80\,\mathrm{g/m^2}$,制膜速度最高可达 12.2 m/min(40 ft/min)。树脂膜做好进入预浸工序的准备后,被送至另一独立的加工设备(见图 2.17)。在此设备上,纤维的上下表面均被带树脂膜的背衬纸所覆盖,通过加热和夹辊所施压力来实现树脂的预浸。同时,纤维、树脂膜和上下背衬纸通过生产线被牵引。

　　在材料通过第二组夹辊后,立即冷却以提高树脂黏度并生成半固态预浸料。在设备出口处,预浸料上方的衬纸被移除丢弃,边缘用分切机刀片修直,制造完毕的预浸料收卷到卷轴之上。预浸工艺的行进速度大致在 2.4～6.1 m/min(8～20 ft/min)的范围,预浸料宽度可达 1.52 m(60 in)。

作为第三种方法的溶剂浸胶法(见图 2.18)基本只用于丝束预浸料、机织物或不适宜于热熔法而必须被溶于溶剂的高温树脂(如聚酰亚胺)。这种工艺的缺点是剩余的溶剂会保留在预浸料中,从而引起固化过程中的挥发物问题。因此,采用热熔法或树脂膜法制造单向预浸带和预浸织物近年来已成为趋势。溶剂法通过一条处理流水线来进行作业。纤维先从卷轴上拉入含有树脂溶液(环氧的常用溶剂是丙酮)的浸胶槽,然后再牵引通过一组受控的夹辊以控制树脂含量。对 1.52 m(60 in)宽材料,典型的行进速度是 3～4.6 m/min(10～15 ft/min)。纤维然后进入热空气烘箱,烘箱帮助蒸发大部分的溶剂并通过树脂分子链的增长来对黏性进行控制。在烘箱的末端,预浸料的一侧覆以起隔离作用的塑料膜并收卷。一些产品在这个阶段要求压实使织物致密,而另有一些产品在通过处理流水线后可能发生变形,需要在拉幅机上返工,拉幅机拉动织物,将其拉至恢复平直。

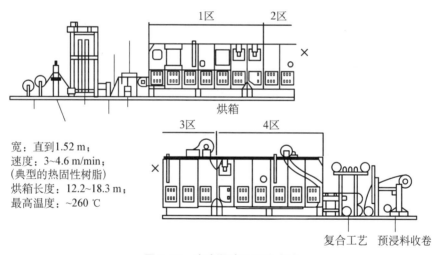

宽：直到1.52 m；
速度：3~4.6 m/min；
(典型的热固性树脂)
烘箱长度：12.2~18.3 m；
最高温度：~260 ℃

图 2.18 溶液浸胶处理流水线

2.10 总结

由于玻璃纤维的成本低,拉伸强度高,耐冲击性能高和良好的耐化学性,被广泛应用于民用复合材料制品。但是,玻璃纤维的性能仍无法与高性能复合材料所用的碳纤维相匹敌。与碳纤维相比,其模量相当低,且疲劳性能差。三种最常用于复合材料的玻璃纤维是 E-玻璃纤维、S-2 玻璃纤维和石英纤维。

芳纶纤维具有良好的拉伸强度和模量,其重量轻,具有优异的韧性和出色的防弹和耐冲击性能。然而由于与基体的粘接差，其横向拉伸强度、纵向压缩强度和层间剪切强度相对较差。

在高性能复合材料结构中，碳纤维和石墨纤维是最常用的纤维类型。目前可生产的碳纤维和石墨纤维的性能范围十分宽广，它们一般呈现出优异的拉伸强度和压缩强度，具备高模量和出色的疲劳特性，并且不易被腐蚀。碳纤维和石墨纤维可采用人造丝、沥青和聚丙烯腈(PAN)原丝前驱体制造，但人造丝因其低产出和高成本而使用很少。PAN基碳纤维强度范围为 $3\,447{\sim}6\,894\,MPa(500{\sim}1\,000\,ksi)$，模量范围为 $207{\sim}310\,GPa(30{\sim}45\,Msi)$，伸长率高达 2%，可以商业化采购。沥青基高模量石墨纤维模量在 $345{\sim}1\,000\,GPa(50{\sim}145\,Msi)$ 之间，常用在要求高刚性的空间结构件上。

二维机织物产品一般由 $0°$ 和 $90°$ 纤维构成。机织物由织布机将两股正交(相互垂直)的有捻纱(经纱和纬纱)交织而成。经向平行于织物卷的展开长度方向，纬向则垂直卷的展开长度方向。织物可以按照交织的模式分类，包括平纹织物、方平织物、缎纹织物、斜纹织物、纱罗织物和充纱罗织物。在市场上还可以购得增强毡(短切纤维毡及卷缠状连续纤维毡)和短切纤维，用于力学性能要求较低的制件。

预浸渍是供应商将预先定量并经过适当处理的树脂浸渍到纤维上的工艺过程。预浸可以通过①热熔浸胶；②树脂膜法；③溶剂浸胶完成。热熔浸胶已经在很大程度上被树脂膜工艺替代，因为树脂膜法产品质量更好，而且质量可以得到更严格的控制。溶剂浸胶法用于不适合热熔浸胶法和树脂膜法的材料，但残留溶剂会在固化过程中造成孔洞和孔隙等制造问题。

增强纤维可以以干态的未浸胶形式提供，也可以以能直接用于铺叠的预浸料形式提供。预浸料的铺叠问题将在第 5 章"铺叠"中讨论。而用于液态成形的干态预成形体制造技术将在第 9 章"液态成形"中涉及。

参考文献

[1] Price T L, Dalley G, McCullough P C, et al. Handbook：Manufacturing Advanced Composite Components for Airframes [R]. Report DOT/FAA/AR‐96/75, Office of Aviation Research, April 1997.

[2] Strong A B. Fundamentals of Composite Manufacturing：Materials, Methods, and Applications [M]. SME, 1989.

[3] Tsai Jin-Shy. Carbonizing Furnace Effects on Carbon Fiber Properties [J]. SAMPE Journal, May/June 1994.

[4] "Pitch Fibers Take The Heat (Out)", High Performance Composites [M]. September/December 2001.

[5] Schultz David A. Advances in UHM Carbon Fibers [J]. SAMPE Journal, March/

April 1987.

[6] Backer S. Textiles: Structures and Processes, in The Encyclopedia of Materials Science and Engineering [M]. Pergamon Press, 1986.

[7] Gutowski T G. Cost, Automation, and Design, in Advanced Composites Manufacturing [M]. Wiley, 1987.

[8] SP Systems Guide to Composites [M]. GTC - 1 - 1098 - 1.

[9] Fabrics and Preforms, ASM Handbook [M]. Volume 21, Composites, ASM International, 2001.

[10] Smith C, Gray M. ICI Fiberite Impregnated Materials and Processes—An Overview [R]. unpublished white paper.

[11] Hexcel Product Literature. Prepreg Technology [M]. 1997.

3 热固性树脂：维系丝材的胶黏剂

基体的作用是将纤维按一定的排列规则胶接在一起，并保护它们免受环境影响。基体将载荷传递到纤维，并在承受压缩载荷时防止由于纤维微屈曲造成过早的破坏。复合材料的韧性、损伤容限、耐冲击和耐磨损性能来自于基体。基体的性能还决定了复合材料的最高使用温度、耐湿性、耐流体性、热稳定性和氧化稳定性。

先进复合材料聚合物基体可分为热固性和热塑性。热固性是低分子量、低黏度的单体（≈2000 cP），在固化过程中转化成三维（3D）交联的不溶不熔结构。交联是化学反应的结果，这一反应为其自身产生的热量或外部热源所驱动（见图3.1）。随着固化进行，反应加速，分子重排的可行空间变小，从而分子的运动能力减弱，材料的黏度增大。树脂凝胶后变为橡胶状固态，不能再熔融。进一步加热可产生更多交联直至树脂完全固化。固化的全过程如图 3.2 所示。由于热固性材料的固化是热驱动下的化学反应事件，因此固化过程所延续的时间相当长。与之不同，热塑性材料（见图 3.3）被加热后不发生化学交联，因此无须长时间的固化。热塑性材料是可被熔融再冷却固化的大分子量聚合物，可通过重新加热来再次成形或

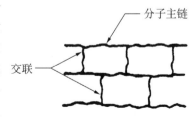

图 3.1　热固性交联结构

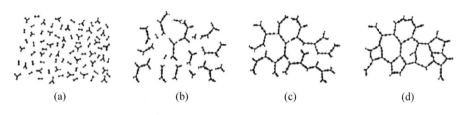

  (a)   (b)   (c)   (d)

图 3.2　热固性树脂固化步骤[1]

(a) 反应前的聚合物和固化剂　(b) 固化开始分子尺寸增大
(c) 凝胶形成完整的网络　(d) 完全固化和交联

连接。然而由于热塑性材料固有的高黏度和高熔点特点，加工时一般需要很高的温度和压力。本章集中讨论热固性体系，热塑性材料的内容则安排在第 11 章"热塑性复合材料"中。

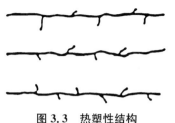

图 3.3 热塑性结构

3.1 热固性基体

热固性复合材料基体包括聚酯、乙烯基酯、环氧树脂、双马来酰亚胺、氰酸酯、聚酰亚胺和酚醛树脂。环氧树脂目前是用于低温和中温[最高为 135℃(277℉)]环境的主导树脂。双马来酰亚胺的主要使用温度范围为 135～177℃(275～350℉)。当应用对象的使用温度很高时(高达 288～315℃，550～600℉)，一般选用聚酰亚胺材料。聚酯和乙烯基酯的使用温度与环氧树脂相近，在民用领域得到相当广泛的应用，但因为其性能较差，很少用作高性能复合材料基体。氰酸酯相对较新，是可以用来与环氧树脂和双马来酰亚胺竞争的一类树脂，其优点在于较低的吸湿量和引人注目的电性能，但价格明显高得多。酚醛为高温树脂体系，阻烟和阻燃性能出色，经常用于飞机内饰制件。由于其残碳率高，也可以用作烧蚀体，或用作碳—碳(C—C)制件的前驱体。

3.2 聚酯树脂

聚酯广泛应用于民用领域，但在高性能复合材料中的应用极为有限。尽管比环氧树脂成本低，但一般而言，其耐温性能和力学性能低、耐候性差、固化过程中收缩大。聚酯通过加成反应固化，在不饱和碳—碳双键(C=C)处发生交联。常规的聚酯至少由三组分组成：聚酯、交联剂如苯乙烯、引发剂。引发剂一般为过氧化物，例如甲基乙基酮过氧化物(MEKP)，或过氧化苯甲酰(BPO)。苯乙烯用作交联剂，同时也可起到降低黏度，改善工艺性的作用。苯乙烯不是唯一的固化剂(交联剂)，还有其他一些固化剂，包括乙烯基甲苯、氯苯乙烯(赋予阻燃性)、丙烯酸甲酯(改善耐候性)和具有低黏度并且通常用于预浸料的邻苯二甲酸二烯丙酯。饱和聚酯的性能强烈依赖于所用的交联剂或固化剂。聚酯的一个主要优点是其可配制成既能在室温下固化也能在高温下固化，从而有极宽的工艺适用性。

典型聚酯(见图 3.4)的基本化学结构含有酯基团和一个不饱和双键反应基团(C=C)，聚酯一般是黏稠液体，由聚酯单体及溶剂组成，溶剂通常为苯乙烯。苯乙烯的

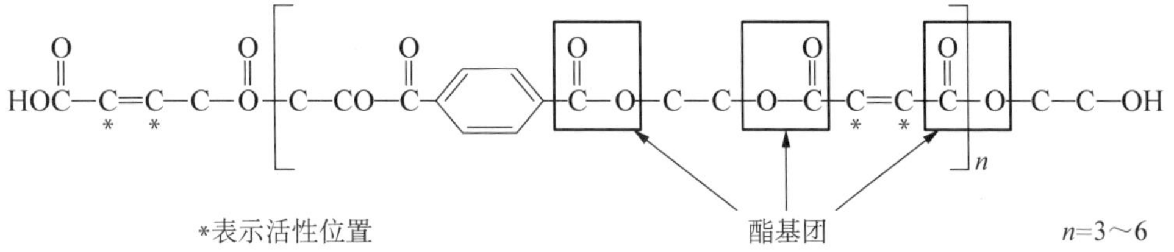

$$\text{HOC-C=C-C-O-C-CO-C} \bigcirc \text{C-C-O-C-CO-C=C-C-O-C-C-OH}$$

*表示活性位置   酯基团 $n=3\sim6$

图 3.4 典型聚酯化学结构[2]

含量可高达50%,其既可降低溶液黏度改善工艺性,又可与聚酯分子链发生反应而形成刚性的交联结构。采用苯乙烯形成的交联聚酯网络状分子结构在图3.5中示出。因为聚酯适用期有限,且在室温下经长时间后会凝固或成凝胶,加入少量的阻聚剂如对苯二酚,可减慢反应速率并延长外置时间。实际应用中,仅含聚酯和苯乙烯的溶液聚合反应过慢,一般会添加少量的促进剂或催化剂来加速反应。催化剂在树脂临使用前加入以引发聚合。催化剂实际上不参加化学反

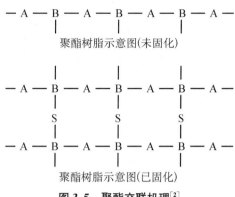

图3.5 聚酯交联机理[2]

应,只是激活反应过程。也可加入促进剂例如环烷酸钴、二乙基苯胺和二甲基苯胺以加速反应。市场提供的单体和固化剂种类繁多,其物理和力学性能的可选范围十分广阔。例如苯环提高了刚性和热稳定性。

乙烯基酯(见图3.6)与聚酯非常类似,但仅在分子链端头有反应基团,因此导致交联密度更低。一般乙烯基酯要比交联密度更高的聚酯更韧。另外由于酯基团易水解,而乙酸乙烯酯和聚酯相比所含的酯基更少,因此更耐水降解和湿气。

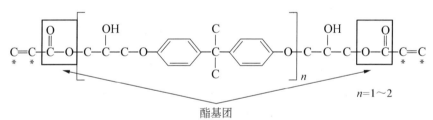

酯基团

图3.6 乙烯基酯结构[2]

＊表示活性位置

3.3 环氧树脂

环氧树脂是最常见的高性能复合材料基体材料和胶黏剂材料,包括强度、粘接性、收缩性和工艺适用性在内的综合性能十分优异。市售的环氧基体和胶黏剂可以简单到只包含一种环氧组分和一种固化剂,但多数产品会包含一种主要环氧组分,1～3种次要环氧组分和一种或两种固化剂。添加的次要环氧组分用于调控黏度,改善高温性能,降低吸湿量或提高韧性。在航空航天工业上主要应用的有两种环氧树脂体系①双酚A二缩水甘油醚(DGEBA),广泛应用在纤维缠绕、拉挤工艺和一些胶黏剂中;②四缩水甘油亚甲基二苯胺(TGMDA),也称为四缩水甘油基- 4,4 -二氨基二苯甲烷(TGGDM),是许多商品化复合材料基体体系所采用的主要环氧组分。

环氧基团或环氧乙烷环为交联发生部位：

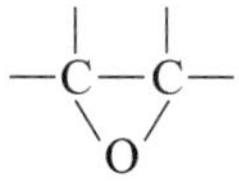

$$-\overset{|}{\underset{\displaystyle \diagdown\!O\!\diagup}{C}}-\overset{|}{C}-$$

这种三原子的环氧基团通常在缩水甘油基醚或缩水甘油胺中存在，或为脂肪族环的组成部分（见图 3.7）[3]。环氧树脂的固化依赖于环氧乙烷环的打开及其与固化剂的交联。缩水甘油基醚和胺主要用于复合材料，而脂肪族环环氧树脂广泛用于电气产品，也可作为一种次要环氧组分用于复合材料基体体系。应该强调：固化后的环氧树脂性能强烈依赖于使用的特定固化剂。环氧树脂与聚酯一样，可配制成既能在室温固化也能在高温固化。

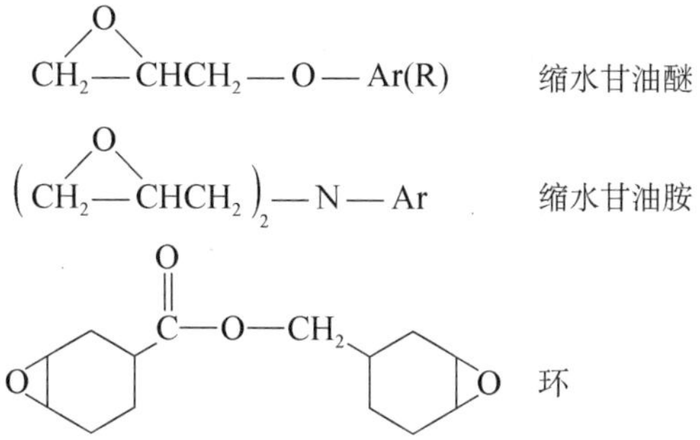

$$CH_2-CHCH_2-O-Ar(R) \qquad 缩水甘油醚$$

$$\left(CH_2-CHCH_2\right)_2-N-Ar \qquad 缩水甘油胺$$

环

图 3.7　典型环氧树脂[3]

DGEBA 是应用最广泛的环氧树脂类型（见图 3.8）。由于能以不同黏度的液态形式提供，经常应用于纤维缠绕和拉挤工艺。DGEBA 是双官能团环氧树脂（即带有两个能反应的环氧端基），可以是液态或固态。如果平均聚合度 n 在 0.1～0.2 之间，是液态，黏度范围在 6 000 到 16 000 cP；当 n 接近 2 时，变成固态；当 n 远大于 2 时，由于交联密度太低，不适宜用作复合材料基体。平均聚合度对黏度的影响作用如表 3.1 所示。

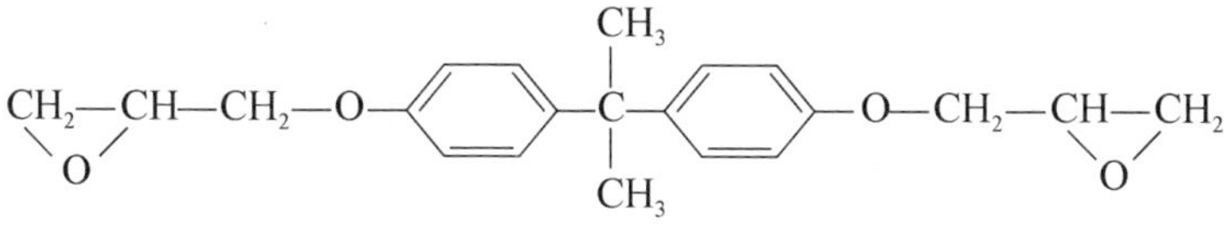

图 3.8　双酚 A 缩水甘油醚[2]

表 3.1　重复单元对 DGEBA 树脂的环氧当量 WPE 和黏度的影响

平均聚合度 n	环氧当量	黏度或熔点
0	170～178	4～6 000 cP
0.07	180～190	7～10 000 cP
0.14	190～200	10～16 000 cP

（续表）

平均聚合度 n	环氧当量	黏度或熔点
2.3	450~550	65~80℃
4.8	850~1000	95~105℃
9.4	1500~2500	115~130℃
11.5	1800~4000	140~155℃
30	4000~6000	115~165℃

由于以芳族胺为基础,缩水甘油胺包含更多的官能团(即 3 或 4 个具反应活性的环氧端基)。最重要的缩水甘油胺是 TGMDA,也称为 TGGDM,如图 3.9 所示。该材料作为一种基本树脂被大量用于商品化环氧基体体系。其多官能团(四官能团)特点导致了高度交联的结构,从而呈现出高强度、高刚性和耐高温性。该树脂可有不同黏度,市场供应的是 MY-720(黏度为 8600~18000 cP)和 MY-721(黏度为 3000~6000 cP)[5]。在一些注重韧性(剥离强度)的胶黏剂体系中,供应商将双官能团 DGEBA 和四官能团 TGMDA 混合,以使固化后胶黏剂具有更好的柔韧性。其他几种较少使用的主要环氧组分如图 3.10 所示。线型酚醛一般为高黏度液体或半固态,常和其他环氧树脂混合以改善工艺性能。

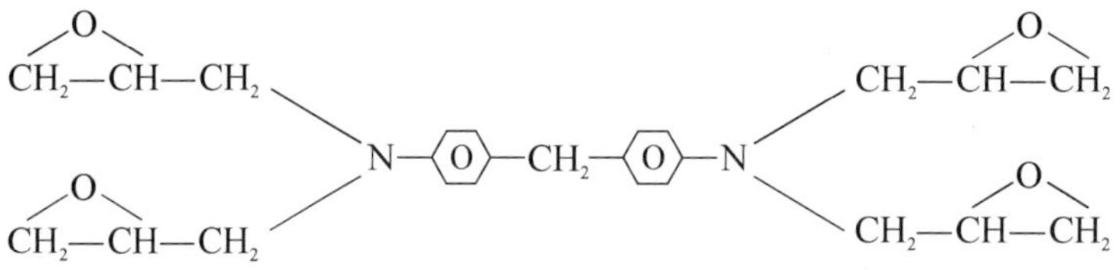

图 3.9　缩水甘油胺(TGMDA)[4]

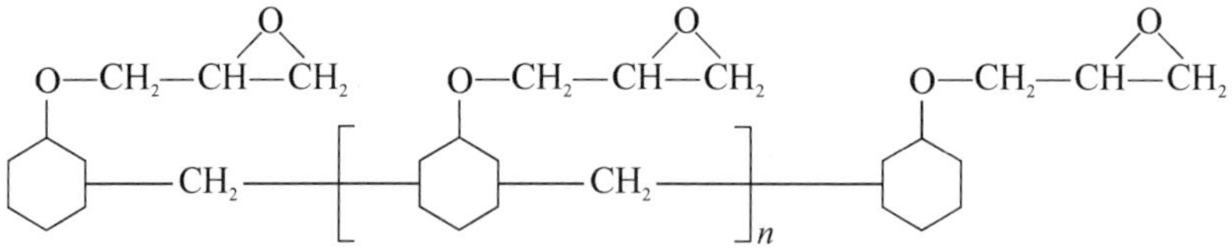

苯酚-甲醛线形酚醛聚缩水甘油基醚

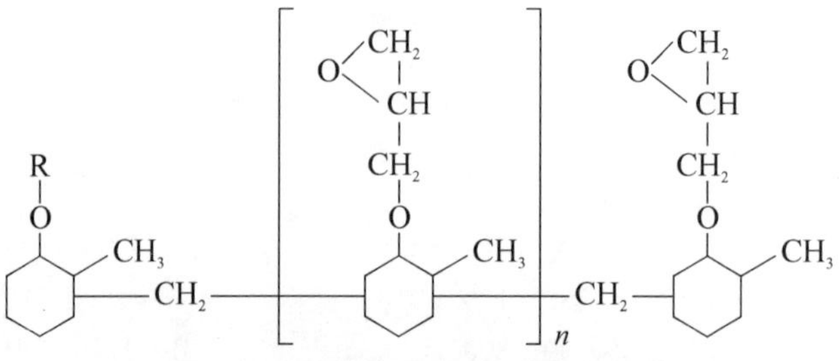

O-甲酚甲醛线形酚醛聚缩水甘油基醚

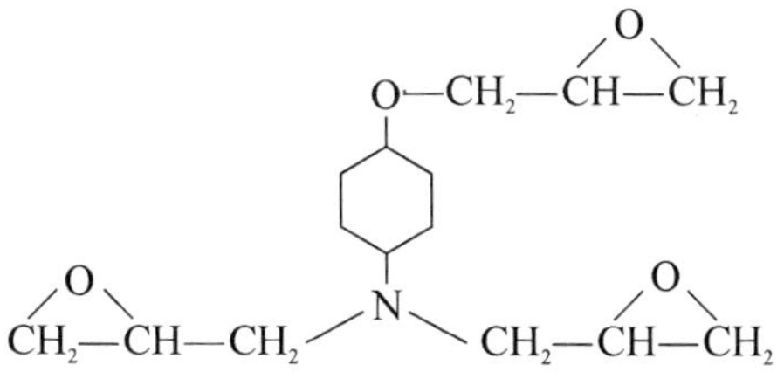

尿酸三缩水甘油酯的P–氨基苯酚

图 3.10　主要环氧树脂

常会在基体体系中添加次要环氧组分来改善工艺性能（黏度），并改善固化后材料的高温特性或其他性能。典型的次要环氧组分包括胺系酚、线型酚醛、环脂族等等。一种广泛使用的环氧基体体系的组分[6]如表 3.2 所示。

表 3.2　环氧基体体系的组分

组　分	总重量百分比/%	组　分	总重量百分比/%
缩水甘油胺 TGMDA	56.5	4,4′-二氨基二苯砜（DDS）	25.0
脂环族二环氧羧酸酯	9.0	三氟化硼胺络合物（BF$_3$）	1.1
环氧甲酚酚醛	8.5		

这里 TGMDA 是主要环氧组分，脂环族二环氧羧酸酯和环氧甲酚酚醛是两种次要环氧组分，固化剂是 DDS 和 BF$_3$。

有时会在环氧体系中加入稀释剂来降低黏度，延长储存期和适用期，减少放热和减小收缩。稀释剂一般用量极少（3%～5%），因为其含量再高会降低固化后体系的力学性能和热性能。常用的稀释剂包括丁基缩水甘油醚、甲苯基缩水甘油醚、苯基缩水甘油醚和脂肪族醇缩水甘油醚。

可用于环氧树脂的固化剂种类繁多。但最常用于胶黏剂和复合材料基体的固化剂包括脂肪族和芳香族胺、酸酐和催化型固化剂[3]。

脂肪族胺的反应活性很大，反应可以释放足够的热量使树脂体系可在室温或稍高于室温的温度条件下固化。事实上，如果大量混入脂肪族胺，所放出热量之大足以引起火灾。由于材料为室温固化体系，其高温性能低于高温固化的芳香族胺体系。此类体系是许多室温固化胶黏剂的构成基础。有时为改善其高温性能，可先使材料在室温下固化，然后在高于室温的条件下对其进行二次固化。常用的脂肪族胺固化剂如图 3.11 所示。

芳香族胺需要高温固化，一般在 121～177℃（250～350°F）获得完全固化，此类固化剂广泛用于一般基体树脂、纤维缠绕用树脂和高温胶黏剂的固化。芳香族胺产生的结构强度更高、收缩更小且耐温性更好，但韧性比脂肪族胺差。虽然也存在某

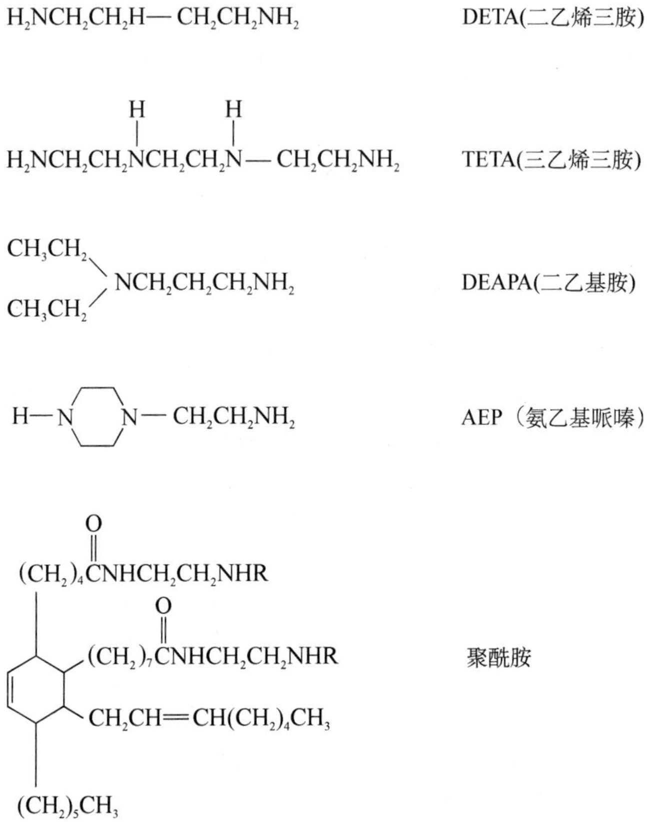

$H_2NCH_2CH_2H$ — $CH_2CH_2NH_2$ 　　　　　DETA(二乙烯三胺)

$H_2NCH_2CH_2NCH_2CH_2N$ — $CH_2CH_2NH_2$ 　　　　TETA(三乙烯三胺)

DEAPA(二乙基胺)

H — N　N — $CH_2CH_2NH_2$ 　　　　　AEP（氨乙基哌嗪）

聚酰胺

图 3.11　脂肪族胺固化剂[3]

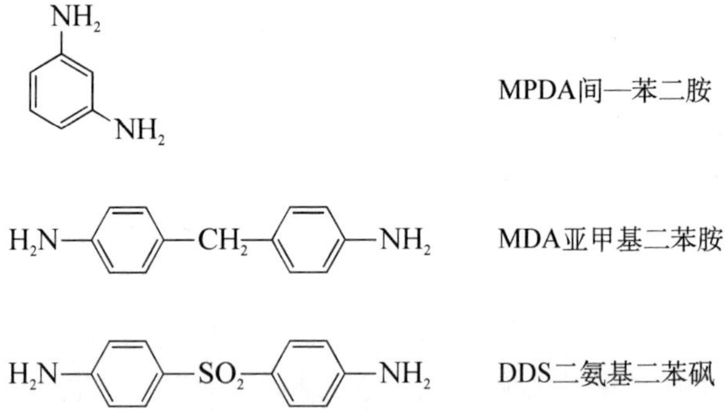

MPDA间—苯二胺

MDA亚甲基二苯胺

DDS二氨基二苯砜

图 3.12　芳香族胺固化剂[3]

些低熔点的液态产品,但一般而言芳香族胺类固化剂在室温下为固态,使用时须加以熔融。三种主导的芳香胺固化剂如图 3.12 所示[3]。迄今为止用于复合材料基体和大多数高温环氧胶黏剂的最常见的固化剂是 DDS(二氨基二苯砜)。应该指出,用在高温聚酰亚胺 PMR-15 和偶尔用在环氧树脂中的固化剂亚甲基二苯胺,是一种可能的致癌物质,会随呼吸被吸入或通过皮肤吸收。

酸酐固化剂要求高温和长时间来实现完全固化。其特点是适用期长和放热量低[3],可产生良好的高温性能和耐化学性能,且具有良好的电性能。酸酐固化剂能与环氧树脂混合降低黏度。酸酐固化剂一般需要添加催化剂,以使反应快速进行。在固化过程中一个酸酐基团和一个环氧基团发生反应。酸酐固化剂易吸湿,吸收的湿气会抑制固化反应。主要的酸酐固化剂如图 3.13 所示,其中最常用的是纳迪克甲基酸酐(NMA)。

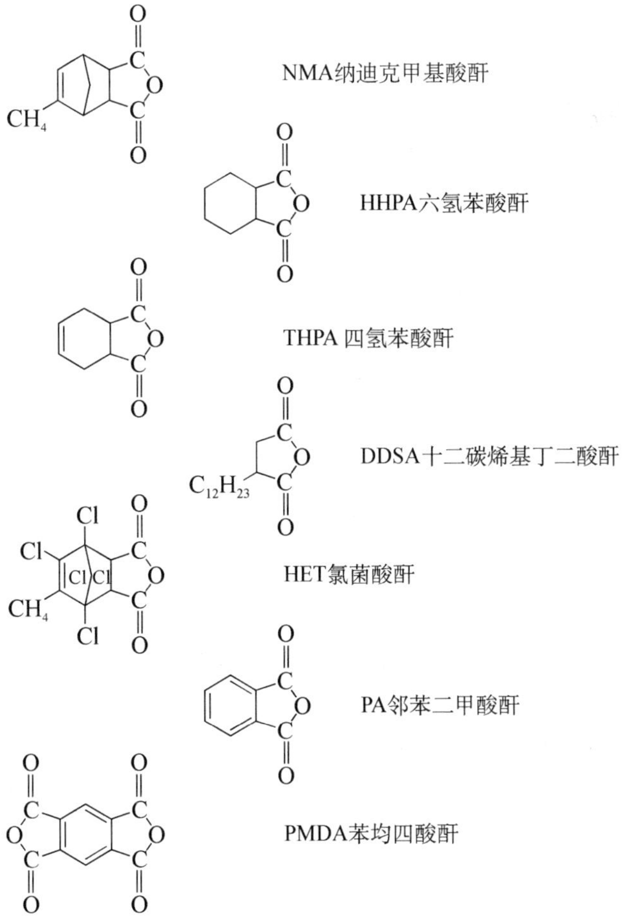

NMA纳迪克甲基酸酐

HHPA六氢苯酸酐

THPA 四氢苯酸酐

DDSA十二碳烯基丁二酸酐

HET氯菌酸酐

PA邻苯二甲酸酐

PMDA苯均四酸酐

图 3.13　酸酐固化剂[3]

诸如 BF₃ 等催化剂可促进环氧-环氧或环氧-羟基反应[3],虽不用作交联剂,但会产生非常紧密的交联结构。其特点是贮存期较长。三氟化硼单乙胺(FB₃：MEA)是一种典型的催化固化剂,是一种路易斯酸,一般和少量(1~5 phr)的其他固化剂(例如DDS)一起使用,来降低流动性和改善复合材料基体的工艺性能。此类材料是一种潜伏性固化剂,适用期长,需要在 93.3℃(200℉)或更高温度下才开始固化,然而一旦固化开始,会进行得非常快。另外一类催化固化剂是路易斯碱,常用作酸酐固化剂的促进剂。双氰胺也是用于预浸料和胶黏剂的重要潜伏性固化剂。其为固体粉末,须完全与树脂混合来实现均匀的固化。主要的催化剂和潜伏性固化剂如图 3.14 所示。

$BF_3 \cdot NH_2CH_2NH_3$ BF₃:MEA(三氟化硼单乙胺)

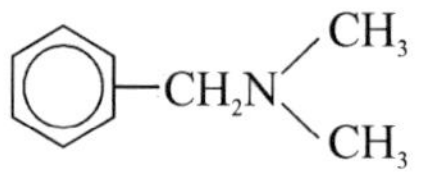

BDMA(苄基二甲基胺)

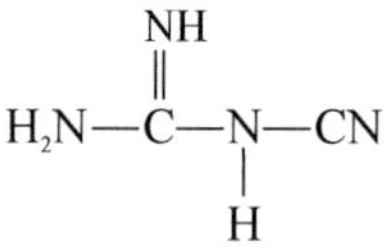

DICY(双氰胺)

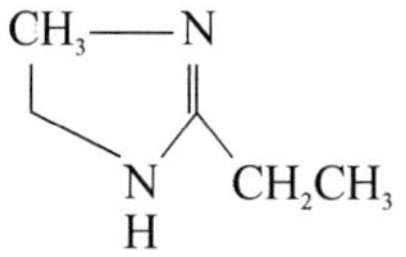

EMI(乙基甲基咪唑)

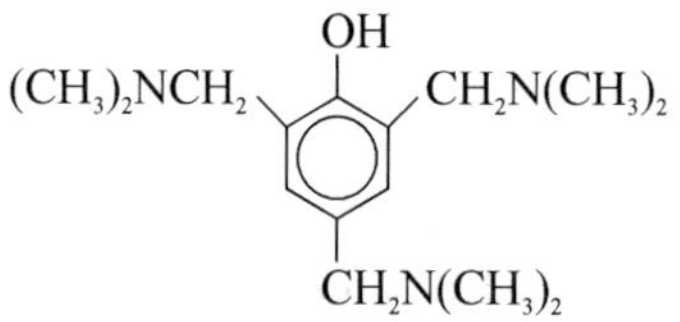

DMP(2,4,6-三甲基氨基甲基苯酚)

图 3.14　催化剂和其他固化剂[3]

环氧树脂固化体系由低分子量树脂和固化剂组成,在室温或高温下反应产生高度交联结构。以下要点应切记:

● 商品化的基体树脂和胶黏剂一般由两种或两种以上的环氧组分与一或两种固化剂混合而成。在大多数环氧基体体系和高温胶黏剂中,主要环氧组分为 TGMDA。常会添加两种,有时甚至是三种次要环氧组分来控制黏度或调节固化后材料的最终性能,如模量或韧性。DDS 是用于基体树脂和许多胶黏剂的重要固化剂。催化剂(主要为 BF₃)的加入可以减少流动并加速固化过程。对复合材料基体和胶黏剂而言,环氧树脂是能够真正实现工艺性和最终使用性能完美结合的工程化材料体系。

● 较高的固化温度和长时间的固化可以达到较高的 T_g。采用多官能团(如4 个活性端基)组分可将交联密度提升至材料可达到的最高水平,从而得到很强很刚但有些脆的结构。树脂常常通过各种方式增韧,但这常常会导致使用温度降低。使用增韧剂(环氧组分或固化剂)可得到较高的伸长率和冲击强度,但这会以 T_g、拉伸和压缩强度及模量的损失作为代价。不过，近年来在环氧树脂化学机制和配方上取得的进展已可使树脂体系在变得更柔韧的同时具备所要求的高温性能。

● 环氧基体和胶黏剂(事实上几乎所有热固性树脂)都从大气中吸收湿气。吸湿会降低高温条件下的基体主导性能(见图3.15)。不过，吸湿问题现已被充分认识，在结构设计过程会将其纳入考虑范围。

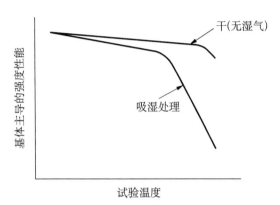

图3.15　吸湿对湿热状态基体主导的力学性能的影响

3.4　双马来酰亚胺树脂

开发双马来酰亚胺(BMI)的目的是在使用温度层面上填补环氧和聚酰亚胺之间的空缺。其干态玻璃化温度 T_g 范围为 $221\sim315℃(430\sim600℉)$，使用温度为 $149\sim249℃(300\sim480℉)$。BMI 的工艺条件类似环氧树脂，在 $177℃(350℉)$ 下通过加成反应固化。为实现高温性能，将制件在自由状态和 $232\sim246℃(450\sim475℉)$ 条件下进行后固化以完成聚合反应。BMI 复合材料能采用热压罐固化、纤维缠绕和树脂转移成形方法制造。由于反应物组分为液态，大多数 BMI 的黏性和可铺覆性都十分出色。因为 BMI 和环氧树脂在相同温度[如 $177℃(350℉)$]和压力(如 $0.689\,MPa,100\,psi$)下成形，常规的尼龙真空袋膜、吸胶和透气材料以及其他一次性辅助材料都能适用。与此相比，作为传统高温材料的聚酰亚胺一般需要更高的固化温度[$315\sim371℃(600\sim700℉)$]和压力[如 $1.379\,MPa(200\,psi)$ 或更高]，导致模具和真空袋材料更为昂贵，操作更为困难。

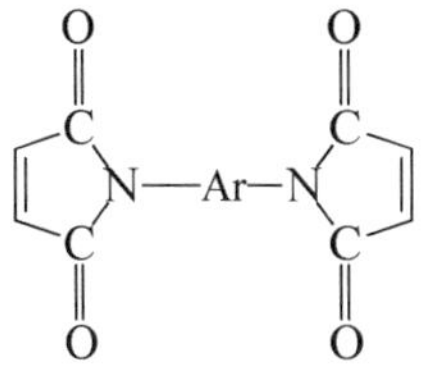

BMI 化学反应方式呈多样性，能采用多种可行方法来生产基体材料。双马来酰亚胺和聚酰亚胺都含有如图 3.16 所示的酰亚胺基团，双马来酰亚胺单体通过与马来酸酐的伯二胺反应而合成(见图 3.17)。基体和胶黏剂最常用的 BMI 基单体是 $4,4'$-双马来酰亚胺二苯基甲烷。

BMI 固化时包含多种可能的化学反应，如图 3.18 所示。加

图3.16　双马来酰亚胺化学结构[7]

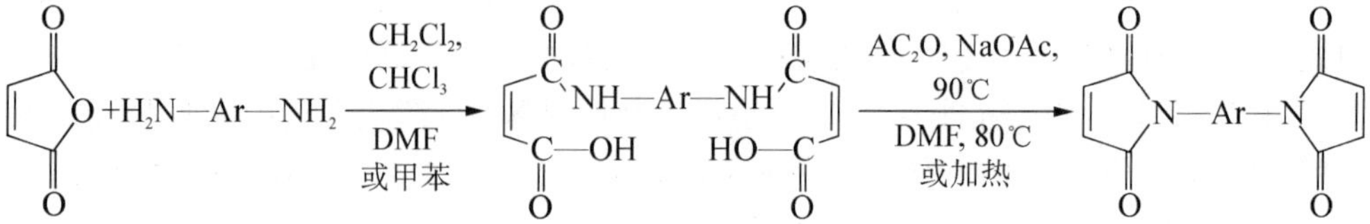

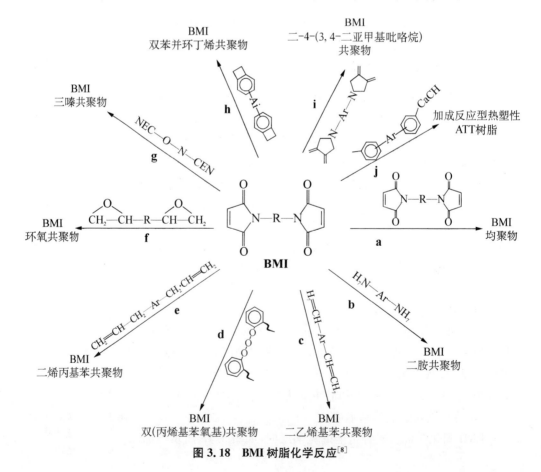

图 3.17　BMI 树脂合成[8]

热下的均聚(见图 3.18a)很简单,但产生的结构特别脆。一个较实际的方法(见图 3.18b)是与二胺共聚,形成更为伸展和柔韧的聚合物链段。与烯烃化合物共聚是另外一种增韧途径,如二乙烯基苯(见图 3.18c)、二丙烯基苯氧基(见图 3.18d)和烯丙基苯或二烯丙基苯氧基化合物(见图 3.18e),所有这三种方法都在商业化产品中得到了成功的应用,如 V378A、Matrimid 5292 和 Compimide769。还可令 BMI 与环氧反应(见图 3.18f),使材料同时具备环氧的工艺性和 BMI 的高温特性。与二氰基双酚 A 共聚(见图 3.18g)已经用于生产一种被称为 BT 的树脂,这里 B 代表 BMI 而 T 代表三嗪,是氰酸酯的一种。BCB(苯并环丁烯)BMI 共聚物(见图 3.18h)

图 3.18　BMI 树脂化学反应[8]

呈现高 T_g、良好的热氧化性能、高韧性，并易于成形。但 BCB 单体昂贵且无法从市场购得。ATT(加成反应型热塑性树脂)含有某些乙炔封端材料，可与 BMI 共聚(见图 3.18j)，是一条采用加成反应固化低分子量和低黏度原料的可行途径。此外，由于主链为线型，此类材料本质上具备韧性，同时又因其全芳香族结构特点而具备良好的热氧化稳定性。

商品化的 BMI 通常是以下 5 种形式之一[8]：①BMI 或不同 BMI 的混合物；②BMI 和 BMI-二胺的共混物；③BMI 和烯属单体和/或低聚物的共混物；④BMI 和环氧树脂的共混物；⑤BMI 和邻,邻′-二氰基双酚 A 的混合物。

尽管早期的 BMI 成形很困难(黏性低和适用期短)，且韧性差(脆)，但目前生产的 BMI 具备远好于当初的黏性和很长的适用期。此外，一些 BMI 材料(如 Cytech 5250-4)与大多数增韧环氧的韧性相同。而 RTM 等液态成形工艺也已能用于双马来酰亚胺树脂。

对于双马来酰亚胺和所有含有酰亚胺端基团的聚合物，一个潜在的使用问题是称为"酰亚胺腐蚀"的现象。这是水解的一种形式，会导致聚合物自身降解。这一问题最初是在油底壳环境(即盐水和航空煤油的混合物)中碳纤维/双马来酰亚胺复合材料和铝产生电化学耦合时被观察到的。当铝发生腐蚀时，复合材料(由于通过碳纤维与铝产生电耦合)成为阴极。存在氧时，阴极处的水会减少，形成氢氧根离子，会攻击 BMI 的酰亚胺羰基连接处，该机理如图 3.19 所示。非导电纤维如玻璃纤维或芳纶纤维不会发生腐蚀，如果金属材料与碳的腐蚀电位相似，如钛或不锈钢等，同样也不会发生腐蚀。研究[9]表明高温和暴露的碳边缘会加速腐蚀。将碳纤维和铝加以电绝缘隔离可以防止此问题，这可通过在复合材料的被接触表面固化一层玻璃纤维，然后用多硫化物密封剂密封边缘来实现。

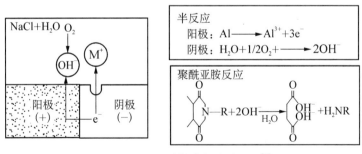

图 3.19 酰亚胺键电偶腐蚀机理[9]

3.5 氰酸酯树脂

氰酸酯常用于要求低介电损耗的制件，例如天线和雷达。其干态 T_g 为191～288℃(375～550°F)[10]，是环氧树脂和双马来酰亚胺的潜在替代品。然而由于市场有限,氰酸酯是很昂贵的材料。其预浸料容易吸湿,在固化过程中会产生 CO_2。其粘接能力不如环氧树脂,固化后的层压板与环氧树脂和双马来酰亚胺相比吸湿要低,阻燃性能好。

氰酸酯是包含一个氰酸酯官能团的双酚衍生物,这类热固性单体及其预聚物是双酚酯和氰酸,在加热条件下发生环化三聚反应形成三嗪环(见图 3.20)[11]。在固化中通过加成反应形成由氧连接的三嗪环和双酚单元三维网络交联。芳烃含量高的三嗪和苯环导致了高的 T_g。单原子氧键的的作用类似于球形接头,可以消散局部应力。适中的交联密度有助于韧性。此外,为进一步提高韧性,橡胶和热塑性增韧方法也都成功用于氰酸酯树脂。

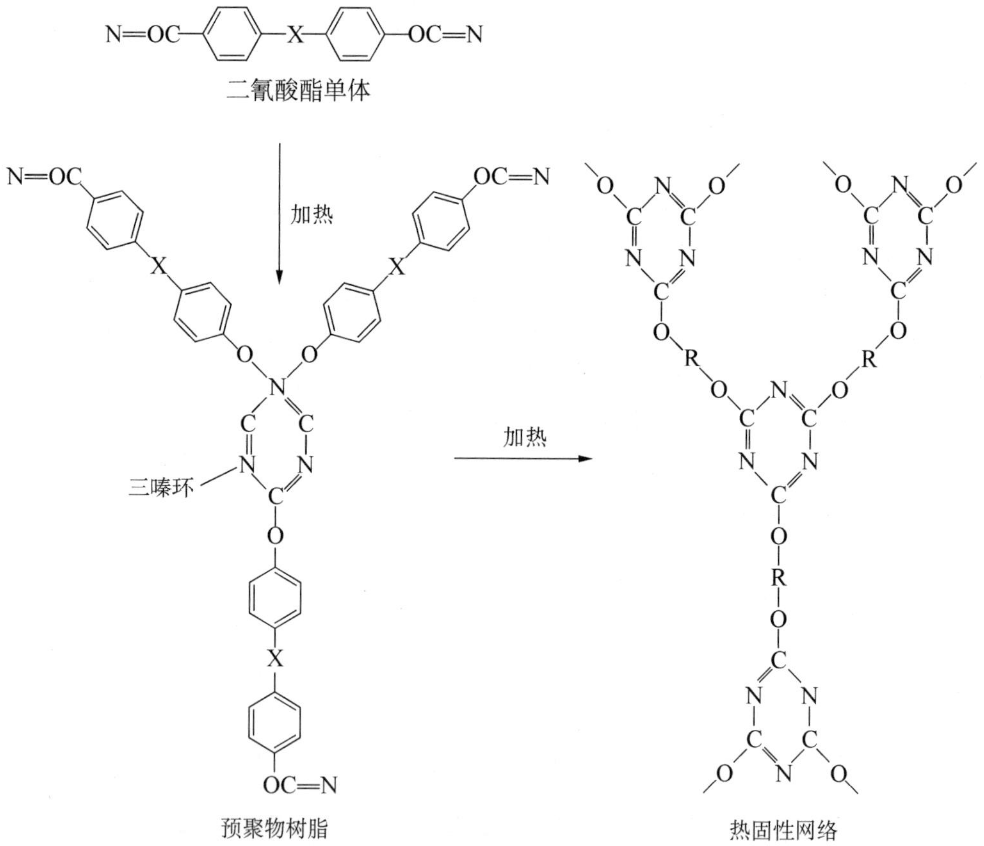

图 3.20 氰酸酯固化[11]

氰酸酯有优异的电性能,如较低的介电常数和损耗因子。这是由于分子的偶极平衡和没有强氢键导致的。分子极性小和三嗪环的对称性使氰酸酯的抗吸水性超过了大多数的环氧树脂和双马来酰亚胺。吸湿小(范围为 0.6%~2.5%),脱出的气体也少,对于要求尺寸稳定的空间结构,这一点十分关键。

3.6 聚酰亚胺树脂

聚酰亚胺是使用温度高达 260～315℃(500～600℉)的高温基体材料,可以是缩合反应或加成反应固化体系。缩合反应体系放出水或水和乙醇,在固化中会引起严峻的挥发分控制问题。如果挥发分在树脂凝胶前没被除去,就会被夹裹形成孔隙,该缺陷会导致基体主导的力学性能下降。此外聚酰亚胺配方中通常包含高温溶剂,例如 DMF(二甲基甲酰胺)、DMAC(二甲基乙酰胺)、NMP(N-甲基吡咯烷酮)或 LMSO(二甲基亚砜),这些溶剂也一定要在固化前或固化中除去。

聚酰亚胺可以是热塑性或热固性材料。例如 Avmid K 聚合物,其 T_g 范围为 221～249℃(430～480℉),是线型热塑性聚酰亚胺[12]。该材料可以在高于其 T_g 的温度下多次加热成形至简单形状,然后需要在更高温度和压力下进一步成形。Torlons 聚酰亚胺的 T_g(243～274℃,470～525℉)比通常的聚酰亚胺要低,但韧性要好很多。酰胺基团赋予材料柔韧性、可伸长性和良好的拉伸强度。Ultem 聚酰亚胺是另外一种热塑性聚酰亚胺,有良好的耐热性、力学性能和工艺性能,但 T_g(215℃,420℉)低且耐溶剂性差。聚酰亚胺也能生成热固性结构,Skybond 即为一例缩合固化的热固性材料。

相比于环氧和双马来酰亚胺,聚酰亚胺的成形要困难得多。其所要求的成形温度高(316～371℃,600～700℉)、固化周期长并要求更高的固化压力(1.379 MPa,200 psi)。在聚酰亚胺成形中挥发分和孔隙一直是潜在的问题。即便是加成反应固化体系也会出现挥发分问题,这是因为在制造过程中低分子量单体一般须溶解在溶剂中。

PMR-15 是最为人熟知的加成固化聚酰亚胺体系。PMR 代表聚合物单体反应物(polymeric monomer reactant),而-15 表示分子量为 15000。PMR-15 中三种类型的单体(见图 3.21)和同一种溶剂,通常是甲醇或乙醇混合在一起。然而其中一

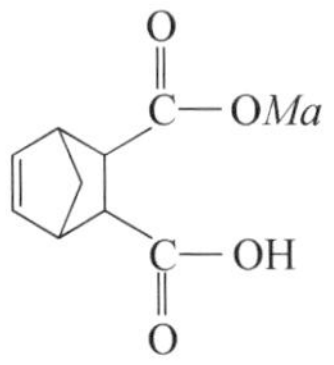

5-降冰片烯-2-3-二羧酸单甲酯

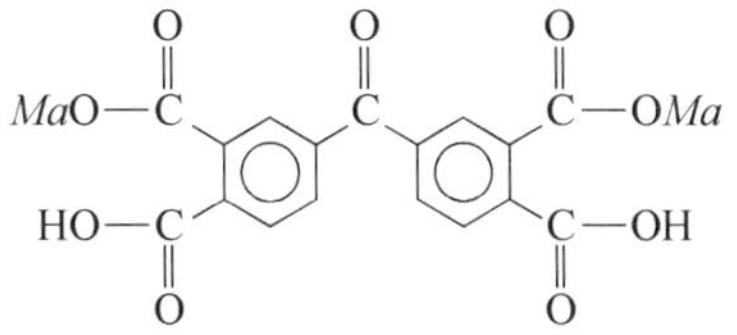

3,3',4',4-二苯甲酮-四羧酸二甲酯

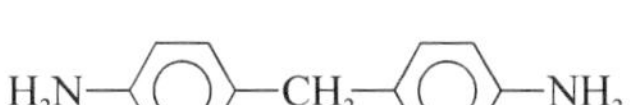

4,4'-亚甲基二苯胺

图 3.21　PMR-15 组分[13]

单体 4,4′-亚甲基二苯胺(MDA)是可能的致癌物质,可通过皮肤吸收或在以喷雾方式使用时随呼吸进入人体。目前也有一些采用新配方的非 MDA 聚酰亚胺出售,但其高温性能不如原始配方好。虽然 PMR-15 被归入加成反应类型,但在固化过程前期的亚胺化阶段,经历的是缩合反应,也会产生孔隙控制方面的问题。一定要在树脂凝胶前除去预浸的溶剂,否则溶剂会导致孔隙的生成。PMR-15 的使用温度为 288~316℃(550~600℉),使用寿命为 1 000~10 000 h,取决于具体的使用温度。PMR-15 的主要缺点是黏性和可铺覆性差,制造厚和复杂结构时树脂的流动性不足,易产生微裂纹,以及因 MDA 引起的健康安全问题。

过去 25 年中,人们付出相当大的努力来开发在 260~316℃(550~600℉)范围内有良好热氧化性能而且还容易成形的高温聚合物。这方面的很多工作是由 NASA 领导或资助的。最近的一项支持是 20 世纪 90 年代中期进行的高速民用运输(high speed civil transport,HSCT)项目,目标是开发一款能够耐 177℃(350℉)达 60 000 h[14]的树脂体系。在对可能的材料进行筛选后,所形成的一个最有前途的开发结果是被称为 PETI-5 的树脂,这是一种苯乙炔封端酰亚胺。该项目配套研制了一款普通基体树脂、一款胶黏剂树脂、一款树脂转移成形(RTM)工艺用树脂和一款树脂膜浸注(RFI)工艺用树脂。如同其他高温树脂体系,这类树脂也使用高沸点溶剂来进行制造,具体为 NMP(N-甲基砒咯烷酮)。因此,固化过程中的挥发分控制也成了一个须考虑的主要问题。尽管如此,这类树脂产品已被成功地用于制造演示件[15]。

3.7 酚醛树脂

酚醛一般非常脆,且在固化中呈现很大收缩。酚醛的主要用途是飞机内饰件,因为其阻燃且少有烟雾产生。由于耐烧蚀性优异,酚醛也可被用于高温热屏蔽件。因其石墨化过程形成的残碳率较高,酚醛还可作为 C-C 复合材料的原料使用。

酚醛是用苯酚和甲醛通过缩合反应而制成,伴随有水作为副产品释出[16]。酚醛的典型反应如图 3.22 所示。酚醛通常被划分为甲阶酚醛和线型酚醛。如果苯酚和甲醛进行反应,用过量的甲醛和碱催化剂,可得到低分子重量的液体甲阶酚醛树脂。如果反应采用过量的苯酚和酸催化剂,则得到固体线型酚醛。甲阶酚醛树脂通常用于酚醛预浸料。与环氧和双马来酰亚胺的情况相似,近年来也研发了增韧的酚醛[17]。此外,固化过程中不释出水的酚醛也得到了开发[17],这是工艺领域始终关注的问题。

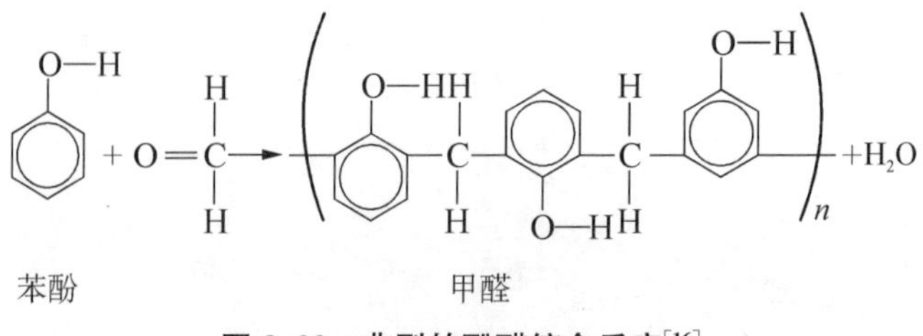

苯酚　　　　　　甲醛

图 3.22　典型的酚醛缩合反应[16]

酚醛是生产耐高温 C–C 复合材料的一种途径。酚醛碳化或热解生成碳基体。由于酚的部分蒸发，碳化过程会产生多孔结构，因此这一过程须重复多次，每次后续的热解之前，须用沥青或酚醛树脂浸渍多孔结构，或通过化学气相沉积直接将碳沉积于结构上。这是一个缓慢的工艺过程，必须非常谨慎，以防止分层和严重的基体开裂。常采用三维增强材料来抵抗分层。C–C 复合材料也可直接用化学气相沉积来制造，采用甲烷气体来沉积碳预成形体。由于沉积的碳易对内部孔隙造成隔离，需不时地通过机械加工去除表面层，使积碳进入内部结构。

3.8　增韧方法

热固性基体韧性局限性是其在固化时形成的刚性，高度交联的玻璃态聚合物结构的直接结果。这些刚性结构既有优点也有缺点。主要的优点是耐高温能力和压缩载荷下刚性基体阻止增强纤维失稳的能力。最大的缺点是受冲击时易分层。特别需要关注的是低速冲击引起的内部分层，这一损伤在巡检中无法通过目视检测发现。

在过去 20 年内，人们付出大量努力来开发更韧的和更耐冲击的树脂体系。在 20 世纪 80 年代中期出现了两种候选材料：损伤容限型热塑性复合材料和增韧的热固性复合材料。尽管化学结构有本质不同，但两类材料的性能有所相似。两者都改善了耐低速冲击损伤方面的性能，从而具备更大的冲击后承载能力。另一方面，与刚硬的热固性材料体系相比，两类材料的树脂模量和压缩强度有所不如。尽管存在例外，一般而言高韧性的材料体系其耐热性会低于刚性玻璃态的热固性体系。

复合材料由于其不均匀的本质，在不同的方向上性能会发生变化。与各向同性金属材料相比其韧性更复杂。在复合材料结构中，面内载荷的承受能力主要由增强纤维主导，而面外载荷的承受能力则由树脂基体的性能主导。因此会对复合材料结构进行刻意的设计，使其有固定且主要为面内形式的载荷路径。尽管如此，面外载荷仍有可能发生。当面内压缩载荷下结构发生屈曲时，即会形成面外载荷。但更重要的是，面外载荷也可被各种结构设计细节所诱发。5 种能够导致面外载荷的常见结构设计细节如图 3.23 所示。即使在正常的面内载荷下，在这些位置也会出现层

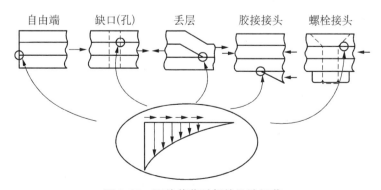

图 3.23　面外载荷引起的设计细节

间剪切和层间正应力（法向应力）。这些非直接载荷既可单独发生作用，也可与其他直接面外载荷（如燃油或空气的压力）共同发生作用。如果面外载荷变得足够大，分层会因此发生并扩展。幸运的是现行的设计准则足够保守，从而保证即便有因制造缺陷或使用不当造成的小分层存在，其在正常情况下也不会发生扩展。

交联是两种或两种以上聚合物分子链之间形成的化学纽带，其赋予固化后聚合物强度、刚度和耐热性。如图 3.24 所示，交联密度越高（即单位体积内交联数量），交联节点之间的聚合物链长度就越短，链的运动约束就越大，因此分子结构就越刚硬，耐热性越高。采用更刚硬的分子主链进一步提高刚性。但这种刚性会导致脆性、低破坏应变、较差的耐冲击和冲击后性能。高度交联的刚性结构一般呈现良好的热稳定性，因为聚合物链的相对运动会被将其结合在一起的化学键所约束。由于交联化学键主要是共价键，材料随温度升高能保持大部分强度。当交联密度高而交联节点间距短时，材料在临近树脂 T_g 的温度下仍能保持适用的性能。在玻璃化转变温度处，因为分子主链自身变软，刚性固态聚合物转变成较软的橡胶状材料。因此高度交联的聚合物拥有中到高的强度和刚性以及优异的耐温性，然而由于刚性和玻璃态结构，会比较脆，并易产生冲击损伤。

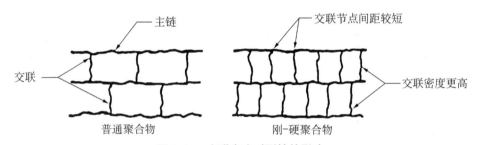

图 3.24　交联密度对刚性的影响

热固性聚合物的分子结构决定了其加工方式及其性能。与分子结构相关的性能参数包括玻璃化转变温度、吸湿性、强度、模量、断裂延伸率和韧性。通过改变分子结构就有可能改变这些性能。分子结构被其主干（即分子主链）和网络结构（即交联的数量和交联的类型）控制。主要单体的化学结构决定了聚合物的主链结构，并在一定程度上影响分子的网络结构。网络结构也会受到在固化反应中所使用的固化剂或硬化剂种类的影响。树脂配方设计师花费了大量的努力来开发新的分子结构，以得到具有更好韧性的聚合物。

增韧体系较高的冲击后压缩强度直接由冲击事件对材料造成的低损伤量所决定。如图 3.25 所示，增韧体系（本例中的 Hexcel IM7/8551 - 7）受冲击时产生的内部损伤小得多。因此，当试样随后被加载至破坏的过程中，增韧体系的材料横截面上有更大的未损伤区域来支撑压缩载荷。

为了提高交联热固性聚合物的韧性，已开发了若干不同的方法。提高韧性既可

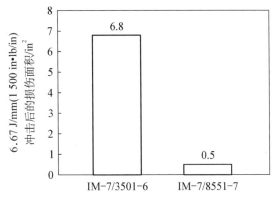

图 3.25　低速冲击损伤比较

采用单一方法，也可采用不同方法的组合。下面讨论 4 种增韧方法：①网络改变法；②橡胶弹性体第二相增韧法；③热塑性弹性体增韧；④添加增韧层。

　　网络改变——由于热固性聚合物的脆性是其高交联密度的直接结果，对热固性聚合物进行增韧的方法之一就是降低其交联密度。这一方法如用到极致，交联将不再发生。此法可形成带有热塑性的聚合物。由于无定形热塑性聚合物在本质上具备韧性，因此交联密度降低越多，所得聚合物的韧性就越好。但是，交联密度的降低也会伴有某些所需性能的下降，如玻璃化转变温度和树脂模量。

　　有两种众所周知降低热固性聚合物交联密度的方法。第一种方法如图 3.26 所示意，该法对主要单体的主链加以改变，采用长链单体来增加交联节点之间的链段分子量。这一方法可造成玻璃化转变温度的降低，但可通过构建极刚性且含有庞大侧链基团的长链单体来对此进行一定程度的弥补。第二种方法是减少单体官能团。大多数高度交联的热固性聚合物有四个官能团，这意味着在固化中有四个活性端基能够反应和交联，如图 3.27 所示，如果参加聚合的混合物中有一部分包含带两个官能团的单体，固化中可发生交联的点会变少，从而韧性会因交联密度降低而得到改善。但材料的耐热性仍会受到影响，双官能团单体较低的玻璃化转变温度说明了这一点。

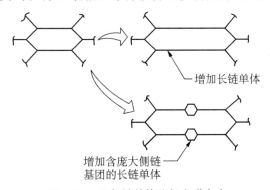

图 3.26　用长链单体降低交联密度

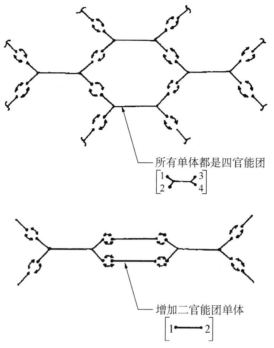

所有单体都是四官能团

$$\begin{bmatrix} 1 \\ 2 \end{bmatrix} \!\!-\!\! \begin{bmatrix} 3 \\ 4 \end{bmatrix}$$

增加二官能团单体

$$[\; 1 \!\!-\!\! 2 \;]$$

图 3.27　单体官能团对交联密度的影响

另外一种经常使用的改善韧性的方法是：将柔性组分合并到树脂或固化剂的主链骨架上。虽然在图 3.28 中用"弹簧"加以描述，实际上会优先采用更为柔韧的脂肪族链段，而避免刚性较大，含有大量苯环的芳香族基团。与上述其他方法相似，这会以玻璃化温度上的损失为代价。为缓解这一损失，可采用一些刚性链段与柔性链段共存。

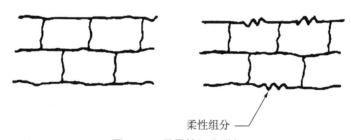

柔性组分

图 3.28　用柔性组分增韧

橡胶弹性体第二相增韧——当在脆性玻璃态固体中出现开裂时，只需要很小的能量就能扩展。在纤维增强复合材料中，纤维会阻碍面内裂纹增长。然而，如果裂纹在层间（即层与层之间），纤维就无法阻止裂纹扩展。减小裂纹扩展的途径之一就是使用第二相弹性体。通过促进裂纹尖端处的塑性流动，分散的橡胶粒子有助于抑制裂纹增长，如图 3.29 所示。对于左右增韧效果的微变形过程，橡胶弹性体的微区尺寸是关键的决定因素。橡胶粒子一般为圆形，微区直径为 $100\sim1\,000\text{Å}$[①] 时会引起剪切屈服。微区更大（$10\,000\sim20\,000\text{Å}$）时，一般认为会导致银纹。高度交联的材料体系因其拉伸断裂延伸率很低，基体不可能产生银纹，因此采用小微区来增加剪切变形。不过，如交联密度允许更大的微区，橡胶弹性体也可采取双峰分布方式（即大、小微区的混合），从而同时导致银纹和剪切变形。由于这两种增韧机制互为补充，增韧效果可几乎翻倍。

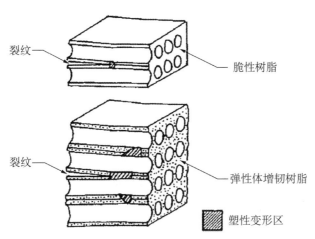

图 3.29 复合材料层压板中的层间裂纹扩展

采用预成形的橡胶粒子，或采用先溶于树脂然后在固化过程中相分离（即析出）的橡胶弹性体，可以精细形成富含橡胶弹性体的微区分散相。预成形粒子的优点在于能以添加剂或填充剂的形式使用，相比于相分离工艺，其微区尺寸易于控制。但可惜的是，可从市场购得的预成形橡胶粒子仅适用于一些低温热固性材料的增韧。如要在固化过程中形成橡胶弹性体微区，则需采用具备适宜溶解特性的橡胶类型。此类橡胶须先溶于树脂，然后在固化过程中析出，形成所要求的橡胶弹性体微区。如果橡胶弹性体的溶解性过好，其会一直保持溶解状态直至树脂发生固化。树脂凝胶时，相当大量处于溶解状态的橡胶弹性体会被夹裹其中。被夹裹的橡胶弹性体的作用类似于增塑剂，可导致材料玻璃化温度和湿热性能的下降。另一方面，如果橡胶弹性体的溶解性不足，则无法与树脂形成稳定的溶液，从而也无法得到精细的粒子分散相。只有在恰当匹配的条件下，橡胶弹性体才能先溶于树脂，而等树脂一旦开始固化，橡胶粒子将均匀地析出到树脂基体之中。早而完全的相分离对于保持基体湿热性能是十分必要的。

在环氧基复合材料和胶黏剂中，活性的液态聚合物，例如 CTBN（端羧基聚丁二烯丙烯腈）橡胶，常被作为制备必要溶解和相容特性的材料选项。含有羧基官能团

---

① Å 为单位埃，$1\text{Å} = 0.1\,\text{nm} = 10^{-10}\,\text{m}$。——编注

的 CTBN 橡胶一般会同一种环氧单体混合,并进行预反应以提供需要的可溶解性。另外羧基会同一些环氧基团反应形成轻度交联,从而增加橡胶弹性体微区的粘接强度,橡胶弹性体微区与树脂连续相之间的良好粘接十分重要。如果粘接不好,在冷却过程中橡胶弹性体会与树脂脱粘而形成孔隙。

橡胶弹性体自身须有良好的橡胶特性。特别重要的是,富含橡胶弹性体的微区 T_g 须低于 $-37℃(-100℉)$。这种情况下,当裂纹快速穿越材料时,微区仍能呈现橡胶弹性。如果 T_g 太高(即太接近室温),在高应变速率下微区将呈现玻璃态特征,从而无法达到预期的增韧效果。另外一个要求是橡胶弹性体须在热和热氧化条件下保持稳定。如果使用不稳定橡胶,被氧化时有可能交联或降解,这会导致橡胶弹性体的弹性域变脆。

橡胶弹性体第二相增韧并非总是有效。若树脂交联度太高,则树脂缺乏局部变形的能力。如果某些局部变形无法实现,添加橡胶弹性体第二相的效果会很差。随着交联密度的降低,橡胶弹性体第二相的增韧效果会迅速增加。对于环氧树脂,以往经验表明:无论是调整单体刚度或链长,还是改变交联网络结构,增韧效果都相对很小。但如采用第二相增韧,效果会大幅度增加。

热塑性弹性体增韧——一些市售的重要增韧型热固性复合材料体系采用热塑性组分进行增韧[18]。热塑性增韧可区分为 4 形态:①均质的(单相);②微粒状(在热固性连续相中的热塑性粒子);③共连续(热固性和热塑性组分均为连续相);④相反转(热塑性组分为连续相而热固性组分为分散相)。研究表明,共连续形态造成的韧性提升最大[18]。对于聚醚酰亚胺(PEI)、聚醚砜(PES)和聚砜(PS),相应的评估工作[19]均有进行。

在共连续结构中热塑性材料增加了韧性,而交联的热固性材料有助于保持高玻璃化转变温度和湿热性能。具有较高 T_g 的热塑性组分有助于维持材料的最终 T_g,因为最终 T_g 至少是各组分 T_g 的平均值。最优热塑性组分的选择取决于其相容性、耐热性和热稳定性。对化学相容性的要求是热塑性组分保持溶解状态(即不出现相分离)直至热固性交联网络发生凝胶化。此外,凝胶化前树脂的黏度须能控制在足够低的水平,以利于在固化过程中浸渍纤维和粘接铺层。最后,热塑性组分须具备良好的耐热性和热稳定性来保持材料的湿热性能。

加增韧层——一种"机械"或"工程"的方法,通过将一柔韧而有延性的薄层材料添加于两个预浸料铺层之间而实现增韧。如图 3.30 所示,增韧层一般很薄[0.0254mm(0.001in)或更薄],而且一定要在固化操作中保持相当的分散。该方法背后的基本原理是硬脆的基体在压缩时支持碳纤维,因而有助于保持湿热性能,而增韧层可按需求提升耐低速冲击性能。因为增韧层具有较高的破坏应变,有助于降低可导致分层的层间剪切应力和层间正应力。这方面最初进行的研发工作是采用胶膜增韧,即在预浸料铺叠过程中直接将韧性胶膜置于两个铺层之间。

此后采用的另一种方法是:在预浸料制造过程中将热塑性增韧粒子分散添加

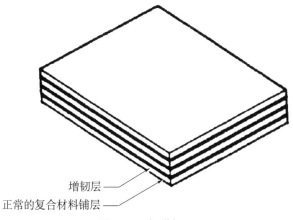

图 3.30　加增韧层

到预浸料表面。该粒子直径比纤维直径大，因此在预浸料制造和固化中，会保留在层之间。无论是脆性还是经过增韧的树脂体系均可采用增韧层方法。增韧树脂体系与增韧层并用时，尽管可以得到更好的耐冲击性能，但与采用未增韧的同类刚脆基体时的情形相比，湿热条件下的压缩强度有所降低。

3.9　物理化学试验和质量控制

与金属不同，复合材料的最终性能取决于化学反应。既然制件的固化是由制造商来进行，其必须采用各种方法来对制造过程加以控制。物理、化学和热性能方面的测试须在原材料阶段就开始，而不是在产品接近完成时才进行。复合材料制件质量可以通过下列方法来保证，在制造完成后对采用同一生产设备和同一材料的"随炉"试件进行检测，或通过试验确保所用原材料合格且所用工艺正确。在一种新材料投入生产的早期阶段，通常会两法并用。在材料发货之前，供应商要进行一系列的物理、化学和力学性能试验。制造商收到该材料后常常需要重复这些试验。制造过程中，制件所用材料会被同时用于随炉（或工艺控制）试件制造。零件制造后要进行无损检测，还要对工艺控制试件做破坏试验。随对材料及工艺积累的信心增加，一般会对这些昂贵的系列试验加以调整。材料供应商通常会被赋予责任进行所有的原材料试验，由其向用户提供合格证明。随制造商经验和信心进一步增长，与产品同时制造的工艺控制试件数量一般会得到缩减。

物理化学试验是一系列化学、流变学和热试验，用来表征未固化树脂和固化后的复合材料。这些试验在评估新树脂、开发工艺参数以及保证来料质量上非常有用。为确保树脂合格，必须考虑的主要因素包括成分的类型、纯度、各成分的浓度，以及该树脂混合的均匀性。

3.10 化学试验

色谱法通常用来确保树脂所含组分正确且含量符合要求。这类方法通过液态或气态的流动相和固态的固定相与可溶树脂组分的相互作用来完成树脂组分的分离。此法常常与光谱法结合用于树脂中特定组分的定量分析。高效液相色谱法（HPLC）使用液体流动相和固体固定相，树脂样品溶解在合适的有机溶剂中，注入色谱仪，并通过填充有精细固体颗粒的柱扫。检测装置可测出每一类分子的含量比。该检测器监视分离的成分浓度和其信号响应，记录为迁移时间的函数，并提供了树脂的化学组成"指纹"。如果这些组分为已知的且得到了充分的分离，而且有可用的标准，则可以从样品中获得定量信息。环氧树脂体系 3501-6 的色谱分析图如图 3.31 所示。峰的位置和单个组分的化学结构有关，峰面积和每个组分的量成正比[20]。高效液相色谱法（HPLC）的一个分支是凝胶渗透色谱法（GPC），该方法基于分子尺寸来分离组分。在 GPC 测试过程中，材料组分渗入由凝胶颗粒组成的多孔介质而被分离。

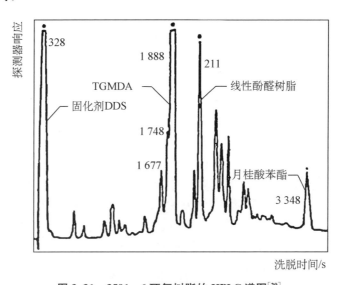

图 3.31　3501-6 环氧树脂的 HPLC 谱图[20]

* 各个峰用来进行定量的积分计算

注意：月桂酸苯酯作为溶剂用。

红外（IR）光谱的原理基于分子的振动，在振动中电磁辐射的连续光束穿过或反射离开样品的表面，样品可以是固体、液体或气体。单一分子键和分子键组合以其特征频率发生振动，并选择性地吸收与其频率匹配的红外辐射。所吸收或无改变透过的辐射量取决于试样的化学成分，得到的曲线称为 IR 光谱。图 3.32 所示为 3501-6 环氧树脂红外光谱图[21]。通过将试样与计算机对光谱的搜索结果相比较，

IR光谱也能用于确定具体成分。红外光谱对振动的分子基团偶极矩变化十分敏感,由此可得到有关树脂组分识别的有用信息。这一方法也能提供树脂成分的"指纹",可用于气体、液体或固体。傅里叶变换红外光谱(FTIR)是一种由计算机支持的测试方法。红外光谱的傅里叶变换用来提高信号的信噪比,并能提供更完善的光谱识别结果。为直接比较和鉴别树脂成分,已建立了常用材料的计算机光谱库。对像BF_3这样的金属催化剂,原子吸收光谱法(AA)是一种有用的测试手段。

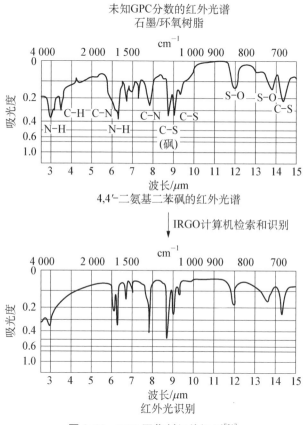

图 3.32 DDS 固化剂红外识别[21]

当量或环氧基重量百分比含量(WPE)被用于度量可能的活性交联点数量。知道当量就可计算树脂完全固化所需固化剂的量。当量通常通过滴定法确定,即利用一种已知浓度的物质参加反应,由此测定未知试样中的反应物质含量。

3.11 流变试验

流变学研究变形和流动,常用来确定未固化树脂的流动性(黏度变化)。未固化树脂的黏度通常用平行板流变仪进行测定,将一个少量样品置于两个振荡平行板之间,然后加热。在固化过程中树脂从液态（未交联）或半固态转变成刚性交联的固态。如图 3.33 的黏度曲线所示，当加热时，半固态树脂熔融和流动。在固化过程的这一阶段存在两种对抗的变化趋势：①随着温度增加，分子的流动性增加，黏度下降；②随着温度增加，分子开始反应，尺寸增大，导致黏度增大。随着进一步加热，交联反应造成黏度迅速提高，最终树脂形成凝胶并从液态转变成橡胶态。固化过程中的凝胶点是指反应分子已经变得很大，以至于无法继续流动。形成凝胶时，树脂的交联程度一般在 $58\% \sim 62\%$[22]。凝胶点表示此时黏流态的液体转变为高弹态的凝胶体，也意味着巨大的交联网络由此开始形成。流动特性可左右树脂所能采用的工艺方法，而凝胶点则意味着流动的终止。凝胶点通常被较为随意地定为树脂黏度达到 $1000\,\mathrm{P}$① 时的时间点。然后树脂保持在固化温度下，一般为 $121 \sim 177\,℃（250 \sim 350\,℉）$，直到完成交联反应和树脂完全固化。对普通环氧树脂加热到 $249\,℃（480\,℉）$ 以上会造成树脂降解。

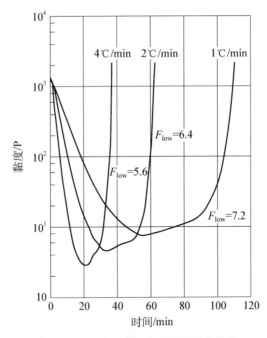

图 3.33　三种不同加热速率的黏度曲线

3.12　热分析

热分析是一系列用于测量在加热或冷却条件下材料特性的分析技术总称。诸

---

① P（泊），黏度的非法定单位，$1\,\mathrm{P}=1\,\mathrm{dyn \cdot s/cm^2}=10^{-1}\,\mathrm{Pa \cdot s}$。——编注

如差示扫描量热法(DSC)、热机械分析(TMA)、热重分析(TGA)等热分析技术常被用来确定固化度、固化速率、固化反应程度、热塑性塑料的熔点和热稳定性。

DSC是测定固化度和反应速率使用最广泛的方法。DSC基于电压差来进行测定，这一电压差在量热计中被变换为热量形式，也即树脂试样和惰性参照物形成热平衡所需的热量。测量过程中将少量树脂样品放入密封样品盘内，随之将样品与已知的标准材料参照物一同送入量热计的加热室中。然后升温并将试样释放的热量（放热）或吸收的热量（吸热）与已知标准材料进行比较。DSC可以用等温加热模式或动态加热模式进行。在等温加热模式下，测量在恒定温度下热量随时间的变化；在动态模式下，测量特定加热速率下热量随温度的变化。一张典型的动态DSC扫描结果图如图3.34所示[23]，曲线上的关键特征点是：

- T_i——反应的最初或起始温度，表示开始聚合；
- T_m——与促进剂关联的次要放热峰，例如在3501-6环氧树脂中的BF_3；
- T_{exo}——主要的放热峰值温度；
- T_f——最终温度，表示不再放热，完成固化。

随着树脂固化，T_g升高，直到固定不变。在任意给定时刻的固化程度定义为固化度。因为热固性树脂的固化是一个放热过程，固化度α与固化反应过程中释放的热有关：

$$\alpha = \Delta H_t / \Delta H_R$$

式中：ΔH_t是在时间t的反应热；ΔH_R是总反应热。

100%固化时，固化度$\alpha = 1$，固化温度越高，固化越快。如上所述，DSC可等温或动态进行。等温DSC测量[24]常用两种方法，第一种是将树脂样品放入预先加热或未加热的量热计中，尽可能快地将温度升高至固化温度。第二种方法是将树脂样品多次固化，直至无法测出有进一步的固化反应发生。然后以2~20℃/min的加热速率扫描样品测量残留的反应热(ΔH_{res})。固化度可按下式计算：

$$\alpha = (\Delta H_R - \Delta H_{res}) / \Delta H_R$$

TGA测量等温加热或动态加热条件下材料随温度变化而发生的重量增长或丧失。TGA分析仪由一高灵敏度微量天平与精确控温的加热炉组成。当材料被加热时，形形色色的重量变化作为温度（等温模式）或时间（动态模式）的函数被记录下来。该仪器可用于测量样品中的水分含量[在100℃(212℉)下散出]和挥发分总量，以及热分解温度和速率。TGA通常与质谱分析(MS)一起使用，可以收集从样品中溢出的气体，再对其组成进行分析。TGA最重要的用途之一是通过不断加热复合材料来测定其热降解曲线。

3.13 玻璃化转变温度

固化后聚合物材料的玻璃化转变温度(T_g)为其从刚性的玻璃态转变为较软的

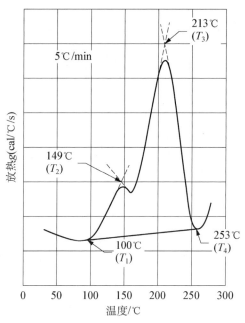

图 3.34　动态 DSC 扫描曲线[23]

$T_1(T_i)$—聚合的最初或开始温度；$T_2(T_m)$—BF$_3$催化剂引起的次要放热峰；$T_3(T_{exo})$—主要放热峰；T_4 (T_f)—最终固化。

半柔韧状态时的温度。在这一温度下聚合物结构依然完整无缺，但交联不再被固定于恰当位置。T_g 决定了复合材料或胶黏剂的最大使用温度，在此温度以上，材料的力学性能显著降低。因为大多数聚合物吸收水分后 T_g 会显著降低，实际的使用温度应该比湿态或饱和吸湿状态下的 T_g 约低 28℃（50℉）。固化后的玻璃化转变温度可以用几种方法测定，如 TMA、DSC 和 DMA。由于每种仪器所测量的树脂性能类型各不相同，因此所得到的 T_g 结果也有所不同。这三种方法的输出如图 3.35 所示。

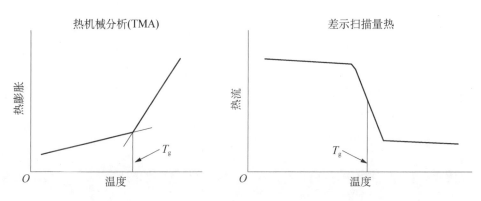

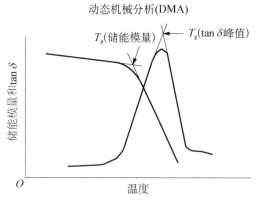

图 3.35　T_g 曲线示意图

TMA 或热机械分析测量样品加热时的热膨胀，热膨胀与温度关系曲线的斜率在 T_g 点发生变化，这是由于经过 T_g 时热膨胀系数发生改变所致。温度低于 T_g 时，材料的膨胀呈线性方式，且速率较高于 T_g 时低。因为温度高于 T_g 时，材料分子运动加剧，从而导致材料膨胀速率急剧增加。固化后的热固性材料的热膨胀呈现为两个线性区域。第一个区域中材料为玻璃态，在 T_g 处发生变化后进入斜率更大的第二个线性区域，该区域中材料为橡胶态。

因为玻璃化转变是放热反应，DSC 也能用来检测 T_g。尽管 DSC 是一种可以接受的确定 T_g 的方法，但要从该类曲线上精确确定 T_g 有时会比较困难，对于高度交联的树脂体系尤其如此。DSC 的一个优点是只要用少量（25 mg）的样品就能测出 T_g。

DMA 或动态机械分析用来测量材料在变形时储存和消耗机械能的能力，因此 DMA 是一种检测 T_g 的力学方法。这种方法对固化后的试样施加正弦应力并测量位移。T_g 是储能模量（G' 或 E'）或刚度突降几个数量级时所对应的温度点。损耗模量（G'' 或 E''）一般与材料的黏度或韧性有关。对试样的加载方式可以是扭转或弯曲。在典型的 DMA 试验中，一小条固化后的复合材料在被加热的同时受到扭曲（扭转）或弯曲（拉伸）载荷。通常会记录两个性能参数：扭转（G'）或弯曲（E'）刚度和损耗角正切（$\tan\delta$）。如图 3.35 所示，当材料温度接近 T_g 时，其刚度会随温度上升而急剧下降。损耗角正切 δ 是聚合物结构因其粘弹性而产生的能量损耗的一种度量。能量损耗会突然上升到一个峰值然后急剧下降。$\tan\delta$ 曲线峰值所对应的温度常被记录为玻璃化转变温度，但偏高于实际值。更为实际的 T_g 确定方法是取储能模量曲线的两条切线的交点所对应的温度，因为该点代表复合材料开始出现显著的刚度损失。复数模量（G^*）、储存模量（G'）、损耗模量（G''）和损耗角正切（$\tan\delta$）的相互关系如下式所示：

$$G^* = G' + G''$$
$$\tan\delta = G''/G'$$

3. 14 总结

基体的作用是将纤维按一定的排列规则胶接在一起,并保护纤维免受环境侵蚀。基体将载荷传递到纤维上,在压缩载荷下,是防止纤维微屈曲而导致复合材料过早失效的关键。基体赋予复合材料韧性、损伤容限、耐冲击及耐磨损性能。基体性能也决定了复合材料的最高使用温度,耐湿和耐燃油性,以及热稳定性和氧化稳定性。

先进复合材料所用聚合物基体通常是热固性树脂。热固性树脂是低分子量、低黏度单体,在固化过程中转变为不熔、不溶的 3D 交联结构。交联是化学反应的结果,这一反应为其自身产生的热量(即反应热)或外部热源所驱动。随固化进行,反应速率变快而分子重排的可行空间变小,从而分子的运动能力减弱,材料的黏度增大。树脂凝胶化后形成橡胶态固体,不能够再熔。进一步加热导致进一步的交联,直至树脂完全固化。由于固化是热驱动事件,需要发生化学反应,因此固化过程耗时较长成为热固性树脂的一个特征。

尽管纤维在先进复合材料的增强机制中发挥主要作用,但制造和工艺问题一般由基体树脂及其性能所决定。热固性复合材料基体包括聚酯、乙烯基酯、环氧树脂、双马来酰亚胺、氰酸酯、聚酰亚胺和酚醛树脂。环氧树脂目前是中低温(到 135℃,275℉)使用的主导树脂。双马来酰亚胺的主要使用温度范围为 135～177℃(275～350℉)。使用温度很高时(高达 288～315℃,550～600℉)一般选用的材料是聚酰亚胺。聚酯和乙烯基酯的使用温度与环氧大致相同,在民用领域用途非常广泛,但因性能较差而很少用作高性能复合材料基体。氰酸酯是相对较新的树脂类型,被用作环氧和双马来酰亚胺的竞争产品。其具备一些优点(较低的吸湿量和引人注目的电性能),但价格显著更高。酚醛为高温树脂体系,阻烟和阻燃性能出色,经常用于飞机内饰制件。

为了提高交联聚合物的韧性,已形成一些不同的方法。4 种主要的增韧方法是:①网络改变;②橡胶弹性体第二相增韧;③热塑性弹性体增韧;④加增韧层。

未固化的树脂和固化后的复合材料都采用理化试验进行性能表征。对于新树脂评估、工艺参数开发和来料的质量控制,这些化学性能、流变性能和热性能试验非常有用。

一般说来,具体树脂的化学性质和配料方法是材料供应商不公开的商业机密,但针对使用要求,他们有责任与用户合作选择适宜的材料体系,并帮助建立复合材料的表征方法和工艺规程。使用任何新的材料体系时,尽早且经常性地寻求材料供应商的帮助十分重要。由于未固化树脂体系包含的材料可能对工人的健康与安全有潜在危害,对于任何新材料,与材料供应商进行密切协调并对 MSDS(材料安全数据单)进行严格审查尤为重要。

参考文献

[1] Prime R B. Chapter 5 in Thermal Characterization of Polymeric Materials [M]. E. A. Turi Editor, Academic Press, 1981.

[2] SP Systems Guide to Composites [M]. GTC-1-1098-1.

[3] Smith W. Chapter 3 "Resin Systems" in Processing and Fabrication Technology [M]. Vol. 3, Delaware Composites Design Encyclopedia, Technomic Publishing Company, Inc. , 1990, p. 15-86.

[4] Strong A B. Fundamentals of Composite Manufacturing: Materials, Methods, and Applications [M]. Society of Manufacturing Engineers, 1989.

[5] Vantico Inc. Data Sheets for MY-720 and MY-721. ①

[6] Carpenter J F. Processing Science For AS/3501-6 Carbon/Epoxy Composites [R]. Technical Report N00019-81-C-0184, Naval Air Systems Command, 1983.

[7] Stenzenberger H. Bismaleimide Resins" in ASM Handbook 21 Composites [M]. ASM International Inc. , 2001,97.

[8] Prater R H. Thermosetting Polyimides: A Review [J]. SAMPE Journal, 1994,30(5): 29-38.

[9] Rommel M I, Postyn A S, Dyer T A. Accelerating Factors in Galvanically Induced Polyimide Degradation [J]. SAMPE Journal, 1994,30(2):10-15.

[10] McConnell V P. Tough Promises from Cyanate Esters [J]. Advanced Composites, 1992: 28-37.

[11] Robitaile S. "Cyanate Ester Resins", in ASM Handbook 21 Composites [M]. ASM International Inc. , 2001,126-131.

[12] Scola D A. "Polyimide Resins", in ASM Handbook 21 Composites [M]. ASM International, Inc. , 2001,107.

[13] Jang B Z. "Fibers and Matrix Resins" in Advanced Polymer Composites [M]. Principles and Applications, 24.

[14] Hergenrother P M. Development of Composites, Adhesives and Sealants for High-Speed Commercial Airplanes [J]. SAMPE Journal, 2000,36(1):30-41.

[15] Criss J M, Arendt C P, Connell J W, et al. Resin Transfer Molding and Resin Infusion Fabrication of High-Temperature Composites [J]. SAMPE Journal, 2000,36(3):31-41.

[16] Harrington H J. Phenolics in ASM Vol. 3 Engineered Materials Handbook: Engineering Plastics [M]. ASM International Inc. , 1988,242-245.

[17] Bottcher A, Pilato L A. Phenolic Resins for FRP Systems [J]. SAMPE Journal, 1997,33 (3):35-40.

[18] Almen G R, Byrens R M, MacKenzie P D, et al. 977-A Family of New Toughened Epoxy Matrices, 34th International SAMPE Symposium [C]. 8-11 May 1989,259-270.

---

① 原书未注明文献类型，搜索数据库未果。——编注

[19] Park J W, Kim S C. Phase Separation and Morphology Development During Cure of Toughened Thermosets in Processing of Composites [M]. Hanser, 2000, 108 - 136.

[20] Sewell T A. Quality Assurance of Graphite/Epoxy by High-Performance Liquid Chromatogrphy in Composite Materials: Quality Assurance and Processing [M]. ASTM STP 797, 1983, 3 - 14.

[21] Carpenter J F. Assessment of Composite Starting Materials: Physiochemical Quality Control of Prepregs, AIAA/ASME Symposium on Aircraft Composites: The Emerging Methodology for Structural Assurance [M]. San Diego, CA, 24 - 25 March 1977.

[22] Haung M L, Williams J G. Macromolecules [M]. Vol. 27, 1994, 7423 - 7428.

[23] Carpenter J F. Physiochemical Testing of Altered Composition 3501 - 6 Epoxy Resin, 24th National SAMPE Symposium [C]. San Francisco, CA, 8 - 9 May 1979.

[24] Veronica M A Calado, Advani S G. Thermoset Resin Cure Kinetics and Rheology, in Processing of Composites [M]. Hanser, 2001, 32 - 107.

4 固化用模具：迟早需要的投入

用于复合材料制造的模具是一项重要的一次性前期投入。一个大型成形模具的花费高达＄500 000～＄1 000 000 是非常正常的事。遗憾的是,如果模具设计和制造不合理,会成为一个让人头疼不已的问题——需要无休止地进行维护和修改,甚至糟到不得不对模具进行更换。本章将对用于复合材料成形的模具做一基础性介绍,主要涉及热压罐固化工艺。后续章节介绍其他复合材料制造工艺时,会进一步讨论与之专门相关的模具知识,特别是第8章,因为整体化结构制造是模具设计的一个重点。

复合材料结构的模具本身就是一个非常复杂的技术领域,主要建立在多年的经验基础上。应该指出的是:对于一个制件并不只存在一种唯一正确的模具方案,最终的决策通常为若干不同方案的糅合。方案适用与否的判断在很大程度上依赖于过去积累的经验。模具的用途是在固化过程中传递热压罐的热量和压力,获得高尺寸精度的零件。通常会有多个可行方案以供选择。虽然本章目的只是对模具做一介绍,但感兴趣的读者可以从参考文献[1]获得更加全面的信息。文献[1]一些关键要领的综述可在文献[2-4]中查得。文献[5]和[6]也包含了一些关于复合材料固化模具的有用章节。

4.1 一般性考虑

在选择模具材料和制造工艺前,模具设计者必须考虑很多要求。其中一些要求在图4.1中列出。但在选材过程中,预期用此模具成形的制件数量和制件的构型常

- 在使用温度下保持稳定(一般为177℃,350℉)
- 可承压689.7kPa(100 psi)
- 制件表面光洁度满足要求
- 热膨胀补偿措施
- 耐磨耐刮擦
- 耐溶剂清洗
- 可通过机械加工或铺叠来制造

- 所有组件均能得到定位和支撑
- 能够批量生产满足容差和工艺规范要求的制件
- 模具与脱模剂相容
- 满足真空度要求(满足密封性要求)
- 加热速率均匀
- 重量轻
- 与车间设备兼容

图4.1 针对复合材料固化模具的一些可能的要求

常是首要的考虑因素。如果制件具备长期的生产前景,而为原型件制造的低成本模具却在成形几个件后即告报废,这并不能体现出良好的经济效益;反之亦然。制件外形或制件的复杂程度也会影响模具设计过程,例如大型机翼蒙皮通常采用焊接的钢模具,而对外形极为复杂的机身段使用钢材却并不划算,因为其制造成本和复杂程度较高。

首先需要做出的选择是制件的哪一侧(即图 4.2 所示的内表面或外表面)作为贴模面。以外表面或外模线(OML)表面作为贴模面来成形蒙皮可以使蒙皮的外表面得到极高的光洁度。但制件如要往内部骨架上装配(比如采用紧固件进行装配),以内表面或内模线(IML)表面作为贴模面可以形成更好的配合,出现的配合间隙和相应的加垫需求会更少。图 4.3 所示的机翼蒙皮即为一例。为使蒙皮在装配过程中与骨架形成最好的配合,该蒙皮采用 IML 表面作为贴模面。而对贴近真空袋的另一侧面,固化过程中使用了均压板,以得到合格并满足气动要求的 OML 表面光洁度。如图 4.4 所示,该零件在 IML 表面包含有急剧的厚度变化。倘若这个零件的厚度不变或变化很小,以 OML 表面作为贴模面来进行制造会是更合理的选择。另一个要考虑的因素是方便零件的制造。再以图 4.2 所示的槽型截面件为例,如图在阳模上进行铺叠显然要比在阴模的凹区中进行铺叠更为容易。

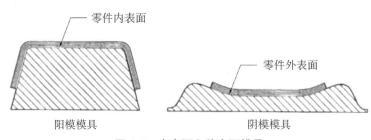

图 4.2　内表面和外表面模具

图 4.3　F/A-18 内机翼蒙皮的贴模面为内表面

来源于波音公司

图 4.4　F/A-18 内机翼蒙皮的内表面表现出的厚度变化

来源于波音公司

用于制造模具的材料选择是另一个重要的考虑因素。表 4.1 中给出了各类模具材料的一些关键性能。通常纤维增强聚合物基复合材料可用于中、低温使用的模具，金属适用于从低温到高温的各个温度段，块状石墨或陶瓷则可在极高的温度下使用。传统上，用于热压罐固化的模具通常由钢材或铝合金制造。电铸镍模具在 20 世纪 80 年代初开始得到普遍使用。到 20 世纪 80 年代中期，碳/环氧和碳/双马来酰亚胺材质的复合材料模具随之出现。而到 90 年代中期，一系列在市场上被称为 Invar 和 Nilo 的铁-镍合金也开始用于模具制造。

表 4.1　典型模具材料的性能

材　　料	最大使用温度/℃(℉)	CTE×10^{-6}/℉	密度/g/cm³ (lb/in³)	导热率/ Btu/h·ft·℉
钢	538(1000)	6.3~7.3	8.03(0.29)	30
铝	260(500)	12.5~13.5	2.77(0.10)	104~116
电铸镍	288(550)	7.4~7.5	8.86(0.32)	42~45
殷钢和镍铬合金	538(1000)	0.8~2.9	8.03(0.29)	6~9
碳/环氧 177℃	177(350)	2.0~5.0	1.61(0.058)	2~3.5
碳/环氧 RT/177℃	177(350)	2.0~5.0	1.61(0.058)	2~3.5
玻璃/环氧 177℃	177(350)	8.0~11.0	1.86(0.067)	1.8~2.5
玻璃/环氧 RT/177℃	177(350)	8.0~11.0	1.86(0.067)	1.8~2.5
块状石墨	427(800)	1.0~2.0	1.66(0.060)	13~18
浇铸陶瓷	899(1650)	0.40~0.45	2.58(0.093)	0.5
有机硅	288(550)	45~200	1.27(0.046)	0.1
异丁基橡胶	177(350)	≈90	1.11(0.040)	0.1
氟橡胶	232(450)	≈80~90	1.80(0.065)	0.1

注：仅供参考，确切的数据可向材料供应商查核。

钢材是一种相当便宜且耐用的材料。对钢材可进行浇铸和焊接。经验表明，钢制模具在经历 1500 次热压罐固化循环后仍能制造出良好的零件。但是钢很重，其热膨胀系数(CTE)比用其制造的碳/环氧树脂复合材料零件大，大型的厚重模具在热压罐中升温速率比较缓慢。钢制模具在使用过程中破坏的原因通常为焊口破裂。

另一方面，铝合金则要轻得多且热传导系数更高。此外，其比钢易于机械加工，但难于制造出气密性好的铸件，也难于焊接。铝合金的两个主要缺点是：作为一种较软的材料，易产生划痕、裂纹和压痕；另外，热膨胀系数很高。往往通过硬质阳极氧化膜来提高铝合金模具的耐久性，但在多次热循环中，铝合金会发生回火退化，使得硬质阳极氧化膜趋于碎裂和剥落。由于铝合金质轻且易加工，通常用于制作称为"成形块"的模具。如图 4.5 所示，可将若干个铝制块状成形模放置于一块较大的铝制共用平板之上,然后对平板及所有零件用一整张真空袋膜覆盖封装并进行固化。相比于对每个零件进行单独封装,成本的节省颇为显著。铝制模具的另一应用形式是组合模具,其中制件的所有面都是贴膜面,如图 4.6 所示的翼梁模具。

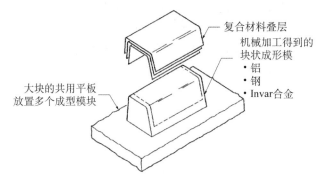

复合材料叠层

机械加工得到的
块状成形模
· 铝
· 钢
· Invar合金

大块的共用平板
放置多个成型模块

图 4.5　典型的成形块状模具

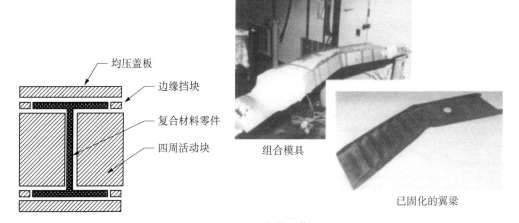

均压盖板

边缘挡块

复合材料零件

四周活动块

组合模具

已固化的翼梁

图 4.6　组合模具范例

来源于波音公司

电铸镍的特点在于可以制造复杂的外形,且不需要厚的板料。如用敞开的管型骨架进行支撑,在热压罐里使用时,这类模具的加热速率非常高。但制造电铸镍模具需要制造一个与最终模具形面精确一致的母模。

碳/环氧或玻璃/环氧模具(见图 4.7)在制造过程中同样也需要一个母模或芯模来进行铺层的铺叠。碳/环氧树脂模具的一个明显优势在于用其制作碳/环氧树脂零件时,可以“量身定制”其热膨胀系数。此外,复合材料模具相对较轻,在热压罐固化过程中呈现良好的加热速率,且用单个母模能制造出多套模具。其缺点是在经受多次 177℃(350℉)的热压罐固化后会积累许多潜在问题。树脂基体有开裂的倾向,在重复的热循环下最终会导致泄漏。使用复合材料模具时另一个要考虑的问题是

图 4.7 大型碳/环氧模具

其表面比较软易于刮伤。直接在模具上裁剪铺层时,需要在铺层和模具间放置金属垫片,以防止擦伤模具表面。一般说来这是一种不好的做法,因为垫片有可能被误留于叠层之中并被代入固化过程,从而导致修复问题或造成困境。另一个需要考虑的问题是复合材料模具若不经常使用会存留湿气。模具长期储存后,需要将其置于烘箱内缓慢烘干,将湿气散出。直接将湿饱和的复合材料模具放置于热压罐加热至177℃(350℉)时,吸收的湿气极易造成气泡和内部分层。

针对复合材料模具的问题,Invar 和 Nilo 系列合金在 20 世纪 90 年代初引入模具制造。作为低膨胀合金,其与碳/环氧零件的热膨胀系数非常匹配。其最大的缺点是成本高和升温速率低。这些材料本身就很昂贵,比钢材更难加工。此类合金能够被铸造、机械加工和焊接,通常用于重要构件的模具制造,例如图 4.8 所示的机翼蒙皮[7]。

图 4.8 Nilo 固化模具

来源于 Inco Alloy International 和波音公司

4.2 对热相关问题的处理

由于许多常用的模具材料(如铝合金和钢材料)比在模具上进行固化的碳/环氧树脂零件有更高的热膨胀系数,因此有必要针对热膨胀的差异来修正模具尺寸或进行补偿。在固化加热过程中,模具的尺寸增长或膨胀大于复合材料层压板;在降温过程中,模具收缩则大于已固化的层压板。如果处理不当,这两种状态会造成各种问题:从零件尺寸超差直至层压板的开裂和损坏。

通常采用如图 4.9 所示的计算方法缩小模具在室温下的尺寸来处理热膨胀问题。例如,一个铝制模具用于制造一个长度为 3048.0 mm(120.0 in)的零件,假设固化温度为 177℃(350℉),模具的实际长度可能需缩减至 3040.4 mm(119.7 in)。

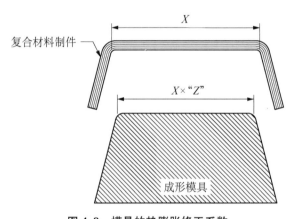

图 4.9 模具的热膨胀修正系数

X—制件设计尺寸;"Z"—修正系数;热修正系数=

制件设计尺寸×$\underbrace{(CTE_P-CTE_T)\times(T_{gel}-T_{RT})}_{Z}$,式中:$CTE_P$ 为

制件的热膨胀系数,CTE_T 为模具的热膨胀系数,T_{gel} 为树脂的凝胶温度,T_{RT} 为室温。

对于复杂形状零件的模具,需考虑的另一类修正因素是回弹。金属薄板在室温下成形后,通常会发生向外的回弹。为了校正该回弹,金属板会被过量成形;而复合材料的情况正相反,在固化过程中其趋于发生向内的回弹。因此,对于以一定角度弯折的零件,须进行如图 4.10 所示的补偿。所需的补偿程度取决于层压板各铺层的实际取向和厚度。通过有限元分析来计算回弹程度的工作虽已取得很大进展,但针对特定的材料体系、固化条件、铺层方向和厚度,仍然需要一些实验数据建立模具设计指南。关于回弹的更全面说明将在第 6 章"固化"中给出。

固化降温阶段同样可出现问题,因为此时模具收缩率大于零件。对于有较大热膨胀系数的模具材料如铝合金,模具会对零件变形产生限制,造成如图 4.11 所示的

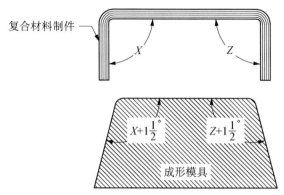

图 4.10　回弹校正因子

注：所示是 1.5°，典型值在 0°～5°之间，取决于所使用的模具材料。

层开裂或分层。对于蒙皮和其他零件,常用聚四氟乙烯剪切销来防止产生损伤(见图4.12)。也可采用销钉将某些限位块固定于模具的一处或两处位置上,但限位块在冷却时须能自由收缩而不受模具限制。另一个范例如图 4.13 所示在模具的凹陷部位设置脱模斜度,使零件在冷却过程中从凹陷部位被顶出,避免可能发生的铺层

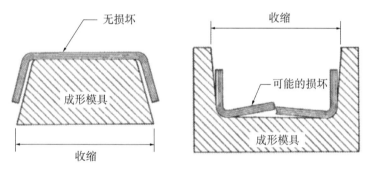

图 4.11　模具收缩对零件质量的潜在影响

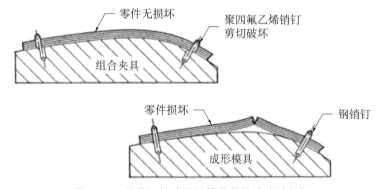

图 4.12　用剪切销消除因模具收缩造成的损坏

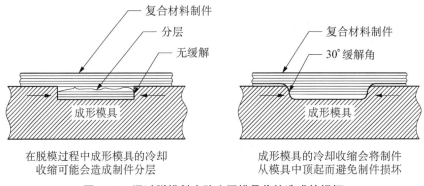

图 4.13　通过脱模斜度防止因模具收缩造成的损坏

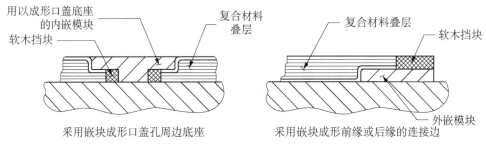

图 4.14　带成形用嵌块的典型模具形式

开裂。对于采用成形嵌块的口盖区及前后缘结构零件,模具设计还需考虑一些特殊的细节,如图 4.14 所示。

　　模具如非放置于共用平板上的实体块状形式,一般需要有一个框架来支撑面板。图 4.15 给出一种框架的实例。框架的设计极为重要,因为这会影响到热压罐固化过程中模具周围的气体流动。一般而言,框架的"敞开性"越好,气体流动会越佳,升温速率也越高。曾有研究工作[8]对三种不同的模具设计方案进行热压罐工艺条件下的升温速率比较。如图 4.16 所示,这些设计方案包括一种由钢制面板和与之焊接的蛋箱式框架构成的模具,一种放置在铝制共用平板上的数控加工铝制实体块状模具,以及一种采用敞开式管状框架的电铸镍模具。其中钢制模具和铝制模具被用于制造相同的结构件——一块机翼壁板,而电铸镍模具则被用于制造一块大曲率的机身侧壁板,该壁板内表面上带有共固化的帽型加强筋。钢模上的面板厚 $11.4\sim14.0\,\mathrm{mm}(0.45\sim0.55\,\mathrm{in})$,在焊接的框架上带有圆形开孔以改善热压罐内气体的流动。该模具标识为模具"A",数控加工的采用铝制共用平板的实体块状模具标识为模具"B"。尽管与模具"A"一样用于制造相同的飞机零件,但其设计思路完全不同。在一块厚 $55.9\sim58.4\,\mathrm{mm}(2.2\sim2.3\,\mathrm{in})$ 铝合金板材的一个面上数控加工出符合模线要求的形状,而另外一面为平面。在热压罐中固化时将其放置在一张厚

度为 25.4 mm(1.0 in)的标准铝制共用平板上。通常一张共用平板上可放置多个这
种类型的模具。标识为模具"C"的电铸镍模具由一相对较薄[6.35～9.65 mm
(0.25～0.38 in)]的电铸镍壳与一敞开式支撑框架构成。在蒙皮与帽型筋的共固化
部位,采用了橡胶芯模和增压块。

带连接点的成形模具框架

完整的成形模具

图 4.15 典型的成形模具支撑结构

来源于波音公司

研究工作安排了三个批次的试验,三批试验均采用同一热压罐。每批试验对不同
类型模具的罐内位置进行轮换。各套模具进行真空袋封装并检漏后,按图 4.17～图
4.19 所示位置放入热压罐。在模具表面安放热电偶,以监测罐内的气体温度。对于每
批试验,热压罐所施压力范围为 0.586～0.689 MPa(85～100 psi①)。模具进罐后按一
标准的固化规程加热至 177℃(350°F),与此同时记录热电偶测得的升温和降温数据。

---

① psi 为磅力每平方英寸,1 psi＝6.89476×10³ Pa。——编注

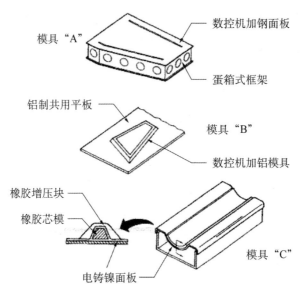

图 4.16　用于热压罐加热试验的模具[8]

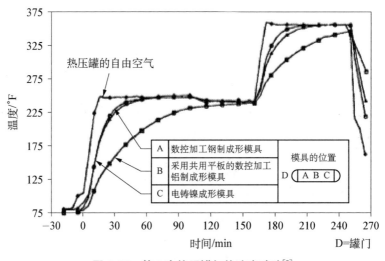

图 4.17　第 1 次热压罐加热速率试验[8]

　　上述热压罐加热试验结果包括了三个重要的发现：

　　● 相比于钢模（模具"A"）或电铸镍模具（模具"C"），采用铝制共用平板的块状模具（模具"B"）呈现出较慢的升温速率，如图 4.17 和图 4.18 所示。较慢的升温速率与铝制模具热质量较大有关。但是将铝模具放置在热压罐前端时（见图 4.19），其升温速率则增加，因为此时较高的气体流动速度增大了热压罐内自由空气向模具的传热速率。

　　● 电铸镍模具（模具"C"）呈现出最快的热响应；但由于橡胶的吸热效果和隔热

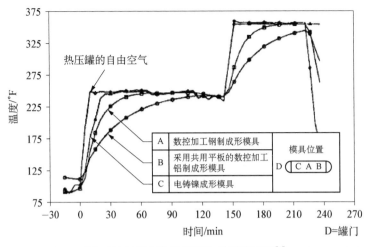

图 4.18 第 2 次热压罐加热速率试验[8]

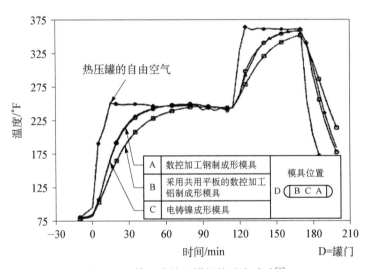

图 4.19 第 3 次热压罐加热速率试验[8]

特性，用于共固化帽型加强筋的橡胶芯模在模具局部产生冷点。

● 无论将钢模（模具"A"）放置在热压罐的前端、中部或尾部，其升温速率几乎相同。一种可能的解释是厚的蛋箱式支撑结构起到了阻挡气流的作用，减少了因热压罐气体速度差异造成的影响。

4.3 模具制造

典型的大型钢制成形模具制造顺序如图 4.20 所示。在开始制造前，先通过钣金成形、轧制或机械加工来生成钢制面板的外形轮廓，再将钢板焊接组成蛋箱式框架，然后将面板焊接到蛋箱式框架上。面板的最终外形通过数控加工制出。如果像图中所示,模具尺寸极大,则需分块制造后焊接到一起。所有的焊接部位需打磨至光滑,对面板也需进行精打磨来获得光滑表面,并对模具进行真空泄漏检查。这种类型的模具通常配备完整的真空接口系统,分布于模具四周,与多条管路相连来读取真空和静压数据。此类管路至少需要有两条:一条用于动态抽真空,另一条用于静压测量。经验表明,真空口的间隔距离应在 $1.8 \sim 3.0\,\mathrm{m}(6 \sim 10\,\mathrm{ft})$ 的范围内。为便于生产操作,大部分真空接口和静压接口为快卸形式。热电偶通常焊接在模具的背面。为了便于移动,可在模具上安装操作辅助装置,如脚轮和牵引杆。对于 Invar 合金模具,除了其形面需分为更多块来分别铸出再焊接成一体外,制造过程与钢制模具十分相似。如果外形轮廓非常简单,也可轧制出最终外形(见图 4.21),然后将

钢板和蛋箱式框架

面板焊接

数控加工面板外形

完整的模具

图 4.20　数控加工的大型钢模具制造工序

来源于波音公司

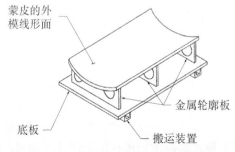

图 4.21　用轧制面板制造的简单轮廓模具[1]

其直接与骨架相连接。对于面板较薄的模具，普遍做法是螺纹连接件（见图 4.15），这样就能对面板外形进行调节。

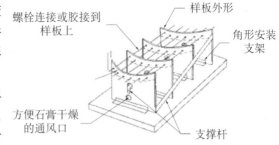

图 4.22 母模截面外形板的组装件[1]

在制造电铸镍模具和复合材料模具之前，需要先制造出一个母模，即用模具来制造模具。母模必须有正确的外形和光滑的表面光洁度、能承受模具固化过程中的加工温度、无裂缝、具备密封的表面，并且一定要在模具使用前涂覆好脱模剂。有很多种制造母模的方法。一个最老的方法见图 4.22，根据制件模型的不同截面来制造外形样板，再将外形样板集合成一个样板组件，组件上各个样板之间装有金属网筛。将石膏注入样板组件并令其硬化，然后以外形样板的顶部为样条对硬化后的石膏表面进行光顺，并进行表面密封和涂覆脱模剂。如果要求的温度高于石膏所能承受的温度，在母模表面可使用单组分和双组分环氧糊[9]。随着功能更强的 CAD/CAM 计算机程序包的出现，很多母模现在是用数控机床在大块浇注环氧树脂、泡沫塑料、石膏、木材以及聚氨酯层压模具板上直接加工出来，如图 4.23 所示。一旦完成母模，常会用其再翻制一个塑料面石膏模（PFP）。PFP 可用纯石膏制成，也可以有背衬石膏的环氧面，或有背衬石膏的纤维增强面。高温使用的中间模具或简易模具也可以由母模或 PFP 制得，取决于最终模具所制零件的成形温度。制造复合材料模具的步骤可能会有很多，如表 4.2 所示，取决于哪个面是所选的工作面和所选用的哪个材料体系。请注意：模具表面每复制一次都会损失一些精度，这主要是因为固化过程中的材料收缩。

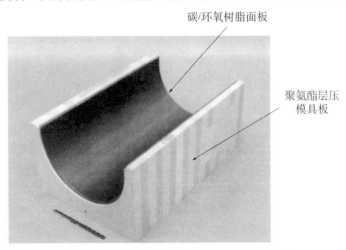

图 4.23 含有固化碳/环氧树脂面板的母模

来源于波音公司

　　用 PFP 制造电铸镍模具如图 4.24 所示。可用 PFP 或石膏喷涂模具来制造一个层压板电铸芯模,材质通常为玻璃纤维/聚酯[10.2～12.7 mm(0.4～0.5 in)厚],然后再涂覆一层银,这样将其放置在电铸槽时会导电。在电铸过程中保持电铸芯模的稳定非常重要。如果模具很大,常用骨架来支撑电镀模芯以保持其稳定性。电铸芯模的表面光洁度须与最终模具所需的光洁度相一致,因为电铸工艺会将芯模光洁度复制到最终模具表面。电铸过程通常需要几周的时间才能沉积出所需的面板厚度,一般为 5.1～10.2 mm(0.2～0.4 in)。电铸槽的温度约为 49℃(120℉)。出电铸

表 4.2　复合材料模具加工步骤对比

精确度	步骤数	母模形状	由母模成形	中间或生产模具		
最精确	一步法	⌒	室温/高温	121℃预浸料制模具		
	二步法	⌒	预浸料制模具	⌒	121℃或177℃预浸料制模具	
	三步法	⌒	PFP	室温/高温 中间模具	121℃预浸料制模具	121℃或177℃预浸料制模具
	三步法	⌒	PFP	PFP	室温/高温 中间模具	
精确度最差	四步法	⌒	石膏喷涂模具	石膏喷涂模具 PFP		

参考文献1:已获授权

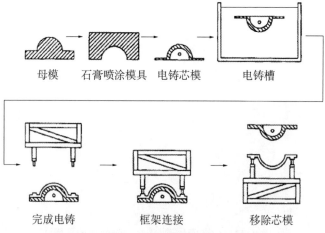

母模　　石膏喷涂模具　　电铸芯模　　电铸槽

完成电铸　　框架连接　　移除芯模

图 4.24　电铸镍模具的工序流程图[5]

槽后,在将电铸模芯拿走之前,将面板连接到支撑框架上。电铸法可制造相当大的模具,主要限制在于电铸槽尺寸。以往曾有过表面积大于 $18.6\,\mathrm{m}^2$（$200\,\mathrm{ft}^2$）的模具制造实例。模具上的尖角或凹陷部位很难均匀电铸,在这些部位易发生材料的过度沉积。在电铸过程中,可在模具中嵌入配件、模具定位销、真空接头和用于连接框架的螺栓,以保证连接部位在真空和外压条件下的气密性。总的说来,电铸镍模具比铝模具或复合材料模具有更好的损伤容限和抗划伤性。电铸镍模具可通过软焊或钎焊修复,但一般比钢或 Invar 合金模具的焊接修复更为困难。一些修复用焊料中的铅会和镍发生反应从而引起焊缝开裂和漏气。完成电铸后,将模具抛光以使模具能够成形出光滑的层压零件表面。若需要极高的表面硬度,可对模具面进行镀铬处理。

复合材料模具的制造工序如图 4.25 所示。在这里也是采用 PFP 模具来进行碳或玻璃纤维叠层的铺叠和固化。航空航天构件所用模具通常使用环氧基体,而在大多数民用场合则采用聚酯和乙烯基酯。最常用的增强体形式为斜纹、平纹或缎纹碳纤维或玻璃纤维织物。模具一般采用均衡对称的准各向同性铺层设计,各铺层先被裁成大张的矩形,然后在铺叠过程中相互拼接。在表层使用精细的织物以提高表面光洁度,而在内部铺层使用厚重的织物以减少铺层时间。对于真空袋固化的模具,使用胶衣有利于提高表面光洁度,而热压罐固化的模具,通常要使用预浸膜材料和胶膜层。每铺叠一定数量的铺层后对叠层进行真空预压实通常有利于提高模具质量。复合材料模具制造采用了几类不同的材料体系:①湿法手糊材料——用液态树脂浸润一层一层的干布,然后在室温固化或加热固化;②高温/高温预浸料（HT/HT）——模具也是逐层铺叠而成,接着在高温［如 $177\,^\circ\!\mathrm{C}$（$350\,^\circ\!\mathrm{F}$）］下固化,随

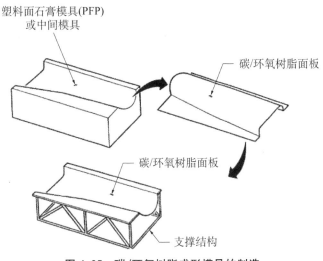

图 4.25 碳/环氧树脂成形模具的制造

后继续在高温[如 177℃(350°F)]下进行后固化;③低温/高温预浸料(LT/HT)——在低温[如 65.6℃(150°F)]下铺叠并固化,随后在高温[如 177℃(350°F)]下进行后固化。如果固化在加热条件进行,可以在烘箱或热压罐内完成。

采用热压罐固化 HT/HT 或 LT/HT 预浸料可以制造出最高质量的模具,其内部密实度极高且孔隙含量很低。模具面板中必须避免空隙,因为其会成为微裂纹的起始点,微裂纹最终可扩展穿透面板,产生潜在的渗漏通道。LT/HT 预浸料体系的最大优点是可先在耐热性较低的 PFP 模具上进行固化,然后移出 PFP 模具进行高温后固化。而 HT/HT 预浸料则需要有一个比 PFP 模具耐热性更高的中间模具。为防止在后固化中变形,一般在在面板进行后固化前先将其与蛋箱式支撑结构相连接,典型蛋箱式支撑结构的细节如图 4.26 所示。支撑结构可由蜂窝夹层板、碳/环氧树脂模具板制成,或由碳/环氧树脂预制管材构建。除蛋箱式系统外,其他的支撑结构方案还包括在模具背面成形的加强筋,以及管状支撑系统。为保护模具面板边缘在操作过程中不发生损坏,边缘需修整为平滑或凹进,或采取卷边形式。标准的模具面板一般厚约 6.35 mm(0.25 in),笔者认为这是使用中发生渗漏的主要部位之一。另一易发生渗漏的部位为面板上为真空接头和管道所开设的通道孔。尽管在

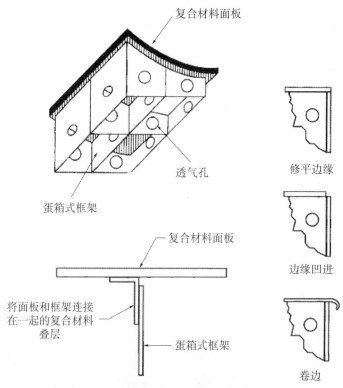

图 4.26　复合材料模具的蛋箱式支撑结构[1, 10]

面板固化前埋入通道配件要强于固化后安装，但更好的做法是不在复合材料面板上开设任何孔洞，而是用穿过真空袋的配件来进行抽真空操作和静压测量。对于使用过程中遇到的损伤和热循环，较厚的无渗漏面板有更好的承受力。复合材料模具一旦发生渗漏，极难对渗漏部位进行确定和修补。渗漏可能开始于边缘或表面，并以弯曲路径穿透模具叠层。渗漏的出口离其起始位置可达数英尺之远。

如果制件要求较高的成形温度［例如高温聚酰亚胺或热塑性复合材料的成形温度为 260～371℃（500～700℉）］，可采用钢或 Invar42 合金制造模具，但块状石墨和浇注陶瓷也可作为选项。多个石墨块可被粘接到一起，然后采用数控机床加工出最终的模具形面。另一方面，对浇铸陶瓷则是通过原料混合、浇铸和固化来制造模具。这两种材料都有出色的耐温性能和低热膨胀系数。块状石墨质轻，易于机加工（但会弄脏环境），有很高的导热性，且可在温度高达 371℃（800℉）的空气中使用。陶瓷同样质轻，但其导热性较差，而且在使用之前一定要将表面完全密封。陶瓷模具的制造也比块状石墨模具更为困难，其固化缓慢且易在固化过程中开裂。常在浇铸体中加入筋或格栅来增加其强度。块状石墨和浇铸陶瓷的最大缺点在于两者都是非常脆的材料，容易断裂或在操作中受损。

常用橡胶材料如硅胶、丁基橡胶和氟橡胶来做均压垫和增压块。这些橡胶模具在制件固化过程中起到增压或调节压力分布的作用，常被用于真空袋难以与之贴合从而有架桥风险的部位，如制件的拐角处。橡胶模具能以如下两种方式使用（见图 4.27）：①固定体积法——橡胶模具的四周完全被固定的刚性模具所包围，在加热过程中橡胶产生膨胀从而对零件施加压力；②可变体积法——允许橡胶模具的体积发生变化，所传递的压力不高出热压罐压力［通常为 0.586～0.689 MPa（85～100 psi）］。固定体积法的问题在于需要非常精确地计算所需的橡胶体积，否则会导致压力过大或过小。计算所需橡胶量的方法可见参考文献[5]。标准均压垫的制造工序如图 4.28 所示。在该工序中，均压垫由混炼橡胶片材叠合而成，坯料被覆于一

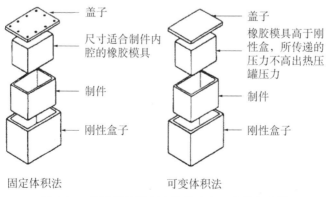

盖子

尺寸适合制件内
腔的橡胶模具

制件

刚性盒子

盖子

橡胶模具高于刚
性盒，所传递的
压力不高出热压
罐压力

制件

刚性盒子

固定体积法　　　　　　可变体积法

图 4.27　橡胶模具的固定体积法和可变体积法[5]

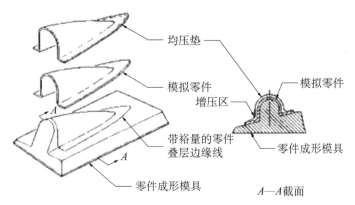

均压垫

模拟零件

模拟零件

增压区

零件成形模具

带裕量的零件
叠层边缘线

零件成形模具

*A—A*截面

图 4.28　橡胶均压垫的制造流程

个"模拟"零件之上并采用实际零件的成形模具进行硫化。所谓"模拟"零件即是在
成形模具上不采用均压垫而制出的第一个零件,该零件固化后所有表面皱褶都要填
充并打磨光滑,然后用来制造均压垫。如果没有模拟零件,可通过层层堆积专用的
模具蜡来垫出零件厚度。橡胶模具材料一般是混炼的片材,或是可以在模具中浇注
成形并室温硫化(RTV)或固化的液体材料。橡胶模具零件的寿命是有限的,通常小
于 30 次热压循环。树脂会对橡胶形成腐蚀。持续的热循环会使材料收缩,并使材
料变脆而导致开裂或被撕裂。经常会在橡胶均压垫中埋入碳布来进行局部增强并
提高耐久性。橡胶弹性体还有很低的导热性,如果在局部区域大块使用,会起到吸
热的作用。

　　对于平面或曲率较小的零件,通常的做法是对非贴模面(即与真空袋相邻的表
面)使用均压片或均压板来改善表面光洁度。均压板可由金属、玻璃纤维增强复合
材料、碳纤维增强复合材料或橡胶制成。十分重要的一点是,均压板应具备足够的
柔性以避免局部架桥现象。可在均压板上打孔以供气体的排出,或在某些场合以供
多余树脂的排出。

4.4　总结

　　对于给定的应用对象,在对模具的材料和制造工艺做出选择之前,模具设计者
必须考虑到多方面的要求。但在选择过程中首先要考虑的因素是准备用此模具制
造的零件数量和零件构形。

　　模具的选材考虑十分重要。通常增强聚合物可用于中、低温固化的模具,金属
可用于制造从低温到高温的各温度段固化模具。块状石墨或陶瓷则可用于制造固
化温度非常高的模具。热压罐固化用模具传统上使用钢材或铝合金。电铸镍模具
在 20 世纪 80 年代初期开始得到普遍使用,随后在 20 世纪 80 年代中期开始出现
碳/环氧树脂和碳/双马树脂复合材料模具。在 20 世纪 90 年代早期,一系列在市场

上被称为 Invar 和 Nilo 的低热膨胀系数铁-镍合金也开始被引入模具制造。

钢材是一种耐久性好的廉价材料,可进行浇铸和焊接。经验表明,钢制模具在经历 1500 次热压罐固化循环后仍能制造出良好的零件。但是钢很重,比用它制造的碳/环氧树脂复合材料零件有着更高的热膨胀系数(CTE),大型厚重模具在热压罐中升温速率比较缓慢。

相比于钢材,铝合金则更轻且热传导系数更高,且比钢铁易于机械加工,但难于制造出气密性良好的铸件并难于焊接。

电铸镍的特点在于可以制造出复杂的外形,且面板无须十分厚重。如采用敞开式的管状框架进行支撑,这类模具在热压罐内有极高的加热速率。但制造电铸镍模具需要制造一个与最终模具外形精确一致的母模。

碳/环氧树脂或玻璃纤维/环氧树脂模具在其制造过程中同样需要一个母模或芯模来进行铺叠。碳/环氧和碳/双马来酰亚胺模具的突出优点在于可对其热膨胀系数进行设计,以与所制造的碳/环氧零件相匹配。此外,复合材料模具相对较轻,在热压罐固化过程中表现出良好的加热速率,且一个母模可被重复用于相同模具的制造。复合材料模具的缺点是 177℃(350℉)的热压罐固化过程会对其产生许多不利影响。树脂基体有开裂的趋势,在重复的热循环下最终会导致泄漏。

Invar 和 Nilo 系列合金在 20 世纪 90 年代初引入模具制造。作为低膨胀合金,其与碳/环氧树脂零件的热膨胀系数非常匹配。最大的缺点是成本高和升温速率低。这些材料本身就很昂贵,比钢材更难于加工。其可通过铸造、机加和焊接成形。

由于许多普通模具材料(如铝和钢)的热膨胀系数高于在模具上进行固化的碳/环氧零件,针对此热膨胀差异而进行的模具尺寸修正或补偿即成为十分必要的措施。复杂外形零件需考虑的另一类模具修正因素是固化过程产生的回弹或闭合问题。对于带折角的零件有必要进行相应的补偿,所需的补偿程度取决于层压板实际的铺层方向和厚度。

对于任何项目,模具是主要的一次性成本预投对象。在模具上克扣省钱的想法可能时会发生,但实际上这是非常不正确的。得到良好设计和制造的模具对于在生产中获得高质量零件至关重要。模具设计和模具制造对技能水平的要求并不低于零件的工程设计。本章篇幅较短,其目的并非是要覆盖模具设计和制造的方方面面,而在于对这一过程的复杂性及其对复合材料成形工艺的潜在影响做出以上介绍。

参考文献

[1] Morena J J. Advanced Composite Mold Making [M]. Van Nostrand Reinhold, 1988.
[2] Morena J J. Mold Engineering and Materials-Part I [J]. SAMPE Journal, 1995,31(2): 35 -

40.

[3] Morena J J. Advanced Composite Mold Fabrication: Engineering, Materials, and Processes-Part II [J]. SAMPE Journal, 1995,31(3): 83 – 87.

[4] Morena J J. Advanced Composite Mold Fabrication: Engineering, Materials, and Processes-Part III [J]. SAMPE Journal, 1995,31(6): 24 – 28.

[5] Volume I-Engineered Materials Handbook: Composites [M]. ASM International, 1987.

[6] Volume 21 – ASM Handbook: Composites [M]. ASM International, 2001.

[7] The Nilo Nickel-Iron Alloys for Composite Tooling [M]. Inco Alloys International, 1998.

[8] Griffith J M, Campbell E C, Mallow A R. Effect of Tool Design on Autoclave Heat-up Rates [C]. SME Composites in Manufacturing 7, December 1987.

[9] Black S. Epoxy-based Pastes Provide Another Choice for Fabricating Large Parts [J]. High-Performance Composites, 2001: 20 – 24.

[10] Niu M C Y. Composite Airframe Structures: Practical Design Information and Data [M]. Conmilit Press, Hong Kong, 1992.

5 铺叠：成本的主要动因

铺层的剪裁和铺叠是复合材料制件生产的主要成本动因。通常，制件成本的40%～60%为此两者所致，具体比例取决于制件的尺寸和复杂程度。铺层的铺叠可通过手工、自动铺带、纤维缠绕或纤维铺放来完成。手工铺叠通常为劳动密集型方法，但当制件产量有限，制件尺寸较小或制件形状过于复杂而不适宜采用自动化方法时，该法可能是最经济的选择。对于平面或小曲率蒙皮（如大尺寸的机翼厚蒙皮），自动铺带（ATL）是十分有利的制造方法。纤维缠绕是一种高生产效率工艺，主要用于形状为旋转体或近似旋转体的构件制造。纤维铺放则同时具备自动铺带和纤维缠绕的某些特点，是一种混合型工艺方法。发展该法的目的是使无法采用自动铺带和纤维缠绕工艺的大尺寸制件也可得以自动化生产。

5.1 预浸料控制

复合材料所用的热固性预浸料或胶黏剂易变质失效，须存于冷藏柜中。室温下，这些物品会发生化学反应或老化。树脂一旦发生化学反应，会出现以下问题：①预浸料的黏性显著下降，使铺层难以铺叠；②预浸料变得刚硬；③固化过程中树脂流动性变差，从而导致制件厚度大于期望值；④某些材料体系如在冷库外放置太久，其中的树脂会无法正常固化。树脂在室温下的老化过程中，固化剂与基体树脂发生缓慢的化学反应。外置时间对树脂流动性的影响作用如图 5.1 所示，该图表明流动性随室温放置时间的增加而下降[1]。因此，从供应商处发货时，需将预

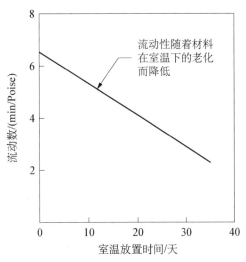

图 5.1 一种环氧树脂的室温放置时间对树脂流动性的影响[1]

浸料用塑料袋包好,放入带冷藏室的卡车或装入带干冰的箱盒中。由于预浸料和胶黏剂有室温放置时间或保质期限制(通常为 10～30 天),收到供应商发来的货品后,首要之事是立即将其存于冷藏柜中。冷藏温度通常为 −18℃(0℉)或更低。预浸料卷一旦从冷藏柜中取出,对应的时间需记录在案。同样,用后将其重新包好送回冷藏柜时,也需留下时间记录。由此,材料所积累的外置时间总和可得以保存。预浸料卷从冷藏柜中取出后,需等预浸料回暖至室温后方可除去外包的保护材料,这一点非常重要。如果过早打开料卷,水分会在材料上凝结,在后续固化过程中可能会引发孔隙或疏松问题。材料的冷藏寿命从生产日期算起,通常为 3～12 月,具体取决于所用的树脂体系。

5.2 铺叠间环境

所有预浸料和胶膜都会从大气中吸收水分。层压板加热固化时,吸收的水分会导致孔隙或疏松问题。也就是说,当温度升至高于水的沸点 212℉(100℃)时,吸收的水分会从树脂溶液中逸出,形成孔隙或疏松。因此,预浸料的铺叠操作需在装有空调且湿度得到控制的房间内进行。铺叠间的气压还应稍高于室外,以防止开门时有尘污进入。铺叠间的这一轻微正压环境通过鼓风机送入过滤空气来保持。

5.3 模具准备

在铺叠前应对所有模具进行彻底的清理和检查。模具表面的缺口和划痕会造成固化后层压板的表面缺陷。模具需完全涂覆脱模剂,以防止固化过程中树脂粘附。通常,新模具表面要涂覆一层永久性脱模剂。以后,在每次使用之前,在模具表面会另外再涂一层。现有脱模剂的种类很多,如蜡状物、有机硅化合物和碳氟化合物。经验表明,固化过程中蜡状物和有机硅会散发出油和气体,需谨慎使用。

5.4 手工铺叠的铺层剪裁

手工铺叠(见图 5.2)采用预浸带[最大宽度为 24 in(610 mm)]或宽幅预浸布[最大宽度为 60 in(1 524 mm)]进行。正式铺叠前,通常会对铺层进行预先剪裁并将其配套装入制件的铺层套料包。剪裁操作通常为自动化作业,仅当要生产的制件数量不足以平衡自动剪裁设备的编程成本时方有例外。不过,如选择手工剪裁,则需制备样板来辅助剪裁操作。叠层中的任何铺层只要有给定的轮廓要求,即

图 5.2 碳纤维/环氧树脂制件手工铺叠的典型实例

来源于波音公司

需制备与之对应的样板。手工剪裁所用样板的材料一般为钢或铝。制备铝样板虽比钢样板更为简单和便宜,但剪裁过程中容易有细小铝颗粒被切离样板并留于叠层之中。手工剪裁所用刀具多为钢刃地毯刀、圆叶片比萨饼刀和拆线刀。操作员将样板按正确方向放置在预浸料上,并沿其边缘进行剪裁。这种方法的主要缺点是人工成本高、材料利用率差以及剪裁操作时样板在预浸料上的取向可能出错。

宽幅预浸布[幅宽通常为 48~60 in(1 219~1 524 mm)]的自动化铺层剪裁是目前最为普遍采用的方法。过去 30 年中,不同类型的自动剪裁技术曾被用及:激光、钢制刀模、高压水、往复式割刀和超声波。激光铺层剪裁机是最早开发的自动化设备之一,这是因为该设备能很好地切割硼纤维,而硼纤维在 20 世纪 60 年代末和 70 年代初得到相当广泛的应用。激光铺层剪裁机最主要的缺点是:激光束聚焦光斑小而使切割厚度仅限于一个铺层,以及剪裁过程中产生的高热会在铺层周边形成固化硬壳。采用钢制刀模的剪裁机一次切割的铺层可多达 10~15 层,在 20 世纪 70 年代中期曾一度流行。但是,刀模为加工对象固定的切割工具,铺层或制件形状一旦发生改变,必须重新制作刀模。一些复合材料制造商还使用过高压水切割方法,此法强迫高压[最高可达 60 000 psi(413.7 MPa)]水流通过一细小喷嘴,以此对预浸料铺层进行剪裁。对此工艺的一个担忧是预浸料沾水后会在固化过程中发生问题,尽管至今尚未有文献给出铺层少量沾水会导致固化出问题的客观证据。

往复式割刀和超声波驱动剪裁机是当前复合材料行业使用最为普遍的铺层剪裁方法。往复式割刀的概念源于服装业。剪裁过程中,硬质合金刀片以类似刀锯的方式做上下往复运动,而其横向运动则由计算机控制的刀头来支配。为使刀片在剪裁过程中可以穿透预浸料,支撑预浸料的工作台由尼龙硬毛组成。往复式割刀的一次行程通常能切割 1~5 层铺层。图 5.3 为置于工作台上的一些已剪裁铺层的照片。

图 5.3　往复式割刀剪裁的铺层

来源于波音公司

图 5.4　大型超声波铺层剪裁机

来源于波音公司

　　超声波铺层剪裁机的运行方式与上述设备类似,但工作机制为截断而非切割。超声波方法采用硬塑料工作台替代允许割刀穿透的硬毛式工作台。图5.4为超声波铺层剪裁机的典型实例,该设备的剪裁速度接近2400ft/min(732m/min),精度可保持在±0.003in(±0.0762mm)。无论是使用往复式割刀还是超声波铺层剪裁机,开始剪裁操作前均需在工作台上覆盖一层塑料薄膜并抽真空。宽幅预浸料卷在工作台上展开后,需加盖一层隔离薄膜。工作台上可如此叠放多层宽幅预浸料。最后在此叠层上覆盖塑料薄膜,并抽真空以使叠层在剪裁过程中保持平整。

　　各种自动化剪裁方法(激光、钢制刀模、高压水、往复式割刀和超声波)的主要优点是可进行离线编程,并可采用排料软件来使材料利用率最大化。图5.5给出铺层剪裁排料的一个典型示例。此外,许多此类系统还备有自动的铺层标识装置(见图5.6),该装置可直接将铺层识别标志加于铺层隔离纸上,通常包括制件编号和铺层标识号。这一措施可大大简化铺层的分类和剪裁操作。现代自动化铺层剪裁设备的工作速度很快,可以得到高质量的剪裁结果。

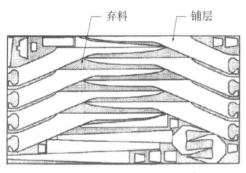

图5.5　计算机生成的铺层剪裁排料方案

图5.6　自动铺层标识装置

来源于波音公司

　　剪裁完毕的铺层如直接进行铺叠,通常会按制件编号和铺层标识号先将其分类,然后放于推车货架上送至铺叠间。如铺层不是立即使用,分类后可将其置于密封的塑料袋内,并放回冷库。

5.5　铺叠

　　在模具上直接对铺层进行逐层铺叠时,需先在模具表面涂覆液态脱模剂或放置隔离膜。隔离膜可为涂覆聚四氟乙烯的无孔玻璃纤维脱模布、聚四氟乙烯膜[氟乙烯丙烯(FEP)]、Tedlar[聚氟乙烯(PVF)]或硅橡胶等。在真空袋内使用硅橡胶时需加小心。硅橡胶应在比最高固化温度至少高100℉(56℃)的温度环境下烘焙足够的时间(如4h),以确保所有的挥发分和油类组分得到去除。对于某些叠层,当其固化后表面需喷漆或涉及胶接时,所用模具表面还需放置一层可剥布。可剥布通常由尼龙、聚酯或玻璃纤维制成。有些可剥布表面会涂有脱模剂,有些则没有。对固化后复合材料表面粘留的可剥布材料应做彻底检查,特别是该表面在后续工序中涉及结构胶接时,这一点尤为重要。

铺层须按工程图纸或车间工作指令规定的位置和方向铺叠于模具之上。在铺叠每一铺层前,操作者应确保隔离纸已全部除去,并确保叠层表面无任何外来物。常使用大张的 Mylar 薄膜(干净的聚酯薄膜)样板来确定铺层的位置和取向,不过样板笨重而使用不易,正迅速被激光投影仪所取代。如图 5.7 所示,激光投影仪使用低强度激光束将当前铺层的边缘线投影到已铺叠层之上。此类装置可根据每一铺层的 CAD 数据进行离线编程,所用先进软件既可在平面也可在大曲率曲面上投影出铺层的铺放位置。投影精度通常在 $\pm(0.015\sim0.040)\mathrm{in}[(\pm0.381\sim1.016)\mathrm{mm}]$ 的范围内,具体取决于制件要求的投影距离[2]。图 5.8 为投影系统的实物示例。

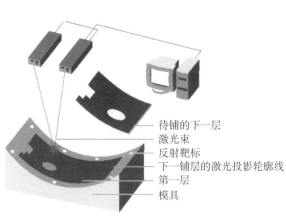

待铺的下一层
激光束
反射靶标
下一铺层的激光投影轮廓线
第一层
模具

图 5.7　铺层激光投影示意图

激光投影仪

图 5.8　采用铺层激光投影来确定铺层位置

来源于波音公司

铺层位置的精度要求通常在工程图纸或所用工艺规范中加以规定。对于单向预浸料,铺层的拼接间隙(见图 5.9)一般限制在 0.030 in(0.762 mm)范围内。不允许存在搭接和断开纤维的对接。对于织物预浸料,允许进行搭接,要求的搭接宽度范围为 0.5~1.0 in(12.7~25.4 mm)。叠层中任何位置如存在铺层递减,工程图纸中应对相应位置和递减层数加以规定。

铺叠过程中,操作人员应确保铺层黏附均匀,没有扭曲、褶皱或架桥。通常使用聚四氟乙烯刮板或滚筒来帮助消除褶皱和气泡。在铺叠过程中可使用热风枪或熨斗帮助铺层黏结叠合,但其温度须低于 150°F(65.6°C)。对于带有凹形拐角的制件,极为重要的一点是确保铺层与拐角紧密贴合而避免架桥。如果在叠层中出现架桥,固化后通常会在拐角处产生含有孔隙和疏松的富树脂区。

叠层每铺叠 3~5 层后,应进行真空压实。叠层形状复杂时,压实次数需增加。

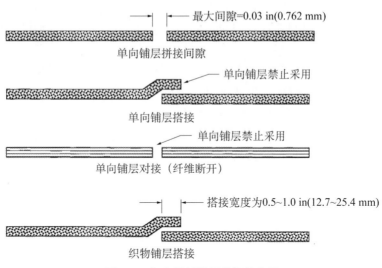

图5.9　复合材料铺叠的相关容限

真空压实步骤为：在叠层上覆盖一层多孔隔离材料，再放置数层透气材料，然后用临时真空袋加以封装并抽真空保持一定时间。压实措施有助于叠层的密实和去除层间裹入的空气。对于一些复杂制件，可在150～200℉(65.6～93.3℃)的烘箱真空环境或热压罐压力下进行热压实或预吸胶，从而改善材料的密实度。预吸胶处理与热压实类似，但预吸胶过程会添加吸胶材料以有意去除一部分树脂，而热压实过程则无此考虑。

　　触碰环氧树脂或其他聚合物树脂体系可能产生的一个问题是皮炎。铺叠过程中可使用防护手套或专门的护手霜来对操作人员的双手加以保护。对可能与叠层接触的任何材料均应进行化学检验，以确保不会造成污染问题。

5.6　平面铺叠及真空成形

　　在曲面模具上进行手工逐层铺叠的成本高昂。为降低成本，20世纪80年代早期出现一种称为平面铺叠的方法。该法如图5.10所示：先铺叠一平面叠层，然后借助真空袋将叠层放在曲面模具上成形。如叠层较厚，该工艺需采取多个步骤(见图5.11)进行，以防止叠层产生皱褶和屈曲。如制件外形复杂，可对叠层加温[<150℉(<65.6℃)]来软化树脂从而帮助成形。AV-8B机翼的上下蒙皮是平面铺叠方法用于较大型构件的一个实例。该件如图5.12所示，翼展为28 ft(8.53 m)，最大弦长为14 ft(4.27 m)，厚度从翼尖的0.104 in(2.64 mm)增至内侧的0.478 in(12.14mm)。为将平面铺叠方法成功用于此件，将蒙皮叠层分解为48个预先铺叠的子叠层，子叠层厚度从3层至17层不等[3]。为应对中心线部位剧烈的铺层滑移，采用了图5.13所示的搭接设计方案。在工作台上完成每个子叠层的平面铺叠后，

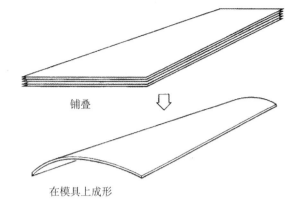

铺叠

在模具上成形

图 5.10 平面铺叠

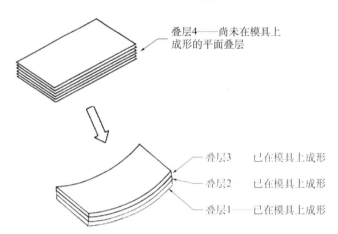

叠层4——尚未在模具上
成形的平面叠层

叠层3——已在模具上成形

叠层2——已在模具上成形

叠层1——已在模具上成形

图 5.11 多步骤的平面铺叠

图 5.12 对 AV‐8B 机翼蒙皮正在进行超声波检测

来源于波音公司

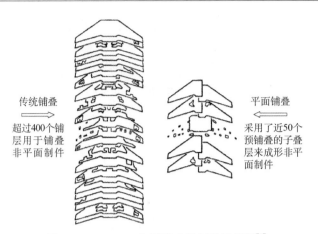

传统铺叠
超过400个铺层用于铺叠非平面制件

平面铺叠
采用了近50个预铺叠的子叠层来成形非平面制件

图 5.13　AV‑8B 机翼蒙皮的子叠层拼接[3]

将其移至模具中在真空下成形和压实。对一些曲率较大的区域,采用了低温热风枪来帮助成形。

这一工艺也成功地用于骨架零件的制造,如图 5.14 所示的 C 型件。此类制件通常使用织物,平面铺叠后将叠层置于块状成形模上,覆盖隔离膜后在硅橡胶真空

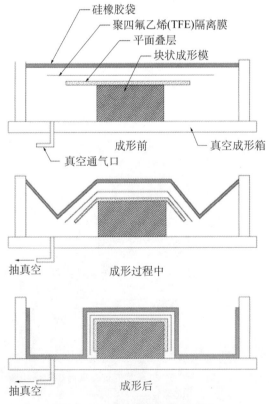

硅橡胶袋
聚四氟乙烯(TFE)隔离膜
平面叠层
块状成形模

成形前
真空成形箱
真空通气口

抽真空　成形过程中

抽真空　成形后

图 5.14　骨架零件的真空成形

袋中真空成形。成形过程中，需注意使纤维始终处于拉伸状态。如受压，纤维就会出现褶皱和屈曲。为使纤维在成形过程中保持均匀拉伸状态，可采用双隔膜成形技术[4]。该法将叠层夹于两层柔性薄隔膜之间并在真空下共同受拉，并普遍采用低度加热软化树脂以助成形。固化后，这些长条型材可切割为多个零件，从而节省在单个零件模具上对每个零件逐一铺叠所导致的高昂成本。

5.7 自动铺带

自动铺带（ATL）是一种非常适用于大型平板件（如机翼蒙皮等）的工艺方法。铺带机一般采用宽度为 3、6 或 12in（76.2、152.4 或 304.8mm）的单向带进行铺放，具体宽度取决于所制构件外形为平面还是小曲率曲面。自动铺带机一般为龙门式机床（见图 5.15），其运动控制轴可高达 10 个。通常，其中 5 个轴用于控制龙门式机床自身运动，另 5 个轴则用于控制铺放头运动。商品铺带机可设计成用于平面铺放或小曲率曲面铺放的类型。一台典型铺带机的构成包括：安放于地面并配有平行导轨的大型龙门架，往复于精密导轨上的进给横梁，铺放头的升降柱，以及安装于升降柱底端的铺放头。平面铺带机（FTLM）可设计成固定工作台形式或敞开龙门形式，而曲面铺带机（CTLM）则一般设计成敞开龙门形式。模具被推入龙门工作区并定位后，即可将铺放头预置到待操作表面。

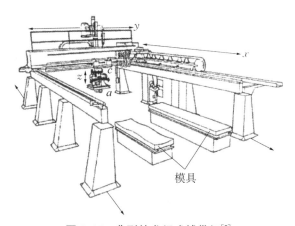

模具

图 5.15 典型的龙门式铺带机[5]

平面铺带机 FTLM 和曲面铺带机 CTLM 的铺放头（见图 5.16）构造基本相同，一般均可兼容使用宽度为 3、6 或 12in（76.2、152.4 或 304.8mm）的单向带。为利于铺放工艺的进行，自动铺放所用单向带商品的宽度和黏性受到严格控制。FTLM 采用 6 或 12in（152.4 或 304.8mm）宽的单向带来铺叠平面制件，以最大限度地提高铺叠速率。而铺叠曲面制件时，大部分 CTLM 采用的带宽限制在 3 或 6in（76.2 或 152.4mm），以尽可能减小铺放路径存在的误差（间隙和重叠）。术语 CTLM（曲面铺带机)目前用于小曲率曲面,其曲面法向的波动范围最大为 15%。大曲率制件根据其几何形状和复杂程度,通常会选用手工铺叠,纤维缠绕或纤维铺放工艺来进行制造。自动铺带所用材料一般卷绕在大直径卷盘上,一些卷盘所带的材料长度可接近 3000 ft(914.4 m)。单向带附有背衬纸,铺放时须将其除去。

图 5.16　复合材料铺带机的铺放头

来源于波音公司

　　将材料卷盘装于铺放头的供带卷轴上[所用卷轴半径为 25 in(635 mm)],引导单向带穿过上部导向槽并在切刀下方通过,然后经由压实器下方的导向装置到达背衬纸回收辊。单向带的背衬纸在此与预浸料分离并被卷于回收辊上。压实器遂与模具表面接触,使单向带在压实力作用下铺放于模具上。为确保压实力的均匀性,压实器分成数块以适应叠层曲面的变化。分块压实器由一系列板件组成,通过空气加压使其与变化的叠层表面相贴合并保持均匀的压实力。铺带机按照预先编制的数控程序进行带铺放,并按要求长度和角度对材料进行剪裁。完成一个铺放行程并进行收尾处理后,铺放头升离模具表面,回归至本行程起点处,然后开始下一行程的铺放[6]。

　　当代的铺放头上配备有光学传感器,可在铺带过程中检出缺陷并将信息发送给操作者。此外,设备供应商现在可为铺放头增加对铺层边界的激光跟踪功能,使操作者有可能通过监测铺层边界来核实铺层是否处于正确位置。当代的铺放头还带有热空气加温系统,可将带料预热至 80～110℉(26.7～43.3℃),以改善其黏性和带与带之间的粘合。由计算机控制的气阀可使温度与设备的运行速度保持一定比例,如铺放头停止运动,系统会改变热空气流向以避免材料过热。

　　过去 10 年中,铺带机的驱动软件得到显著改进。当代生产的所有设备均为离线编程模式,所带系统可自动计算在曲面上铺放的"自然路径"。一个铺层生成后,软件会对其形面进行修正处理,而无须设计人员对每一个新铺层形面进行重新定义。此类软件还可以显示每一铺放行程中纤维取向的详细信息,并预测相邻行程之间存在的间隙。完成对制件的编程后，软件即可生成相应的数控程序，该程序通过优化计算可使复合材料单向带的每小时铺放量达到最高水平。

制件的尺寸和设计方案是影响复合材料铺带机工作效率的关键因素。一般经验表明，制件越大，叠层越简单，工作效率会越高。图 5.17 中有关 FTLM[6] 的数据即说明了这一点。如果设计方案精雕细作（存在大量铺层递减）或制件尺寸较小，设备会在减速、剪裁、再回复全速等操作上耗费相当多的时间。

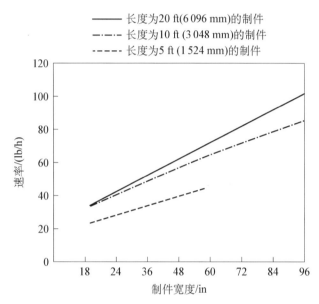

图 5.17 铺带效率与制件尺寸的关系[6]

5.8 纤维缠绕[7]

纤维缠绕是一种高效率的生产工艺，工艺过程中，纤维带连续铺放于旋转的芯模（阳模形式）上。铺放速率常可高达 $100 \sim 400\,lb/h\,(45.3 \sim 181\,kg/h)$。该工艺具有高度的重复性，可用于制造大型厚壁结构件。纤维缠绕也是一种成熟工艺，从 20 世纪 40 年代中期开始就一直得到持续的应用。该工艺可用于制造几乎所有的旋转体壳件，如筒、杆、球、锥等。纤维缠绕制件的尺寸范围十分宽广，直径可小至 $1\,in$（$25.4\,mm$）以下（如高尔夫球杆），也可高达 $20\,ft\,(6.1\,m)$。在制件形状上，该工艺的主要局限是无法缠绕凹形曲面，因为缠绕张力作用下纤维会在凹陷表面形成架桥。纤维缠绕的典型应用对象包括筒状构件、压力容器、火箭发动机壳体和发动机整流罩等。制件端部的连接配件常会被缠入结构内部，以得到强固高效的接头形式。

典型的纤维缠绕工艺如图 5.18 所示。工艺过程中，干丝束在拉力作用下通过液态树脂槽，平行排列成带，然后被缠至旋转的芯模上[8]。纤维缠绕工艺实际上可分为三种：①湿法缠绕：干态增强纤维浸渍液态树脂后直接进行缠绕；②湿卷预浸料缠绕：干态增强纤维浸渍液态树脂后绕回卷轴，以供缠绕之用；③预浸丝束缠绕：缠绕采用预浸丝束，预浸丝束从材料供应商处购得。尽管适用于纤维缠绕工艺的纤维种类有很多，但最为普遍使用的是玻璃纤维、芳纶纤维和碳纤维。缠绕的方法或模式也有多种，主要为螺旋缠绕、纵向缠绕和环向缠绕。

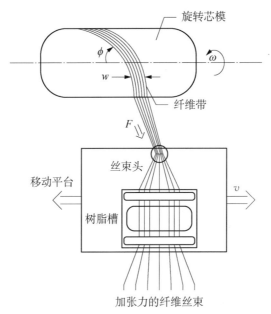

图 5.18　纤维缠绕工艺[8]

　　纤维缠绕的设备成本有低、中、高之分，具体取决于制件尺寸、缠绕机类型和控制系统（机械或 NC 控制）的复杂程度。针对高产量应用场合，一些缠绕机设计成配备多个供丝系统和多个芯模，从而可同时缠绕多个制件。缠绕制件通常在烘箱而非热压罐中固化，而致使叠层密实的压力则源于芯模膨胀和纤维张力。此外，固化过程中，还可用收缩带环向缠绕制件，以使叠层密实，收缩带与制件之间用隔离片材分开。强制空气对流烘箱是最常用的固化设备。其他方法如微波固化等，虽有更快的固化速度，但设备成本也更为高昂。芯模成本也有中、高之分，具体取决于制件的尺寸和复杂程度。芯模须能从制件中取出，为做到这一点，通常借助的方法有：芯模的冷却收缩、使芯模带少许拔模斜度、采用水溶性芯模、可粉碎的石膏芯模、充气芯模等。对于复杂制件，还可采用能逐块从制件内部取出的分块芯模。固化后制件的内表面（贴模面）通常比较光滑，但其外表面有可能相当粗糙不平。如果要解决这个问题，可在制件外表面加缠一些额外铺层，固化后通过打磨或机床切削将外表面修至光滑。

　　在某些纤维缠绕制件的设计上，纤维的取向要求有可能成为问题。考虑到纤维带在芯模端部的滑移，纤维的最小缠绕角一般需限制在 $10 \sim 15°$。不过仍存在一些方法可用于克服这一限制。比如，缠绕时在芯模端部临时插入挂纱栓即为一例。

玻璃纤维是纤维缠绕工艺最为普遍使用的纤维类型。玻璃纤维价格低廉、加工相对容易、强度和冲击性能良好、模量适中，且能与环氧树脂体系兼容。E 玻璃纤维广泛用于各种工业、商业产品。而 S-2 玻璃纤维因其更高的强度和模量，常在航空航天产品和高压容器上得到使用。纤维丝束单丝含量的典型范围为 $400 \sim 1\,000$。单丝经过上浆和表面处理，以改善其加工特性以及与基体树脂的结合能力。需要指出，只要条件允许，采用最大丝束可以提升缠绕效率，因为纤维束在缠绕过程中会散开，而束内所含单丝数量越多，散开后覆盖的面积越宽，从而缠绕所用时间也越少。其他一些成功用于缠绕的无机纤维包括氧化铝、碳化硅和石英。对于一般商用产品，常对丝束加捻使其易于进行加工处理。但在航空航天和其他一些有高强度要求的应用场合，会更多地采用无捻丝束，以获取更高的力学性能。对纤维缠绕制件，芳纶纤维是另一种有吸引力的材料选项。作为有机纤维，芳纶具有低密度（约为玻璃纤维的一半）和高拉伸强度的特点，而其模量也高于玻璃纤维。因此，芳纶所制构件有很高的比强度和比刚度。此外，芳纶纤维的韧性很好，对于可能经常遭受冲击的制件是极佳的选择。芳纶的主要缺陷是压缩强度和剪切强度较低，因此常用于主要承受拉伸载荷的缠绕制件（如压力容器）的外包层。在对性能有极高要求的应用场合，碳纤维因其低密度、高强度和高模量的综合优势，常成为指定用材。不过，相比于玻璃纤维和芳纶纤维，碳纤维的价格会显著高出。聚丙烯腈（PAN）基碳纤维和沥青基碳纤维均在缠绕制件上得到应用。聚丙烯腈基碳纤维常用于有高强度要求的场合，而沥青基碳纤维则常用于有高模量（刚度）要求的场合。但是，对于采用超高模量的石墨纤维制造的层压板，一个常见的问题是基体微裂纹。微裂纹的成因在于纤维与基体之间巨大的热胀系数差异。碳纤维和石墨纤维的另一优点是可供选择的强刚度组合范围极大，大小不同的丝束种类也很多。尽管大丝束可产生较大的缠绕带宽，从而提高缠绕效率，但制件力学性能常会随丝束增大而下降。为获取最佳的力学性能，缠绕过程中，丝束应避免加捻而使单丝保持平行。

对于湿法缠绕和湿卷预浸料缠绕，大部分制造商采用自己配制的树脂体系。如果产品选用预浸料，一般会向主要的预浸料厂商购买预浸丝束。环氧树脂是高性能制件最为普遍使用的基体树脂，而聚酯和乙烯基酯树脂则常用于对性能要求不高的民用产品。此外还有多个不同类型的树脂也曾成功用于缠绕工艺，包括氰酸酯、酚醛、双马来酰亚胺、聚酰亚胺等。对于湿法缠绕，黏度和适用期是选择树脂的两个主要考虑因素。该法一般要求树脂具有 $2\,000\,\text{cP}$ 左右的低黏度，以利于浸润纤维和将丝束分散成带，并减少缠绕过程中纤维对导向系统的摩擦力。对树脂适用期的要求取决于缠绕制件所需的时间，大而厚的制件会比小而薄的制件需要更长的适用期。选择树脂时，还需考虑的其他因素包括：毒性情况、固化温度和时间，以及最终制品的物理性能、力学性能和环境特性。除此以外,在制造全尺寸产品之前,应先制备试样并进行试验。试验需重现产品使用中会遇到的真实环境。从材料供应商处也可以买到多种预先配制的湿法缠绕树脂体系。与湿法缠绕树脂体系相比,预浸丝束尽管更为昂贵,但具备几个重要的优点:①所用纤维和树脂体系经过严格鉴定,这些树脂体系常用于制造预浸丝束且为最终用户所熟悉;②可使树脂含量得到最佳控制;③由于缠绕过程中不会甩出湿树脂液,缠绕速度可达最高;④可通过调整丝束黏性来减少小角度缠绕时的丝束滑移。

湿法缠绕可通过两种方式浸胶,一是牵引干丝束通过树脂槽;二是使其直接经过带有定量树脂的辊子表面,树脂量由刮刀进行调控。湿法缠绕制件的树脂含量受树脂反应特性、树脂黏度、缠绕张力、芯模表面所受压力以及芯模直径的影响,因此难以精确控制。例如,黏度过低时,树脂虽能完全浸渍纤维丝束,但在缠绕压力下会被挤出,从而导致制件的纤维含量过高。反之,如黏度过高,树脂将难以完全浸渍纤维丝束,因此固化后制件中会含有过量的孔隙。由于湿法缠绕所用树脂的黏度一般较低,所制产品的纤维体积含量(70%或更高)常较一般低黏度预浸料复合材料制品的纤维体积含量(60%)为高。湿法缠绕的树脂配方通常根据多年的经验形成。在此领域,许多制造商对树脂、固化剂、稀释剂和其他添加剂的不同组合进行了大量的试验,其目标在于配制出具备理想黏度、无毒、适用期足以适应制件尺寸,以及固化后物理、力学、环境特性满足设计要求的树脂体系。

为规避直接湿法缠绕在工艺控制上的一些问题,有时会进行湿卷预浸料的制备。此时树脂液对丝束的浸渍方式与常法相同,但在缠绕制件以前,先将浸渍后丝束重新绕回卷轴。这么做的主要好处有二:制造商可在使用湿卷预浸料之前,对其进行离线检测以确保质量,同时可通过室温存放对材料的黏度和黏性做一定程度的调控。材料在室温或稍高于室温的条件下做存放处理通常称为 B 阶段处理。其目的在于使树脂状态发生演变,从而使黏度和黏性得到改善。这么做的不利因素是:湿卷预浸料如不立即使用,需另加包装并放入冷藏柜储存。

商品化预浸料对树脂含量、均匀程度以及带宽均有最好的控制,但也是最昂贵的原材料形式,通常为湿法缠绕所用材料价格的 1.5～2 倍。预浸丝束为缠绕工艺使用最多的预浸料类型,但一些航空航天制造厂家在进行飞行器关键结构的纤维铺放时会采用窄预浸带,以确保对带宽和带间隙的严格控制。用于缠绕工艺的预浸丝束一般具有以下特点:①具备最长的适用期;②缠绕过程中少有"树脂甩出",因此允许进行高速缠绕;③相比于大部分用于湿法缠绕的树脂体系,其所用树脂黏性更高,丝束在芯模端头的滑移较小,因此可使缠绕角接近于 0°(纵轴方向)。

为纤维缠绕工艺设计芯模时,须考虑以下准则:

● 强度和稳定性——芯模应能承受自身重量,并能在缠绕和后续固化过程中承受制件重量。在固化过程所经历的最高温度条件下,芯模须具备热稳定性。

- 重量——芯模应尽可能轻便。芯模越重,其相关操作越为困难,固化过程中的升温和冷却速率也越为缓慢。
- 热膨胀——设计方案应使芯模在固化过程中发生膨胀以对制件施压,并在随后的冷却过程中收缩以助制件脱模。
- 脱模——如设计方案不采用可破坏的一次性芯模,则须保证芯模可以从固化后制件中无损取出。
- 成本——芯模成本应根据制件的复杂程度、制件的价格和制件的产量来确定。

芯模的材料选择和设计方案在很大程度上取决于制件的设计方案和尺寸。用于制造芯模的材料种类颇多。对于小开口制件,通常会采用可溶或可熔芯模。这一类芯模材料包括水溶砂、水溶或可碎石膏、低温共晶盐,偶尔也会采用低熔点金属。制件固化后,这种一次性芯模可用热水溶解,加热熔化或碎成小块后取出。另一种可选方法是使用充气芯模,此类芯模可作为内衬留在制件内部,或从制件开口处取出。

可重复使用的芯模可采用分块或整体形式。当制件形状使芯模无法从固化后制件中简便移出时,需采用分块芯模。相比于整体芯模,分块芯模的制造和使用成本一般更高。整体芯模通常带有轻微的拔模斜度或锥度,以利于固化后制件的脱模。可重复使用的芯模采用钢、铝或其他耐用金属制造,这些材料在制件固化过程中,应显现设计要求的膨胀和收缩特性。如图 5.19 所示,大型芯模往往采用受骨架支撑的薄壁结构。此类结构可减少芯模的成本和重量,并改善固化过程中芯模的加热和冷却速率。设计缠绕用芯模时,芯模的热膨胀系数是重要的考虑因素。当制件被加热至固化温度时,芯模发生膨胀并对制件有效施以压力,帮助层压板被压实并消除孔隙。而在冷却过程中,芯模在制件内部收缩,使制件的脱模变得更加容易。缠绕之前通常需对芯模做一些准备工作:首先在芯模上涂覆脱模剂,然后涂覆胶衣树脂。胶衣使芯模表面具备黏性,从而使第一层纤维可黏附其上。同时,胶衣也可为固化后制件形成一个光滑的表面。

大部分缠绕机(见图 5.20)的运作状态类似于车床:芯模水平安放并以稳定速

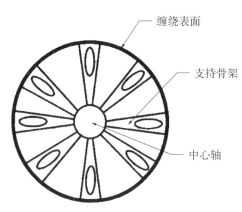

图 5.19 带骨架的缠绕用芯模

图 5.20 大型纤维缠绕机

度旋转,供料的小车沿制件长度向做往复运动。小车速度须与芯模旋转速度配合一致,以保证纤维带按正确的角度进行缠绕。螺旋缠绕、纵向缠绕和环向缠绕,是纤维缠绕工艺采用的三种主要缠绕模式。

螺旋缠绕(见图 5.21)极具通用性,该工艺几乎可生产任意长度和直径的制件。螺旋缠绕过程中,供丝小车以特定的速度做往复运动,以此生成所要求的螺旋缠绕角(α)[9]。做纤维带缠绕时,每一圈缠

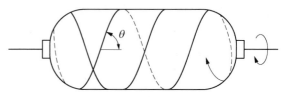

图 5.21 螺旋缠绕示意图[9]

绕路径并非与上一圈毗邻,芯模表面须由多条不同的缠绕路径共同覆盖。这种缠绕模式使纤维带按一定规律在制件上发生交叉重叠,新一代数控缠绕机可对此进行一定程度的控制。由于这种交叉缠绕模式,覆盖芯模表面的每一个缠绕层实际上是由两个铺层构成的均衡叠层。螺旋缠绕过程中,螺旋角(α)与缠绕机参数之间的关系可表达为:$\tan \alpha = v/(\pi DN)$,其中 α 为螺旋角,v 为小车沿芯模轴向的往复移动速度,单位为 in/s,D 为芯模直径,单位为 in。N 为芯模旋转速度,单位为 r/s。

如上述方程所表明,$v/(\pi DN)$这一比例须保持固定不变,以使螺旋角 α 保持恒定。因此,无论是小车往复速度 v,还是芯模旋转速度 N,都须在缠绕过程中根据芯模直径 D 的变化来加以调整。进行制件端部缠绕时,小车相应的行程较大,因此行至两端附近时小车一般会加速,并做垂直于芯模轴向的横向运动。

如两端封头开口尺寸相同,可采用测地线缠绕模式。此模式下,制件任意两点间的纤维带路径为最短,整条纤维所受张力均匀分布。测地线模式的另一优点是可满足"无滑移"要求,即纤维带在芯模表面不会产生滑移倾向。

螺旋缠绕机是当今最常用的设备类型。螺旋缠绕过程中,芯模既可以水平安放,也可垂直安放。垂直安放芯模的最大优点是芯模的变形较小,因为芯模自重所形成的载荷与芯模中心轴同向。不过,垂直安放会使湿法缠绕变得困难。现代螺旋缠绕机的运动控制轴常多至 6 个[7]:①芯模旋转;②小车往复运动;③水平横向进给;④垂直横向进给;⑤丝嘴旋转;⑥偏转。

- 芯模旋转:缠绕过程中,芯模的旋转速度通常保持恒定。
- 小车往复运动:缠绕制件中圆柱体部分时,小车往复运动速度通常为恒定。缠绕端部封头时,速度会发生变化并反向。
- 水平横向进给:该轴用于对制件端部封头附近处的丝嘴布带进行定位。
- 垂直横向进给:垂直横向进给与水平横向进给配合运动,以在垂直于制件端部封头的方向上对丝嘴布带进行附加定位。
- 丝嘴旋转:该轴使丝嘴布放的纤维带表面垂直于被缠曲面法向。
- 偏转:偏转使丝嘴布放的纤维带在 90°平面内旋转,以对纤维带布放做进一

步的控制。

对如此复杂的纤维缠绕设备进行充分控制须采用数控编程技术。在此技术支持下，各轴均有微处理器对其单独进行控制。现代纤维缠绕机多带有离线编程系统，在实际制件进入缠绕之前，可预先对缠绕模式和参数进行编程。此外，现代纤维缠绕机还带有仿真系统，可在制造前供程序员对缠绕过程进行模拟。

纤维从卷轴传送至制件的过程中，需经过一系列导向、改向和分纱装置。对于湿法缠绕，可采用钢或陶瓷制成的孔板对来自卷轴的丝束进行引导。对于预浸丝束，则用压辊替代孔板，以免树脂被刮离丝束。在整个传送过程中，对丝束的张力最好限制在 1 lb 或更小。低张力有助于减少纤维磨损，降低丝束断裂可能性，并当丝束通过分纱器时有助于将其散成带状。许多现代的纤维缠绕设备配备有自动化的张力调整装置，以辅助缠绕过程中的张力控制。

纵向缠绕（见图 5.22）比螺旋线缠绕略为简单。这体现在：①可使用恒定的缠绕速度；②在缠绕过程中小车无须做反向运动；③进行缠绕时纤维带按带宽相邻布放。对于球形制件，这是极好的制造方法。缠绕过程中，纤维带切于制件表面

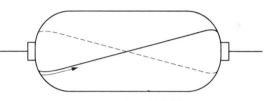

图 5.22 纵向缠绕[9]

布放，到制件端部开口处反向，再继续行至制件的另一端。每一次循环中，缠绕臂做大直径的圆周运动，所布放的纤维带轨迹为平面曲线，各次循环布放的纤维带相邻排列。简单的纵向缠绕机只有两个运动控制轴，分别对应芯模和缠绕臂。

与螺旋缠绕机相比，纵向缠绕机一般虽大为简单，但其制造能力也受到限制，制件的长径比必须小于 2.0。纵向缠绕机常以连续步进的方式用于缠绕球形制件。此类设备的一个变异形式是滚转式缠绕机。该设备中，芯模被安放在一斜轴上并围绕设备纵轴进行滚转，而提供纤维的伸臂则保持静止不动。滚转式缠绕机对球形制件的生产效率很高，但制件直径通常限于 20 in(508 mm) 以下。

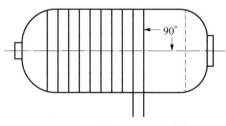

图 5.23 环向或周向缠绕[10]

环向缠绕又名周向缠绕，在所有缠绕工艺中最为简单。如图 5.23 所示，其缠绕动作类似于车床，芯模的转速远大于供丝小车运动速度[10]。芯模每转一周，小车向前移动一个带宽，纤维带因此彼此相邻。制造过程中，环向缠绕常与螺旋缠绕或纵向缠绕结合使用，以使制件获得足够的强度和刚度。

环向缠绕可用于制件的圆柱段，而螺旋

缠绕或纵向缠绕则可同时用于制件的圆柱和封头部分。需要再次指出：纵向缠绕的最小缠绕角一般应限制在 $10°\sim15°$，以防止纤维带在芯模端部发生滑移。

缠绕完毕的湿法缠绕制件在最终固化前，经常通过 B 阶段处理来除去多余树脂。处理过程在稍高于室温但低于树脂凝胶温度的条件下进行。对制件的加热多通过加热灯实现，与此同时，旋转制件，以除去多余树脂。大多数纤维缠绕制件在烘箱（电加热、燃气加热或微波加热）中固化，固化过程中，不使用真空袋或其他补充手段对制件施加压力。当制件被加热至固化温度时，芯模发生膨胀，但因受到制件中纤维的约束而对制件形成压力，从而有助于压实叠层和减少孔隙含量。也正是因为大部分缠绕制件在烘箱而非热压罐中进行固化，纤维缠绕工艺能够生产很大的制件，所受限制仅为已有缠绕机和固化烘箱的尺寸。

热压罐也可以作为固化手段，以此来进一步减少孔隙含量。但是，热压罐所施的压实力也可以在制件中引起纤维屈曲，甚至褶皱。采用允许在制件表面滑动的薄均压板有可能减轻柱形制件表面的某些褶皱，但用后会在制件表面留下印记。还有一些在烘箱固化的制件采用了外加环向缠绕层的均压板，以此改善压实状况和获得更光滑的表面。有时也会通过在制件上缠裹收缩带来提供压实力，对于制造碳纤维高尔夫球杆，这是常用的方法。

5.9 纤维铺放

纤维铺放工艺于 20 世纪 70 年代后期由 Hercules Aerospace 公司（现为 Alliant Techsystems 公司）所开发。该工艺的基本概念如图 5.24 所示，是纤维缠绕与带铺放的一种混合型方法。纤维铺放（或丝束铺放）设备通过铺丝头可对单根预浸料丝束进行铺放。单根丝束所受张力范围一般为 $0\sim21\,lb$①$(0.907\,kg)$。因此可实现真正意义上的 $0°$（纵向）层铺放。另一方面，典型的纤维铺放设备（见图 5.25）可以使用含 12、24 或 32 根丝束的纤维束带，铺放时每根丝束均可单独切断并在后续过程中重新送入。丝束宽度的正常范围为 $0.125\sim0.182\,in(3.175\sim4.623\,mm)$，因此可得到的束带宽度为 $1.50\sim5.824\,in(38.1\sim147.9\,mm)$，具体取决于所用铺丝头为 12 束还是 32 束。铺放过程中所用张力可调，因此设备能将束带铺于凹形曲面，所受限制仅为压辊直径。这一特点使设备适用于复杂的，类似于手工铺出的铺层形状。此外，铺丝头（见图 5.26）带有一个随形压辊，铺放过程中压辊可施加的压力范围为 $10\sim400\,lb(4.54\sim181.4\,kg)$，可有效地对叠层进行压实。高端的铺丝头还具备加热和冷却能力：冷却功能在切断、夹紧和重启操作中被用于降低预浸丝束的黏性，而加热功能则在铺放操作中用于增加树脂黏性并帮助压实叠层。就新一代铺丝头而言，适用的凸曲面最小曲率半径为 $0.124\,in(3.15\,mm)$ 左右，适用的凹曲面最小曲率半

---

① 原书使用质量单位，但应为力单位。——编注

径为 2 in(50.8 mm)。纤维铺放工艺有一局限性，即对行程(或铺层)有最小长度的限制，一般约为 4 in(101.6 mm)。这一限制为"切断—重送"操作所致。丝束无论被切断还是被重新送入，都将在随形压辊下经过，而压辊直径决定了这一最小长度。

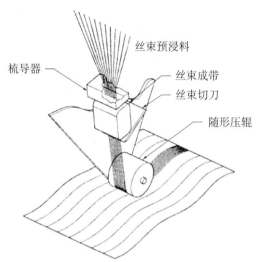

图 5.24 纤维铺放工艺

图 5.25 纤维铺放设备

来源于波音公司

图 5.26 铺丝头

来源于波音公司

纤维铺放的典型应用对象为发动机整流罩、进气道、机身段、压力罐、锥形喷嘴、锥形箱、风扇叶片和 C 型梁。图 5.27 示出的 V-22 机身后段即为一例。其他应用对象包括火箭整流罩和飞机整流罩(见图 5.28)。V-22 机身后段内含共固化加强筋，而火箭和飞机整流罩则为蜂窝夹层结构，其内、外蒙皮通过纤维铺放制成。

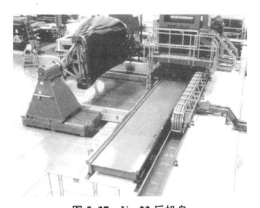

图 5.27　V-22 后机身　　　　　　　　　　图 5.28　采用纤维铺放制造的飞机整流罩
来源于波音公司　　　　　　　　　　　　　　来源于波音公司

　　大量试验证明,纤维铺放制件的力学性能基本等同于手工铺叠制件[11]。束带拼接间隙和搭接宽度一般可控制在 0.030 in(0.762 mm)以内。纤维铺放所得铺层与手工铺叠铺层的一个不同之处是前者的边缘呈"阶梯状",之所以如此是因为每根丝束的切断方向均垂直于纤维方向。这里再次重申,即便铺层边缘呈此阶梯状(见图 5.29),与手工铺叠得到的光滑过渡边缘相比,性能上并无差别。事实上,有些产品就设计成既可采用纤维铺放也可采用手工铺叠来进行制造。由于丝束可根据需要添入或退出,铺放过程中材料废弃率很低,一般仅为 2%～5%。另一方面,由于铺丝头具备对纤维丝束的转向引导功能,其为高效率承载结构提供了设计空间。相比于自动铺带机或现代缠绕机,对纤维铺放设备进行编程和控制所需的软件更为复杂。这些软件将产品 CAD 数据和模具数据转化为 7 轴数控指令,生成复合材料丝束在制件曲面上的铺放路径和模具旋转参数,同时保证压辊始终与制件表面贴合。

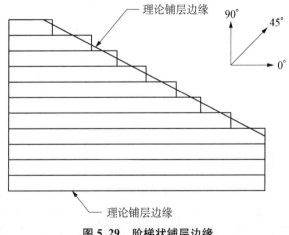

图 5.29　阶梯状铺层边缘

软件还带有仿真模块，能以三维动画方式对制件的编程结果进行验证，同时可对数控程序进行避免实物碰撞的后处理检查，自动发现可能存在的相互干涉问题。

现代的纤维铺放设备极为复杂，其体积也有可能十分巨大。多数设备配有 7 个运动控制轴（横向进给、小车往复、机械臂倾斜、芯模旋转以及机械臂腕的偏转、俯仰和旋转）。大型设备能够铺放的制件直径可达 20 ft(6.1 m)，长度可达 70 ft(21.3 m)，芯模重量可达 80 000 lb(36 287.38 kg)。这些设备一般配有放置预浸丝束卷轴的冷藏架、预浸丝束传送系统、减少丝束扭曲的改向装置，并配有丝束传感器，用于检测铺放过程中丝束的存在和缺失状况。

尽管采用纤维铺放工艺能够制造复杂外形的制件叠层，但存在的最大问题是当前的设备非常昂贵和复杂，与大部分传统的纤维缠绕工艺相比，生产效率低。纤维铺放制件通常在热压罐中固化，所用模具材质为碳/环氧树脂复合材料、钢或低热膨胀系数的 Invar 合金，以精确控制制件外形。

5.10 真空袋封装

铺叠结束后，叠层多需用塑料袋封装以进行固化。典型的封装方式如图 5.30 所示。为防止树脂从叠层边缘流失，在叠层四周需放置挡条。挡条材料一般为软木、硅橡胶或其他橡胶和金属。挡条应紧靠叠层边缘，以防在叠层和挡条之间聚积树脂。挡条的固定采用双面胶带或聚四氟乙烯销实现。

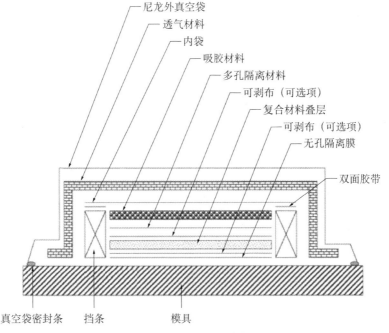

图 5.30 典型的真空袋封装

如叠层固化后表面要进行后续胶接或喷漆，则可直接在此表面上铺放一层可剥布。然后再铺放一层多孔隔离材料，隔离材料通常为涂覆聚四氟乙烯的带孔玻璃布，可允许树脂和空气通过但不会让吸胶材料与叠层表面粘连。吸胶材料可以是合成材料（如聚酯毡），也可以是未浸渍树脂的玻璃布，如 120 或 7781 等类型。吸胶材料的用量取决于叠层厚度和需除去的树脂量。与 7781 型等粗织物相比，在叠层表面使用 120 型等细密织物可以得到更为光滑的制件表面。吸胶材料的用量可按下述方法计算。

对于正常树脂含量为(42±3)％的预浸料，如使用 120 型玻璃布，吸胶层比例为0.3。如使用 7781 型玻璃布，其一层相当于两层 120 型玻璃布。如使用更粗的 1000 型玻璃布，其一层则相当于 3 层 120 型玻璃布。以下实例可用来说明如何计算必要的吸胶材料用量：如有一 24 层厚的预浸带叠层，树脂含量为(42±3)％，根据 24×0.3＝7.2的计算结果，吸胶层组合可以为 7 层 120 型玻璃布，或 1 层 120 型玻璃布加 3 层 7781型玻璃布，或 1 层 120 型玻璃布加 2 层 1000 型玻璃布。对于其他不同树脂含量的预浸料和不同种类的吸胶材料，相应的吸胶层比例也可通过计算或根据经验获得。

吸胶材料被放置于叠层上后，再在上面覆盖内袋。内袋材料可为 Mylar（聚酯）、Tedlar（聚氟乙烯）或 Teflon（聚四氟乙烯）。设置内袋的目的是：在允许气体排出的同时将所吸树脂存留于吸胶层中。用双面胶带将内袋封于边缘挡条之上，再在袋上刺出一些小孔以允许空气通过并进入透气材料。透气材料和吸胶材料类似，或为合成材料制成的毡料，或为未浸渍树脂的玻璃布。如使用玻璃布，与真空袋相邻最后一层的粗糙度不应超过 7781 型。经验表明，诸如 1000 型等粗织物可引起真空袋在固化过程中破裂，这种破裂因织物粗糙织纹对尼龙袋材的贴压而产生。使用透气材料的目的是使空气和挥发物可在固化过程中从叠层中排出。透气材料应覆盖整个叠层并延伸通过真空端口，这一点至关重要。

真空袋在热压罐固化过程中作为外裹薄膜对复合材料叠层均匀传压，通常为3～5 mil(0.0762～0.127 mm)厚的尼龙-6 或尼龙-66 制品。真空袋与模具周边通过丁基橡胶或铬酸盐橡胶密封剂进行粘合。尼龙真空袋可在 375℉(191℃)下使用。如果固化温度高于 375℉(191℃)，可采用称为 Kapton 的聚酰亚胺真空袋，该材料的最高使用温度约为 650℉(343℃)，相应的密封剂则采用硅橡胶材料。在更高温度下，通常只能采用金属袋（如铝箔袋），并用机械方法进行密封。需要注意的是：Kapton 真空袋膜比尼龙更为脆硬。封装过程中，应使真空袋和被封装材料（包括透气材料）避免在拐角处发生架桥（见图 5.31），可通过打"狗耳褶"（见图 5.32）来增加真空袋裕量，以防其在高温、高压的热压罐固化过程中被拉裂。此外，采用伸长率接近 500％的"可伸展"薄膜[12]来替代 300％伸长率的标准薄膜，也有助于真空袋与制件及模具形面良好贴合。模具上所有的真空接口和突起部位处还应额外加放透气材料，以帮助气体的排出和防止真空袋破裂。

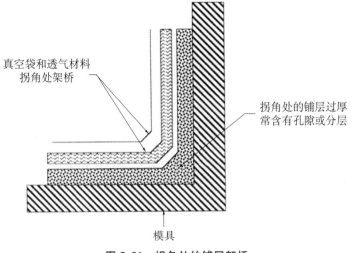

图 5.31　拐角处的铺层架桥

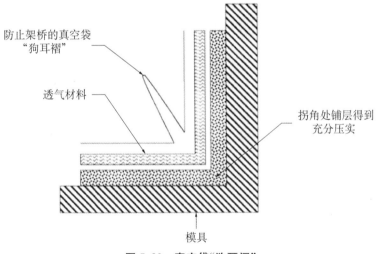

图 5.32　真空袋"狗耳褶"

　　为减少成本和降低真空袋的渗漏或破裂风险,一些制造商投资开发了可重复使用的硅橡胶真空袋。硅橡胶真空袋一般需采用某种机械装置将其密封于模具之上。图 5.33 给出几种密封实例。此外,如果制件尺寸较大,可重复使用的橡胶真空袋会相当沉重并给相关操作带来困难,此时需采用一定的辅助装置来进行真空袋的安放和拆除,图 5.34 中的超大型真空袋即是如此。制作硅橡胶真空袋的原材料可以从一些供应商处购买,也可委托其提供完整的真空袋成品和配套的密封装置。

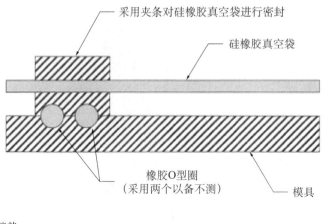

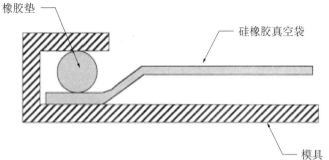

图 5.33　硅橡胶真空袋密封方法

图 5.34　可重复使用的大型硅橡胶硅真空袋

来源于波音公司

将真空袋封于模具表面后，需缓慢施加真空，并从制件中间部位起向四周消除真空袋架桥或褶痕。真空达到要求后[26～29 in(660.4～736.6 mm)水银柱]，将真空源关闭数分钟，并用压力表检测真空袋是否存在渗漏。如有渗漏，可使用超声波检测器(可对气流冲出渗漏处所发出的声音进行放大)进行定位，并对渗漏加以补救。

固化过程中，可以将热电偶置于真空袋内来测量制件温度。但将热电偶焊接或安装于模具下表面也是常见的做法。热电偶置于真空袋内有可能带来渗漏风险。

对于制件位于真空袋一侧的非贴模面，可采用均压板来改善其光滑程度。均压板常采用铝、钢、玻璃钢或玻璃纤维增强硅橡胶制造，其表面涂覆有脱模剂。均压板的厚度范围可薄至 0.060 in(1.524 mm)，也可厚达 0.125 in(3.175 mm)。为得到希望的制件表面质量，对均压板的设计方案及其在叠层上的摆放位置均需深思熟虑。如图 5.35 所示，均压板既可置于吸胶层之上，也可置于吸胶层中靠近叠层表面处以使表面更为光滑。不过此时均压板上需预制一系列小孔[直径为 0.060～0.090 in(1.524～2.286 mm)]，以允许树脂穿过均压板进入上部吸胶层。需要注意的是：均压板通常避免直接与叠层表面相邻，否则小孔会在制件表面留下印记。一般而言，均压板与叠层表面隔得越远，其生成光滑表面的效果会因层层吸胶材料的软垫效应而越为减弱。均压板的材料和厚度也有重要的影响作用。对过硬和过厚的均压板要审慎使用，此类均压板在固化过程中有可能造成局部架桥和低压力区域。此外，均压板需与制件四周的挡条相配合。如均压板架于挡条顶部发生架桥现象，在制件边缘部位也会形成低压力区。

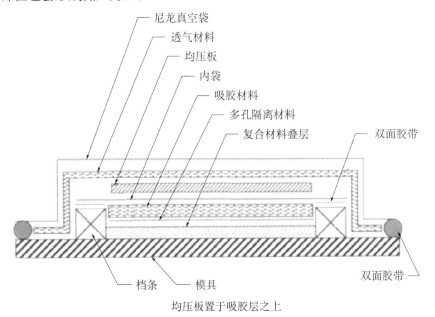

均压板置于吸胶层之上

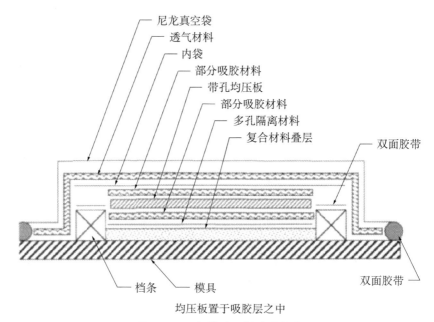

尼龙真空袋
透气材料
内袋
部分吸胶材料
带孔均压板
部分吸胶材料
多孔隔离材料
复合材料叠层
双面胶带
档条　模具
双面胶带

均压板置于吸胶层之中

图 5.35　可行的均压板放置方法

　　零吸胶或接近零吸胶的材料体系(树脂重量百分比为 32%～35%)是当今复合材料行业的发展趋势。相比于更为传统的 40%～42%树脂含量材料体系,此类材料无须进行吸胶处理,或只需进行少量的吸胶处理。如图 5.36 所示,这一趋势简化了真空袋封装系统,与吸胶材料有关的人工成本和材料费用均得以免除。不过,使用此类材料时,正确封装内袋以免树脂在固化过程中流失的重要性更显突出。如有闪失,可能导致层压板制件发生贫胶。叠层边缘是极为关键的部位,此处如存在与挡条之间的过量间隙或挡条发生渗漏,均能导致树脂的过度流失,从而使叠层边缘厚度低于希望值。除无须吸胶层外,零吸胶预浸料所制层压板的厚度和树脂含量更为均匀。传统的 40%～42%树脂含量预浸料存在的一个问题是:随叠层厚度的增加(即铺层数增加),吸胶层使树脂穿越整个叠层厚度被吸出能力会有所降低。如图 5.37所示,大量添加吸胶层后,靠近叠层上表面的铺层会被过度吸胶,而位于叠层中部和贴模面附近的铺层则会存在吸胶不足的问题。

　　真空袋通过渗漏检测并放置热电偶后,可进入热压罐固化工序。在等待进罐时,可在袋内维持一定真空度,以确保封装状态不变,同时确保真空袋进罐并施加全真空后不会形成褶痕。如叠层中包含蜂窝芯材,渗漏检测和固化过程中可施加的最高真空度不应超出 8～10 in(203.2～254.0 mm)水银柱。经验表明,过高真空度下,真空袋内外的压差可导致蜂窝芯材发生移动甚至塌陷。

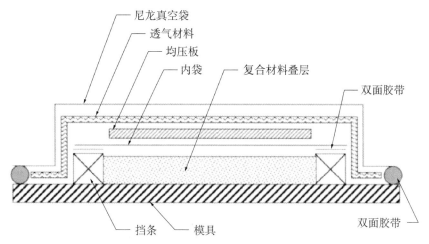

图 5.36　零吸胶材料体系的真空袋封装

铺层数量	热压罐固化压力(psig)		
	25	50	100
10	真空袋 29.0　28.5 A　模具　B	真空袋 27.4　26.3 A　模具　B	真空袋 26.6　26.7 A　模具　B
25 (1)	真空袋 29.4　28.6 30.7　30.8 A　模具　B	真空袋 29.5　28.6 30.1　30.8 A　模具　B	真空袋 27.5　26.5 29.9　30.6 A　模具　B
60 (2)	真空袋 33.7　33.2 38.7　38.4 39.6　39.3 A　模具　B	真空袋 30.4　30.8 38.7　39.2 39.7　40.1 A　模具　B	真空袋 28.5　29.6 37.1　38.2 39.6　38.9 A　模具　B

(1) 真空袋
12层
13层
模具　　　(2) 真空袋
20层
20层
20层
模具

图 5.37　40%～42%树脂含量材料体系在叠层厚度方向上的树脂含量变化

A—叠层中部；B—叠层边缘

5.11　总结

手工铺叠是一种劳动密集型工艺,该工艺过程中,铺层被逐层用手工铺叠于模具之上。为节省工作成本,宽幅预浸布这一原材料产品形式得以问世。该材料的剪裁可在数控的铺层剪裁机上进行,诸如往复式割刀剪裁机或超声波剪裁机等。此外,可采用铺层激光投影系统来标示每一铺层的准确位置。当叠层有可能从平面形状变为模具形状时,可采用平面铺叠与后续的真空成形来进一步降低成本。

自动铺带工艺适用于大型的平面或小曲率制件。目前使用的设备包括两类:①平面铺带机;②能够在法向波动范围不大于 15°的曲面上进行铺放的曲面铺带机。铺带机通常使用 3、6 或 12 in(76.2、152.4 或 304.8 mm)宽的单向预浸带。

纤维缠绕工艺过程中,纤维带被铺放于旋转的芯模之上。该工艺的铺放速度可高达 100~400 lb/h(45.5~181.4 kg/h)。对于圆柱等旋转体形状的制件,这是一种极好的工艺选择。该工艺生产的制件直径可小至 1 in(25.4 mm)以下,也可高达 20 ft(6 096 mm)。由于需对纤维施加张力,缠绕工艺无法在凹陷区域进行材料铺放。纤维的三种缠绕方式分别为螺旋缠绕、纵向缠绕和环向缠绕。

纤维铺放是对自动铺带和纤维缠绕两者特点进行结合而形成的混合型方法。该工艺过程中由于纤维所受张力很小,因此可在凹陷区域实现铺放。同时,该工艺可实现真正意义上的 0°层铺放。

对完成铺叠的制件要进行真空袋封装,以在烘箱或热压罐中固化。如果预浸料含有过量树脂,固化过程中则须采用吸胶材料来去除。透气材料用于帮助排出制件和真空袋内所有的空气和挥发分。在制件与真空袋相邻的上表面放置均压板可使该表面变得更为光洁。

对铺层的剪裁和铺叠目前仍为复合材料制件生产过程中成本最高的环节。在制件总成本中,其所占比例通常会达到 40%~60%。虽然开发了自动铺带、纤维缠绕和纤维铺放等自动化方法来减少人工费用,但手工铺叠依然是高性能复合材料制件采用的主要方法。在所有这些现有工艺方法中,即使手工铺叠给人的初步印象为成本最高,但宽幅预浸布及自动化剪裁、平面铺叠方法、激光投影系统等手段的实施均有助于降低成本。在做投资决定或将一种自动化方法用于制件生产前,应对相关因素逐一进行仔细分析,以确定效益最高的工艺方案。

参考文献

[1] Carpenter J F, Juergens R J. Viscosity/Flow Behavior of Composite Resins [M]. SAMPE Symposium, April 1986.

[2] Virtek Laser Edge product literature[R].

[3] Huttrop M L. Cost Reduction Through Design for Automation, 5th Conference on Fibrous Composites in Structural Design [C]. January 1981.

[4] Young M, Paton R. Diaphragm Forming of Resin Pre-Impregnated Woven Carbon Fibre Materials, 33rd International SAMPE Technical Conference [C]. November 2001.

[5] Grimshaw M N. Automated Tape Laying, In ASM Handbook Vol. 21 Composites [M]. ASM International, 2001.

[6] Grimshaw M N, Grant C G, Diaz J M L. Advanced Technology Tape Laying for Affordable Manufacturing of Large Composite Structures, 46th International SAMPE Symposium [C]. May 2001,2484 - 2494.

[7] Peters S T, Humphrey W D, Foral R F. Filament Winding Composite Structure Fabrication [M]. SAMPE, 2nd Edition, 1999.

[8] Mantel S C, Cohen D. Filament Winding, In Processing of Composites [M]. Hanser, 2000.

[9] Grover M K. Fundamentals of Modern Manufacturing: Materials, Processes, and Systems [M]. Prentice-Hall, 1996.

[10] Grimshaw M N, Grant C G, Diaz J M L. Advanced Technology Tape Laying for Affordable Manufacturing of Large Composite Structures, 46th International SAMPE Symposium [C]. May 2001,2484 - 2494.

[11] Adrolino J B, Fegelman T M. Fiber Placement Implementation for the F/A - 18 E/F Aircraft, 39th International SAMPE Symposium [C]. April 1994,1602 - 1616.

[12] Dobrowolski A, White N. Re-usable Customized Vacuum Bags, 33rd International SAMPE Technical Conference [C]. November 2001.

6 固化：一个有关时间(t)、温度(T)和压力(P)的问题

在航空航天工业领域,热压罐固化是生产高品质层压板制件最为常用的方法。热压罐是一种用途极广的设备。由于气体以等静压方式加载于制件,几乎任何形状的制件都可在热压罐中完成固化,所受限制仅在于热压罐的尺寸,以及购置和安装热压罐所需的大量初期投入。典型热压罐系统如图 6.1 所示,其中包括热压罐罐体、控制系统、电气系统、气体制备系统和真空系统。热压罐对制造方式有相当好的

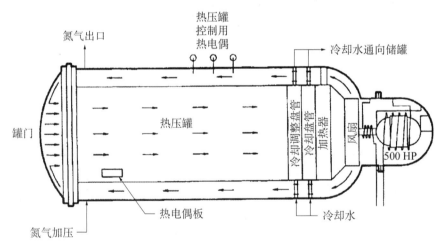

图 6.1　典型热压罐

工作区容积:12 ft(13.7 m)直径×40 ft(12.2 m)长度;
最高温度:650°F(338℃);
最大压力:150 psi(1034 kPa);
热源:电加热 3120 kW;
气体流动:60 000 ft/min(18 288 m/min)流量,风扇转速 600 r/min;
制件监测:48 路真空接口
　　　　　24 个真空/压力监测接口
　　　　　108 个热电偶 Jack 接头。

图6.2 大型机翼蒙皮进罐固化

来源于波音公司

适应性,既可进行单个大型复合材料制件的固化,如图6.2所示的大型机翼蒙皮,也可将多个小尺寸制件放置在架子上进罐进行成批固化。热压罐固化工序虽非制件总成本的最主要动因,但相对于前面的所有工序,其却有"终极工序"的意义。因为最终制件的质量(单层厚度、固化度和孔隙率)由其所决定。

热压罐一般采用惰性气体进行加压,通常为氮气或二氧化碳。空气也可用于加压,但会增加高温固化过程中罐内失火的风险。图6.3为热压罐内的气体流动状况示意图。气体在罐体后部的一个大风扇作用下做循环运动,先在罐壁和装有加热器组(通常为电加热器,但一些老式热压罐也会采用蒸汽加热)的内罩之间流过,被加

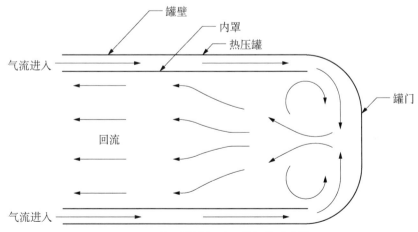

图6.3 热压罐罐门附近的气体湍流[1]

热后到达前部罐门，然后折回流入罐体中心区域并加热制件。罐门附近气体会形成相当大的湍流[1]，湍流使气体流速变大。其后向罐体后部流动时，气体流速重趋稳定。这一流场的实际效果是：放置在罐门附近的制件常会有更高的加热速率。不过，流场本身取决于热压罐的具体设计方案及其气流特点。

　　另一个可能遇到的问题是气流受阻，即大制件会阻挡气体流向放置其后的小制件。制造人员常会使用大型的架子来装载制件（见图6.4），以确保热流的均匀分布，并使一次进罐固化的制件数量可达最高。

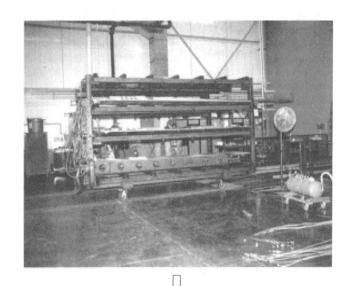

图 6.4　使用架子进行批量生产

已知事实表明，至少有三种与模具无关的因素会影响热压罐内的对流传热：①增大气体压力会改善对流传热；②增大气体流动速率会改善对流传热；③增大湍流会改善对流传热。曾经有人用一标准的生产型热压罐做过这方面研究[1]。该罐长 40 ft（12.2 m），直径 12 ft（3.66 m），最高加热温度 650°F（343℃），最大压力150 psi①（1.0 MPa）。热压罐压力源为氮气，气流循环通过一 600 r/min 转速的风扇促成，流量为 60 000 cfm。实验结果表明：①在热压罐前部和沿中心线附近位置，气体流速最大。而在远离中心线的位置上，则出现低流速甚至零流速区。分析表明，在此区域会发生再循环现象。高流速区的成因在于注入的气流撞击罐门边缘后转向罐体中部形成折回的高速湍流。在随后的回流过程中湍流消失，流速变慢并趋于均匀。放置在热压罐中部的模具会受到这一流速下降现象的影响，与放置在罐门附近的制件相比，对流换热系数会比较低。②热压罐顶部的气体流速明显高于两侧流速。③轴向的平均流速为 10～16 ft/s（3.05～4.88 m/s）。但在罐门附近，流速可高达 44 ft/s（13.41 m/s）。④轴向流速的下降始于离罐门（制件入口）13 ft（3.96 m）处，随后渐趋均匀。⑤罐门区域的湍流强度极高，一般为 13%～15%。但湍流区并不蔓延，随气体向热压罐后部流动，其径向流速分布趋于均匀并持续下降。

模具设计方案也会显著影响制件的加热速率。在具体模具的设计上，相关的一些准则颇为明了并为行业熟知。比如：薄壁模具的加热快于厚壁模具；高导热系数材料的加热快于低导热系数材料；气流通路设计良好的模具的加热快于气流通路受限的模具（如开敞式蛋箱支撑结构模具的加热快于非开敞支撑结构模具）。对模虽常用于复杂和大批量制件，但其自身存在一系列问题。此类模具对尺寸和配合的要求十分苛刻。如果模具尺寸有误，则无法得到质量合格的产品。配合失当和尺寸精度问题会在固化过程中产生压力过高或过低区域，从而导致制件过薄或内部空隙。

复合材料制件也可在压机或烘箱中固化。热压机的主要优点是可以提供极高的压力[如 500～1000 psi（3.45～6.90 MPa）]来压实叠层，从而制止空隙的形成和生长。聚酰亚胺常使用压机进行固化，该材料会释放出水、乙醇或 N-甲基吡咯烷酮（NMP）等高沸点溶剂。另一方面，压机通常需采用针对单一零件外形的金属对模，而一次固化的零件数量则受限于平台尺寸。烘箱也可用于复合材料构件的固化，一般通过空气的强制对流进行加热。不过，由于可施加的压力仅限于真空袋压[−14.7 psia②（−101.4 kPa）]，固化后制件的空隙含量（5%～10%）一般会显著高于热压罐固化制件（1%～2%）。

---

①② psi（磅力/平方英寸），压力的非法定单位。1 psi＝1 lbf/in² ＝6.894 76×10³ Pa。psig 表示用 psi 做单位的气压表值，psia 表示用 psi 做单位的绝对值。——编注

6.1   环氧基复合材料的固化

对于 350℉(177℃)固化的热固性环氧基制件,固化工艺的典型热历程如图 6.5 所示,其中包括两段升温区和两段保温区。第一段升温区和保温区[通常在 240～280℉(116～138℃)范围内]用于使树脂流动(被吸走)和使挥发分逸出。图中附加的黏度曲线表明半固体树脂在加热过程中熔融,其黏度发生显著下降。第二段升温和保温区对应固化过程中的树脂聚合阶段。在此阶段,树脂黏度先因加热而发生少许下降,然后又因树脂开始交联反应而急剧上升。在第二段保温区[对于环氧树脂体系,通常在 340～370℉(171～188℃)范围内],树脂凝胶化而成为固体并继续交联。通常树脂需要在此固化温度下保持 4～6 h,以确保交联反应完成。需要指出,随工业界越来越多地采用零吸胶材料体系,许多制造商不再为吸胶而保留第一段保温区。如图 6.6 所示,此时温度将直接升至固化温度。

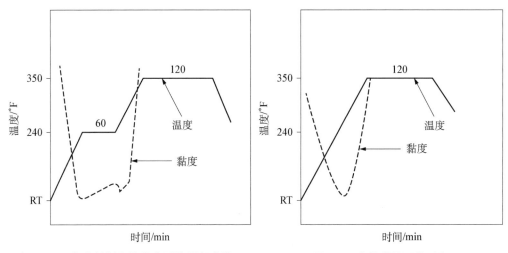

图 6.5   复合材料固化的典型热历程曲线   **图 6.6   直接升温固化过程**

热压罐固化所用压力一般较高[100 psi(689 kPa)],以使叠层密实并抑制空隙形成。热压罐中,制件叠层所受气体压力取决于真空袋内外部的压力差。而树脂所受压力则取决于多种因素,包括纤维含量、叠层形状和吸胶材料用量。固化过程中,热压罐压力的典型施加方式如图 6.7 所示。在第一个升温段和保温段期间仅施加真空压力。当第一个保温段结束时,施加热压罐压力[对于环氧基材料通常为 85～100 psi(586～689 kPa)],同时停止抽真空并在真空袋内通入大气。这一加压方式的基本考虑是:真空会帮助挥发分从熔融的树脂中逸出,而较高的热压罐压力则有可能将逸出气体滞留于叠层之中。在第一个保温段结束时施加热压罐全压,以确保叠层在树脂黏度达到凝胶点之前被充分压实。否则叠层的密实状况会很差,并将含有大量孔隙。

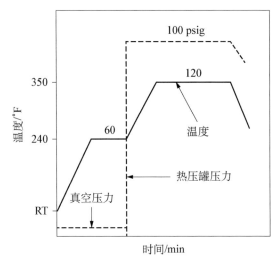

图 6.7 碳/环氧基复合材料的典型固化工艺曲线

在实际生产环境下，上述热压罐加压方式会造成一些问题。如果在热压罐内放有多个制件且加热速率各不相同，真空袋内通入大气并施加热压罐压力的确切时刻会难以选取。对于热压罐操作面临的这种困难抉择，图6.8给出一个典型实例。这种情况下，何时应开始保温或何时应在真空袋内通大气并施加热压罐全压，并无清晰的答案。正像前面所述，如在叠层仅受真空压力的第一保温段期间发生树脂凝胶，可能会导致极高的孔隙率。还需指出的是，未充压的热压罐对制件的加热效率很低，或者说，罐内压力越大，传热效率才会越高。在固化过程初始阶段仅施加真空

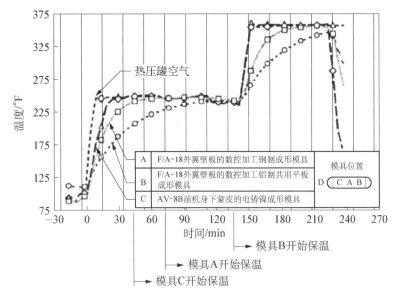

图 6.8 加热速率的困难抉择[1]

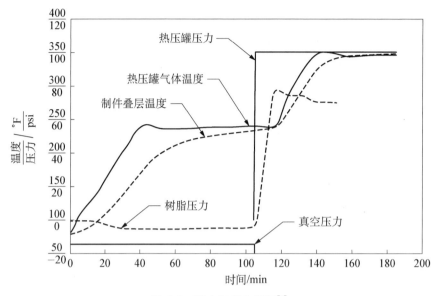

图 6.9 真空仅产生负压[2]

压力所产生的第二个问题如图 6.9 所示,其与树脂的静水压力有关[2]。尽管固化过程可以采用较高的热压罐压力,但树脂所受实际压力(即树脂的静水压力)仍有可能明显要低一些。由于复合材料叠层中纤维所构成的网垫具备承载能力,一般情况下树脂承受的静水压力会低于热压罐压力。在固化过程初期仅施加真空压力的状态下,树脂的静水压力可达到极低,甚至为负值。在保持足够高温度的条件下,这种状态非常利于气孔的形成和生长。静水压力的关键作用在于其有助于保持挥发分溶于溶液之中。如果树脂压力下降到低于挥发分的蒸气压,挥发分则会从溶液中逸出并形成气孔。

生产环境下为避免上述两个问题,可在升温段开始前施加较大一部分的热压罐压力。对于一般的环氧树脂体系,在第一保温段期间可施加全真空和 85 psi(586 kPa)的热压罐压力。然后,在温度开始升向最终固化温度前,将大气通入真空袋内并施加 100 psi(689 kPa)的热压罐压力。这一加压方式如图 6.10 所示:固化过程初期施加全真空和部分热压罐压力[例中为 85 psi(586 kPa)],真空保持到第一保温段结束,然后在真空袋内通入大气并将热压罐压力升至 100 psi(689 kPa)。建立这一固化规程的目的是为了满足多个加热速率各异的制件及模具同时进罐一次固化的需求。

6.2 空隙的形成理论

空隙(void)和孔隙(porosity)一直是复合材料产品制造的一个主要问题。如图 6.11 所示,空隙和孔隙既可存在于铺层的结合界面(层间)上,也可存在于单个

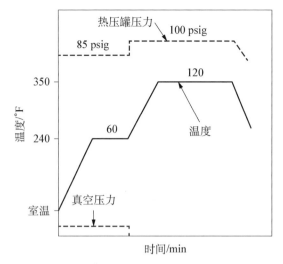

图6.10　固化过程开始即施加热压罐压力的工艺规程

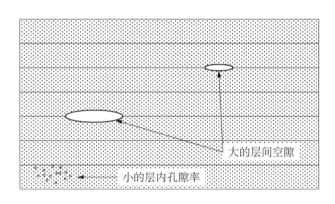

图6.11　层内和层间空隙和孔隙率

铺层之内(层内)。在相关行业,术语"空隙"和"孔隙"之间并无明确界限而可被互换使用。不过,术语"空隙"多被用来指大气孔,而"孔隙"则多被用来指小气孔。在发生加成反应的固化过程中,复合材料叠层内空隙的形成和生长主要由裹入的挥发分所引起[3]。挥发分的蒸气压随温度升高而增大。当树脂为液态时,如空隙内压(即挥发分的蒸汽压)超过树脂所受的实际压力(即树脂的静水压力),空隙会趋于生长(见图6.12)。这一普遍性关系可表达为

$$P_{空隙} > P_{静水} \rightarrow 空隙形成并生长$$

当树脂黏度出现急剧增长或发生凝胶化时,空隙即被锁定于树脂基体之中。需要指出的是,叠层所受到的压力并非必然发生影响作用。如后面将述及,尽管施加很高的热压罐压力,树脂的静水压力仍有可能很低,从而导致空隙的形成和生长。

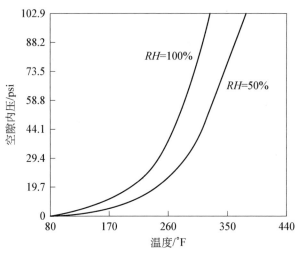

图 6.12　空隙的形成[3]

与大部分有机材料类似,复合材料预浸料会从大气中吸入水分。吸湿量取决于周围环境的相对湿度,而吸湿速率则取决于环境温度。虽然碳纤维自身的吸湿量很小,但环氧树脂极易吸收水分。因此,预浸料最终的吸湿量是相对湿度、环境温度和预浸料树脂含量的函数。

对于在热熔状态下进行加成反应的预浸料而言,水一般为最主要的挥发分。预浸料的吸湿量决定了固化过程中产生的挥发分蒸气压。图 6.12 中的验证结果说明了为什么复合材料制造人员要对铺叠间环境进行控制。其原因即是:高吸湿量会导致高蒸气压,从而会增加空隙形成和生长的可能性。尽管与尼龙等其他聚合物的大吸湿量相比,这里涉及的吸湿量比较小(如 1%),但即便是如此之小的吸湿量也可在加热过程中形成大量的气体和蒸气压。还需要指出的是,其他种类的挥发分,如浸渍工序所用溶剂或缩合反应产生的挥发分等,会使问题变得更为复杂,其产生的蒸气压和促使空隙生长的可能性均可能远高于水分。

要充分理解空隙的生长机理,须正确认识树脂静水压力的重要性。由于复合材料叠层中纤维所构成的网垫具备承载能力,用来抑制空隙形成和生长的树脂静水压力一般只能是所施热压罐压力的一小部分[3]。树脂静水压力的作用十分关键,正是这一压力使挥发分维持其在溶液中的溶解状态。如果树脂压力降至挥发分蒸气压以下,挥发分将从溶液中逸出并形成空隙。为更深刻地理解树脂流动过程、树脂静水压力和纤维网垫承载能力的相互关系,图 6.13 通过机械模拟对此进行了说明。图中采用活塞-弹簧-阀门系统来模拟固化中的复合材料叠层。弹簧用来代表纤维网垫,并假设其具备承载能力。与弹簧相似,纤维网垫随压缩程度的增长,其所分担的载荷会越来越大。活塞中盛有的液体代表未凝胶树脂。而阀门则是液体树脂

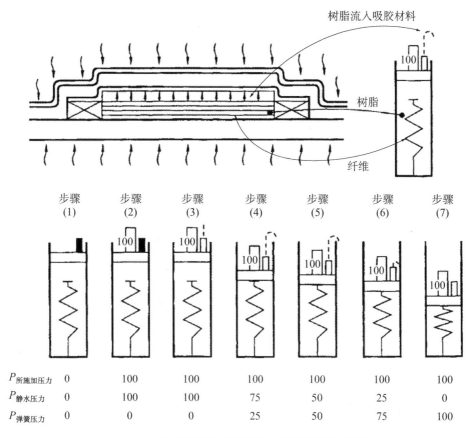

图 6.13 **树脂流动模拟**[2]

流出系统的一个通道,可用来代表吸胶材料、出问题的制件边缘档条或其他任何渗漏源。

对上述简化模型中的每一步骤说明如下:

步骤(1) 过程开始,此时系统未受载。液体静水压力和纤维网垫所受载荷均为零。

步骤(2) 对系统施加 100 lb①(454 N)载荷但不让液体流出系统(阀门关闭)。此时液体承担所有载荷,而纤维网垫所受载荷为零。需要指出,活塞所受向下的力[本例中为 100 lb(454 N)]与向上的力[同为 100 lb(454 N)]相等。其中向上的力为液体所受载荷[100 lb(454 N)]与类似弹簧的纤维网垫所受载荷(0 lb)之和。

步骤(3) 打开阀门允许液体流出(如模拟树脂被吸胶材料吸走)。但此时液体仍承受 100 lb(454 N)的全部载荷。

---

① 原书均采用 lb,但此处应为力单位。——编注

步骤(4)　液体继续流出。此时因弹簧已开始承担部分载荷[25 lb(114 N)],液体流出速率有所降低。这与复合材料叠层的吸胶过程相似,最初极为迅速,但当纤维网垫开始承受部分热压罐压力后,吸胶速率下降。

步骤(5)和(6)　液体继续流出。但由于弹簧所承受的载荷越来越大,液体流出速率持续下降。真实叠层的对应状况是,吸胶速率会因纤维网垫所承载荷的增长及其渗透率的降低而缓慢下来。

步骤(7)　此时液体因所受压力下降到零,不再流出。所有载荷[100 lb(454 N)]为弹簧所承受。在真实的热压罐固化过程中,类似情况如发生在树脂凝胶(成为固体)前,极易使溶液中的挥发分逸出而形成空隙。

尽管上述模拟大大简化了树脂的流动过程,但的确对树脂流动的几个关键要点做出了解释。在固化过程的初始阶段,树脂静水压力应等于所施加的热压罐压力。随树脂流出,所受压力下降。如果叠层中树脂流出过多,树脂压力会降低至允许空隙形成的水平。因树脂的静水压力直接取决于树脂的流出量。随树脂流出量的增长,纤维体积含量上升,叠层中纤维网垫所分担的载荷也因此变大。需要注意的是,树脂的流动和排出既有可能是人为有意操作的结果,也可能并非操作人员本意。采用吸胶材料来移除预浸料中的多余树脂显然是一种有意排出树脂的做法。非操作人员本意的树脂流失事例则包括叠层边缘与挡条的间隙过大、内袋撕裂导致树脂流入透气材料、模具零件失配造成液态树脂的流失通道等。综上所述,树脂的静水压力直接由树脂的流出量所决定。树脂流出量的增长引起纤维体积含量上升,导致叠层内纤维网垫所承载荷变大而树脂静水压力下降。

树脂的流出速率与多种因素有关,包括纤维网垫在厚度方向和水平方向的渗透率,以及液态树脂的黏度。纤维网垫的渗透率取决于纤维的排列方式、纤维直径和纤维的体积含量。树脂黏度取决于树脂的化学特性和固化工艺温度曲线。固化工艺参数对树脂的黏度和流动过程具有极大的影响,这种影响既可通过施加压力来直接体现,也可通过温度曲线对树脂黏度的作用而间接体现。回顾图6.5所示的固化工艺过程,其中第二个升温段从空隙成核和生长的角度看十分关键。在此升温段内温度较高,树脂压力有可能降至接近最低水平,而挥发分蒸汽压则随温度升高而增长。就空隙的形成和生长而言,这是极为理想的环境条件。

令人遗憾的是,空隙问题无法通过保持树脂静水压力大于潜在空隙的挥发分蒸气压而简单地得以解决(尽管对解决问题而言,这是一个良好的开端)。铺叠过程中,预浸料铺层之间可能裹入空气。空气的裹入量为许多因素所左右,包括预浸料的黏性、室温下的树脂黏度、预浸料的浸渍状况及其表面光滑性、铺叠过程中的预压实处理次数,以及铺层递减、拐角等形状因素。此外,空气还可在混料和预浸渍作业过程中被带入树脂。被裹入的空气也会导致空隙,或至少作为空隙的成核点存在。总而言之,空隙的形成和生长过程十分复杂,目前对此尚未有完全的认识。不过,一些基本原理已被较好地了解并在多项研究工作中得到深入探讨。下一节中将对部分研究工作做一概述。

6.3　关于树脂静水压力的研究

为更好地认识树脂压力及与其相关的多种影响因素，以往曾开展了相当多的研究工作[2]。这些工作大部分以碳/环氧单向带为对象，但对碳/双马来酰亚胺织物及单向带也有涉及。图 6.14 给出了早期研究采用的实验装置。为测量树脂的静水压力，将一传感器放入模具表面的凹室，并在凹室中注入不加固化剂的液态树脂。在此传感器凹室上放置刚性的网筛，以避免叠层受压后陷入凹室并与传感器相接触。

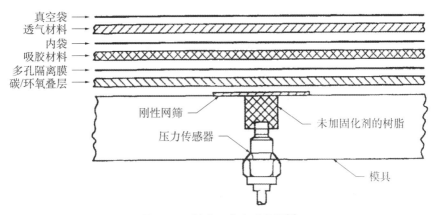

真空袋
透气材料
内袋
吸胶材料
多孔隔离膜
碳/环氧叠层

刚性网筛　　　　未加固化剂的树脂
压力传感器
模具

图 6.14　树脂压力实验装置[2]

早期的研究工作针对碳/环氧单向带复合材料进行，目的是对以下因素的影响作用做出评估：①环氧树脂的类型（Hexcel3501 - 6 和 3502）；②对叠层的吸胶（正常吸胶和过度吸胶）；③压力的施加［正常施加的热压罐压力和袋内压力（IPB）］；④叠层厚度（10 层和 40 层）。所有条件下，叠层均由交叉铺放的 0°、90°和±45°铺层构成。出于一致性考虑，全部测试统一采用图 6.5 所示的固化热历程。

这些早期的测试结果表明：

高流动性树脂体系发生的压力下降现象甚于低流动性树脂。3501 - 6 和 3502 树脂压力的对比情况（见图 6.15）表明，流动性较好的 3502 树脂体系所经历的压力下降幅度比流动性较差的 3501 - 6 体系更为显著。3501 - 6 体系是一种低流动性树脂体系，其中包含可显著改变固化行为的三氟化硼促进剂，从而可使低流动性树脂在较低的温度下凝胶化。由于高流动性树脂体系更易出现树脂流失问题，相应的入模操作和真空袋封装须特别地谨慎。高流动性树脂复合材料叠层的真空袋应与叠层紧密贴合，其封装应确保消除任何渗漏通道。由于高流动性树脂一般具有较高的凝胶化温度，在凝胶化前需格外留意，确保潜在空隙的内压不超过树脂的静水压力。

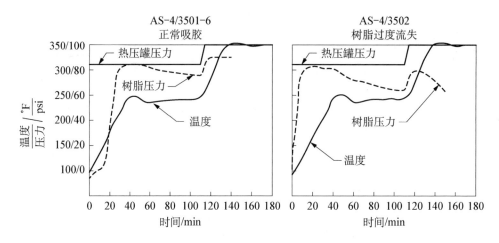

图 6.15　不同流动性的树脂比较[2]

　　树脂过度流失将导致树脂压力的大幅度下降。图 6.16 给出正常吸胶和树脂过度流失的情况对比。为造成树脂的过度流失，所放置的玻璃布吸胶层 3 倍于正常用量，同时取消内袋来为树脂提供自由流失的条件。虽然这种处理方式一般不会出现于复合材料产品的实际制造过程中，但树脂过度流失问题可能并的确曾因挡条渗漏或对模渗漏而实际发生。对经此处理的固化后层压板的分析测试包括无损检测（NDT）、厚度测量、树脂含量测量和截面金相。测量结果表明，树脂过度流失会对

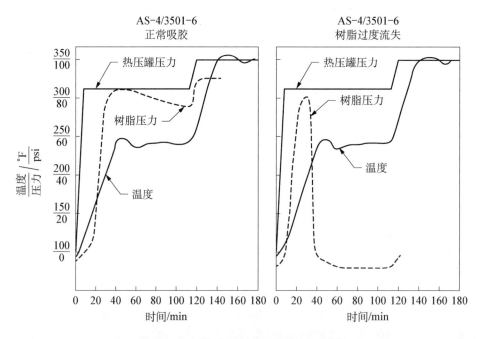

图 6.16　树脂过度流失导致压力下降[2]

层压板的树脂含量和厚度产生极为显著的影响。树脂过度流失的层压板，无论其树脂含量还是厚度值均大大低于正常吸胶层压板。由于真空袋内被抽真空，树脂压力实际上可掉到 0 psi 以下，因此空隙的生长几乎不受抑制。如事前所预料，在树脂过度流失的层压板内，超声波无损检测结果与截面金相照片均呈现明显的空隙和孔隙缺陷。

袋内压力可用于保持树脂静水压力并减少树脂流动。袋内加压固化方法最初由参考文献[4]的相关项目人员所开发。此法采用两个分离的压力源：①真空袋外普通的热压罐压力，用于压实叠层；②相较前者为低的真空袋内压力，用于直接对液态树脂加压，使挥发分不能从溶液中逸出，从而避免空隙的成核和生长。袋内加压固化的热压罐设置如图 6.17 和图 6.18 所示。实验所用的固化规程中，袋外施加的热压罐压力为 100 psi(689 kPa)，袋内压力为 70 psi(483 kPa)。这一设置可产生 30 psi(207 kPa)的叠层压实力(热压罐压力−袋内压力=100 psi−70 psi)以及至少 70 psi(483 kPa)的树脂静水压力。上述压力的选取并无特殊讲究。如有必要，压实力可升至100 psi(689 kPa)，此时只需简单地将热压罐压力增加到 170 psi(1171 kPa)即可。此处的唯一限制是所施加的热压罐压力必须大于袋内压力，以避免真空袋在模具上胀开。当然，袋内压力也应足以使挥发分不从溶液中逸出，从而避免空隙的成核和生长。为对最坏的情况进行测试，将前述导致树脂过度流失，树脂压力下降至零的真空袋封装方式用于袋内加压的叠层固化。虽然在前面的测试中，这一封装方式所得层压板存在严重的树脂流失和孔隙率，但施加袋内压力后，树脂过度流失和孔隙率问题均得以避免。树脂过度流失现象的消失可认为是叠层压实力下降[采用袋内加压固化工艺时为30 psi(207 kPa)，而采用普通固化工艺时为 100 psi(689 kPa)]的结果。

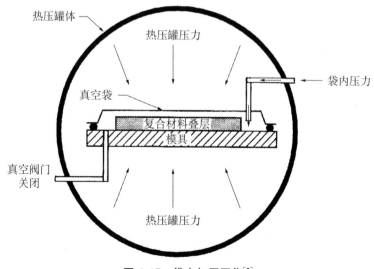

图 6.17　袋内加压固化[2]

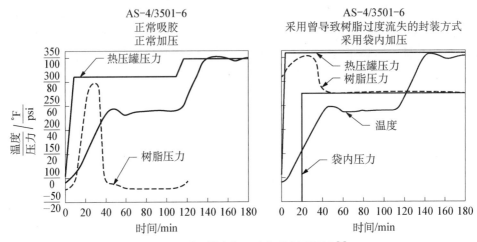

图 6.18　采用袋内加压来保持树脂压力[2]

较厚的叠层相比于薄叠层可保持更高的树脂压力。薄叠层(10层)和厚叠层(40层)中产生的树脂压力如图 6.19 所示。需要注意的是,厚叠层中的树脂压力基本与所施加的热压罐压力相差不远。不过,由于所测压力值取自模具表面,厚叠层在厚度方向上是否存在压力梯度不得而知。厚叠层呈现较高的树脂压力可

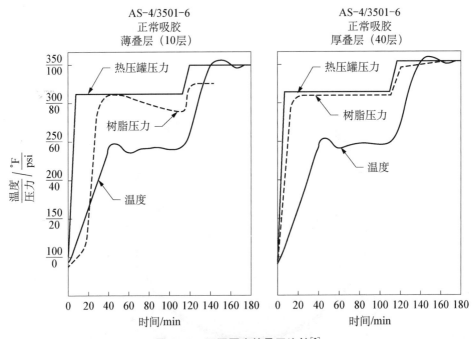

图 6.19　不同厚度的叠层比较[2]

能是因为其中树脂不易流出，这一点可以通过 0.5in(12.7mm)厚层压板的截面金相分析结果得到定性确认，其中表面铺层显现树脂过度流失(即单层厚度较薄)，而中间和贴模一侧的铺层则存在树脂吸出过少的迹象(即单层厚度较厚)。

为查证固化过程中叠层内部可能存在的压力梯度，将能测量树脂静水压力的小型传感器埋入叠层的不同位置，以研究垂直和水平两个方向上的压力分布状况[2]。由于此前的厚叠层(40层)测试结果表明在邻近模具表面处几乎不发生压力下降，特又铺叠一60层的厚叠层，并将小型压力传感器埋入叠层和吸胶层的不同位置。在模具上另放置3个传感器，用于监测模具表面不同位置的树脂压力。垂直向流动实验测得的压力曲线(见图6.20)证实叠层中存在显著的压力梯度。而模具表面的树脂压力则与所施加的热压罐压力基本相当。这一结果也反映了叠层在厚度方向的压实过程。当树脂开始流出时，叠层顶部的树脂静水压力发生下降(传感器3)。同时叠层中部的树脂开始流向顶部，导致中部的压力也发生下降(传感器2)，但保持高于顶部压力。吸胶层内的情况与此正相反，当树脂进入吸胶层后，吸胶层内部的压力随之上升。为证实树脂压力的测试结果，对叠层的树脂含量进行了检测并拍摄了显微照片。每一个树脂含量试样分为3片，分别对应叠层顶部的20层、中部的20层和底部的20层。顶部树脂含量为24.6%，中部为31.0%，底部为33.0%，从而进一步证实了树脂的压力测试结果。显微照片显现了相同的情况，即顶部铺层的压实程度显著高于邻近模具表面的底部铺层。

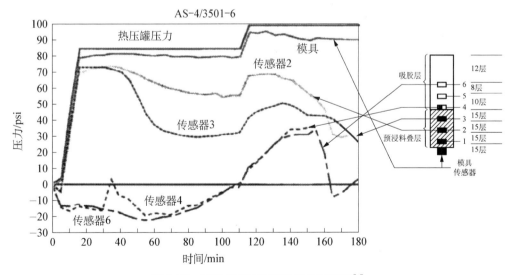

图6.20 树脂做垂直向流动的叠层测试[2]

除厚叠层在厚度方向的压力梯度外,水平方向的压力梯度也同样引人猜想。但此前所做的测试均局限于叠层的中心部位。为查证水平方向是否存在压力梯度,准备了两块叠层。第一块叠层的软木挡条尽可能地紧贴叠层边缘,而第二块叠层的挡条与叠层边缘之间存在很大的间隙[0.5 in(12.7 mm)]。两块叠层顶部均放置了无孔隔离膜(见图 6.21),以避免树脂在垂直方向流动。两块叠层的压力分布曲线(见图 6.22)表明在水平方向存在压力梯度,梯度的大小取决于树脂在水平方向的流动量,叠层边缘与挡条之间的间隙越宽,水平方向的树脂流动量也就越大。压力分布曲线还诠释了水平方向的树脂流动过程。树脂的最初压力与所施加的热压罐压力相近,然后随树脂流失,压力发生下降。而吸胶层内的情况正与此相反,开始时所测为施加的真空值,树脂进入吸胶层后压力随之升高。需要指出,在叠层的大部分区域水平方向的压力梯度十分微小,但在叠层的边缘附近会变大。树脂含量的测试结果验证了树脂压力分布的测试结果,表明在叠层边缘处存在显著的树脂含量梯度(见图 6.21)。从该图还可见,当叠层边缘和挡条之间存在大间隙时,树脂会更多地流入吸胶层。

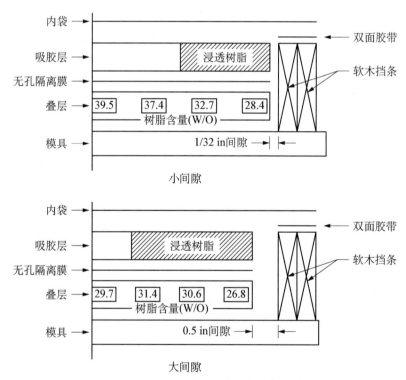

图 6.21　树脂做水平向流动的实验封装方式和所得到的树脂含量结果[2]

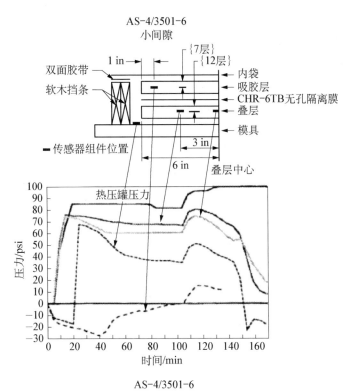

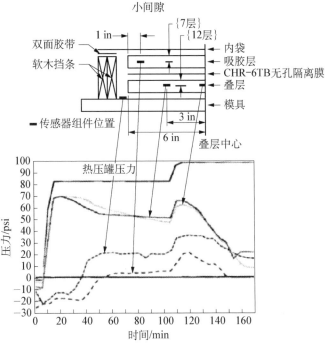

图 6.22 树脂做水平向流动的叠层测试[2]

6.4　化学成分的可变因素

热固性树脂的化学成分会显著影响挥发分的演变状况、树脂的流动性和树脂的固化反应行为。以加成反应形式固化的聚合物在交联过程中无副产物生成,与可能生成大量水或醇副产物的缩合反应树脂体系相比,固化工艺上一般会容易得多。此外,许多缩合反应树脂体系在浸渍纤维的过程中需用到溶剂,这些溶剂一般沸点较高,固化过程中极难或根本无法将其从预浸料中去除。由于固化过程中反应副产物和溶剂的作用,对于酚醛和聚酰亚胺等缩合反应树脂体系,其固化工艺极难做到完全避免产生空隙和孔隙。

尽管对工艺条件的变化不十分敏感,加成反应固化的树脂体系也有其自身问题。树脂成分的变动会极大地影响树脂的工艺性。虽然 Hexcel 3501-6 和 3502 同为当前预浸料产品的主打树脂,但化学成分上的微小差异仍对两者的工艺性造成影响。主要的差异在于 3501-6 树脂体系中含有三氟化硼(BF_3)促进剂。虽然含量很少(标定的重量百分比为 1.1%),但 BF_3 显著地降低了 3501-6 树脂的流动性、凝胶化时间和凝胶化温度。一般认为,树脂凝胶化前的流动性是热固性复合材料固化工艺的关键参数。流动性过高会导致叠层贫胶,而流动性过低则会使叠层树脂含量过高,从而使厚度超标并在装配过程中导致配合问题。

在较早进行的共固化肋板(见图 6.23)研发过程中,树脂化学成分对流动性的影响作用通过此实际案例为人们所感受。由于形状的复杂性,该产品采用对模进行制造。所用树脂体系为高黏度(即流动性很低)的新型增韧环氧树脂。结果表明,树脂未发生充分的流动而无法完全充填模具。这一问题导致的不合格产品,其表面包含多处因贫胶而产生的"干"区,无余量成形的制件边缘粗糙不平,并未得到树脂的充分浸渍。超声波检测结果显示了多个高空隙和孔隙率区域的存在。当时所选择的

图 6.23　共固化的复杂肋板

应对方案为：要求材料供应商对树脂配方进行改动，以降低树脂黏度。当然，如果黏度太低，同样会造成树脂从模具中过多流失的问题。对模通常由多个模具零件组成，须在铺叠工序中相互装配到位。因此在模具中存在多条渗漏通道。树脂在固化过程中如黏度过低，会由此通道流离模具。所以，复杂产品的制造工艺不仅要求树脂体系适用于对合模具，同时也要求模具的设计合理到位。

6.5 零吸胶和低流动性树脂体系

20世纪70年代面世的预浸料所选用的树脂体系具有中等或较高的流动性，之所以这样做是为了在热压罐固化过程中便于对多余树脂进行有意排除。到20世纪80年代，随产品尺寸变大，形状变得更复杂，零吸胶和低流动性（流动性受控）树脂越来越普遍地为预浸料所采用。对于需进行吸胶处理的碳/环氧树脂预浸料，其标定的树脂重量比范围通常为37%～42%。而对于固化后的复合材料，采用单向预浸料制造时所要求的树脂含量为31%，采用织物预浸料制造时所要求树脂含量为35%。最终的纤维体积含量通常要求保持在57%～60%，以达到力学性能与制件质量的平衡。对于零吸胶树脂体系，关键之处在于确保热压罐固化过程中只有很少或没有树脂流出，以避免树脂压力的下降。与中、高流动性的材料体系相比，许多零吸胶材料体系采用了最低黏度值更高而流速更低的树脂类型，从而使树脂的流动性得到控制。零吸胶、低流动性的预浸料可改善制件的尺寸控制精度，减少预压实处理的工作量，降低材料耗费（吸胶材料），固化过程中的铺层滑移也比需采用吸胶工艺的材料体系小。除此之外，树脂流入蜂窝芯、模具组件缝隙和真空袋内其他部位的可能性也可得减免。

6.6 树脂和预浸料的可变因素

树脂的混合和预浸渍操作也可对最终预浸料产品的工艺性产生影响。通常进行树脂混合时，空气极易被裹入树脂。被裹入的空气在后续过程中有可能成为空隙和孔隙的成核点。不过许多反应釜配有密封装置，因此可在树脂混合过程中进行真空除气。经验表明这一措施可对裹入的空气进行有效去除，对高质量复合材料层压板的制造可以起到帮助作用。

预浸料的物理性能也会对最终的层压板质量产生影响。预浸料的黏性即为此类性能之一。预浸料黏性是衡量预浸料铺层相互可粘连性的一个尺度。高黏性预浸料往往会导致带有严重空隙和孔隙率的层压板。这一现象的原因是：采用高黏性预浸料进行铺叠时，裹入的空气更加难以排除。如前所述，湿气是一个影响因素。经验表明，水分含量较大的预浸料黏性一般会高于水分含量较小的预浸料。以往工作显示，预浸料黏性与树脂黏度之间可能存在关联，即黏性极高的预浸料也会具有很高的树脂初始黏度。如此高黏度的树脂很难在较低的温度条件下发生流动并将铺层边缘的气孔排出。

　　预浸料的实物质量会极大地影响最终的层压板质量。颇具嘲弄意味的一个事实是,外观"良好"(即光滑且充分浸渍)的预浸料并不一定能制出最完好的层压板。一些材料制造商确认,在预浸料置备过程中只有对纤维进行部分浸渍方能稳定地得到高质量制件。而"良好"(即光滑且充分浸渍)的预浸料则可能导致多空隙和孔隙的层压板产品。与完全浸渍的预浸料相比,部分浸渍的预浸料有相同的树脂含量和单位面积纤维重量,唯一的区别在于树脂相对于纤维的布放状态。部分预浸渍方法可为裹入叠层的空气和低温挥发分提供排出通道。当固化过程中树脂发生熔融和流动后,再对纤维进行完全的浸渍。

　　一系列研究工作[5, 6]表明,对于部分浸渍的预浸料,即便在受潮情况下仍可制出高质量的层压板。这些研究人员成功地将 5 种不同树脂体系部分浸渍到 8 种不同纤维上。一个与此密切关联的现象为预浸料的表面状况。完全浸渍的预浸料如其表面存在纤维织纹(有时称为灯芯绒织纹),则不会导致质量问题。因为织纹同样为气体的排出提供了通道。图 6.24 以高度概括的示意形式对预浸料的三种状况进行了简要说明。

部分浸渍	完全浸渍的光滑表面	完全浸渍的粗糙表面
好	不好	好

图 6.24　预浸料物理状态的影响作用[2]

　　预浸料的老化也会影响最终的层压板质量。即便在室温条件下,树脂也可能发生聚合反应。大部分热固性预浸料最后均会老化到树脂在固化过程中流动极少或不发生流动的地步。因此,铺叠间的环境控制不仅要减少预浸料吸入的水分,同时也要缓解预浸料的老化进程。对 3501 - 6 和 3502 等环氧体系复合材料的生产而言,老化现象仅轻微降低了树脂的流动量。目前环氧树脂预浸料的室温放置时间限制通常为 20～30 天。即便室温放置时间超过 30 天,也仍有可能制出高质量的层压板。但对于 V378A 双马来酰亚胺树脂,室温放置时间会显著影响其工艺性。对这种材料的室温放置时间限制仅规定为 10 天,即便如此,这一限制也已逼近最高极限。只要超出这一极限,所制层压板即不能满足质量要求,板内趋于产生更多的微裂纹。这种现象主要归因于树脂体系中高度活跃的反应组分。

6.7 铺叠的可变因素

一些涉及铺叠的可变因素,如预浸料水分和预浸料老化等,已在前文中进行过讨论。本节将讨论与铺叠相关的另两种可变因素:叠层的构成方式(即厚度、铺层顺序和铺层的递减情况)以及为热压罐固化进行的真空袋封装。

叠层的构成方式会影响产品的最终质量。在树脂静水压力一节已说明,薄叠层比厚叠层更利于树脂的流失。也就是说,薄叠层中的树脂极易被过度吸出并导致空隙和孔隙。而另一方面,厚叠层如采用单面吸胶,则会因吸胶不足而导致厚度过大。观察结果表明,厚叠层中与吸胶层相邻的表面铺层存在孔隙,该部位可能发生严重的树脂流失。而叠层中部铺层及与模具相邻的铺层不发生或发生极少量的树脂流失。由于厚度大的特点,叠层在铺叠过程中更易裹入空气而无法在"预压实"和"固化"等工序中将其排出。此外,大厚度叠层中心部位的挥发分也极难去除,该部位的空气和其他挥发分无法水平移动至叠层边缘而排出。

单向层压板的制造会比较困难。单向铺层会发生相互套叠并封闭叠层边缘,从而影响预压实效果。这一特点会使单向板裹留气泡。此外,观察结果表明挥发分倾向于沿纤维长度方向排出叠层边缘,因此会产生平行于纤维方向的微管状孔隙,或称为"线形孔隙率"。在多向层压板中,具有相同取向的几个铺层叠合成组也能产生相同的效果。叠层内部的铺层递减区也容易发生孔隙。许多时候空隙出现于铺层端部,低流动性材料体系的情况尤其如此。由于树脂难以流动,铺层端部的间隙无法得到完全充填。

叠层铺叠完毕后,须进行真空袋封装以备热压罐固化。真空袋封装操作包含一系列影响制件质量的可变因素,其中一部分在图 6.25 中给出说明。如果吸胶材料

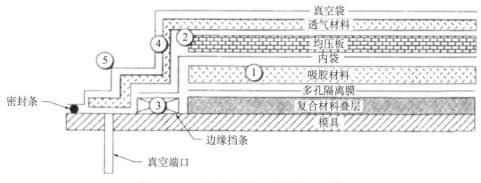

图 6.25　可能发生的真空袋封装问题[2]

① 吸胶材料过多导致叠层内树脂过度流失;② 均压板割裂内袋使树脂流入透气材料;③ 挡条密封不当使树脂流入透气材料;④ 均压板在挡条顶部架桥导致低压区;⑤ 在尖角或架桥部位发生真空袋撕裂导致压力消失。

使用过多,会发生树脂的过度流失,并导致树脂静水压力的大幅度下落,为空隙和孔隙的形成提供有利条件。如果树脂的黏度较低(即流动性较高),树脂过度流失的风险会更大。即便吸胶材料的用量适当,如内袋密封失当,仍可使树脂流入透气材料。例如,均压板割裂内袋或挡条密封不到位,均会导致树脂流失,使树脂的静水压力降至挥发分蒸气压以下,从而形成空隙和孔隙。间或引起问题的另一个可变因素是:如果均压板安放位置不当或发生滑移并在挡条顶部发生架桥,会在叠层周边形成局部的低压区,在该区会出现空隙甚至大面积分层。最后,热压罐固化过程中如外真空袋(通常为尼龙薄膜)发生架桥并撕裂,会导致叠层所受压实力部分或完全消失。如果树脂未达到固化凝胶点,大量的空隙和孔隙会因此形成。

6.8 预压实处理

预压实是在铺叠过程中驱除叠层内空气并将叠层压实的一道处理工序。预压实处理的典型做法是将叠层在真空袋压力下保持 5～15 min。预压实处理通常与制件的几何形状和厚度有关,不过每铺 3～5 层做一次预压实处理的频度被相当普遍地采用。尽管对预压实处理的功效存在一定争议,但"叠层压得越密实,空隙的成核点会越少"仍是一条一般性指导原则。不过,考虑这一原则时须权衡中断铺叠操作进行预压实处理带来的额外成本。

虽然预压实处理多在室温和真空袋压力下进行。但如采用精度要求严格的对模,有时也需要在热压罐内进行加热预压实预处理,以有效降低叠层的体积系数(即只有当叠层体积系数趋近最终产品尺寸时,对模才有可能与叠层相匹配)。令人遗憾的是,一个制件每铺几层即做一次预压实处理的确会带来不少麻烦且会大幅度增加铺叠成本。对制件质量和生产成本仍须进行理性的权衡。

为研究预压实处理、预浸料水分含量、叠层构成方式对最终层压板质量的综合影响作用,按照图 6.26 所示方案制备四块层压板。层压板材料为普通的碳/环氧树脂预浸料。为对不同的构成方式进行评估,层压板内部存在铺层递减,包含了薄区(36 层)、厚区(48 层)和内部铺层端部的斜坡区。在进行最后的热压罐固化前,对所有四块叠层均进行了超声波检测。图 6.27 所示的超声波检测结果表明,对于仅做了一次预压实处理的层压板,超声波基本上无法穿透。但对于经过加热预压实处理的层压板,原始超声信号的穿透比例显著增大。值得注意的另一个现象是层压板上铺层递减区和厚区的质量远不如其他部位。经过加热预压实处理的两块层压板(层压板 3 和 4)中,所用预浸料曾在潮湿环境下暴露的那一块质量明显较差。层压板 3 超声波检测的衰减为 30～62 dB,而层压板 4 则为 10～42 dB。由于加热预压实处理温度仅为 150°F(65.5°C),孔隙的增多不可能是因为所吸水分汽化成孔,而更可能

层合板 1
- 经潮湿环境暴露的预浸料
- 压实状况差

层合板 2
- 干燥预浸料
- 压实状况差

层合板 3
- 经潮湿环境暴露的预浸料
- 压实状况好

层合板 4
- 干燥预浸料
- 压实状况好

图 6.26　层压板铺叠方法[2]

压实状况差—未进行真空预压实；压实状况好—铺叠过程中每铺 5 层进行一次真空预压实，然后在 66℃(150°F)和 6.8 kg/cm²(100 psi)条件下在热压罐内预压实 2 h(真空袋内无吸胶材料)；经潮湿环境暴露的预浸料—铺叠前铺层在 32℃(90°F)，85%RH 条件下保持 72 h；干燥预浸料—铺叠前铺层在 24℃(75°F)，35%RH 条件下保持 72 h。

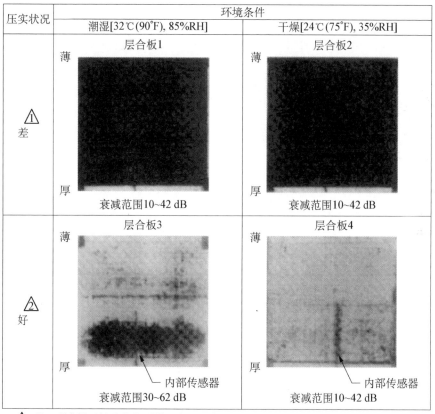

⚠ 差—所有铺层铺叠完毕后做一次预压实处理

⚠ 好—每铺5层做一次预压实处理并最后做一次加热预压实处理[6.8 kg/cm²(100 psi)和 66℃(150°F)条件下保持2 h]

图 6.27　固化前的无损检测结果[7]

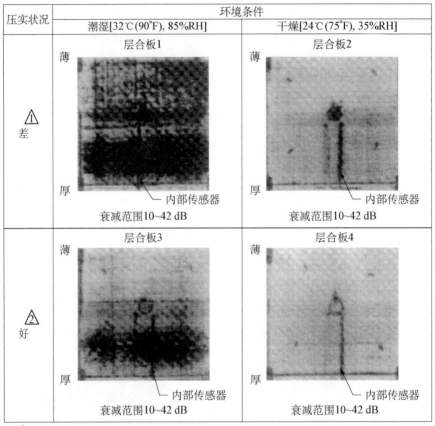

压实状况	环境条件	
	潮湿[32℃(90°F), 85%RH]	干燥[24℃(75°F), 35%RH]
⚠ 差	层合板1 薄 厚 └内部传感器 衰减范围10~42 dB	层合板2 薄 厚 └内部传感器 衰减范围10~42 dB
⚠ 好	层合板3 薄 厚 └内部传感器 衰减范围10~42 dB	层合板4 薄 厚 └内部传感器 衰减范围10~42 dB

⚠ 差-所有铺层铺叠完毕后做一次预压实处理

⚠ 好-每铺5层做一次预压实处理并最后做一次加热预压实处理[6.8 kg/cm²(100 psi)和66℃(150°F)条件下保持2h]

图 6.28　固化后的无损检测结果[7]

源自铺叠过程中裹入的空气。经潮湿环境下暴露的预浸料的黏性显著上升,因此铺叠过程中裹入的空气随之增多。所有四块层压板均按照前面所述的标准固化规程进行热压罐固化。对固化后层压板进行了超声波检测,图 6.28 给出检测结果,如研究人员所预料,采用干燥预浸料并做加热预压实处理的层压板(层压板 4)质量最好。值得关注的是,采用干燥预浸料时,压实程度并不显著影响层压板质量。但对于经历潮湿环境下暴露的预浸料,良好的预压实结果可以显著降低层压板孔隙率。这一有限研究的结果表明预浸料所吸水分对于最终的层压板质量具有非常巨大的影响。尽管对含水分叠层的预压实处理有助于降低孔隙率,但固化后层压板内仍存在相当高的孔隙率,层压板厚区和内部铺层端部的情况尤其如此。吸入的水分除转变为挥发分导致空隙形成外,还会极大地提高预浸料的黏性,而这又会增加铺叠过程中的空气裹入量，从而在热压罐固化过程中进一步增添空隙形成的可能性。

6.9 均压板和增压块

许多复合材料制件的固化工艺采用了均压板或增压块。与直接在真空袋下成形的制件表面相比，添加均压板可大幅度提高表面光洁度，并改善尺寸控制精度和拐角部位的成形质量。均压板还可用于减少蜂窝结构件固化过程中的铺层滑移。均压板可为半刚性体或刚性体。使用最多的是半刚性均压板，常由薄金属片、复合材料或橡胶制成，故具备一定柔性。增压块多用于制件的拐角部位，以在阳模成形时缓减铺层在拐角处变薄，阴模成形时避免铺层架桥。

刚性均压板通常由较厚的金属或复合材料片材制成。厚均压板的使用对象为尺寸控制较难的复杂制件或共固化制件。许多刚性均压板会产生类似于模压或树脂转移模塑方法的对模成形效果。在这种情况下制件的成形工艺极富挑战性，因为树脂压力在极大程度上取决于模具精度以及模具与制件之间的热膨胀差异。模具精度控制的关键在于确保不存在任何妨碍模具对制件进行无余量成形的干涉点。半刚性和刚性均压板均可显著影响树脂流动状态、树脂压力分布和制件的最终质量。半刚性均压板和增压块可避免真空袋在制件拐角处发生架桥，以使压力分布更为均匀。但刚性均压板完全通过压薄叠层来改变树脂压力，其自身仅将压力施加到叠层表面的凸起点。

6.10 缩合反应固化的材料体系

缩合反应固化的材料体系，如聚酯和酚醛，在化学交联反应中会生成水和醇。通常将参加交联反应的原材料溶于高沸点溶剂，如二甲基甲酰胺(DMF)、二甲基乙酰胺(DMAC)、二甲基砒咯酮(NMP)或二甲基亚砜(DMSO)，以实施预浸渍工艺。即便是加成反应固化的 PMR-15 聚酰亚胺，也需采用甲醇作为溶剂来进行预浸渍。这些挥发分在固化过程中的演变状况使挥发分控制成为一个大问题。问题如解决不当，固化后制件会出现很高的空隙和孔隙率。除非采用可施加极高压力［如1000 psi(6.894 MPa)］的热压机来使挥发分在树脂凝胶前不逸出溶液，否则必须在固化前或固化加热过程中将挥发分驱除。此外，加热时各种物质的沸点和冷凝点温度互不相同，因此固化过程中如有不同种类物质生成，熟知这些温度点至关重要。图6.29[8]所示实例为 K-IIIB 热塑性聚酰亚胺复杂的挥发分演变状况。

对挥发分的控制存在三种方法：①采用压机使树脂所受静水压力高于挥发分蒸气压，从而使挥发分在树脂凝胶化前不逸出溶液；②每铺叠少量铺层即在真空袋压力下做一次加热预压实处理，处理温度高于挥发分沸点；③固化过程缓慢升温并使用真空压力,同时设置中间保温段在树脂凝胶化前进一步驱除挥发分。应指出的是,上述方法可同时并用。热压机方法的优点是可提供极高的压力来抑制挥发分从溶液中逸出,但所设计的模具须能承受此高压,并包含特殊的拦挡系统以防止树脂被过度挤出。第二种方法,铺叠过程中多次进行真空压力下的加热预压实处理,虽行之有效但成本昂贵且劳动量巨大,因为每铺几层铺叠工序就需中断,以将已铺叠层进行真空袋封装,送入烘箱,加热预压实、冷却,然后再继续铺叠。最后一种方法,如图 6.30[9] 所示是 PMR - 15 材料的典型热压罐固化工艺,为升温过程设置了多个真空压力下的保温段,以此驱除不同沸点的挥发分。需要注意的是,一些制造商采用了 600℉(316℃)而非图中的 575℉(302℃)作为固化和后固化温度。此外,一些制造商在固化初始阶段仅施加部分真空压力,其后再施加全部真空压力。尽管 PMR - 15 的最终固化为加成反应,但在固化初期的亚胺化阶段树脂会经历缩合反应。这一反应为挥发分控制带来问题。这种方法的难点在于寻找不同保温段的最佳保温时间和温度,以及适用的加热速率。第 3 章中讨论的一些物理方法可用来帮助进行固化规程的设计。为使树脂完全交联,聚酰胺常需进行后固化。图 6.31给出 PMR - 15 材料的典型后固化工艺曲线。值得注意的是,即便是后固化,升温过程也包含了多个保温段,以此缓解残余应力的形成,从而降低基体微裂纹的生成可能性。

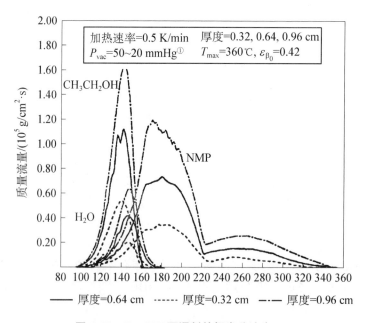

图 6.29　K - IIIB 预浸料的挥发分演变

---

① mmHg 为毫米汞柱,1mmHg = 1.333 22 × 10² Pa。——编注

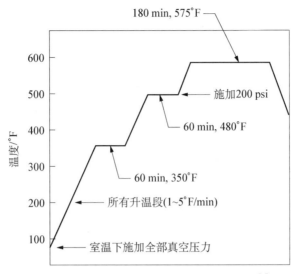

图 6.30 PMR - 15 材料的典型固化工艺曲线[9]

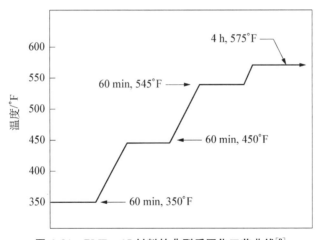

图 6.31 PMR - 15 材料的典型后固化工艺曲线[9]

6.11 固化残余应力

复合材料制件在加热固化过程中会形成残余应力。在制件固化过程结束时或后续使用中,残余应力可使其外形发生翘曲或扭曲(特别是薄制件),或产生基体微裂纹。翘曲和扭曲会导致装配问题,对复合材料制件造成的麻烦甚于金属制件。薄板金属件发生扭曲时,通常可在装配过程中强迫使其就位。但如对复合材料制件进行强迫装配,则有开裂甚至分层的危险。微裂纹会对层压结构的力学性能造成不利影响,包括模量、泊松比和热膨胀系数(CTE)[10]。微裂纹(见图 6.32[11])还会引发

图 6.32   基体微裂纹[11]

分层、纤维断裂等二次损伤，并造成水分和其他流体的入侵通道。这些损伤形式会导致层压结构的过早失效[12, 13]。

复合材料制件内残余应力的主要原因可归结为纤维与树脂基体热膨胀行为的不匹配。回顾一下，对于两端受约束的简单条形试件，内部残余应力为

$$\sigma = \alpha E \Delta T$$

式中：σ 为残余应力；α 为热膨胀系数；ΔT 为温度变化值。对复合材料制件可依此做一简化的类推分析。纤维热膨胀系数（碳纤维约为 0）与树脂热膨胀系数（热固性树脂约为 $20 \sim 35 \times 10^{-6}/{}^\circ F$）之间有很大差异。纤维模量［$30 \sim 140$ Msi（$207 \sim 965$ GPa）］与树脂模量［0.5 Msi（3.4 GPa）］之间也有很大差异。温度变化值（ΔT）在此可定义为固化过程中树脂凝胶化成为固体时的温度与制件使用温度之间的差值。所谓应力释放温度是指凝胶化温度与最终固化温度之间的某个温度点，此时材料因化学交联而获得强度和刚度。环氧基复合材料的使用温度范围通常为 $-67 \sim 250{}^\circ F$（$-55 \sim 121{}^\circ C$）。进行这一简化的分析工作时可观察到：高模量的碳、石墨、芳纶纤维的热膨胀系数为负值。一般情况下，纤维模量越高，热膨胀系数趋负的程度就越突出，残余应力也随之增长。这一现象有助于解释为什么高模量碳纤维比高强度碳纤维会更多地在基体中导致微裂纹。碳/环氧材料体系通常在 $250{}^\circ F$（$121{}^\circ C$）或 $350{}^\circ F$（$177{}^\circ C$）的温度下固化。由于 $250{}^\circ F$（$121{}^\circ C$）固化体系的 ΔT 较小，与 $350{}^\circ F$（$177{}^\circ C$）固化体系相比，其产生的微裂纹会较少。耐高温的聚酰亚胺通常在 $600 \sim 700{}^\circ F$（$316 \sim 371{}^\circ C$）的温度下固化，所形成的残余应力极高，微裂纹也极易产生。使用温度下降时 ΔT 会变大，因此经历低温暴露的制件中一般可观察到比高温暴露更多的微裂纹。在 $30\,000 \sim 40\,000$ ft（$9\,100 \sim 12\,200$ m）高度巡航的客机即是一例，其所处温度仅为 $-40 \sim 67{}^\circ F$（$-40{}^\circ C \sim 19{}^\circ C$）。上述类推分析对复合材料结构的残余应

力问题做了大幅度的简化。实际上,复合材料的残余应力可能是分析人员试图处理的最复杂问题之一。在残余应力的各种诱因及材料、铺叠方式、模具、工艺对残余应力的影响作用上,现有文献给出的数据存在相当多的相互冲突之处。

复合材料本质上为各向异性材料,各铺层的取向差异也会导致残余应力。例如图6.33所示,0°铺层因热膨胀系数很低,固化过程的膨胀量也就极小。而90°铺层的热膨胀由树脂主导[14],其膨胀量明显为大。这类残余应力出现于所有取向互异的铺层界面,比如,45°和-45°铺层之间的界面。如果层压板为非均衡和非对称结构,冷却时必然发生宏观翘曲。所谓均衡结构是指:对于叠层中任一+θ铺层,必有一-θ铺层与之对应。例如,铺层顺序为0°,+45°,-45°,90°,-45°,+45°,0°的层压板为均衡层压板,而铺层顺序为0°,+45°,-45°,90°,-45°,+45°,90°的层压板则为非均衡层压板。所谓对称结构是指:层压板内各点性能对称于层压板中面,中面两侧互为镜像。例如,铺层顺序为0°,+45°,-45°,-45°,+45°,0°的层压板为对称层压板,而铺层顺序为0°,+45°,-45°,+45°,-45°,90°的层压板为非对称层压板。使问题更为复杂化的是,即便铺层取向发生几度的微小偏离,也会造成薄层压板的翘曲。厚层压板可能不出现翘曲问题,虽然残余应力仍然存在,但变形为层压板的大厚度所制约。

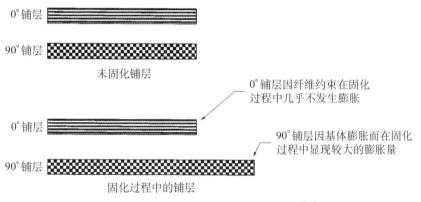

图6.33　固化过程中的铺层膨胀量差异[14]

本节开头所做的简化类推分析中,对ΔT和应力释放温度的概念做出说明。对究竟应取凝胶化温度还是固化温度作为应力释放温度这一点上,文献中存有争议。实际上,这一点在许多场合取决于所采用的固化工艺。对于许多碳/环氧材料体系,可以采用很快的加热速率来达到固化温度。当达到350℉(177℃)这一固化温度时,树脂尚未凝胶化。反之,固化工艺也可采用较低的加热速率(如1~2℉/min),此时树脂可在比最终的350℉(177℃)固化温度低75~100℉(24~38℃)的条件下发生凝胶化。

研究工作表明,无论是平面还是复杂形状的对称铺层制件,沿叠层厚度方向的树脂含量分布梯度均会影响其变形状况[15, 16]。由于一般情况下对叠层的吸胶在靠近真空袋一侧的表面进行,厚叠层在此侧的树脂含量会低于靠近模具的一侧。吸胶材料会造成靠近真空袋一侧的铺层发生贫胶,而叠层中部和靠近模具一侧的铺层则可能发生树脂含量过高的问题。曾有研究观察到,叠层靠近真空袋一侧和靠近模具一侧的纤维体积含量分别为 52% 和 59%,而叠层中部的纤维体积含量为 57%[15]。这一状况导致层压板的非对称问题,在树脂含量较高的区域会因热膨胀系数较高而发生更大的冷却收缩,同时因交联引起的化学收缩也会更加突出[17]。树脂的高热膨胀系数和固化过程中的化学收缩,使得叠层底部由于树脂含量较高而发生大于顶部的收缩,从而导致突起的弯曲变形。

　　一般而言,制件形状越复杂,残余应力情况也会变得越复杂。图 6.34 为一 90°折角状简单制件的固化回弹变形示意。该现象与以往所见的金属板材回弹有相似之处,但原因截然不同。环氧树脂固化时通常会有体积收缩(≈1%~6%),增强纤维虽会在面内方向限制这一收缩,但厚度方向的收缩相当自由。这对平面状的对称层压板影响极小,但对于弯曲状制件,却是产生回弹变形的原因所在。为说明这一效应,设想有一弯曲状叠层,叠层厚度向受压。如果在受压同时约束弯角不变,则位于叠层内侧的铺层被拉伸,位于叠层外侧的铺层被压缩。固化后约束消除,回弹随即产生。一个使问题更为复杂化的因素是:采用阳模时叠层拐角处常会因压力增大而变薄,而采用阴模时拐角处则会因压力不足而变厚(见图 6.35)。如将一层 0°,90°正交织物铺贴于任意形面之上,无须仔细观察即可发现纤维发生了明显的滑移来适应形面。形面越复杂,纤维为适应形面的滑移量必然越大。设计模具时,须同时考虑模具和制件两者在固化过程中的尺寸变化。如第 4 章"固化用模具"所讨论,为应对回弹变形,通常的做法是将模具的弯角外扩 1~3°。

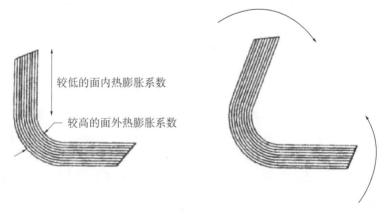

较低的面内热膨胀系数

较高的面外热膨胀系数

图 6.34　复合材料制件的回弹

　　另须考虑的一个因素是模具材料与复合材料制件之间的热膨胀系数差异。例

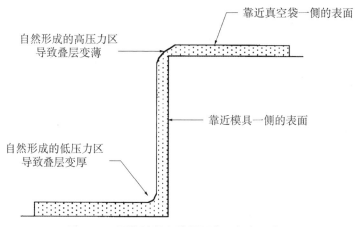

图 6.35　固化过程中的低压力区和高压力区

如,热膨胀系数很高的铝制模具所需的尺寸补偿要大于复合材料模具,后者的热膨胀系数与复合材料制件基本相同。此外,制件与模具之间存在相互作用(或称"模拉")的趋势[17](见图 6.36),这同样由模具和复合材料制件的热膨胀系数差异所引起。应该指出,虽然一些研究人员发现制件-模具相互作用取决于模具材料的种类[18],而另一些研究人员却没有发现任何明显的影响[19]。根据制件-模具相互作用理论,加热过程中金属模具(例如热膨胀系数为 $23.6\ \mu\varepsilon\text{℃}^{-1}$ 的铝制模具)与碳/环氧复合材料制件(0°铺层的热膨胀系数≈0)之间的巨大热膨胀系数差异会在制件表面生成剪切应力。由于制件和模具的表面摩擦,模具在膨胀过程中对与其表面相邻的复合材料铺层纤维施以拉力。随树脂在高温下固化,与模具相邻的铺层中会形成残

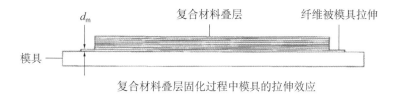

复合材料叠层固化过程中模具的拉伸效应

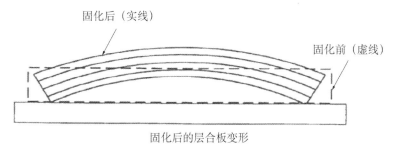

图 6.36　固化过程中的"模拉"现象[17]

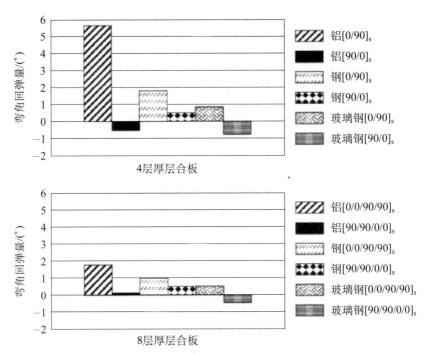

图 6.37　模具材料、铺层取向和层压板厚度对变形的影响作用[26]

余拉应变。冷却后,随热压罐压力被撤除和制件脱离模具,原与模具表面相邻的铺层会发生收缩,从而使制件弯曲[17]。不过试验结果表明,模具表面的粗糙度对变形无明显影响,而模具的材质则会影响变形。图 6.37 给出采用铝、钢、玻璃钢模具固化的薄、厚层压板变形情况[20]。需指出的是,厚板显现的变形虽小于薄板,但并不意味厚板内部的残余应力必然为低。事实上,较大的厚度帮助抑制了宏观变形。一些实验数据[11]表明,厚层压板在热循环过程中更有可能产生微裂纹。

曾有研究工作[19]探讨过固化温度和铺层形式对 T300/976 碳/环氧树脂层压板的影响。该项研究发现,所用固化温度较低或树脂固化程度 α 较低时,回弹变形量会比较小。研究人员建议的固化过程为:制件先在较低温度下固化,当 α 达到 $0.5 \sim 0.7$ 后再将其加热至最终固化温度。与直接加热至最终固化温度相比,该过程产生的回弹变形较小。该项研究还发现,采用较低的冷却速率时,回弹变形量也会有一定程度降低。但未有他人观察到类似效应。其他一些研究人员[21]还发现,在较高固化温度下形成的微裂纹,比在较低温度下固化的层压板中的微裂纹更为杂乱且更宽。他们所给出的结论是:较高温度下固化的层压板内会产生较大的热应力。当温度降至极低(液氮冷却)时,基体会发生开裂来缓解此应力,从而导致分层、更宽的裂纹和更高的裂纹密度。同期的另一项研究工作[22]发现,在树脂中加入橡胶增韧剂可提升材料在低温下抵抗微裂纹生成的能力。

尽管复合材料的残余应力问题极为复杂，而且在不同因素的影响作用上，实验数据也尚存分歧，但以下准则对减小其负面效应具有指导作用：

- 层压板只采用均衡和对称的铺层方案。尽可能减小铺层的铺叠角度误差或变形。

- 针对热膨胀和弯角回弹，模具设计应做相应补偿。对碳纤维复合材料进行固化时，采用低热膨胀系数的模具可能有助于降低残余应力。

- 采用较低模量碳纤维和高韧性树脂有助于缓解残余应力和微裂纹。

- 较低的固化加热速率、加热过程中的保温段、较低的固化温度均有可能通过协调树脂化学收缩速率和热膨胀速率[23, 24]来帮助降低残余应力。同时也有证据表明，较低的冷却速率也可以起到类似的作用。

6.12 反应热

热固性树脂固化时，化学反应会释放出热量，这类反应称为放热反应。在热压罐中固化复合材料叠层需要注意的一个问题是加热速率可能过快，从而如图 6.38 所示，在厚叠层中引起显著的温度跃升。这一现象会导致层压板因过度加热而发生性能下降，或在厚度方向上固化不均。最坏情况下，反应所放热量可大到使叠层和真空袋着火，或至少将两者烤焦。

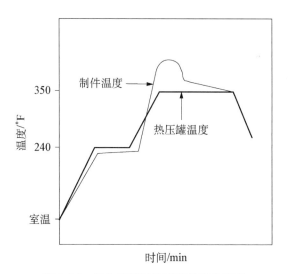

图 6.38　复合材料固化放热的概念示意

对于环氧树脂，上述情况即便曾有发生，也极为罕见。这是因为：①厚叠层通常会采用较厚的成形模具，而厚模具的加热速率十分缓慢；②厚叠层压制件经常采用金属对模制造。为使叠层与模腔相配合，当材料为零吸胶预浸料时，叠层须做加热预压实处理，当材料为含多余树脂的预浸料时，叠层则须预先进行吸胶并被压实。

加热速率缓慢的大质量金属对模和被压实的零吸胶叠层(在加热预压实或预吸胶处理中叠层树脂已发生部分化学反应),是工业生产中鲜见放热反应失控的主要原因。如果制件因放热反应而出现温度跃升,则有必要采用零吸胶预浸料并降低加热速率,甚至在加热过程中设置保温段来使热压罐温度和制件温度平衡一致。如果放热反应问题仍无法解决,则有必要采用固化剂反应活性较低的树脂体系。在试件叠层中埋入热电偶来监测固化过程中的温度变化,可以帮助判定厚叠层中的放热状况。

6.13　固化过程监测

30年来,研究人员在固化过程的监测方面开展了相当多的工作。介电法是研究最多的方法。该法将介电传感器放置于复合材料叠层的上侧或上下两侧表面,当树脂在固化过程前期发生熔融和流动时,其分子也在交变的介电场中运动,从而反映树脂的黏度信息。介电测试仪上的读数可用于判定何时树脂黏度开始上升,以及何时应该施加固化规程要求的全部热压罐压力。另有大量证据表明,介电法可测定固化反应是否完成,操作人员可由此把握结束固化和开始冷却过程的时机。但随固化过程的进行,分子运动会显著受限,介电响应也会因此变弱。其他一些得到研究的监测方法包括:声发射、超声波、声波-超声波、荧光技术和机械阻抗分析。尽管开展了上述研究工作,但热电偶(通常被置于模具底部)仍为工业生产中使用的标准监测手段。

固化过程监测是进行树脂特性表征和固化工艺设计的有效工具,但很少用于生产。原因有二:①在铺叠过程中埋设传感器会增加铺叠和真空袋封装的成本;②多个制件在热压罐中一次固化时,各件的加热速率可能互不相同,此时很难确定哪一个制件应成为加压判断依据。如前所述,对于加成反应固化的热固性树脂,一般情况下最好在固化过程开始时即施加压力,因此热压罐操作人员无须就加压时机做出抉择。但如采用缩聚反应固化的材料体系,操作人员须等树脂中挥发分被全部驱除后方能施加固化规程要求的全部热压罐压力,此时对固化过程监测手段可能会有所需求,至少在固化过程前期会是如此。

6.14　固化模型

针对复合材料固化过程,研究人员已建立起一系列数学模型。这些模型可以相当准确地预测树脂的反应动力学行为、树脂的黏度、树脂的流动行为、热量的传递、空隙的形成以及残余应力状况。与固化过程监测的作用相似,对于新材料的特性表征和固化工艺设计,这些模型可以成为极有价值的工具。在模具方案的确定上,这些模型还可用来计算相应的加热和冷却速率。对模型的开发工作覆盖了多种工艺,包括热固性材料的固化工艺、热塑性材料的固化工艺、纤维缠绕工艺、拉挤成形工艺和液态成形工艺。此外,在注射工艺和模压工艺方面,数学模型也已有多年的成功应用历史。

使用任何数学模型时须了解：①构成该模型的数学方程；②建模时所做的所有假设；③模型的边界条件；④模型的解法。在参考文献[25]和[26]中，可以看到关于不同固化模型的极好概述。

6.15 总结

热压罐固化工艺仍为连续纤维增强热固性复合材料的支柱制造手段。为科学地认知热压罐固化过程中发生的许多复杂而相互关联的现象，研究人员已开展大量的工作。这些工作非常深入地探讨了在固化过程中支配传热、树脂黏度、树脂流动、化学交联、空隙形成、空隙生长和空隙运动的一系列基本规律。

通过对树脂压力和空隙的管控来确保最终制件质量，是本章用大量篇幅进行讨论的要点。确保树脂静水压力高于潜在空隙的内压是抑制空隙形成的关键所在。但一般情况下，树脂压力会因树脂流动、真空袋封装、模具形式和支撑材料（如蜂窝芯材）的影响而低于热压罐压力。其他一些左右空隙形成的因素包括材料的表面织纹、树脂中裹入的空气、预浸料中的水分含量和预浸料的黏性。尽管对这些因素的认知相对为少，但其影响作用不容忽视。在许多场合，树脂压力在整个固化过程中可保持较高水平，但空隙依然无法避免。这些空隙可能在铺叠工序前即已存在，也可能生成于铺叠过程之中。

（1）对空隙的管控是重复生产高质量复合材料的关键所在。

（2）已经获得的大量知识使相关人员有可能采用科学的方法来对材料、铺叠方式、模具和固化工艺进行合理设计。

a. 对于加成反应固化的复合材料叠层，形成空隙的主要原因为裹入的挥发分。高温导致挥发分的蒸气压变高。当潜在空隙的内压（挥发分蒸汽压）超出液态树脂的静水压力时，空隙即会生长。

b. 树脂的过度流失会导致树脂静水压力的显著下降，从而造成利于空隙形成和生长的外部条件。

c. 每个制件的真空袋封装方式会在很大程度上影响工艺性和层压板的最终厚度。挡条的位置和泄漏率会直接影响树脂的静水压力。

d. 可采用袋内压力来帮助维持树脂的静水压力并控制树脂的流动。

e. 高黏性的预浸料在铺叠过程中易裹入空气，这些空气会成为空隙形成和生长的诱因。

f. 材料的化学成分、树脂的混合、预浸料的浸渍过程、制件的铺叠和模具因素均可对空隙的形成造成影响。

（3）高温固化过程产生的残余应力极为复杂并难以分析。建议只采用均衡和对称的层压板铺层方案。模具设计要针对热膨胀和回弹变形做相应的补偿处理。

尽可能采用低模量纤维和增韧的树脂体系。较低的加热、冷却速率和较低的最高固化温度可能有助于缓减残余应力。

（4）缩聚反应的树脂体系在固化过程中会生成水、醇和其他溶剂，因此其固化工艺难于加成反应体系。必须使用缩聚反应体系时，固化过程中的空隙管控会成为主要的问题。

参考文献

［1］ Griffith J M, Campbell F C, Mallow A R. Effect of Tool Design on Autoclave Heat-up Rates, Society of Manufacturing Engineers, Composites in Manufacturing 7 Conference and Exposition ［C］. 1987.

［2］ Campbell F C, Mallow A R, Browning C E. Porosity in Carbon Fiber Composites: An Overview of Causes ［J］. Journal of Advanced Materials, 1995,26(4): 18 - 33.

［3］ Kardos J L. Void Growth and Dissolution, In Processing of Composites ［M］. Hanser, 1999,182 - 207.

［4］ Brand R A, Brown G G, McKague E L. Processing Science of EpoxyResin Composites ［R］. Air Force Contract No. F33615 - 80 - C - 5021, Final Report for August 1980 - December 1983.

［5］ Thorfinnson B, Bierrinann T E. Production of Void Free Composite Parts without Debulking, 31st International SAMPE Symposium and Exposition ［C］. April 1986.

［6］ Thorfinnson B, Bierrnann T E. Measurement and Control of Prepreg Impregnation for Elimination of Porosity in Composite Parts ［M］. Society of Manufacturing Engineers, Fabricating Composites 88, September 1988.

［7］ Browning C E, Campbell E C, Mallow A R. Effect of Precompaction on Carbon/Epoxy Laminate Quality, AIChE Conference on Emerging Materials ［C］. August 1987.

［8］ Kardos J L. The Processing Science of Reactive Polymer Composites ［M］. In Advanced Composites Manufacturing, Wiley, 1997,68 - 77.

［9］ Mace W C. Curing Polyimide Composites, In ASM Vol. 1 Engineered Materials Handbook Composites ［M］. ASM International, 1987,662 - 663.

［10］ Thompkins S S, Shen J Y. Lavoie, Proceedings of the 4th International Conference on Engineering, Construction, and Operations in Space ［C］. 1994,326.

［11］ Dharia A K, Hays B S, Seferis J C. Evaluation of Microcracking in Aerospace Composites Exposed to Thermal Cycling: Effect of Composite Lay-up, Laminate Thickness and Thermal Ramp Rate, 33rd International SAMPE Technical Conference ［C］. November 2001.

［12］ Swanson S R. Introduction to Design and Analysis with Advanced Composite Materials ［M］. Prentice-Hall, 1997.

［13］ Mallick P K. Fiber Reinforced Composites: Materials, Manufacturing and Design ［M］. Marcel Dekker, 1993.

［14］ Tsai S W. Composites Design - 1986 ［M］. Think Composites, 1986,15 - 1 - 15 - 21.

［15］ Radford D W. Volume fraction gradient induced warpage in curred conposite plates ［J］.

Composites Engineering，1995，5(7)：923.

[16] Yang S Y，Huang C K. Journal of Advanced Materials [J]. 28(2)，1997，p. 47.

[17] Darrow D A，Smith L V. Evaluating the Spring-in Phenomena of Polymer Matrix Composites，33rd International SAMPE Technical Conference [C]. November 2001.

[18] Melo J D D，Radford D W. 31st SAMPE Technical Conference [C]. 1999.

[19] Sarrazin H，Kim B，Ahn S H，et al. Effects of Processing Temperature and Layup on Springback [J]. Journal of Composite Materials，1995，29(10)：12378 – 12394.

[20] Cann M T，Adams D O. Effect of Part-Tool Interaction on Cure Distortion of Flat Composite Laminates，46th International SAMPE Symposium [C]. May 2001，2264 – 2277.

[21] Timmerman J E，Hayes B S，Seferis J C. Cryogenic Cycling of Polymeric Composite Materials：Effects of Cure Conditions on Microcracking，33rd International SAMPE Technical Conference [C]. November 2001.

[22] Nobelen M，Hayes B S，Seferis J C. Low-temperature Microcracking of Composites：Effects of Toughness Modifier Concentration，33rd International SAMPE Technical Conference [C]. November 2001.

[23] Karkkainen R，Madhukar M，Russell J，et al. Empirical Modeling of Incure Volume Changes of 3501 – 6 Epoxy，" 45th International SAMPE Symposium [C]. May 2000，123 – 135.

[24] Kim R，Rice B，Crasto A，et al. Influence of Process Cycle on Residual Stress Development in BMI Composites，45th International SAMPE Symposium [C]. May 2000，148 – 155.

[25] Processing of Composites [M]. Hánser，1999.

[26] Advanced Composites Manufacturing [M]. Wiley，1997.

7 化学成分和工艺过程对碳/环氧层压板质量的影响：综合的作用结果

　　第 3 章以"热固性树脂"为题，讨论了环氧树脂体系的化学成分和试验方法。第 6 章讨论了固化问题。本章将讨论化学成分和加工条件对复合材料最终性能的综合作用。已有的知识表明，环氧树脂体系的化学成分和加工过程会对碳/环氧预浸料的树脂流动性和反应动力学行为产生影响。参考文献[1]涉及的研究工作评估了催化剂含量、树脂配制及链增长处理工艺、预浸料树脂含量等因素对纯树脂和预浸料性能的影响作用，相关试验覆盖物理、化学、热和黏度等多个方面的表征。此外，还通过碳/环氧树脂层压板的制备和评估试验，来确定预浸料波动及铺叠过程可变因素对最终层压板质量及性能的影响作用。

　　树脂凝胶前的流动状态通常被视为碳/环氧树脂层压板制造工艺的关键参数。树脂流动过多，会导致层压板发生贫树脂现象，而这往往会使层压板含有过多的孔隙。树脂流动过少，则会导致富树脂的层压板，此时板的厚度可能超出容差范围，从而引发组装配合方面的问题。

　　环氧树脂体系的配方设计者经常在一些已有树脂体系的基准上，使用催化剂来控制或改变树脂的流动性。在工艺过程中，由于催化剂提升了反应速率，经过催化的树脂的流动总量一般会小于未经催化的树脂体系。

　　Hexcel 公司曾将 3501-6 环氧树脂作为一个基准体系展开研究。正常情况下 Hexcel 3501-6 含有 1.1% 的 BF_3 催化剂，通过将催化剂含量降至 0% 和升至 2.2%，分别得到流动性的高、低两端。在树脂配制过程中，改变链的增长度也将进一步改变流动性。如表 7.1 所示，Hexcel 公司制备了小批量的高流动性(0%催化剂，链增长程度为低)，正常流动性(1.1%催化剂，链增长程度为正常)以及低流动性(2.2%催化剂，链增长程度为高)树脂。此外，为研究裹入空气对最终层压板质量(即孔隙率)可能存在的影响，另制备了一批经抽真空处理的树脂。各批树脂被浸渍到 AS-4 碳纤维，分组制成预浸料。各组预浸料的树脂含量保持在 32% 左右，但第 3 组例外。第 3 组内预浸料的树脂含量高达 42%，目的在于评估树脂含量对层压板工艺的影响。需指出的是，第2组预浸料为第1组（低流动性），第3组（高树脂含量）和第4组（高流动性）的控制组。这4组预浸料采用同一批化学组分原料和同一批AS-4纤维制成。最后两组预浸料采用的化学组分原料和纤维与前者不同批，其中第6组经过抽真空处理，为实验组，为其制备一个新的控制组（第5组），以作相互比较。

表7.1　原材料变化

组号	变化状况	预浸料树脂含量/重量%	BF_3含量/重量%	链增长程度(1)
1	低流动性	32	2.2	高
2(2)	正常流动性	32	1.1	标准
3	高树脂含量	42	1.1	标准
4	高流动性	32	0	低
5(3)	正常流动性	32	1.1	标准
6	正常流动性(真空脱气)	32	1.1	标准

(1) 低—处理时间最短
　　标准—处理时间正常
　　高—处理时间最长
(2) 第1，3和4组的控制组
(3) 第6组的控制组

研究工作的总体方案如图7.1所示。首先，对预浸料的物理特性和纯树脂的理化特性进行测定。然后，制备层压板来研究材料波动和铺叠过程可变因素对最终固化板材质量的影响作用。

7.1　预浸料的物理特性

物理特性的试验结果在表7.2中列出。预浸料的树脂及挥发分含量、单位面积纤维重量、单层厚度的测定按照标准的试验方法进行。预浸料黏性的测定采用了先前专为预浸料建立的平面拉脱试验方法[2]。试验前，先铺叠10层厚的0°、90°预浸料叠层块，再将其置于2 in×2 in（0.61 m×0.61 m）的方形平面拉板之间，在20～29 in（6.10～8.84 m）汞柱的真空条件下保持5 min，进行压实贴合。然后，立即通过力学试验机对叠层块和拉板加载，直至拉脱。对刚到货的预浸料以及在铺叠操作间放置30日的预浸料进行了测试，但放置30日的预浸料基本已无黏性，无法和拉板形成粘贴。

由于以往工作显示预浸料的黏性与室温黏度之间可能存在关联，故采用流变动态测试仪（RDS7700）对30℃（88℉）下纯树脂的初始黏度进行了测定。如图7.2所示，测量数据同样表明室温黏度与预浸料黏性之间可能存在关联。对于黏性过高的预浸料，铺叠过程中排除裹入气泡的难度会比较大，因此这些数据具有重要意义。另外，高黏度树脂的低温流动性较差，铺层端部的孔隙不易被避免。还需要指出的

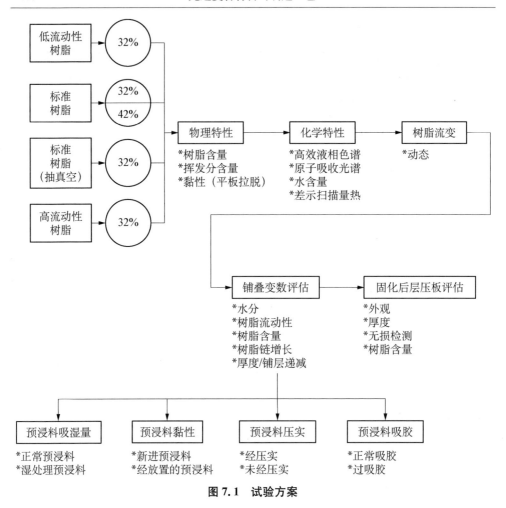

图 7.1　试验方案

是：与第 1，2，4 组中普通树脂含量的预浸料相比，高树脂含量的预浸料（第 3 组）的平板拉脱强度明显较高。

表 7.2　预浸料物理特性试验结果

组号 变化状况	1 低流动性	2(1) 正常流动性	3 高树脂含量	4 高流动性	5(2) 正常流动性	6 真空脱气处理
BF$_3$ 含量/重量%	2.2	1.1	1.1	0	1.1	1.1
预浸料树脂含量 /重量%	32.5	31.0	41.2	33.3	33.9	33.7
预浸料挥发分含量 /重量%	0.66	1.02	1.12	0.16	0.18	0.22
预浸料单位面积 纤维含量/(g/m^2)	154	155	156	155	148	149

（续表）

组号 变化状况	1 低流动性	2(1) 正常流动性	3 高树脂含量	4 高流动性	5(2) 正常流动性	6 真空脱气处理
BF_3 含量/重量%	2.2	1.1	1.1	0	1.1	1.1
预浸料单层厚度 /in	0.006 2	0.006 2	0.007 3	0.006 2	0.005 9	0.005 8
平面拉伸强度表征的预浸料黏性 /psi	6.3	(3)	8.3	3.5	12.3	21.5
86°F下的树脂黏度/10^5 Poise①	4.5	3.6	3.1	4.3	4.6	6.4

(1) 第1,3和4组的控制组。
(2) 第6组的控制组。
(3) 拉板重量导致脱粘。
表中所有数据均为三个试样实验结果的平均值

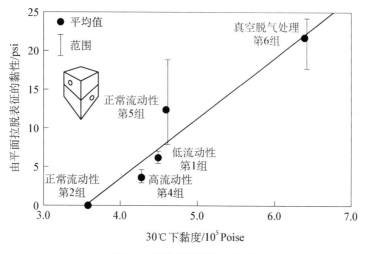

图 7.2　树脂黏性与黏度关系

7.2　化学特性

　　表7.3给出预浸料吸湿量，纯树脂密度和BF_3催化剂含量的测定结果。吸湿量通过气相色谱(GC)测定，BF_3含量通过原子吸收光谱(AAS)测定，纯树脂密度通过对空气中和水中试样的重量测定获得。测定结果显现两点值得关注：①对于采用相同

① Poise 为单位泊。——编注

原料制成的每组预浸料,催化剂(BF₃)含量越高,吸湿量越高;②与采用普通工艺制成(无抽真空处理)的试样组相比,经抽真空处理的试样组的密度明显为高。催化剂含量与吸湿量之间的关联可能源于 BF₃ 盐类的吸湿特性,未含催化剂的试样组(第 4 组)的吸湿量最低,而含有 2 倍于常量的催化剂的试样组(第 1 组)吸湿量则最高。

表 7.3 预浸料化学特性试验结果

组号 变化状况	1 低流动性	2(1) 正常流动性	3 高树脂含量	4 高流动性	5(2) 正常流动性	6 真空脱气处理
BF₃ 含量/重量%	2.2	1.1	1.1	0	1.1	1.1
色谱分析水含量 /重量%	0.44	0.32	0.31	0.21	0.44	0.31
纯树脂密度/(g/cc)	1.07	1.06	—	1.09	1.13	1.24
原子吸收光谱 所测 BF₃ 含量 /重量%	2.32	1.41	1.37	0	1.26	1.25

(1) 第 1,3 和 4 组的控制组。
(2) 第 6 组的控制组。

密度的测定结果表明:树脂配制过程中的抽真空处理确能有效排除裹入的空气和水分。值得注意的是,虽然经抽真空处理的试样组(第 6 组)的催化剂含量与其控制组(第 5 组)基本相同,但经抽真空处理的材料中,吸湿量少了约 25%。

表 7.4 给出 Hexcel 公司对预浸料成品进行的高效液相色谱(HPLC)试验结果,同时给出配入树脂的主环氧成分(TGMDA-缩水甘油亚甲基双苯胺),固化剂成分(DDS-二胺基二苯砜)和次环氧成分(酚醛环氧树脂)的初始含量。HPLC 所给出是"自由的"或未反应的 TGMDA,DDS 和酚醛环氧树脂含量,在纯树脂配制和其后的预浸料制备过程中,这些成分会相互化合或"发生反应"。因此,从树脂成分的初始混合到预浸料制备完成,各成分的百分比变化可作为树脂配置和预浸料制备过程中化学反应的定量表征。结果表明,所有各组预浸料的未反应 TGMDA 和 DDS 含量均呈下降趋势,酚醛环氧树脂的含量变化则无明确的趋向。不过,对于酚醛环氧,HPLC 测试的精确度较 TGMDA 和 DDS 为差。

表 7.4 高效液相色谱分析结果

组号 变化状况	1 低流动性	2(1) 正常流动性	3 高树脂含量	4 高流动性	5(2) 正常流动性	6 真空脱气处理
BF₃ 含量/重量%	2.2	1.1	1.1	0	1.1	1.1
主环氧成分 ● 起始/%	56.6	56.6	56.6	56.6	56.6	56.6

（续表）

组号 变化状况	1 低流动性	2(1) 正常流动性	3 高树脂含量	4 高流动性	5(2) 正常流动性	6 真空脱气处理
BF$_3$ 含量/重量%	2.2	1.1	1.1	0	1.1	1.1
● 预浸料/%	50.3	55.1	53.3	53.3	53.0	53.5
● 减少/%	6.2	1.4	3.2	3.2	3.5	3.0
固化剂						
● 起始/%	25.0	25.0	25.0	25.0	25.0	25.0
● 预浸料/%	21.1	24.2	23.5	23.5	23.6	23.3
● 减少/%	3.9	0.8	1.5	1.5	1.4	1.7
次环氧成分						
● 起始/%	8.50	8.5	8.5	8.50	8.5	8.50
● 预浸料/%	6.85	8.87	8.63	8.63	7.36	6.67
● 减少/%	1.7	+0.37	+0.13	+0.34	1.14	1.83

(1) 第1,3和4组的控制组。
(2) 第6组的控制组。

　　BF$_3$ 催化剂含量加倍(第1组)产生的影响作用最为显著。较高的催化剂含量，伴以较长的工艺处理时间，使该组试样的 TGMDA 主环氧含量和 DDS 固化剂含量发生大幅度下降。这些数据表明，BF$_3$ 催化剂显著地加速了固化反应。即便树脂配制和预浸料制备在相对较低的温度下进行，情况仍将如此。

7.3　热性能

　　对纯树脂试样进行了动态和等温 DSC 扫描。动态扫描采用了3种不同的升温速率(2，5，10℃/min)。此外，还对室温下放置30日的树脂试样进行了扫描，扫描速率为5℃/min。表7.5总括了动态 DSC 测试结果，典型扫描曲线(5℃/min)在图7.3中给出，分别对应高、低和正常流动性的树脂试样。

表 7.5　动态 DSC 试验结果

组号 变化状况 BF$_3$ 含量/重量%	1 低流动性 2.2	2(1) 正常流动性 1.1	4 高流动性 0
扫描速率 2℃/min			
第二放热峰温度/℃	185	191	205
反应热/(cal/gm)	112	120	129

（续表）

组号	1	2(1)	4
变化状况	低流动性	正常流动性	高流动性
BF₃ 含量/重量%	2.2	1.1	0
扫描速率 5℃/min			
第二放热峰温度/℃	207	213	235
反应热/(cal①/gm②)	106	111	130
扫描速率 10℃/min			
第二放热峰温度/℃	—	229	255
反应热/(cal/gm)	103	109	130
扫描速率 5℃/min(试验前预浸料在室温下放置 30 日)			
第二放热峰温度/℃	207	212	241
反应热/(cal/gm)	97	104	124

(1) 第 1,4 组的控制组。

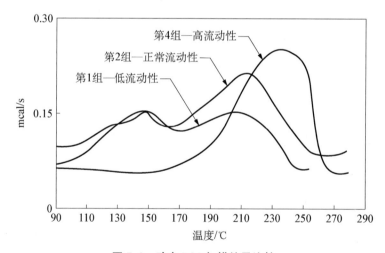

图 7.3　动态 DSC 扫描结果比较

正常流动性的 3501‑6 树脂的动态 DSC 曲线出现两个特征放热峰,第一个较小的放热峰与 BF₃ 催化剂直接有关。而未加催化剂的高流动性试样仅出现单个大放热峰,该特征为某些不含 BF₃ 催化剂的树脂所共有,如 Hexcel 公司的 3502 和 Cytec

① cal 为热量单位卡,1cal = 4.186 8J。——编注
② gm 表示分子克,为物质的量单位,相当于 mol。——编注

公司的 5208。这组试样的反应放热总量 ΔH 也明显为高，之所以如此同样是由于不含催化剂所致。催化剂可在低温下迅速反应，故反应放热总量因之而减少。另一方面，对于催化剂含量 2 倍于正常情况的低流动性试样，第一个放热峰（通常较小）反较第二个为大。但制成预浸料再做 DSC 扫描时，第二个放热峰又变为较大者。这是因为 BF₃ 催化剂在相对较低的温度下也有剧烈反应，而预浸料制备热历程引发的反应有可能足以缩小后续测试中的第一个放热峰。细察反应热数据可以发现关于 BF₃ 催化剂重要性的更多证据。与正常流动性试样（1.1% BF₃）相比，低流动性试样（2.2% BF₃）的反应放热总量为低，而高流动性试样（0% BF₃）的反应放热总量则显著高出。此外，无催化剂试样组的反应放热总量不受升温速率影响，而对于所有含 BF₃ 催化剂的试样组，随升温速率的增长，其反应放热总量呈下降趋势。

7.4　流变特性

对每一组纯树脂均进行了动态黏度测试。测试升温速率分别为 1℃/min，2℃/min 和 5℃/min，所用测试仪为 RDS7700。除得到黏度/时间曲线外，还对每条曲线进行了流量数计算。流量数按下式定义：

$$流量数 = \int_{t_0}^{t_{gel}} \mathrm{d}t / \eta$$

流量数为黏度倒数对时间的积分。积分域下限为测试起始时刻（t_0），上限为凝胶时刻（t_{gel}）。表 7.6 总括了升温速率为 1℃/min 时的黏度测试结果。

表 7.6　纯树脂动态黏度试验结果（1℃/min）

组号 变化状况 BF₃ 含量/重量%	1 低流动性 2.2	2(1) 正常流动性 1.1	3 高流动性 1.1
最低黏度/Poise	10.6	6.4	1.3
最低黏度对应温度/℃	100	104	148
1000 Poise 对应的凝胶温度/℃	151	165	180
流量数/(min/Poise)	3.45	8.30	36.75

(1) 第 1，4 组的控制组。

BF₃ 催化剂的影响作用依然明显突出。低流动性试样（第 1 组）的流量数仅为正常流动性试样（第 2 组）的一半左右，而与高流动性试样（第 4 组）相比则小了一个数量级。

其余黏度数据进一步凸显 BF₃ 催化剂的作用。比如，高流动性试样（第 4 组）的最低黏度远小于低流动性试样（第 1 组）的最低黏度。凝胶温度也受到催化剂含量变化的影响。低流动性试样（第 1 组）凝胶温度低于控制组（第 2 组），而高流动性试样的凝胶温度，及其最低黏度的对应温度则显著为高。从图 7.4 给出的黏度曲线中,可以看到黏度行为的这些差异。上述测试结果的解释是:BF_3 催化剂显著加快了较低温度下的反应,导致反应速率增高,树脂流动总量降低,最低黏度变大,凝胶温度下降。如无催化剂存在,则激发化学反应必须有较高的温度,因而树脂保持流动的全程时间较长,凝胶温度也较高。

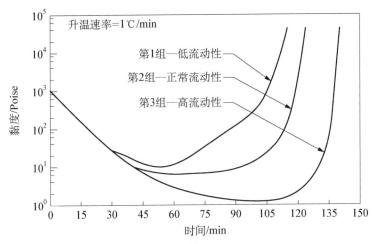

图 7.4　RDS 动态黏度比较

7.5　层压板评估

　　层压板评估的目的是确定预浸料和铺叠过程的变化因素对最终固化后层压板质量的综合影响作用。对主要变项的说明如下:

● 基准层压板——使用新到货的预浸料,每 5 层做预压实处理,吸胶材料采取标准用量;

● "湿"预浸料——对新到货的预浸料做增湿处理,使其含湿量达到 1% 后使用,每 5 层做预压实处理,吸胶材料采取标准用量;

● "老化"预浸料——将新到货的预浸料在铺叠操作间环境下放置 30 日后使用,每 5 层做预压实处理,吸胶材料采取标准用量;

● 无预压实——使用新到货的预浸料,取消预压实处理,吸胶材料采取标准用量;

● 过度吸胶——使用新到货的预浸料,每 5 层做预压实处理,吸胶材料采取 3 倍于标准的用量。

　　以这些铺叠变项和前述 6 组不同预浸料,总共固化了 26 块层压板。层压板的构成(见图 7.5)包括一个薄区(24 层),一个厚区(54 层),以及一个斜削区,斜削区内的铺层数按 1～5 层递减。斜削区用来评估内部铺层以不同数量递减的层压板质量(如空隙和孔隙)。对"湿"和"老化"层压板所用预浸料的处理在温度、湿度受控的铺叠操作间内进行。对"湿"预浸料铺层进行增湿处理时，先裁切出铺层，然后将铺层摊放于工作台上，并升高铺叠操作间的温度和湿度。当吸湿量（重量）达到预定的1.0%时，结束处理。"老化"预浸料铺层的处理也是先裁切出铺层，再将铺层在工作台上摊放30日。但做"老化"处理时，铺叠操作间的温度、湿度仍保持在正常工作范围内。

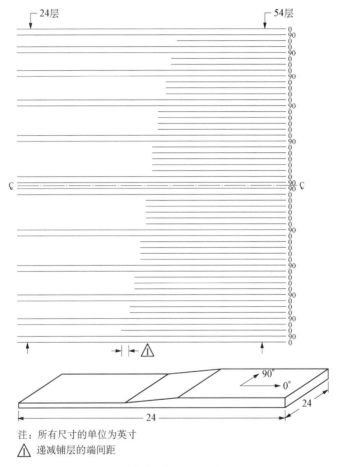

注：所有尺寸的单位为英寸

⚠ 递减铺层的端间距

图7.5 层压板构型

除有特殊规定，层压板制造均采用标准工序。所有层压板的铺叠都通过手工完成。如有规定采用预压实处理，则每铺叠5层预压实一次，压力为20~29 in(6.10~8.84 m)汞柱，最长时间为10 min。铺叠完成后，层压板封装入真空袋在热压罐中进行固化。真空袋封装时，采用不同的吸胶布用量来控制树脂的吸出量。正常流胶状况下，如采用树脂含量无裕量的预浸料，则无须使用玻璃纤维吸胶布。固化过程中需去除的树脂量越多，吸胶布用量也就越大。例如，要使高树脂含量（42%）的预浸料叠层被过度吸胶，真空袋封装时玻璃纤维吸胶布的用量多达正常情况的3倍。

　　所有层压板均在热压罐中固化,热压罐压力为 $85\sim100\,psi(586\sim689\,kPa)$。层压板先以4°F/min左右的升温速率被加热至 240 ± 10°F,然后在 240 ± 10°F保温70 min。240°F保温结束后,再以 4°F/min 左右的升温速率将层压板加热至 350 ± 10°F。所有层压板均在 350 ± 10°F下保温 130 min,完成固化。固化后,采用超声波透射 C 扫描方法对层压板质量进行检测,同时截取材料显微分析试样来对超声检测结果进行确认。最后另外截取一批试样,用于树脂含量分析和玻璃化转变温度测定。表 7.7 给出了超声波透射结果,从这些无损检测结果可得出以下结论:

- 所有试验表明,作为对比基准的标准工艺可制造出合格的层压板。
- 总体上看,材料经抽真空处理后制得的层压板质量较好。
- 采用"湿"预浸料制造的层压板,其材料如经抽真空处理,质量为最好。这是因为树脂中被裹入的空气得以排出,而这些被裹入气体可能成为气孔的生成核。其他未经抽真空处理的层压板,均因水分而产生不同程度(从适中到极大)的孔隙。
- 经真空处理的树脂与其他树脂之间存在显著的颜色差异。真空试样呈透明的深棕色,而其他树脂试样则因裹入空气而呈不透明的褐色。不作预压实处理的层压板试样中,反而以所用树脂经真空处理的一组质量为最差。从平板拉脱测试结果看,这一组材料具有最高的黏性。如前所述,以往的研究表明,高黏性不利于排出被裹入的空气,而正是这些气体会在固化过程中导致气孔生成。层压板铺叠时不进行预压实处理,恰恰又增加了排出被裹入空气的难度。
- 上述所有铺叠变项中,"老化"预浸料这一铺叠变项出现的质量问题为最少。
- 与薄区相比,厚区和斜削区的质量显著为差。这可能是因为:固化过程中从较厚的区域排出挥发分(即水分),困难程度会比较高。

表 7.7　超声波透射 C 扫描结果

组号	1	2(1)	3	4	5(2)	6
变化状况	低流动性	正常流动性	高树脂含量	高流动性	正常流动性	真空脱气处理
BF$_3$ 含量/重量%	2.2	1.1	1.1	0	1.1	1.1
基准层压板	无孔隙	无孔隙	无孔隙	无孔隙	无孔隙	无孔隙
"湿"预浸料	中等孔隙	中等孔隙	严重孔隙	较严重孔隙	较严重孔隙	少量孔隙
"老化"预浸料	无孔隙	无孔隙	无孔隙	无孔隙	无孔隙	无孔隙
无预压实	—	无孔隙	无孔隙	—	无孔隙	无孔隙
过度吸胶	中等孔隙	无缺陷	无孔隙	少量孔隙	—	—

(1) 第1,3和4组的控制组。
(2) 第6组的控制组。
严重—较严重—中等—少量—无
(坏)　　　　　　　　　(好)

　　材料的显微分析结果总体上确证了超声无损检测结果。基准层压板的显微分析结果显示基本上未显现孔隙,与无损检测结果相符。最为显著的一个结果是:与正常树脂含量的层压板相比,高树脂含量层压板的厚度大幅度高出。

采用"湿"预浸料的层压板,其显微照片显现较大量的孔隙。特别在高树脂含量的"湿"预浸料板上,这一现象尤为突出。无损检测结果表明,这一铺叠变项引发的质量问题最为严重。从显微照片还可以看到厚区和薄区之间存在的差异。相比于薄区,厚区的孔隙量明显更高。而斜削区内断层端部的周围,也包含了相当数量的孔隙。但在低倍显微照片上,大部分与断层相关的孔隙并非发生在断层端部,而是发生在断层端部的正下方。预浸料树脂如经真空处理,可用"湿"预浸料制备出高质量层压板,但如不作预压实处理,层压板质量则变为最差。真空-无预压实层压板的显微照片表明,其内部各层界面上存在许多大的气孔。可以推断,这类气孔是铺叠过程中裹入空气所形成的典型气孔,而这组材料的高黏性有可能是导致问题的主要原因。

表7.8给出固化后层压板的树脂含量情况。每块层压板出两个试样,分别取自厚区和薄区。预浸料为高树脂含量时,所制层压板的树脂含量同样为高。此时层压板的厚度过大,所用吸胶材料量不足以将树脂含量控制到希望的范围内(28%~32%)。从这些板件所给出的结果看,采用树脂含量无裕量的预浸料,有利于质量控制。BF₃催化剂含量对于最终树脂含量的影响较小,这主要发生在预浸料树脂含量无裕量的情况下。但对于过度吸胶的层压板试样,BF₃催化剂含量确会显著影响固化后层压板的树脂含量。相比于采用正常流动性和低流动性树脂的层压板试样,高流动性树脂制成的层压板试样的树脂含量明显更低。

表7.8　固化后树脂含量

组号	1		2(1)		3		4		5(2)		6	
变化状况	低流动性		正常流动性		高树脂含量		高流动性		正常流动性		真空脱气处理	
BF₃含量/重量%	2.2		1.1		1.1		0		1.1		1.1	
	薄	厚	薄	厚	薄	厚	薄	厚	薄	厚	薄	厚
基准层压板	31.7	31.3	30.3	30.9	35.6	38.5	29.8	28.7	32.3	31.4	31.4	31.5
"湿"预浸料	31.3	31.8	30.39	31.6	42.2	41.9	30.2	30.7	32.5	32	31.7	32.7
"老化"预浸料	32.6	31.7	31.5	31.6	37.3	39.5	30.8	30.5	32.4	32.0	32.6	33.0
无预压实			32.1	31.6	36.9	38.6			32.4	32.3	33.5	33.0
过度吸胶	27.9	29.7	24.9	26.9	28.7	34.4	24.8	22.6				

(1) 第1,3和4组的控制组。
(2) 第6组的控制组。
所有数值均指树脂重量百分比

　　除采用高流动性树脂的试样外，其他试样的板厚（或者说被压实铺层的数量）也受到树脂流动性的影响。对于采用低流动性树脂、正常流动性树脂以及高树脂含量预浸料的层压板试样，其厚区均有显著的富树脂现象。在厚区出现富树脂现象的原因是：随每一个铺层被压实，树脂流动的阻力相应增大，最终流动阻力增至足以阻止层压板底部的树脂向上流出，从而导致富树脂现象。如层压板厚度再增大，即便采用高流动性的材料系统，也会出现类似结果。

　　"湿"预浸料对树脂流动似无影响，唯独采用高树脂含量预浸料的层压板为例外，而此板的树脂含量为所有层压板之首。"老化"预浸料对于最终树脂含量的影响作用很小。采用"老化"预浸料的层压板的树脂含量略高于基准层压板，这一点与预期相符，原因在于树脂分子链增长而导致的流动性下降。铺叠中不做预压实处理对最终树脂含量并无显著影响。过度吸胶产生的结果则与预期相符，此类层压板的树脂含量全部低于基准层压板。

　　每块层压板的 T_g 通过 DSC 方法测得，结果在表 7.9 中示出，可测出的残余反应热也列于表中。基准层压板的测试值可反映出化学变化（或催化剂用量）对玻璃化转变温度的影响作用。未使用 BF_3 催化剂的层压板的 T_g 最低，而催化剂含量双倍于正常情况的层压板则 T_g 最高。采用正常含量催化剂的四块层压板 T_g 值均处于以上两者之间。残余反应热也显现相同的变化趋势。零催化剂含量层压板的残

表 7.9　玻璃化转变温度（T_g）测试结果

组号	1	2(1)	3	4	5(2)	6
变化状况	低流动性	正常流动性	高树脂含量	高流动性	正常流动性	真空处理
BF_3 含量/重量%	2.2	1.1	1.1	0	1.1	1.1
基准层压板	401 (0.32)	382 (0.53)	379 (0.82)	361 (4.00)	392 (0.74)	376 (0.65)
"湿"预浸料	365	354	346	365 (1.29)	364	349
"老化"预浸料	395 (0.51)	385 (0.62)	386 (0.90)	363 (3.24)	387 (0.57)	390 (0.81)
无预压实		386 (0.74)	390 (1.05)		387 (0.76)	386 (0.76)
过度吸胶	399 (0.44)	373 (0.47)	392 (0.73)	362 (3.20)		

(1) 第 1，3 和 4 组的控制组。
(2) 第 6 组的控制组。
所有温度数值均以℉为单位。
括弧中的数值为残余反应热 ΔH，单位为 cal/gm。

余反应热 ΔH 最大，而双倍催化剂含量的层压板的 ΔH 则最小。采用"湿"预浸料层压板的一组 T_g 值表明水分可以改变反应动力学行为。水分对 BF_3 催化剂产生抑制作用，因此减慢反应速度。此组中所有含催化剂层压板的 T_g 值下降了 $27\sim40°F$。对于采用高流动性树脂且不含 BF_3 催化剂的材料系统，水起到了平缓催化剂的作用，这使 T_g 增高了 $14°F$。水分还会对残余反应热产生影响，此组中含 BF_3 的层压板虽然 T_g 变低，但均无法测到残余反应热 ΔH。零催化剂含量层压板的残余反应热 ΔH 也发生显著下降。采用"老化"预浸料的一组层压板的 T_g 出现少量上升，这可能是因老化过程中发生的化学反应所致。此组中 T_g 最高者为催化剂含量双倍于正常情况的层压板，这一点与基准层压板的情况相似。

7.6 总结

上述研究工作可得出以下结论：

● 催化剂含量——环氧树脂中的催化剂含量会对热性能和流变性能产生重大影响。BF_3 催化剂可在低温下大幅度加快树脂反应，导致反应速率升高，总体流动性下降，最低黏度变大，凝胶化温度降低。层压板制造过程中，高催化剂含量引起的高反应速率会提升玻璃化转变温度。在本项研究采用的 $2\,h$ 固化条件下，无催化剂预浸料制成的层压板呈现出残余反应热的存在，这表明为完成反应需增加固化时间或提高温度。

● 树脂配制——配制过程中，真空处理是排除树脂中裹入空气的有效方法。经真空处理的树脂呈现出更高的密度和透明的深棕色，表明空气已被有效排除。当预浸料中含有水分时，经真空处理的预浸料制成的层压板质量最好，内部仅有少量孔隙。而含湿预浸料制成的其他层压板内的孔隙量则显著为高，这可能是因为裹入的空气起到孔隙生成核的作用。不过，为此项研究提供的经真空处理的预浸料黏性很大，这一点会在铺叠过程中导致空气滞留而形成气泡。如果层压板不做预压实处理，内部会出现少量孔隙。

● 预浸料树脂含量——试验表明，树脂含量无裕量（32%）的预浸料比高树脂含量（42%）的预浸料更易于加工。层压板制造过程中，要通过吸胶来使高树脂含量的预浸料达到所希望的厚度和树脂含量，是极为困难的。层压板厚度愈大，困难愈为突出。有一点在本项研究中虽未进行评估，但读者应给予注意：当采用树脂含量无裕量的预浸料时，所制层压板的薄区极易因疏忽而产生树脂流失的问题。固化过程中零件周边如未合理设置挡块，问题会尤其突出。

● 铺叠变项——预浸料中的水分是本项研究所评估的最为不利的铺叠变项。所有工艺方案中，预浸料中的水分均会导致固化后的层压板产生孔隙。一般而言，相比于薄区，厚区和斜削区的孔隙更为严重。采用基准工艺（即干预浸料、预压实和标准的吸胶处理）的所有方案均可制出合格的层压板，即便预浸料在环境受控的铺叠操作间放置 30 日后,情况仍是如此。

参考文献

［1］ Campbell F C, Mallow A R, Carpenter J F. Chemical Composition and Processing of Carbon/Epoxy Composites［C］. American Society of Composites, Second Technical Conference, September 1987.

［2］ Brand R A, Brown G G, McKague E L. Processing Science of Epoxy Resin Composites［R］. Air Force Contract No. F33615 - 80 - C - 5021, Final Report for August 1980 - December 1983.

8 胶接和整体共固化结构：通过零件整体化来减少装配成本

胶接是连接复合材料结构件的一种方法,这种方法可部分或完全免除机械紧固件所带来的成本和增重。复合材料结构胶接可通过两种途径实现:二次胶接和共固化。二次胶接工艺过程中,固化后的复合材料制件或相互粘接,或与蜂窝芯材、泡沫塑料芯材、金属制件粘接。共固化工艺过程中,未固化的复合材料铺层在同一固化周期中既完成固化,同时又与芯材或其他复合材料制件实现粘接。制造大型胶接和共固化整体结构的能力可以使装配的成本得以显著减少。

8.1 胶接

胶接是一种得到广泛应用的工业连接方法。胶接过程中,某种聚合物材料(胶黏剂)被用于粘接两个分离的零件(被胶接件)。胶黏剂有多种类型,有些会发生固化反应,有些不然。有些强而刚脆,有些弱而柔韧。用于粘接复合材料结构的结构胶黏剂在室温或高温下固化,其具备足够的强度来传递接头所承受的载荷。结构胶黏剂的种类虽多,但以环氧树脂、丁腈酚醛、双马来酰亚胺的使用最为普遍。除用于制造大型复合材料胶接结构外,胶接工艺还常被用于受损伤复合材料零件的修补。

当小厚度零件需要相互连接,但螺栓连接的高挤压应力无法被承受,或机械紧固件的重量代价过高时,胶接是比较好的解决方案。一般情况下,载荷传递路径明确的薄结构是适宜的胶接对象,而载荷传递路径复杂的厚结构连接则宜采用机械紧固件[1]。

8.1.1 胶接的优点

胶接的优点包括[2]:

(1) 相比于机械紧固件连接,由于不存在机械紧固件引起的应力集中区,胶接接头的应力分布更为均匀,如图 8.1 所示。胶接接头在应力分布均匀性方面的显著优势,使其疲劳寿命高于机械紧固件接头。此外,胶接接头具有更好的振动和阻尼特性。

(2) 由于不使用机械紧固件,胶接接头一般会轻于机械紧固件接头。在一些应用场合,成本会更加便宜。

(3) 胶接使具有光滑外表面的产品设计成为可能,并可以形成对裂纹扩展不敏感的完整密封接头。不同类的材料可通过胶接组装在一起。胶接接头对电绝缘,可使被胶接的金属件避免电化学腐蚀。

(4) 相比于铆接或点焊结构,胶接接头用于增强时效果更好。铆接或点焊仅对局部的点形成增强,而胶接接头的增强效果则覆盖整个胶接区。图 8.1 示出这一效果的意义,其中的胶接接头可使结构的屈曲强度提升 30%～100% 之多。

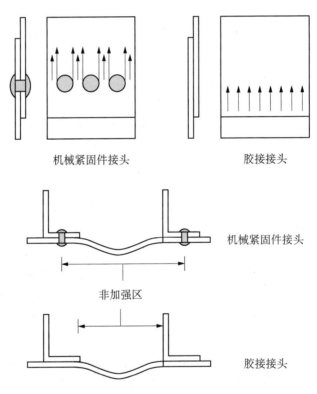

图 8.1　机械紧固件接头和胶接接头的载荷分布比较[2]

8.1.2　胶接的缺点

胶接也存在一些缺点,包括:

(1) 胶接接头应看做是永久性接头。其拆卸极为不易,常会导致被胶接件和周边结构的破坏。

（2）表面处理对于胶接的影响作用远大于机械紧固件连接。妥善的表面处理对于实现坚固耐久的胶接至关重要。当胶接用于外场修复时，实现完备的表面处理非常困难。在产品制造过程中，胶接操作需在温湿可控的净化间中进行。

（3）胶接接头的孔隙和脱粘可通过无损检测查出。但目前尚无可靠的无损检测方法来确定胶接接头的强度。因此，必须制作随炉件或过程控制试样来进行破坏性试验。试样所用的表面处理方法、胶黏剂和胶接工艺须与实际结构相同。

（4）胶黏剂材料容易变质。材料须按照制造商建议的方法（通常需冷藏）保存。一旦混合或从冷柜中取出，材料须在限定的时间内完成配制和固化。

（5）胶黏剂易受环境影响而产生性能退化。大部分胶黏剂吸湿，在高温下强度及耐久性会出现下降。同时，化学物品（如脱漆剂或其他某些溶剂）也可引起部分胶黏剂的性能退化。

8.2　胶接的理论

胶接中粘附现象的本质虽有多种理论解释，但在什么因素促成高质量胶接这一点上，存在普遍认同的共识。表面粗糙度起到关键的作用，表面愈粗糙，液态胶黏剂可渗及并粘合的面积就愈大。不过，要得到实际的胶接效果，胶黏剂必须对表面形成浸润，而这取决于被胶接件的洁净程度以及胶黏剂的黏度和表面张力。表面洁净度具有至上的重要性，是成功胶接的基石之一。

对于金属材料，化学浸蚀/阳极化或其他处理工艺导致的耦合效应也会在胶接中起作用。所生成的化学末端基，一些可与金属被胶接件的表面形成连接，另一些则可与胶黏剂产生化学结合。

因此，要得到可能实现的最优胶接接头，对以下几方面须加以关注：胶接表面必须洁净；胶接表面应具备尽可能大的表面积（通过物理粗糙度表示）；胶黏剂应具备流动性且能够充分浸润胶接表面；表面化学属性须能保证被胶接件表面与胶黏剂之间存在结合力。

8.3　接头的设计

结构的胶接接头中，一个零件所受到的载荷通过胶层传至另一个零件。载荷传递的效率取决于接头设计、胶黏剂特性以及胶黏剂/基材界面。要通过胶黏剂实现载荷的有效传递，基材（或被胶接件）需相互搭接来使胶黏剂承剪。典型的接头设计如图 8.2 所示。

由典型接头的剪应力分布图（见图 8.3）可见，载荷的峰值出现在接头端部，而接头中间部分承受的载荷则明显低一些。因此,预期承受高载荷的胶黏剂要求具备良好的强度和韧性,特别是接头中存在因弯曲引起的剥离载荷时,这一要求尤为突出。橡胶或其他高弹性材料经常会被用来对胶黏剂进行改性,以降低胶黏剂的模量,达到改善断裂韧性和疲劳寿命的目的。图 8.4 给出高强度、高模量的"脆性"胶黏剂与低强度、低模量的"韧性"胶黏剂的比较。韧性胶黏剂如能具备足够的剪切强度,其适用范围较高强度的脆性胶黏剂会远为宽广,特别会为经常承受剥离和弯曲载荷的真实接头所需要。不过,接头设计须尽可能保证胶黏剂所受载荷为剪切形式,拉伸、劈裂、剥离形式的载荷(见图 8.5)应为胶黏剂所避免。实际上,当胶接表面的面积足够大时,拉伸载荷也可被承受,但图中所示的对接形式显然不适宜。图 8.6 给出了一系列接头设计方案。图 8.6(a)—(d)中的接头形式均承受剪切载荷,图 8.6(e)中的接头形式承受拉伸载荷,图 8.6(f)中的接头形式则承受剥离载荷。需注意的是:图 8.6(e)和图 8.6(f)中,胶黏剂内部出现很大的拉伸应力峰,这些应力峰可能远高于承剪接头中的应力峰值,因此接头的实用性远不如承剪接头。此外,上述应力峰对载荷偏心度变化也极为敏感。由于存在这些问题,即便宽容地评价,拉伸和剥离也只能是颇受质疑的载荷路径。图 8.6(d)示出的斜接接头经常被用于损伤修补。胶黏剂中的剪应力分布无峰值出现(即剪应力为常量),是此类接头受人关注的一个特点。接头设计方面的其他考虑在表8.1中概括列出。

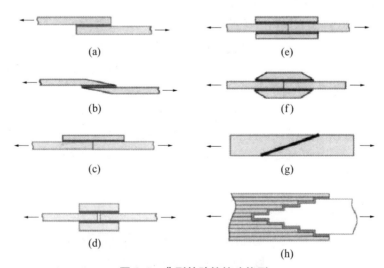

图 8.2　典型的胶接接头构型

(a) 单搭接接头-好　(b) 斜削单搭接接头-很好　(c) 单盖板接头--一般　(d) 双搭接接头-很好　(e) 双盖板接头-很好　(f) 斜削双盖板接头-极好　(g) 斜接接头-极好　(h) 阶梯搭接接头(只能采用共固化)-极好

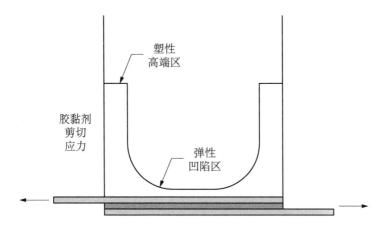

图8.3 典型的胶层剪应力分布[1]

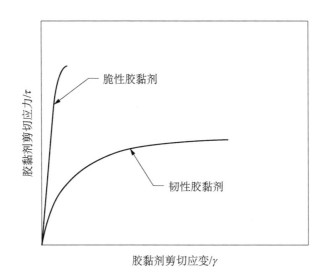

图8.4 脆性和韧性胶黏剂的典型应力应变特性[3]

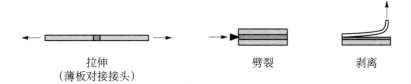

图8.5 胶接结构中需规避的载荷路径[1]

表 8.1　设计胶接接头须考虑的事项

- 胶黏剂须与被胶接件相容,在使用应力和环境条件下,能够保持必要的强度。
- 接头设计应保证破坏发生于被胶接件,而不发生于胶黏剂的胶层内部。
- 不同材料的热胀问题需加以考虑。由于碳纤维增强复合材料与铝之间热胀明显不同,两种材料组成的胶接接头在高温固化后的冷却过程中,有可能因热胀系数差异导致的热应力而发生破坏。
- 接头需合理设计,尽一切可能避免拉伸、剥离和劈裂载荷。剥离力无法避免时,应采用低模量(非脆性)和高剥离强度的胶黏剂。
- 搭接接头应采用斜削端部来缓减接头边缘的应力。外露接头的端部胶瘤不应被去除。
- 结构胶黏剂的选择应同时兼顾热、湿(及/或液料)、应力等方面的试验结果。

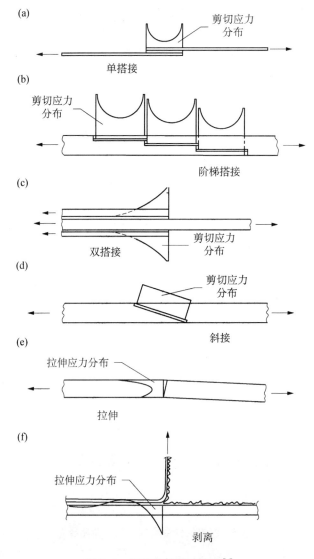

图 8.6　各种胶接接头构型[1]

当胶接对象为复合材料而非金属材料时,胶黏剂选择准则会有所不同,理由有二:①与金属材料相比,复合材料层间方向的剪切刚度较低。②复合材料的剪切强度也远低于金属材料。之所以如此,是因为层间剪切刚度和强度取决于基体树脂性能而非相对更高的纤维性能。图8.7给出复合材料与金属材料胶接后在拉伸状态下变形情况的放大示意。胶黏剂将载荷从金属材料传递至复合材料,直至区域 L 内两种材料的应变趋于相同。复合材料中,基体树脂的作用与胶黏剂相似,将载荷从一个纤维铺层传递至下一个。由于基体剪切刚度较低,如图8.7所示,拉伸状态下复合材料各层的变形并不相同。破坏的起始部位趋于发生在与胶黏剂相邻的复合材料铺层连接区端部,或同一区域的胶黏剂内部。正如图8.4所示,要承受高破坏载荷,胶黏剂需具备低剪切模量和高破坏应变,并尽可能增大 L 以将最大应力降至最低。需要注意的另一点是:对于单一胶层的传载方式,复合材料的厚度应有所限制。但是,如图8.2中的共固化阶梯搭接接头所示,大厚度复合材料可采用多个厚度阶梯的方法来形成多个胶层。图8.8给出被胶接件厚度及接头构型对破坏模式的影响作用。对于厚的被胶接件,应选择共固化盖板接头或阶梯搭接接头来传递载荷。大厚度接头的另外一种选择是采用机械紧固件。需指出,图8.8给出的双盖板接头很少被实际使用,原因是制造难度极高。阶梯搭接接头这一构型尽管也不易制造,但其中分置的多个阶梯可在制造过程中用于铺层的准确定位。

复合材料胶接接头的设计还应保证接头表面的纤维与载荷方向平行,以缓减胶接区相邻铺层的层间剪切载荷或破坏风险。在所设计的接头区域被加工成阶梯搭接形状的场合,胶接界面上的纤维取向可能有别于载荷所指的理想 $0°$ 向,这种情况下被胶接件的破坏会比较容易发生。

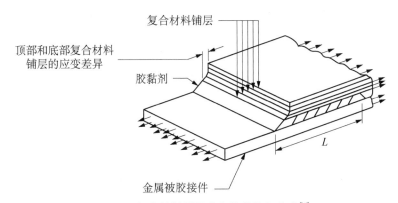

图8.7 复合材料铺层应变的非均匀分布[1]

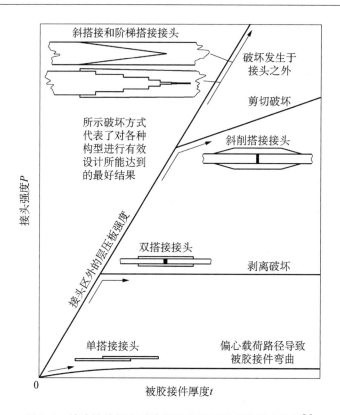

图 8.8　被胶接件厚度对胶接接头破坏模式的影响作用[3]

8.4　胶黏剂试验

胶黏剂的粘接强度通常采用图 8.9 所示的简单单搭接剪切试验进行测量。搭接剪切强度的测量值被作为胶黏剂的破坏应力,通过将破坏载荷除以胶接面积而得到。由于胶黏剂内部应力在胶接区并非均匀分布(如前面图 8.3 所示,应力峰出现在接头边缘处),上述剪应力测量值低于胶黏剂实际的极限强度。虽然这种试样较容易制造和试验,但由于被胶接件发生弯曲并生成剥离载荷,所测剪切强度并不反映真实情况。此外,由于缺乏剪切应变的测量方法,结构分析所需的胶黏剂剪切模量也无法算出。要测量如前面图 8.4 所示的胶黏剂剪切应力/应变特性,可通过专门装备支持的大厚度被胶接件试验。由于被胶接件的厚度足够大,弯曲载荷可以忽略不计。不过,单搭接剪切可作为一种有效的筛选和过程控制试验方法,用于胶黏剂评估、表面处理以及工艺调控。此外,还有其他一些试验方法可用于胶黏剂体系的鉴定,其中大部分在参考文献[4]中有概要说明。

对胶黏剂材料进行试验或鉴定时,应重点考虑几个方面:①所有试验条件须加以仔细控制,包括表面处理、胶黏剂状况和胶接工艺;②试验应以生产中的实际接头

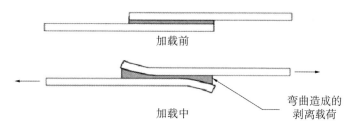

加载前

加载中

弯曲造成的
剥离载荷

图 8.9　典型的单搭接剪切试样

为对象；③须对使用环境进行全面的评估，包括温度、潮湿以及接头在其使用寿命期间可能接触的任何溶剂或液体。对所有试样的破坏模式应加以详察。图 8.10 给出一些正常和非正常的破坏模式。例如，当试样的破坏发生于被胶接件与胶黏剂的结合界面处，而非胶黏剂自身的内聚破坏时，有可能是表面处理不当，该问题会对接头的耐久性造成损害。

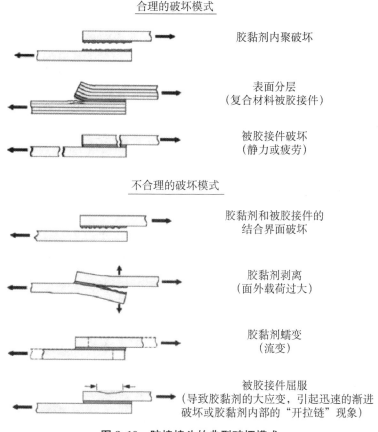

合理的破坏模式

胶黏剂内聚破坏

表面分层
（复合材料被胶接件）

被胶接件破坏
（静力或疲劳）

不合理的破坏模式

胶黏剂和被胶接件的
结合界面破坏

胶黏剂剥离
（面外载荷过大）

胶黏剂蠕变
（流变）

被胶接件屈服
（导致胶黏剂的大应变，引起迅速的渐进
破坏或胶黏剂内部的"开拉链"现象）

图 8.10　胶接接头的典型破坏模式

8.5　表面处理

胶接前对材料的表面处理，是胶接成功与否的基础。胶接结构的大量外场使用经验反复表明：胶黏剂的耐久性和寿命取决于被胶接件表面的稳定性和可粘接性。

一般而言，要实现高性能的胶接结构，在胶接工艺全程中需投入极大的注意力来确保胶接产品的质量。对胶黏剂化学成分的控制，对表面处理用材和工艺参数的严格控制，对胶黏剂涂覆、零件装配、工装状况以及固化工艺的控制，均为高耐久性的结构组合件所必需。

对二次胶接所用复合材料零件的准备工作，首先需考虑层压板自身的吸湿问题。吸入层压板的水分在高温固化过程中可扩散至层压板表面，导致弱粘接或在胶层中形成孔隙或空隙。在高升温速率的极端情况下，可导致复合材料层压板内部出现分层。当在结构中使用蜂窝夹层时，水分会以水气形式出现，导致节点胶接的破坏或发生胀芯。较薄的复合材料层压板[厚度在 0.125 in(3.175 mm)以下]在热风循环烘箱中以 250℉(121℃)处理至少 4 h 后，可有效地去除水分。对于较厚的层压板，烘干工艺需按照实际被胶接件的厚度通过试验进行确定。烘干后，需对胶接表面进行处理，并尽快地进入实际胶接操作。应注意的是：预胶接热历程，比如正式胶接前采用封装胶膜对零件装配状态进行校验的过程，也可有效地发挥烘干处理的作用。此外，烘干后零件如存放于配备温湿调控设施的铺叠操作间内，对烘干和固化之间相隔时间的限制可放宽变长。

在对复合材料进行胶接之前，现有许多表面处理方法可供使用。对于任何方法，其成功有赖于对材料、工艺和质量控制规范的全面确立和严格遵守。使用剥离布是一种被广为接受的方法。此法在铺叠过程中将细密编织的尼龙或聚酯布用作复合材料的最外层，在胶接或喷漆之前再将此层撕落或剥离。其原理是：撕剥操作使基体树脂的表面层发生破裂，为胶接工序预置了一个清洁、纯净、粗糙的胶接面。胶接面的粗糙度在一定程度上取决于剥离布的编织特性。一些制造商认为此法足以对表面进行充分的处理。但另一些则认为，附加的手工打磨或轻度喷砂仍有必要。打磨可增大胶接面的表面积，清除残留污渍和剥离布留下树脂碎屑。不过打磨操作需小心避免靠近表面的增强纤维发生外露或断裂。

对准备进行胶接的复合材料结构表面使用剥离布需预作细致的斟酌。必要的考虑因素包括：剥离布的化学构成（如尼龙或聚酯）及其与复合材料基体树脂的相容性；剥离布的表面处理状况（如硅涂层，其能使剥离布被方便揭除，但也会留下不利于结构胶接的残余物）；以及胶接表面的最终处理方法（如手工打磨或轻度喷砂）。关于在胶接表面使用剥离布可能导致问题的更多深入分析，读者可参阅参考文献[5]和[6]。这两份文献的作者认为，胶接表面处理的唯一真正有效方法是在揭除剥离布后进行轻度的喷砂。尽管如此，在去除胶接表面污渍（这些污渍发生于层压板制造和二次胶接之间的时段内)这一点上，剥离布可发挥很大的作用。

典型的除污渍工序是：揭除剥离布后，采用约 20 psi(138 kPa)的压力将干砂喷至胶接表面以做轻度打磨。喷砂后，对表面的残余物使用干燥真空吸除或使用干燥粗棉布擦除。虽然也可用120～240 粒度的砂纸进行手工打磨来替代喷砂，但在去除剥离布留在复合材料表面的织物印痕方面，手工打磨的有效性不及喷砂。此外，与喷砂相比，手工打磨更容易发生过度去除树脂而使碳纤维外露的问题。

如不能在胶接表面使用剥离布，则可用丁酮等溶剂对表面进行清洗(在表面被打磨前)，以去除任何有机污渍。然后做轻度打磨并干燥擦除(或真空吸除)残余物，使基体树脂的光滑表层变得粗糙。不建议采用溶剂来去除手工打磨或喷砂后的残余物，因为这有可能再次污染胶接表面。

还有一种方法可用于避免打磨对纤维造成损害。碳纤维增强复合材料开始铺叠时，在其表面的二次胶接部位铺放一层胶黏剂。这层胶黏剂与层压板共同固化。二次胶接准备工作中，受到打磨的是这层表面胶黏剂，纤维磨损的可能性会因此降至最低。不过这一用来被打磨的胶层会增加结构的重量。

在批量生产的情形下，表面处理工艺可以自动化。所有的表面处理方法应普遍遵循以下原则：①胶接表面在打磨前应做彻底的清洁处理，以避免表面存在污渍；②树脂的光滑表层应被磨粗，但不能损伤增强纤维或在基体树脂的次表面形成裂纹。③打磨后表面上的任何残余物应在干燥条件下被清除；④完成处理的胶接表面应尽快地进入胶接工序。

铝材、钛材与复合材料的胶接颇为常见，但铝材不宜直接与碳/环氧复合材料胶接，因为两者间巨大的热胀系数差异会导致显著的残余应力，同时碳纤维与铝的接触会对铝形成电化学腐蚀。虽然简单的表面处理(如对被胶接铝材的表面进行打磨)似常能保证足够的胶接强度，但金属被胶接件表面如未得到适当的化学处理，将难以得到在实际使用环境下具有高度耐久性的胶接接头。

铝合金的胶接前处理有多种不同方法，每种均存在需兼顾的优缺点，包括成本、时耗、胶接接头的耐久性、使用性能及对环境的适应性。铝合金可通过蒸气除渍后再加碱清洗的方法来预制清洁表面。而阳极浸蚀工序则可用来得到带有多孔氧化膜的清洁表面，胶黏剂可流入孔中形成机械锁合。图 8.11 给出三种最常用的工业化方法。美国森林产品研究所(Forest Products Laboratory, FPL)浸蚀法是一种铬酸/硫酸浸蚀工艺，属于最早为铝材胶接表面处理而开发的方法之一。铬酸阳极化法出现较晚，但用途范围可能远超 FPL 浸蚀法。铬酸浸蚀相比于 FPL 法可生成更厚和更坚固的氧化膜，不同制造商常将此法稍作修改用于阳极化后的封闭工序。已确立的各种方法中，磷酸阳极化法(PAA)是出现最晚的一种，此法在耐环境影响方面有非常好的应用记录。对于微小的工艺变动，此法有很好的包容性。相比于CAA 法，PAA 法生成的氧化膜孔隙较大且厚度较薄，而磷酸盐的存在也有利于改

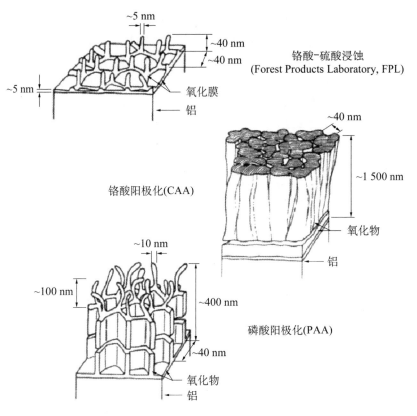

铬酸-硫酸浸蚀
(Forest Products Laboratory, FPL)

铬酸阳极化(CAA)

磷酸阳极化(PAA)

图 8.11　铝材浸蚀后的表面形态[7]

善胶接接头的耐久性。

　　溶胶-凝胶法是针对铝材和钛材开发的一种更新和更为环保的工艺方法,由于不使用酸,无须考虑危险物质的处置问题。此法形成一种经过专门设计的梯度界面涂层(见图 8.12),涂层的一侧与金属表面的氧化物分子结构相互结合,而另一侧则与胶黏剂或底胶分子交联[8]。溶胶-凝胶水溶液可刷涂或喷涂到金属表面且无需漂洗。此法特别适用于在外场进行的修复工作[9],也可用于喷漆前的表面处理[10]。

　　对于钛材,还存在其他的一些处理方法。为钛材开发的任何方法在用于生产前应通过全面的测试,并须在使用过程中得到严格的监测。航空航天工业采用的典型工艺步骤包括:

- 采用溶剂擦拭来去除所有油脂污渍;
- 在 40~50 psi(276~345 kPa)的压力下进行液体喷砂打磨;
- 200~210℉(93~99℃)温度下,在空气搅拌溶液中进行碱清洗,持续 20~30 min;
- 用自来水进行彻底的漂洗,持续 3~4 min;

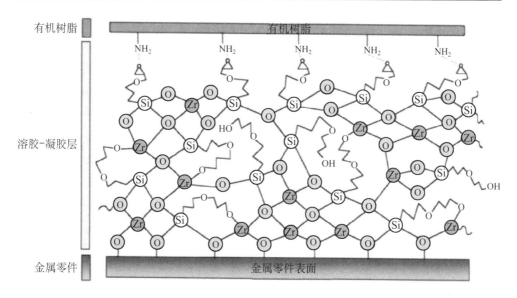

图 8.12 溶胶-凝胶界面示意[8]

- 在硝酸-氢氟酸溶液中浸蚀 15～20 min，温度条件保持在 100°F（38℃）以下；
- 用自来水进行彻底的漂洗，持续 3～4 min，然后用去离子水漂洗 2～4 min；
- 检查确认水膜不破表面特性；
- 在烘箱中烘干，温度条件为 100～170°F（38～77℃），至少持续 30 min；
- 在完成清洗后的 8 h 内进行胶接或涂敷底胶的操作。

组合采用液体打磨、碱清洗和酸蚀可以产生复杂的活化表面，其具备很大的表面积供胶黏剂渗入和粘附。胶黏剂的胶接强度是机械锁合和化学结合的综合结果。其他的一些方法，诸如干铬酸阳极化等，也会被用及。

鉴于金属清洗是如此重要的一个关键工序，通常会为此建立专门的生产线（见图 8.13），并通过试样检测来确保对工艺过程的控制，包括化学控制试样和定期制作

图 8.13 化学清洗自动生产线

的清洗控制搭剪试样。自动化的高架输送装置被用于零件的槽间传递,操作过程由计算机进行控制,以确保每一槽处理时间的准确性。

　　由于钛材和铝材的表面会迅速生成氧化物,清洗后的表面应在 8 h 内进行胶接或涂敷环氧底胶薄保护层[0.0001~0.0005in(0.0025~0.0127mm)],底胶的厚度十分重要。事实上,较薄的涂层可以提供较好的耐久性。生产中经常采用色卡来确定底胶厚度。目前,在各类底胶中包含有抑制腐蚀和提升耐久性的化合物(铬酸锶),因此,对需在严酷环境下工作的零件,建议无例外地使用底胶。金属胶接接头的腐蚀受到两方面变化因素的影响,一为金属的表面处理,一为底胶的化学组成。在一些底胶中包含有酚醛成分,对于胶接接头的耐久性,该成分被发现具有突出的促成作用[11]。底胶一旦完成固化[250℉(121℃)],零件可以在环境受控的净化间中存放相当长的时间(常可达 50 日甚至更长久)。

　　所有经过清洗处理和涂敷底胶的零件在后续操作或储存过程中应仔细保护以防止其表面被污染。通常,操作人员需佩带洁净的棉布白手套,零件的包装和长期存放则应使用无蜡牛皮纸。对于已做清洗处理和/或涂敷底胶的被胶接件,应检查与之接触的手套,以确保其未受到污染,污染物质包括可污染胶层的硅或碳氢化合物,以及可妨碍胶黏剂固化的含硫物质。

8.6　环氧胶黏剂

　　环氧胶黏剂是至今为止使用最为普遍的复合材料胶接或修理用材。这种材料自身具备的多样性几乎能够适应任何操作、固化、性能方面的要求,从而给予用户广阔的选择空间。环氧胶黏剂可以形成高强度的胶接接头,并在很大的温度/环境范围内具备良好的耐久性。由于配方的调整难度小,环氧胶黏剂的制造商可以相当容易地采用不同材料来对特定性能进行调控,包括密度、韧性、流动性、混合比例、适用/储存期、操作工艺性、固化时间/温度以及使用温度等。

　　环氧胶黏剂的优点包括:出色的黏附性、较高的强度和模量、固化过程中挥发分少或无、低收缩率以及良好的耐化学性。缺点则包括:高成本、脆性(未改性状态下)、对性能有害的吸湿以及较长的固化时间。可供使用的单组分和双组分环氧树脂体系范围极广,其中一些可在室温下固化,其他则需在更高的温度下固化。

　　用作胶黏剂的环氧树脂的供应状态通常为液态或低熔点固态。一般均包含有双官能度环氧基团,但也会有更高官能度的基团存在。树脂可采用不同的固化方法完成固化,比如与一定当量比的多官能度伯胺或酸酐进行混合。胺或酐的基团与环氧基团发生加成反应,形成密集的交联结构。一些环氧树脂体系能够通过由强有机碱(或酸,但极少采用)引发的均聚反应来完成固化。这些体系对混合比例并不敏感,但极少以双组分形式出现。反应速率的调整可通过在初始配方中加入促进剂或提升温度来实现。为改善结构性能,特别是高温下的结构性能,通常会将固化温度设定在与结构最高使用温度相近(最好是更高)的水平。

环氧树脂通常会采用各种各样的添加剂来进行改性,以对树脂的特定性能进行调控。这些添加剂包括促进剂、黏度调节剂和其他的流动性调控剂、填料和色素、增柔和增韧助剂。可供使用的环氧胶黏剂按其固化的化学机制可分为两个基本类型:室温固化和高温固化。每一固化类型中均包含了众多配方的树脂产品,以满足各种特定的用途或性能要求。

单组分高温固化环氧树脂的液状和糊状胶黏剂

此类材料通常需在 $250 \sim 350°F(121 \sim 177°C)$ 的高温条件下固化。单组分体系的化学组成主要为双官能度和多官能度树脂与无催化或咪唑催化二氨腈的混合物。这种状况下,正常室温条件下经催化材料的储存期为 $15 \sim 30$ 日,无催化材料的储存期可达到 6 个月。这些材料的最高使用温度一般接近其各自的固化温度,不过实际能够达到的使用温度必须通过预期使用条件下的试验来确定。

单组分胶黏剂的典型包装包括品脱、夸脱、加仑和五加仑容器。此外,为方便使用,胶黏剂常预装于圆柱形的聚乙烯胶料喷枪内,喷枪的尺寸可允许盛放 $500g$ 以上的胶料。由于一些单组分胶黏剂的化学构成和性能与胶膜相似,此类材料也往往被称为"管中胶膜"。

双组分室温固化环氧树脂的液状和糊状胶黏剂

此类胶黏剂大量用于要求在室温下进行固化的场合。其供应状态或为清澈液体,或为糊状。后者加有填料,其黏稠范围可从低黏度的液体直至高黏度的油灰状。典型的固化时间为 $5 \sim 7$ 日,但大部分胶黏剂可在 24h 内达到 $70\% \sim 75\%$ 的固化度,在此状态下,如有必要可随时撤除压力。正常的胶层厚度[$0.005 \sim 0.010 in(0.127 \sim 0.254mm)$]条件下,可采用加温来提升固化速度而无须顾虑反应过热,典型的固化工艺参数为 $180°F(82°C)$ 下 1h。

双组分体系需按照预先确定的当量比将 A 组分(树脂和填料组分)与 B 组分(固化剂组分)混合。双组分的环氧胶黏剂通常需要精确掌控混合比,以避免固化后性能和耐环境稳定性发生显著的减损。被混合的材料量应限于完成胶接工作的所需用量。一般情况下,混合量越大,材料的适用期和可操作期就越短。对适用期的定义是:从将树脂和固化剂加以混合开始,到胶黏剂黏度增至无法继续顺利使用为止所经历的时间。

许多参加单组分体系配方构成的双官能度和多官能度树脂类型,也会被作为 A 组分用于双组分体系。但室温下固化(或交联)的能力则来源于不同固化剂(B 组分)的化学反应作用。这些固化剂通常为不同程度的混合物形式,由改性和未改性的脂族胺、聚酰胺以及改性的脂环族胺组成。用于较高温度场合的双组分体系需在高于常温的条件下进行固化,一般情况下,固化过程由其单独完成,或在芳族胺和未改性脂环族胺的参与下完成。一部分此类材料会对皮肤产生强烈的刺激作用,须注意避免直接的接触。

　　一些活性较大的脂族胺可与普通水和二氧化碳发生反应。零件粘合前,胶接表面如在混杂环境中暴露时间过长,会生成一层碳酸盐。一旦出现这种情况,基材和胶黏剂即无法得到良好的接触,力学性能会发生显著下降。抑制碳酸盐生成机会的办法是避免高湿度的胶接环境。而胶黏剂一旦涂敷,就应尽可能快地将零件粘合。当碳酸盐的生成无法避免时,用聚乙烯薄膜遮盖粘合前零件的暴露表面,对减少其生成量会有所助益。此外,在零件粘合前对胶接表面进行刮铲,也是破除所生成碳酸盐的一个有效办法。

　　除前面述及的单组分材料包装方法外,还可借助带计量功能的混料装置对适用对象进行连续性涂胶,此法通常针对大面积场合。通过将胶料泵入液压或静态的混合器中完成两组分的混合。涂胶面积较小时,多数双组分体系还可选用双筒注胶器将 A 和 B 组分手工注入静态混合器。双组分胶黏剂一般可在室温下储存。不过一些类型的 A 组分内含有可自聚合的树脂成分,从而需进行冷藏。

　　双组分树脂体系常用于受损的复合材料构件修理。其低黏度型可用来浸渍碳布制成修理用补片,也可用来注填胶层中的裂缝或复合材料的分层区。高黏度的糊状胶则用于对流动性控制要求较高的修补场合。比如,当胶料在高压下固化时,如其黏度过低,则可能出现胶的过度流失从而导致胶层贫胶。一般使用金属或非金属填料来对双组分胶黏剂的黏度进行调控。在胶黏剂中经常会加入气相法白炭黑,以控制其流动性和避免贫胶现象的出现。

　　在树脂类型和固化反应方式上,许多胶黏剂同属一族。但是,各型胶黏剂分别按特定的性能需求而配制(不加入填料、加入金属或非金属填料、加入触变剂、降低密度、增韧)。例如,当接头的电化学腐蚀可能性受到关注时,非金属填料胶黏剂与金属填料胶黏剂相比,会有较大的优越性。对于承受弯曲载荷的复合材料薄结构,增韧的胶黏剂通常更为适宜。

　　除复合材料胶接和修理用途外,双组分糊状胶黏剂还在机械装配操作中被用作液体垫片。由于此类材料在流动性、固化时间和耐压强度方面的可调整性,用于互配性较差的部位可以得到理想的效果。

环氧胶膜

　　航空用结构型胶黏剂通常以薄膜形式提供。附着于隔离纸上冷藏[0°F(−18℃)]储存。胶膜相比于液状或糊状胶的优越之处在于其均匀性和低孔隙含量。胶膜可采用耐高温芳族胺型或催化型固化剂,与之共用的增柔和增韧剂的可选范围也颇宽广。橡胶增韧的环氧胶膜在飞机行业得到大量应用。胶膜使用温度上限为250～350°F(121～177℃),具体取决于对韧性的需求度以及对树脂和固化剂的全面考量。一般情况下,对树脂增韧会降低其使用温度。胶膜常常含有支撑纤维(平纹织物),以改善胶膜固化前的可操作性,限制胶接过程中胶黏剂的流动,辅助胶层厚度的控制，满足电绝缘要求。纤维既可制成随机取向的短切纤维毡，也可制成编织布形式。常用的纤维种类包括聚酯、聚酰胺（尼龙）以及玻璃。由于纤维的吸水作用，含编织布胶黏剂的耐环境性能可能会稍受损失。胶接过程中，随机取向毡状织物的纤维移动不受限制，因此其对胶膜厚度的控制作用不及编织布。而热压粘合无纺织物不发生纤维移动，故被大量使用。

8.7 胶接工序

表 8.2 给出一系列胶接指导原则。胶接工艺的基本步骤包括：

- 汇集所有参与胶接的零件，配套存放；
- 确认胶接结合面形状符合容差要求；
- 对零件进行清洗，以促成良好的胶接结果；
- 涂敷胶黏剂；
- 将零件对合粘接，形成组件；
- 对胶黏剂加压，必要时同时加温促其固化；
- 对胶接组件进行检测。

表 8.2　胶接的一般考虑事项

- 胶黏剂进货后需按照材料规范进行检测，包括物理和化学试验。
- 胶黏剂应在指定的温度下储存。
- 从冷藏库取出的胶黏剂在其温度上升至室温前，必须保持封装状态。
- 条件允许时，液体混合物应做脱气处理以排除裹入的空气。
- 应避免使用固化过程中产生挥发物的胶黏剂。
- 对于大部分胶黏剂，铺叠场地的相对湿度应低于 40%。铺叠场地的湿气会被胶黏剂所吸收，并在其后的固化过程中以蒸气形式释放，在胶层中生成孔隙，还可能对固化化学反应产生影响。
- 表面处理的作用极为关键，应细致进行。
- 应按指定要求施加压力和采用适当的校正型架。胶接压力应充分保证被胶接件在固化过程中相互紧密接触。
- 应尽可能避免采用抽真空方法来施加压力。因为胶黏剂如在真空下固化，固化后的胶层中会产生孔隙或孔洞。
- 加热固化的胶黏剂系统经常成为用户首选，因为此类胶黏剂生成的接头具有更好的结合强度及耐热和耐环境性能。
- 在修理等二次固化场合，相较于首次固化，所施温度应至少低 50℉(10℃)。如这一要求无法实现，则需采用适当和精准的胶接定型模具来使所有零件在二次固化压力下保持正确的相互位置关系。
- 应在所有场合使用随炉试样。随炉试样采用与被胶接件相同的材料和接头设计方案。试样的表面处理方法和处理时间与产品的胶接要求相同。试样与产品接头采用同一批次的胶黏剂按同一固化工艺同时固化。理想情况下随炉件从产品件上截取，此时要求产品件留有边缘裕量。
- 胶接接头的暴露边缘应采用适当的密封剂进行保护，比如橡胶密封剂或油漆。

被胶接件的预装配

许多胶黏剂在室温下的适用期有限,被胶接件(特别是金属被胶接件)暴露于环境后,还可能受到污染。因此,对被胶接件一般需进行预装配,以保证胶黏剂的涂敷与胶接组件的粘合能够无间断进行。预装配的工序取决于产品和生产效率要求。零件预装配还有助于确定最高和最低点等潜在的失配部位。对于含有多个零件的复杂组件,通常需使用预装配型架。这种型架可将不同的零件按其精确关系相互定位,犹如真实胶接组件所显现。预装配一般在清洗前进行,必要时可对零件进行再加工处理。

预装配评估

对于复杂组件,常常要进行如图 8.14 所示的预装配评估("检定膜")。通过在胶接界面铺放聚乙烯塑料膜,或封装于塑料薄膜内的胶黏剂,来模拟胶层厚度的存在。然后对组件施加正常固化所需的热和压。其后再将零件拆散,观察或测量聚乙烯膜或固化后胶黏剂的状态,以确定需要做哪些修正。修正措施包括:打磨零件使其更为清洁,改变金属零件形状以缩小间隙,或在胶层特定位置添加胶黏剂(在允许范围内)。

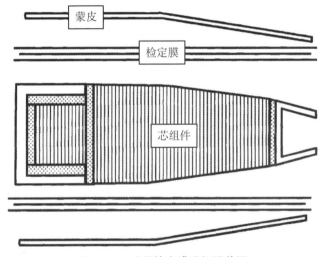

图 8.14　采用检定膜进行预装配

并非所有应用场合均需对胶层厚度进行确认。但这一做法可在生产开始前用来验证胶接零件的互配状况,也可在胶接件内部反复出现较大孔隙时用来确定其原因。使用糊状胶时,可采用封装于塑料薄膜内的胶黏剂(如前所述)或铝箔来模拟胶层厚度。胶接零件的互配状况经评估后,可采取必要的修正措施。在胶接零件形状可加修正的场合,与其冒拆开重粘或使用中破损的风险,进行修正实为更高效的选择。

胶黏剂的涂敷

大部分常用胶黏剂为液状、糊状或预制膜状。液状和糊状胶黏剂可以是单组分或双组分体系。双组分体系在使用前须混合，因此需有相应的计量和混合装置。参加混合的材料数量应取决于任务需要。混合后胶黏剂的聚集体积越大，其适用期越短。为避免可能发生的过度放热现象，多余的混合物应从容器中移出并散开放置于薄膜之上。这有助于避免聚集形成的热量堆积，以及火灾和释放有毒烟雾等风险。

在产品的胶接操作过程中储藏设施发挥重要作用。许多单组分胶黏剂和胶膜须在低于室温的条件下储存。胶黏剂含有有机溶剂时须隔离储存以减少火灾风险。一些含聚合物及溶剂的胶黏剂须定期加以摇动，以避免沉淀或凝结。

进行胶黏剂涂敷时有一因素须加考虑，即从胶黏剂准备开始到被胶接件最终粘合为止的时间间隔。这一因素被称为适用期，其须与生产效率相适应。显然，高效率的应用场合要求胶黏剂能够迅速地完成胶接前准备，诸如汽车和医疗器件等行业均属此列。需要注意的是：许多通过化学反应完成固化的双组分体系适用期有限，超出适用期后将变得过于黏稠而无法使用。

液状胶黏剂的涂敷可借助毛刷、滚筒、人工或机器人控制的喷枪进行。机器人可以对特定部位的胶黏剂涂量进行准确的控制。双组分体系的溶液可采用双泵装置进行喷涂，各组分的预设涂量会泵入喷头并混合为单一流束喷出。当然，针对不同的操作要求，许多工厂会同时并用几种不同的涂胶系统。

糊状胶可用毛刷或带槽器具涂敷，也可从管中挤出涂敷，或从密封容器中通过压缩空气挤出涂敷。对于后者，挤出孔的孔径和所施加的压力共同对涂敷于制件的胶量形成控制。机器人能够让涂胶头沿既定路径以稳定的表面速度移动，从而提升胶料涂敷位置和涂敷量的精准度。使用机器人涂敷胶黏剂的操作类似于使用机器人进行点焊定位。在汽车行业，一些货车即采用机器人来进行糊状胶涂敷，使其塑料蒙皮与钢制骨架实现胶接装配。

胶膜具有高质量特点，但成本也高，因此主要用于飞机工业。胶膜由树脂膜和纤维织物载体构成，树脂膜可为环氧树脂、双马来酰亚胺或聚酰亚胺。纤维织物载体可使被胶接件避免相互直接接触，保证胶层厚度大于某个最小值。通常会采用刀具将胶膜手工切割至一定尺寸，然后铺放于胶接表面。铺放胶膜时，防止或去除被胶接件与胶膜之间的裹入空气十分重要。为做到这一点，在铺放前需刺破胶膜上的气泡，或用带刺滚筒对胶膜进行滚压。

胶层厚度控制

控制胶层厚度对于胶接强度至关重要。通过对所涂敷胶量与实际胶接条件（热和压力）下对接面之间的缝隙尺寸加以匹配，可以实现这一控制。对于液状和糊状胶，在胶黏剂中放置尼龙或聚酯纤维是一种常用的做法，可以此避免在胶层中出现贫胶现象。胶接过程中增大压力会使胶层厚度趋于变薄。通常希望胶量稍有溢出以保证胶缝被充分填满。但是，如果由于一个被胶接件上的突起点而使胶黏剂在部分胶接区域被完全挤出，则将导致脱粘问题。

　　对于承受高载荷的胶层以及大型的结构，所用胶膜中会含有薄纤维织物层。纤维织物避免被胶接件之间的直接接触，可起到保持胶层厚度的作用。此外，纤维织物载体还可在碳纤维蒙皮和铝蜂窝芯之间起到防蚀阻隔层的作用。在绝大多数场合，胶层厚度的变化范围为 0.002～0.010 in(0.051～0.254 mm)。大至 0.020 in(0.508 mm)的缝隙可用添加胶黏剂填补。缝隙更大时则须采取调整措施，对零件再加工或配制硬垫片以使零件满足配合容差要求。

胶接

　　理论上，只需有足够的接触压力，固化过程中胶黏剂即可产生流动并浸润胶接表面。但实际上，通常需要更高一些的压力来将多余的胶黏剂挤出，以使胶层达到期望的厚度，并/或保证所有胶接面在固化过程中紧密贴合。

　　被胶接件的位置在固化过程中须保持不变。任一被胶接件在胶黏剂凝胶前发生滑移均将导致代价不菲的返工作业，或整个组件都可能报废。当使用液状或糊状胶时，对接头加压通常有助于胶黏剂产生形变而使之填满胶缝。C 型夹、弹簧夹、配重袋和千斤顶常常用于简单构型的零件，但在需要加热固化的场合，应留心避免这些加压装置造成过度吸热问题。室温固化的液状和糊状胶一般会在 24 h 后达到可以撤除外压的强度。对于需中温[即 180℉(82℃)]固化的胶黏剂，高温灯或烘箱是常用的设施。使用高温灯时，须注意保证零件不会发生局部过热的现象。对于形状复杂的零件则必须进行真空袋封装，再使用热压罐来提供均匀的外压。除在热压罐中使用通大气的封装袋来施加正压力外，烘箱中的真空袋[<15 psi①(103 kPa)]封装也是一种普遍使用的方法。这种工艺的不利之处是真空环境会引发多种类型胶黏剂释放挥发物，从而导致孔隙和弱粘接[12]。

　　使用高温[即 250～350℉(121～177℃)]固化胶膜时，一般采用 15～50 psi(103～345 kPa)的热压罐压力来促使被胶接件贴合。制造热压罐胶接件所用的胶接模具与第 4 章(固化用模具)中讨论的模具类似。而热压罐胶接的真空袋封装方法也与第 6 章(固化)中讨论的方法类似。所不同之处在于无须吸胶层，因为在固化过程中无须移除任何多余树脂。

　　环氧胶膜一般不具有高流动性，胶膜内含有一层薄平纹织物来确保胶层维持一定厚度。此类胶黏剂体系中，大部分需在加热条件下固化 1～2 h。直接升温固化工艺和阶梯升温(中间有保温段)固化工艺均会被用及。350℉(177℃)固化环氧胶膜的典型热压罐固化工艺为：

　　● 对胶接组件抽真空至 20～29 英寸汞柱并检查确保无渗漏。如胶接组件含有蜂窝芯，真空度则不应高于 8～10 英寸汞柱。

　　● 施加热压罐压力，通常在 15～50 psi(103～345 kPa)的范围内。压力达到 15 psi

---

① psi 为英制单位压力，1 psi=6 894.76 Pa。——编注

(103 kPa)时袋内通大气。

● 以 $1\sim5$℉/min 的速率升温至 350℉(177℃)[有时会在 240℉(116℃)保温 30 min,以使液状胶黏剂树脂充分浸润被胶接件表面[12]]。

● 在 350℉±10℉和 15~50 psi(103~345 kPa)的温度压力下固化 1~2 h。

● 冷却至 150℉(66℃)后撤除热压罐压力。

固化过程中,胶黏剂发生流动,在胶接边缘形成如图 8.15 所示的胶瘤。胶接后的清理过程中不可将其去除。这一点非常重要。试验表明,胶瘤的存在可有效地改善胶接强度[13]。

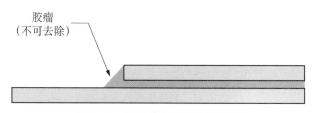

图 8.15　胶接接头上的典型胶瘤

8.8　夹层结构

夹层结构是一种非常轻质的结构形式,其具备很高的比刚度和比强度,因此广泛应用于航空航天和民用工业领域。夹层板的基本原理是:由面板来承受弯曲载荷(拉和压),同时由芯材来承受剪切载荷,与图 8.16 中的 I 型梁原理极为类似[14]。如图 8.17 所示,夹层结构,特别是蜂窝芯夹层结构,具有极高的结构效率。在弯曲刚度起关键作用的应用场合尤其如此。芯材厚度增加一倍,弯曲刚度可达原来的 7 倍,而重量仅增 6%。因此结构设计人员理所当然地想将夹层板用于任何可能的地方。典型用例通常与夹层板的结构、电气、隔热和吸能特性有关。

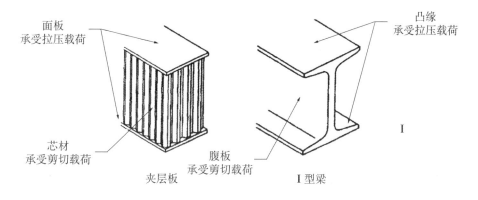

图 8.16　夹层结构为什么如此高效[14]

	实心材料	芯材厚度 t	芯材厚度 $3t$
弯曲刚度	1.0	7.0	37.0
弯曲强度	1.0	3.5	9.2
重量	1.0	1.03	1.06

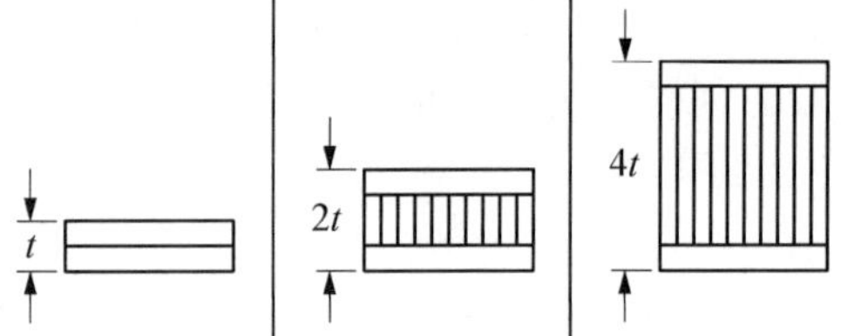

图 8.17　夹层结构的效率[14]

面板材料通常为铝、玻璃纤维、碳纤维或芳纶纤维。典型夹层结构具有相对较薄的面板[0.010~0.125 in(0.254~3.175 mm)],其芯材密度在 1~30 pcf①(磅每立方英尺)范围内。芯材的材料包括金属和非金属蜂窝芯、轻质木材、开孔和闭孔泡沫塑料和其他合成材料。图 8.18 给出相应的性价比[15]。需注意的是:一般情况下蜂

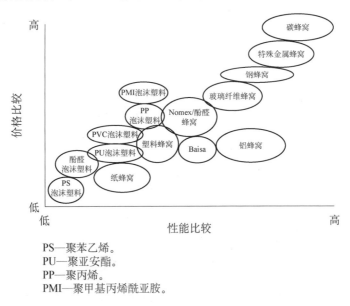

PS—聚苯乙烯。
PU—聚亚安酯。
PP—聚丙烯。
PMI—聚甲基丙烯酰亚胺。

图 8.18　芯材的性价对比[15]

① pcf 即为磅每立方英尺,lb/ft³。——编注

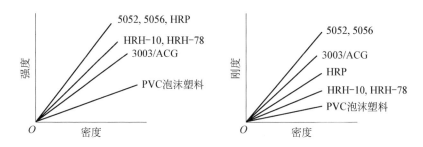

铝：3003/AG，5052，5056。
Nomex：HRH-10，HRH-78。
玻璃纤维：HPP。

图 8.19　不同芯材的强度和刚度[14]

窝芯材较泡沫塑料芯材为昂贵，但具备更好的性能。这也说明了为什么泡沫塑料被大量应用于民用领域，而航空航天产品则青睐于性能更高且价格更贵的蜂窝芯材。还应注意的是：泡沫塑料的使用成本一般也明显低于蜂窝。图 8.19 给出不同芯材强度和刚度的相互比较。

　　泡沫塑料芯夹层组件可以采用载体胶膜胶接而成，但更为普遍的情况是使用液状/糊状胶黏剂，或在泡沫塑料表面直接湿法铺叠面板铺层。近年来，液态成形技术也被用于浸渍和胶接泡沫塑料芯材和干纤维面板，如树脂转移成形法（RTM）或低压真空辅助树脂转移成形法（VARTM）。载体胶膜则通常用于胶接复合材料结构蜂窝组件。

8.9　蜂窝芯材

　　图 8.20 给出典型蜂窝夹层板的零件组成。典型的面板材料包括铝、玻璃纤维、芳纶以及碳。通常采用结构型胶膜来将面板与芯材粘接。在芯材-面板的界面上胶黏剂应形成良好的胶瘤，这一点十分重要。典型的蜂窝芯材相关术语在图 8.21

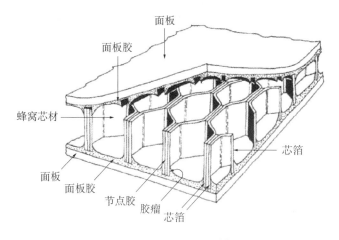

图 8.20　蜂窝板结构[1]

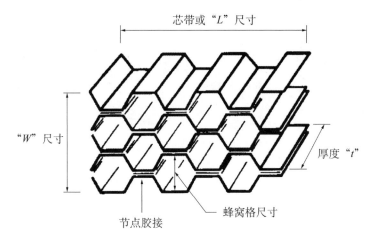

芯带或"L"尺寸

"W"尺寸

厚度"t"

节点胶接

蜂窝格尺寸

图 8.21 蜂窝芯材术语[14]

中给出。蜂窝本身可采用铝、玻璃纤维、芳纶纸、芳纶织物或碳纤维织物制造。与树脂基复合材料一起使用的蜂窝通过胶黏剂粘接而成,该胶黏剂称为节点胶。L 向为芯带的方向,该向的强度大于宽度(节点胶接)方向或 W 向。厚度用 t 表示,蜂窝格大小由跨格长度表示,如图中所表明。

虽然蜂窝格的构型可有许多种类,但最常见的三种(见图 8.22)为六角形芯材、

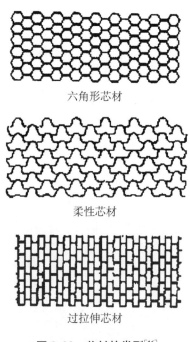

六角形芯材

柔性芯材

过拉伸芯材

图 8.22 芯材的类型[16]

柔性芯材和过拉伸芯材[16]。六角形芯材是目前为止使用最为普遍的芯材形式。该芯材的材料可以是铝，也可以全部是非金属材料。六角形芯材有很好的结构效率，如在沿芯带节点的 L 向添加纵向增强材料（成为增强六角形芯材），这种构型可以变得更强。六角形芯材的主要缺点是可成形性有限。铝六角形芯材的成形通常须经滚压，非金属六角形芯材的成形则须经加热。开发柔性芯材的目的是大幅度提升可成形性。此类芯材具有特殊的变形能力，可在不发生格墙屈曲的条件下变成复杂的曲面形状。无论沿 L 向还是 W 向，此类芯材均可与大曲率形面贴合。过拉伸芯材是另一种有较好可成形性的芯材形式。这种构型是将六角形芯材沿 W 向过拉伸，形成长方形蜂窝格以改善 L 向的可成形性，而 W 向的蜂窝格尺寸也变为 L 向的两倍。与六角形芯材相比，这一处理措施提升了 W 向的剪切性能，但 L 向的剪切性能有所降低。提高蜂窝芯材可成形性的第三条途径为调整节点胶接宽度和间隔。更详细的蜂窝芯材信息可查阅参考文献[17]。

　　蜂窝芯材通常通过拉伸或褶皱工艺制造。对用于复合材料构件的低密度（≤10 pcf）蜂窝芯材，拉伸工艺（见图 8.23）的使用最为普遍。蜂窝所用箔料需进行清洗、防腐蚀处理（如箔料为铝材）、涂覆胶黏剂层、切割至所需尺寸、叠合，然后在压

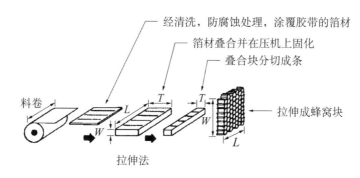

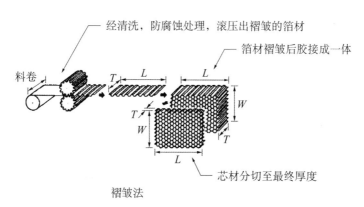

图 8.23　蜂窝芯材的制造方法[16]

机上加热加压完成节点胶固化,固化后,未经拉伸的蜂窝块(HOBE)被分切至所需厚度,再通过夹持和牵拉其边缘完成拉伸工序。由于在拉伸过程中铝箔发生屈服,铝蜂窝在此阶段即可定形。非金属芯材(如玻璃纤维或芳纶)则须在保持拉伸的状态下浸渍环氧树脂、聚酯、酚醛或聚酰亚胺树脂,在树脂固化后方能解除拉力。为得到所设计密度,会用到不同的浸渍-固化步骤[18]。由于酚醛和聚酰亚胺为高温缩聚固化树脂,很重要的一点是确保其完全固化,从而排出所有挥发分。如在芯材制造过程中不能完全排除挥发分,则会在夹层板固化过程中逸出,所形成的内压有可能足以导致节点脱粘。因此,在完成第一次固化后,通常会在更高的温度下对酚醛或聚酰亚胺芯材进行后固化,以确保反应完全。褶皱法是一种成本较高的工艺方法,其对象为无法采用拉伸法的材料或密度大于等于 10 pcf 的高密度芯材。例如,高温金属芯材(如钛材)即通过褶皱法制备,然后在节点处焊合,形成完整板材。

表 8.3 给出一系列蜂窝芯材商品的性能比较。铝蜂窝具有最好的强度与刚度的综合性能。其中 5052 - H39 和 5056 - H39 为高性能的航空航天专用型,民用型则采用 3003 铝制造。蜂窝格的尺寸范围为 1/16~3/8 in(1.588~9.525 mm),但在航空航天工业,1/8 和 3/16 in(3.175 和 4.763 mm)蜂窝得到最大量的应用。玻璃纤维蜂窝可采用普通双向或斜纹(±45°)玻璃布制造。浸渍树脂通常为酚醛,但高温应用场合需采用聚酰亚胺。斜纹织物的优点是提升剪切刚度和改善芯材的损伤容限。采用芳纶的芯材有三种。最早的 Nomex 芯材使用浸渍酚醛或聚酰亚胺的芳纶纸制造。但 Nomex 存在的一个问题是芳纶纸难以被树脂充分浸渍,为此杜邦公司又开发了厚度较薄浸润性更好的 Korex 纸,推出一种力学性能更好且吸湿更少的芯材[20]。而 Kevlar 蜂窝则是采用 Kevlar49 预浸织物制成。表中最后列出的斜纹碳织物芯材具有高性能特点,但价格昂贵,其与碳增强面板的胶接制品专用于对高刚度和热稳定性有特殊要求的场合。

表 8.3　常用蜂窝芯材的特性[19]

芯材名称和类型	强度/刚度	最高使用温度/℉	典型产品形式	密度/pcf
5052 - H39 及 5056 - H39 铝芯材	高/高	350	六角形芯材 柔性芯材	1~12 2~8
3003 铝民用型 六角形芯材	高/高	350	六角形芯材	1.8~7
玻璃织物增强酚醛	高/高	350	六角形芯材 柔性芯材 过拉伸芯材	2~12 2.5~5.5 3~7
斜纹玻璃织物增强酚醛	高/很高	350	六角形芯材 过拉伸芯材	2~8 4~3
斜纹玻璃织物增强聚酰亚胺	高/高	500	六角形芯材	3~8

（续表）

芯材名称和类型	强度/刚度	最高使用温度/℉	典型产品形式	密度/pcf
芳纶纸增强酚醛（Nomex）	高/中	350	六角形芯材	1.5～9
			柔性芯材	2.5～5.5
			过拉伸芯材	1.8～4
芳纶纸增强聚酰亚胺（Nomex）	高/中	500	六角形芯材	1.5～9
			过拉伸芯材	1.8～4
高性能芳纶纸增强酚醛（Korex）	高/高	350	六角形芯材	2～9
			柔性芯材	4.5
芳纶织物增强环氧	高/中	350	六角形芯材	2.5
斜纹碳织物增强酚醛	高/高	350	六角形芯材	4

相比于其他夹层板芯材,蜂窝芯材的优点在于其突出的性能。前面已在图 8.19 中给出了不同类型芯材的强度和刚度比较。可以看到,铝芯材具有最好的强度与刚度的综合性能,其次是非金属蜂窝,然后是聚氯乙烯（PVC）泡沫塑料。蜂窝芯材的缺点在于价格昂贵和难于制成复杂形状的组件,且其应用所积累的经验并非完全正面,铝蜂窝尤其如此。此外,蜂窝组件的大修也极为困难（参见第 13 章,无损检测和修理）。

耐久性是铝蜂窝组件使用过程中存在一个大问题。最为严重之处是湿气进入组件后导致的铝蜂窝芯格腐蚀。图 8.24 给出铝蜂窝组件遭受严重腐蚀的一个实例[21]。例中芯材受蚀程度极大,以致面板去除后芯材碎片可从组件中大量倒出。

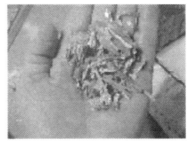

去除面板后显现的受腐蚀芯材　　　　　蜂窝格的腐蚀碎片

图 8.24　受腐蚀的铝蜂窝[21]

蜂窝制造商的对策是研制可改善耐久性的防腐蚀涂层。图 8.25 给出最新的,被称为 PAA 的防蚀芯材。其所用箔材首先经过清洗并做磷酸阳极化处理,在涂敷节点胶之前,先涂敷一层阻蚀底胶。相比于普通的（非 PAA）抗腐蚀铝蜂窝芯材, PAA 芯材表现出约三倍的防蚀能力。但是,即便是最严密的防腐蚀措施也不能避免腐蚀,而只能推迟腐蚀的发生。

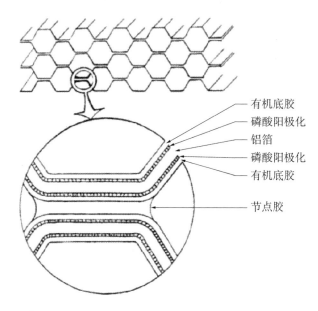

有机底胶
磷酸阳极化
铝箔
磷酸阳极化
有机底胶

节点胶

图 8.25　经磷酸阳极化的蜂窝构成[1]

　　另有一点需要注意：飞机飞行过程中一般会遇到结冰-解冻循环。如果水分进入蜂窝格，则可引起节点胶接破坏[22]。高空中芯材内滞留的水分结冰，会因膨胀而对蜂窝格墙施压。降落后水分解冻，蜂窝格墙的应力被释放。经多次结冰-解冻循环后，节点胶接会发生破坏并产生损伤的扩展。结冰-解冻循环损伤并不局限于铝蜂窝，也可发生于非金属芯材。此外，蜂窝内部的水分还会引起面板的脱粘和分层，在温度高于水沸点[212°F(100℃)]时尤其如此。而此类情形在使用或修理过程中是有可能出现的。

　　液态水通常通过外露边缘进入芯材，比如壁板边缘、封头、门槛和窗槛、连接处或任何位于面板与芯材胶接区边缘的部位。大部分损伤常被发现于壁板边缘[23]。胶接损伤（见图 8.26）会降低面板-芯材的胶接强度、胶瘤部位的胶接强度以及节点胶接强度。节点胶接的损伤会降低芯材的剪切强度，从而发生因芯材破坏而导致组件过早破坏的现象。此外，水分还可通过面板上的任何孔洞进入组件。由于一些蜂窝组件面板的厚度极小，水分可穿过面板而凝于蜂窝格墙之上。蜂窝板件薄面板中的互联微裂纹也会成为水分的进入通道[24]。虽然吸湿会对任何复合材料组件的性能产生影响，但大部分的损伤均由于蜂窝格内存在液态水分而造成。许多来自外场的报告抱怨密封技术上的缺失导致水分侵入。尽管良好的密封措施具有重要作用的说法在很大程度上是正确的，但笔者认为，对于大多数的蜂窝设计方案，水分进入芯材并引发损伤只是时间问题。一项研究表明，如不采取纠正措施以在组件发生分层前妥善处理水分侵入问题，在大型民用飞机 25 年的预期寿命中，复合材料蜂窝组件的维修成本可达 28 万美元[25]。

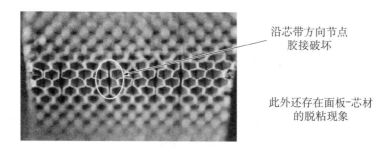

沿芯带方向节点
胶接破坏

此外还存在面板-芯材
的脱粘现象

图 8.26　铝蜂窝胶接结构节点和胶瘤部位的胶接损伤[22]

8.10　蜂窝加工

　　胶接前的蜂窝加工内容包括：周边修整、机械或热成形、芯材拼接粘合、芯材灌封、形面贴合、清洗。

修整

　　对蜂窝进行切割以使其达到预期尺寸的主要工具有四类：锯齿刀、刀片刀、带锯和冲模。锯齿刀、刀片刀和冲模用于低密度芯材，带锯则常用于高密度芯材和复杂形状芯材。

成形

　　金属六角形蜂窝可采用滚压或压弯成形的方法来得到曲面形状零件。压弯成形方法强迫蜂窝格墙发生变形，使芯材弯曲内径处的密度变大。过拉伸蜂窝可按构件要求成形至圆柱形。而柔性蜂窝通常可按构件要求成形至变曲率状态。

　　非金属蜂窝可通过热成形来得到曲面零件。通常芯材被置于烘箱中经历短时间的高温处理[如 550℉(288℃)下保持 1～2 min]。热处理使树脂变软并使蜂窝格墙的变形更为容易。移出烘箱后，芯材被迅速放置到成形模上并维形至完成冷却。

拼接粘合

　　当需要大尺寸芯材或形面十分复杂时，可通过不同密度小块芯材的拼接粘合来得到最终的零件形状，如图 8.27 所示，这通常使用发泡胶来实现。芯材拼接用胶一般含有发泡剂，发泡剂在加热过程中生成气体(如氮气)，从而使胶体发生必要的膨胀以填充芯块之间的拼接缝隙。采用这种方法，不同种类、不同蜂窝格尺寸或密度的芯材可容易地得到互连。虽然发泡胶可采用糊状或胶膜形式提供，但胶膜产品形式的应用最为广泛。

　　糊状发泡胶为单组分环氧糊状体，其在加热过程中发生膨胀。此类胶黏剂用于芯材的拼接、嵌入-灌封和边缘填充。发泡胶膜为大厚度的无载体胶膜[0.04～0.06 in(1.016～1.524 mm)]，固化后可膨胀至原厚度的 1.5～3 倍。尽管有一些发泡胶膜会因在连接部位用料过多而过度膨胀造成芯材损伤，大部分发泡胶膜只填充

-芯材拼接粘合部位

源自波音公司

图 8.27　采用不同密度芯材的复杂结构

缝隙,当遇到一定程度的阻碍时膨胀即停止。通常情况下,最多允许使用三层发泡胶填充芯块之间的缝隙。更大的缝隙则需进行返工或调换芯块。另有一点很重要:不要在真空下进行发泡胶的处理,否则在胶层上会产生过量的泡沫。

灌封

　　安装附件时,紧固件须穿过蜂窝,经常需对该部位进行灌封。如图 8.28 所示,

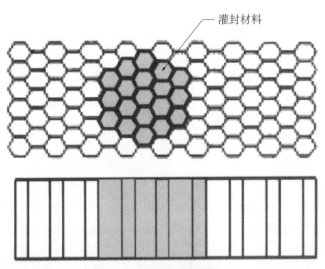

灌封材料

图 8.28　蜂窝芯材的灌封

蜂窝格中被灌入高黏度的糊状体,其固化可在蜂窝拼接时完成,也可在最终的胶接过程中完成。灌封材料通常含有填料,诸如磨碎的玻璃、芳纶纤维、硅石以及玻璃微球或酚醛微球。灌封料可配制成室温固化、250°F(121℃)固化或350°F(177℃)固化,以满足不同结构的使用温度要求。

机械加工

在许多应用场合,对蜂窝厚度须进行机械加工以满足特定的形面要求。对于拉伸后芯材,此类加工通常采用阀杆型刀具进行。在少数场合,对未拉伸的蜂窝块也会采用铣刀进行加工。常用的形面加工(雕刻)设备包括龙门触点式三维仿形机床或数控(NC)五轴机床。采用五轴数控机床时,刀头为计算机程序所控制,几乎任何可用 x,y,z 坐标表示的曲面均可被加工到位。此类机床能够以每分钟3 000 in(76.2 m)的最高速度对蜂窝进行精确加工。数控机床进行形面加工的标准容差为 ±0.005 in(0.127 mm)。许多供应商提供加工到位的芯材,可直接用于最终的胶接工序。

清洗和烘干

胶接前的所有制造工序中,最好能够使蜂窝芯材始终保持清洁。不过,铝蜂窝芯材如沾上油污,可通过溶剂蒸气来有效去除。某些制造商要求所有铝芯材在胶接前采用蒸气或水进行除污。但大部分制造商能够接受蜂窝供应商提供的"B状态"芯材,不做清洗而直接进行胶接。

非金属芯材,如 Nomex 或 Korex(芳纶)、玻璃纤维、碳织物芯材,在大气环境中已经吸湿。与复合材料面板的情况类似,非金属芯材同样需要在胶接前彻底除湿。有一点使问题更加复杂化:蜂窝格墙较薄且表面积巨大,即便烘干后,很快会重新吸湿。因此,应在烘干后尽快地完成胶接装配工序。

蜂窝胶接

蜂窝胶接工序与普通的胶接工序相似,但有一些需特殊考虑之处。与许多复合材料组件不同,蜂窝组件具有特别的封头形式,部分形式在图8.29中给出。胶接过程中,需要在空隙和斜坡区加入填料块,以避免固化时发生边缘压塌。此外,芯材封头处是可能发生水分入侵的区域,在设计和制造过程中应给予特殊的关注。

对蜂窝固化压力的选择考虑十分重要。压力既要足以使零件紧密贴合,又不能过高而导致压塌或缩挤芯材。许用的压力值取决于芯材密度和零件的几何形状。对于蜂窝组件,胶接压力的一般范围为15~50 psi(103~345 kPa)。正如前面讨论胶接问题时所谈到,与真空袋压力下在烘箱中得到的胶接结果相比,真空袋通大气而由热压罐施加正压力得到的产品具有更高的胶接质量。压力的大小,以及胶黏剂的选择,对于芯材-面板胶层部位胶瘤的形成也有重要作用。胶瘤的大小在很大程度上决定胶接组件的强度。胶黏剂形成胶瘤的一般状况如图8.30所示。在芯材侧边受到的压力容易将蜂窝格挤扁(见图8.31)。由于蜂窝的纵向(L向)强于横向(W

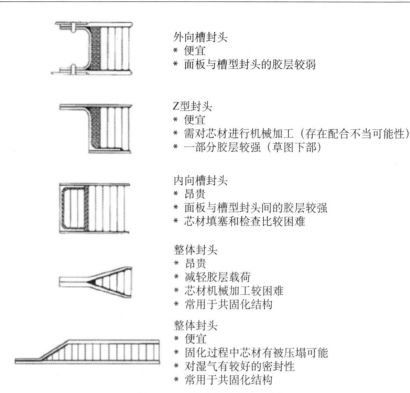

外向槽封头
* 便宜
* 面板与槽型封头的胶层较弱

Z型封头
* 便宜
* 需对芯材进行机械加工（存在配合不当可能性）
* 一部分胶层较强（草图下部）

内向槽封头
* 昂贵
* 面板与槽型封头间的胶层较强
* 芯材填塞和检查比较困难

整体封头
* 昂贵
* 减轻胶层载荷
* 芯材机械加工较困难
* 常用于共固化结构

整体封头
* 便宜
* 固化过程中芯材有被压塌可能
* 对湿气有较好的密封性
* 常用于共固化结构

图 8.29　蜂窝结构封头示例

向），挤扁现象多在 W 向发生（见图 8.32）。甚至会遇到这样的问题：当开始抽真空时，仅凭真空压力就导致芯材位移和蜂窝格被挤扁。一些制造商将真空度限制在 8～10 in(203～254 mm) 汞柱，以控制蜂窝格内外的压力差。蜂窝组件的热压罐胶接比一般胶接件更易受到真空袋泄漏的影响。一旦压缩气体经泄漏处进入真空袋，完全可能因巨大的压差而将蜂窝吹坏。图 8.33 给出一个被严重"吹"坏的蜂窝芯材示例。受此程度损伤的组件只有在完成修理后才能投入使用。

　　蜂窝组件的制造也可通过面板在芯材上共固化的方式实现。在此工艺过程中，复合材料面板铺层的固化及其与芯材的胶接同时进行。尽管一般情况下会在面板-芯材界面上使用胶黏剂，但也存在可以进行自粘接而无须另加胶膜的预浸料体系。为防止芯材挤扁或位移，与普通层压板固化工艺常用的 100 psi(689 kPa) 压力不同，此固化过程一般在 40～50 psi(276～345 kPa) 左右的压力下进行。与高压固化的面板相比，上述方法所得面板的孔隙率会较高。但最大的问题是：由于面板仅由蜂窝格墙支撑，面板上会产生枕状凸起或凹陷现象（见图 8.34）。尽管示意图在枕状凸起的程度上较通常情况有所夸张，但枕状凸起确会严重降低力学性能，一些场合可高达 30%[26]。采用小尺寸蜂窝格[如从 3/16 in(4.763 mm) 降至 1/8 in(3.175 mm)]可以缓减枕状凸起的程度，但小尺寸蜂窝格一般会导致更高的芯材密度，从而增加重量。

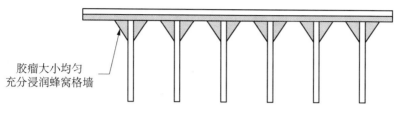

良好的胶黏剂胶瘤状态

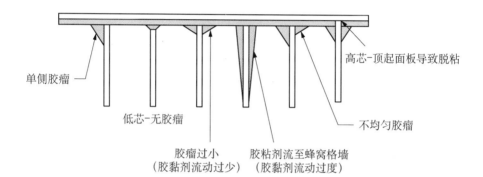

不合要求的胶黏剂胶瘤状态

图 8.30　蜂窝芯材胶瘤示例

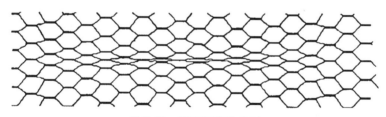

图 8.31　受到压挤的芯材

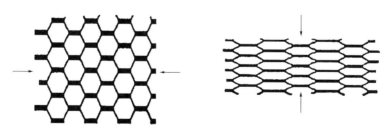

芯材沿芯带向
为更刚和更强

沿与芯带垂直的方向
芯材易被挤扁

图 8.32　蜂窝芯材在不同方向的压缩特性差异

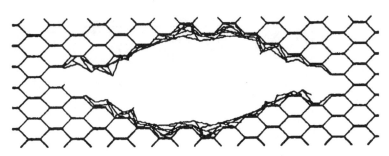

图 8.33　被气流严重吹损的芯材示例

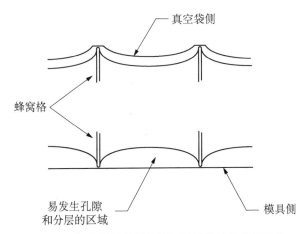

图 8.34　复合材料共固化蜂窝板材的枕状凸起现象

采用预先固化的复合材料面板进行胶接虽然也会产生芯材位移和挤扁的问题，但对于共固化面板，这方面的问题更为严重（见图 8.35）。为解决这一问题开展了大量的工作[27-29]。可能的解决途径包括：①降低斜坡的角度（建议 20°以下）；②增加

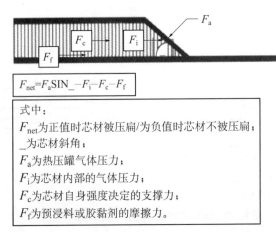

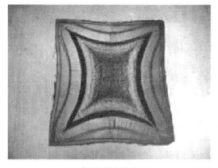
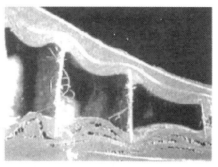

　　　　　发生芯材和预浸料位移的部位

板材顶视图

图 8.35　固化过程中芯材位移导致的芯材挤扁现象[27, 30]

芯材密度；③使用带砂纸夹具或夹条来限制铺层位移；④填充斜坡区以增加芯材刚度；⑤共固化前用一层胶膜包覆芯材；⑥在芯材中部加入玻璃纤维（隔板）以提升芯材刚度；⑦加热过程中对温度和压力进行调控；⑧采用"高摩擦系数"预浸料[30, 31]来减少固化过程中的铺层位移。

8.11　轻质木

　　轻质木是年代最为悠久的芯材形式之一，曾用于早期飞机，但现在主要用于造船工业。此类芯材制造过程中，先沿木材纹理横向将木材切割成块，再将其切成矩形并相互胶接。经此处理后芯材纹理垂直于面板，被称为端纹轻质木。典型芯格的直径为 0.002 in(0.051 mm)，密度范围为 6～19 pcf。端纹轻质木力学性能良好，价格便宜，其加工及与面板的胶接较为容易。主要的缺点是极易受潮湿影响，可成形性差，以及因不同密度小单元粘接成块而导致的力学性能不稳定。由于固化过程中轻质木可以吸收大量树脂，在其上放置铺层前通常要对其表面做密封处理。

8.12　泡沫塑料芯材

　　第三种常用于胶接结构的芯材为泡沫塑料芯材。虽泡沫塑料芯材的性能不如蜂窝芯材，但此类芯材具有广阔的民用领域，诸如船舶和轻型飞机的制造等。通常称为"聚合物泡沫"或"多孔聚合物"的这一类材料为气-固双相的材料体系，其中聚合物呈连续状，气孔则分布于固相之中。各种聚合物泡沫可通过不同的方法制得，如拉挤、模压、注射模塑、反应注射模塑以及其他一些固态制造方法[32]。泡沫塑料芯材的制法是采用发泡剂，发泡剂在芯材制造过程中发生膨胀，形成多孔的泡沫结构。气孔可以是相互连通，也可以是互不相连而各自闭合存在。一般而言，密度越高，闭合气孔的比例越大。几乎所有用于结构的泡沫塑料均可归入闭孔范围，即其中的气孔呈非连续状。开孔泡沫塑料与高密度的闭孔泡沫塑料相比吸声性能较好但强度较差。而且,尽管开孔和闭孔泡沫塑料都存在吸水问题,但开孔材料的吸水问题更为严重。非交联的热塑性聚合物和交联的热固性聚合物均可进行发泡。热塑性泡沫塑料的可成形性更好,而热固性泡沫塑料的力学性能和承受的温度更高。采用适当的发泡剂,几乎任何聚合物均可制成泡沫状的材料形式。

用于制造泡沫塑料的发泡剂通常分为物理发泡剂和化学发泡剂。物理发泡剂多为气体,与树脂相混合后随温度升高而发生膨胀。化学发泡剂常为粉末,加热后发生分解而产生气体,多为氮气或二氧化碳。

尽管市场上提供双组分液态的泡沫塑料原料来满足现场发泡的使用需要,但大部分用于结构的泡沫塑料以预发泡的块状材料形式提供。这些块材可相互胶接而形成更大的芯材零件。芯材零件的胶接集合可采用糊状胶或胶膜,其可加热成形至所需外形,所用方法与非金属蜂窝相似。虽然非交联的热塑性泡沫塑料的热成形更加容易,但许多热固性泡沫塑料交联程度很低,也具备可成形的工艺性。芯材的密度范围通常约为2～40 pcf。表8.4给出最常用的结构型泡沫塑料。对考虑用于结构的任何一种泡沫塑料,全面了解其性能十分重要,包括化学、物理、力学性能,特别需要关注的是其抗溶剂和潮湿影响的能力以及耐久性。泡沫塑料芯材的使用温度范围为150～400℉(66～204℃),取决于其化学构成。

表8.4 一些泡沫塑料芯材的特性

芯材名称和类型	密度/pcf	最高使用温度/℉	特　　性
聚苯乙烯泡沫塑料 (Styrofoam)	1.7～3.5	165	低密度,低成本的闭孔泡沫塑料。可热成形。可用于湿法或低温固化铺叠工艺。耐溶剂性能较差。
聚氨酯泡沫塑料	3～29	250～350	密度可由低到高调整的闭孔泡沫塑料。可在435～450℉(224～232℃)条件下热成形。有热塑性和热固性两种。可用于共固化或二次胶接夹层板,形状可为平面或曲面。
聚氯乙烯泡沫塑料 (Klegecell and Dinvinycell)	1.8～26	150～275	密度可由低到高调整的泡沫塑料。低密度材料包含部分开孔,高密度材料则为闭孔。可以是热塑性(可成形性较好),也可以是热固性(力学性能和耐温性较好)。可用于二次胶接或共固化夹层板,形状可为平面或曲面。
聚甲基丙烯酰亚胺泡沫塑料 (Rohacell)	2～18.7	250～400	昂贵的高性能闭孔泡沫塑料。可热成形。高温型(WF)可承受350℉/100 psi (177℃/689 kPa)的热压罐环境。可用于二次胶接或共固化的高性能航空航天结构。

聚苯乙烯芯材轻质、便宜、容易打磨，但因其力学性能较差而很少用于结构。聚苯乙烯芯材不能与聚酯树脂共用，因为该树脂中的苯乙烯会对芯材产生溶解作用。这种情况下，环氧树脂成为通常使用的树脂。

聚氨酯泡沫塑料可以是热塑性或热固性，气孔的闭合度也为可变。可以成品块材的形式提供，也可采用配方在现场进行混合并发泡。该泡沫力学性能适中，树脂-芯材胶接界面易因老化而发生性能下降，从而导致面板分层。聚氨酯泡沫可预先切割和加工至所需形面，但应避免采用热丝进行切割，以防止有毒烟雾的释放。

聚氯乙烯（PVC）泡沫塑料为夹层结构使用最为广泛的芯材之一。PVC 泡沫塑料可以是非交联形式（热塑性），也可以是交联形式（热固性）。非交联芯材的韧性更好，具更高的损伤阻抗，并且更易于热成形。而交联芯材的力学性能较高，耐溶剂和温度的特性较好。但与非交联芯材相比较脆，热成形的难度较大。交联芯材不像普通的热固性胶黏剂和基体树脂那样高度交联，因此其仍可通过热成形来获得所需形面。交联材料体系可采用增塑剂进行增韧，以牺牲部分原有力学性能来部分换取非交联材料的韧性特点。对 PVC 泡沫塑料常需进行热稳定性处理来改善其尺寸稳定性，并减少其在高温固化工序中的气体逸出量。从市场还可得到苯乙烯丙烯腈（SAN）泡沫塑料，该材料的力学性能与交联 PVC 相似，但具备非交联 PVC 的韧性和伸长率。采用树脂转移成形工艺时，在芯材表面可刻画各种形式的沟槽来帮助树脂的注入。

聚甲基丙烯酰亚胺（PMI）为轻微交联的闭孔泡沫塑料，其具备出色的力学性能和良好的耐溶剂和耐温性，可热成形至所需形面，并能与预浸料一起进行热压罐固化。此类泡沫塑料价格昂贵，通常为高性能的航空航天产品专用。

与蜂窝芯材相比，力学性能是泡沫塑料芯材的固有弱点。为此制造商寻求各种方法来提高芯材的力学性能。对面板和泡沫塑料芯材进行缝合，以及将拉挤成形的高强度针状物（碳纤维、玻璃纤维和陶瓷纤维）植入泡沫塑料芯材来组成桁架结构，即为其中的两种[33, 34]。

8.13　复合芯材

如图 8.36 所示，复合芯材由基体（如环氧树脂）和填充于其中的空心球（如玻璃或陶瓷微球）所构成。此材料可以糊状形式用于填充蜂窝，也可以 B-阶段的可成形板材形式用作芯材。复合芯材的密度通常较蜂窝为高，其范围为 30～80 pcf。所填的微球比例越高，芯材的重量越轻，但强度越弱。复合芯材夹层结构主要用于非主承力的复合材料薄结构，这些结构因厚度过薄，通过机械加工来制作蜂窝芯材或不可行，或成本太高。如与预固化的复合材料零件相贴而固化，复合芯材无须使用胶黏剂。但如复合芯材已经固化，则仍需采用胶黏剂来实现胶接。此时芯材需做打磨，铺敷一层胶黏剂后进行固化。

玻璃微球作为填料在复合芯材上使用最为普遍，其直径范围为 1～350 mm，通

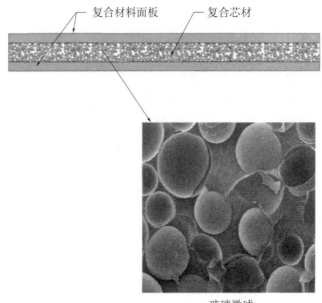

图 8.36　复合芯材结构

常使用范围为 50～100 mm。玻璃微球的比重为 $CaCO_3$ 填料的 1/18。但以往曾发生过微球内吸入水分的问题,这一吸湿问题现在为复合芯材制造商所特别重视。陶瓷微球的性能与玻璃相似,但高温性能较好。聚合物微球(如酚醛)的密度低于玻璃和陶瓷,但力学性能有所不及。微球性能的改善可通过增加其壁厚来实现,但代价是密度的增长。在大部分民用场合,微球通过尺寸分布来提高其堆积密度,堆积密度与微球密度的比值可以高达 60%～80%。

8.14　检测

胶接接头及组件在胶接工序完成后通常要进行无损检测。X 光照相和超声检测是最常用于发现组件内胶层和蜂窝芯材缺陷的方法。对这些方法的介绍参见第 13 章(无损检测和修理)。除这两种方法外,为检查蜂窝胶接组件的渗漏问题,还常将组件短时间浸入盛热水[如 150℉(66℃)]的容器中。热水对蜂窝芯材内部的残余空气产生加热作用,由此可通过组件中逸出的气泡来确定任何渗漏。

参考文献[35]和[36]介绍了有关铝蜂窝胶接板材内部缺陷影响作用的一个系统试验项目。表 8.5 给出所得试验结果概况。所有试验采用 5052 - H39 铝芯材[厚度 0.625 in(15.875 mm)],通过 250℉(121℃)固化胶膜将此芯材与 2024 - T6 铝面板[厚度 0.40 in(10.16 mm)]胶接。对六角形芯材(密度 3.2～4.4 pcf)和褶皱芯材(密度 8～10 pcf)的静力和疲劳性能进行了评估。此外,还对经环境循环处理后的板材进行了试验。在试验涉及的所有缺陷中,端部封头处存在孔洞或裂口的试样强度下降幅度最大。这是因为封头部位的面板失去支撑，当受压或横向受剪时，难以负担侧向的载荷增长。另一个有意义的发现是用于芯材封头胶接的发泡胶极易受湿气的影响，强度会迅速丧失。

表 8.5　一些泡沫塑料芯材的特性[35]

性能高度退化（＞30%）	性能中度退化（10%～30%）	性能低度退化（＜10%）
● 芯材与封头零件之间产生裂口 ● 封头发泡胶内部的孔洞 ● 节点失配（褶皱芯材） ● 不完全的端部裂纹	● 节点脱粘 ● 机加工芯材与阶梯状面板之间存在间隙 ● 封头处芯材挤扁 ● 芯材被气流吹损 ● 芯材拉伸过度	● 芯材拼接空隙超差 ● 塌陷蜂窝格呈对角线状 ● 面板上钻有同期孔 ● 芯材侧边受挤压 ● 拼接芯材粘合不完全 ● 蜂窝格嵌套（褶皱法所制芯材） ● 芯带重合程度差

8.15　整体共固化结构

整体共固化或一体化结构涉及另外一种制造方法，这种方法能大幅度减少复合材料结构的零件数量和最终的部件成本。图 8.37 给出一个整体共固化控制翼面部件[37]的工艺流程。在这一特殊的结构件中，梁与下蒙皮一起共固化，同时也进行上蒙皮的固化。但上蒙皮与下蒙皮及梁组件之间由一层脱模薄膜阻其粘连，以满足肋和中心翼盒构件的机械连接装配需要。对梁的铺层进行铺叠后，在其各自的模具上进行热压实。热压实的目的在于压缩叠层块的体积，使之与所有的模具组件相互适配。在对梁进行预制备的同时，上下蒙皮也在各自的塑料铺叠模具上完成铺叠和热压实。然后，先将下蒙皮置于固化模具之上，再放置各个梁并在梁之间的隔空中放入芯模块。上蒙皮如前所述，其安放前由一层脱模材料将其与下蒙皮和梁组件隔离。系统完成组装后被封入真空袋并检查渗漏，最后在热压罐中固化。图 8.38 给出铺叠和模具装配的一些主要工序照片。应指出的是，由于此类结构未包含蜂窝芯材，故可在关键部位钻打排水孔，以在结构使用过程中排出积水。

如图 8.39 所示，固化压力由热压罐和铝制芯模块的膨胀效应共同提供。热压罐施压于蒙皮和梁顶部凸缘，而铝制芯模块则施压于梁腹板。必要时，添加硅橡胶增压块可对铝制芯模块的膨胀起到补充作用。图 8.40 给出完成固化后从模具上卸下的制件照片。如图 8.41 所示，主结构制作完毕后，上蒙皮通过机械紧固件与梁的顶部凸缘连接。这种类型结构的优点十分明显：零件数量较少、紧固件数量较少、最后组装中的零件配合问题也较少。而其主要缺点是成本较高、模具方面的精度要求较高、铺叠复杂从而对操作人员的技能要求也较高。为控制模具精度，骨架结构的模具通常一体加工（见图 8.42），然后再分成单独的模具零件。

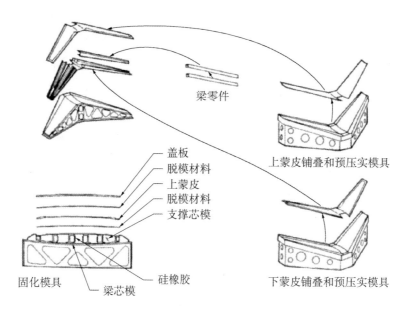

梁零件

上蒙皮铺叠和预压实模具

盖板
脱模材料
上蒙皮
脱模材料
支撑芯模

固化模具　梁芯模　硅橡胶

下蒙皮铺叠和预压实模具

图 8.37　整体固化的控制翼面结构件的工艺流程[3]

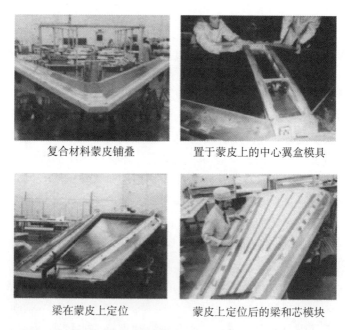

复合材料蒙皮铺叠　　　　置于蒙皮上的中心翼盒模具

梁在蒙皮上定位　　　　蒙皮上定位后的梁和芯模块

图 8.38　整体固化的控制翼面结构件的主要工序(源自波音公司)

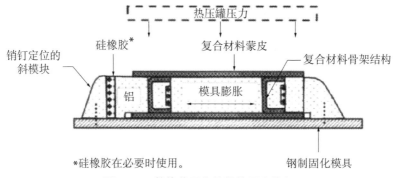

图 8.39 整体共固化结构的压力施加

下蒙皮和梁

相配合的上蒙皮

图 8.40 整体共固化的控制翼面结构件（源自波音公司）

此类结构的一个潜在问题是"回弹"。如图 8.43 所示，梁的顶部凸缘和腹板均会在固化后的冷却过程中发生回弹。腹板回弹可通过在腹板背后添加支持铺层而

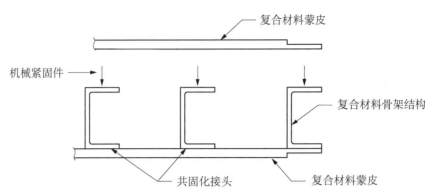

图 8.41　整体共固化的控制翼面结构的最终装配件

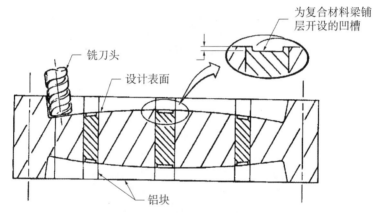

图 8.42　骨架梁芯模和填充模块的机械加工

得到极大缓减。由于会使同时固化的上蒙皮产生压痕,梁顶部凸缘无法采用增大芯模块顶角的补偿方法。因此,必须在最后的装配过程中在连接处添加协调垫片。

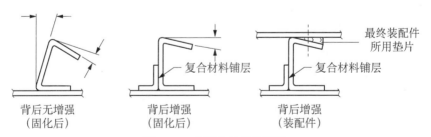

图 8.43　共固化接头的回弹

　　常采用共固化方法的另一种结构是蒙皮和帽型筋的共固化结构[38],图 8.44 所示的铺叠中构件即为一例。尽管此类结构可采用对模制造,但更常用的方法是仅对帽型加强筋进行模具定位。典型的封装方式如图 8.45 所示。其中包含:一个橡胶芯模，用于固化过程中对帽型筋进行支撑；一个橡胶增压块，用于保证拐角处可得到充分的压力；一些塑料垫片，用于减轻增压块在蒙皮上形成的印痕。虽然芯模有时会采用实心橡胶块，或更多情况下采用由碳布或玻璃布增强的实心橡胶块，但本图中的芯模采用空心形式，以实现压力的平衡。当对加强筋的位置有严格要求时，则可能有必要使用类似于图 8.46 所示的型腔式模具。

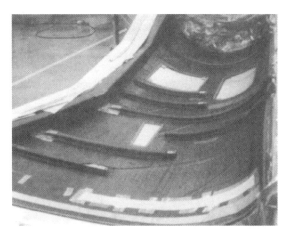

图 8.44　与帽型筋共固化的机身壁板铺叠（源自波音公司）

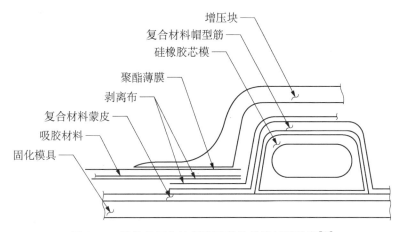

图 8.45　整体共固化控制翼面结构件的封装流程[38]

　　共固化加强筋的一个关键设计部位是其端部。由于加强筋和蒙皮的连接主要通过胶黏剂或树脂的粘接实现，任何发生在加强筋端部的剥离载荷均可能引起胶层被"拉开"而发生破坏。预防这种情况最常用的方法是在加强筋端部附近加装机械紧固件，如图 8.47 中帽型筋设计方案所示。需注意的是：该帽型筋在端部变得更

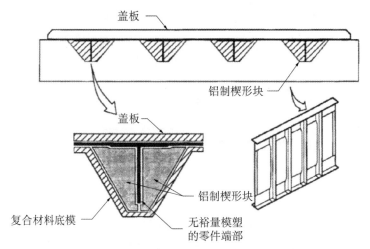

图8.46　结构有精确定位要求时所用的型腔式模具

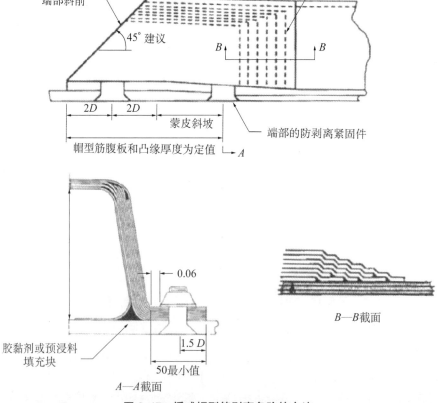

图8.47　缓减帽型筋剥离危险的方法

厚并呈斜削，以进一步降低胶层剥离的危险。其他方法还包括厚度向(Z)的缝合和加钉。但预浸料叠层块的缝合成本昂贵，并可能对纤维造成损伤。Z向加钉是一项相对较新的技术，这项技术采用超声枪将预固化的碳纤维细钉植入未固化的预浸料叠层块之中。

胶接共固化将共固化和胶接加以结合，是一种混杂型的工艺方法。如图8.48中的接头所示，两个已固化的结构零件通过未固化的复合材料预浸带铺层与胶黏剂的共同作用结合在一起。当然，与其他类型的胶接工艺一样，对已固化复合材料零件的表面须进行预处理。预处理的好处在于：在某些场合，用于共固化工艺的模具数量会有所减少。

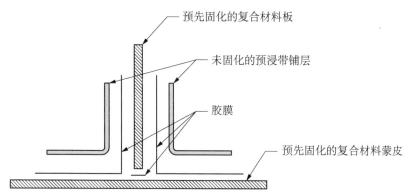

图8.48 胶接共固化原理示意

共固化整体结构是权衡折中的结果。如图8.49所示，其优点包括较少的零件，较少的紧固件和较好的装配协调性。但须与这些优点共同被权衡的是：模具成本及其制造时间的增长，铺叠成本和用于大型复杂构件的人力需求增长，以及铺叠所需时间变长而带来的材料过期问题。

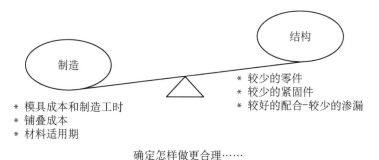

图8.49 整体共固化结构的优缺点

8.16   总结

当厚度较薄的复合材料零件需要相互连接,而螺栓连接导致的高挤压应力无法被接受,或机械紧固件带来的增重代价过于巨大时,胶接经常会是一种适宜的选择。一般而言,具有明确载荷传递路径的薄结构是胶接的良好对象,而载荷传递路径复杂的厚结构则更适合于紧固件连接。胶黏剂应承受剪切载荷,这一点十分重要。应避免拉伸、劈裂和剥离载荷,以防止过早破坏。接头设计应总是使破坏发生在接头之外,即接头的强度大于被胶接件。

胶接结构有可能减少最终部件的零件和紧固件数量,并因此降低复合材料结构的成本。胶接中最为关键的工艺问题是表面处理。表面处理不当,接头的耐久性就无法实现。值得庆幸的是,复合材料的表面处理相比于铝或钛简单许多。使用胶黏剂对复合材料零件进行胶接时,重要的一点是:所有已固化的零件在胶接前需彻底烘干。此外,预装配操作也十分重要,借此可确保被胶接零件配合到位而不会形成凸出或低陷区。否则,会有可能产生胶层过厚或脱粘的问题。

夹层结构具有良好的结构效率,对于视刚度为关键的应用场合尤其如此。令人遗憾的是,蜂窝组件的制造较困难,同时在使用过程中会经常地遭遇与耐久性相关的问题。铝制蜂窝易发生严重的腐蚀。而当内部含有水分时,所有的蜂窝均可因反复经历结冰-解冻循环而损坏。此外,有液体水存在且组件被加热至 212°F 以上时,会出现蒸气压引起的分层危险。

泡沫塑料芯材夹层结构的制造较蜂窝结构相对容易,但目前泡沫塑料的力学性能不如蜂窝。另一方面,泡沫塑料芯材的饱和吸水量相当高。两种类型的芯材均可采用下述方法之一来制成复合材料结构:或预先固化复合材料零件然后将其与芯材胶接,或将组件与预浸料铺层同时共固化。

共固化整体结构是降低部件成本的另一选择途径。这种结构虽然避免了与蜂窝相关的耐久性潜在问题,但与蜂窝结构相比设计更为困难,模具成本耗费更高。对于某些类型的部件,称之为胶接共固化的共固化衍生工艺可以在一定程度上降低模具成本。

参考文献

[1] Campbell F C. Secondary Adhesive Bonding of Polymer-Matrix Composites [M]. ASM Handbook 21 Composites, ASM International, 2001.

[2] Redux Bonding Technology [M]. Hexcel Composites, December 2001

[3] Heslehurst R B, Hart-Smith L J. The Science and Art of Structural Adhesive Bonding [J]. SAMPE Journal, March/April 2002,38(2): 60-71.

[4] Scardino W M. Adhesive Specifications [M]. in ASM Engineered Materials Handbook

Volume I Composites，ASM International，1987：689 - 701.

［5］ Hart-Smith L J，Brown D，Wong S. Surface Preparations for Ensuring that the Glue Will Stick in Bonded Composite Structures［C］. 10th DOD/NASA/FAA Conference on Fibrous Composites in Structural Design，1 - 4 November 1993，Hilton Head Island，SC.

［6］ Hart-Smith L J，Redmond G，Davis M J. The Curse of the Nylon Peel Ply［C］. 41st SAMPE International Symposium and Exhibition，25 - 28 March 1996，Anaheim，CA.

［7］ Venables J D，McNamara D K，Chen J M，et al.［J］. Applied Surface Science 3，1979：88.

［8］ Blohowiak K Y，Cadwell-Stancin L，Anderson R A，et al. Factors Influencing Durability of Sol-Gel Surface Treatments in Metal Bonded Structures［C］. SAMPE International Symposium and Exhibition，12 - 16 May 2002，Long Beach，CA.

［9］ McCray D B，Huff J M，Smith J E. An Ambient-Temperature Adhesive Bonded Repair Process for Aluminum Alloys［C］. 46th SAMPE International Symposium and Exhibition，6 - 10 May 2001：1135 - 1147.

［10］ Voevodin N N，Balbyshev V N，Vreugdenhil A J，et al. Evaluation of Corrosion Protection Performance of Sol-Gel Surface Treatments on AA2024 - T3［C］. 33rd SAMPE Technical Conference，5 - 8 November，2001.

［11］ Krieger R B. A Chronology of 45 Years of Corrosion in Airframe Structural Bonds［C］. 42nd International SAMPE Symposium，4 - 8 May 1997：1236 - 1242.

［12］ Hinrichs R J. Vacuum and Thermal Cycle Modifications to Improve Adhesive Bonding Quality Consistency［C］. 34th International SAMPE Symposium，8 - 11 May 1989：2520 - 2529.

［13］ Gleich D M，Tooren M J，Beukers A. Structural Adhesive Bonded Joint Review［C］. 45th International SAMPE Symposium，21 - 25 May 2000：818 - 832.

［14］ HexWeb Honeycomb Sandwich Design Technology［M］. Hexcel Composites，2000.

［15］ Kindinger J. Lightweight Structural Cores［M］. ASM Handbook 21：Composites，ASM International，2001.

［16］ Corden J. Honeycomb Structures［M］. ASM Engineered Materials Handbook，Volume 1，Composites，ASM International，1987.

［17］ Bitzer T. Honeycomb Technology-Materials，Design，Manufacturing，Applications and Testing［M］. Chapman and Hall，1997.

［18］ Danver D. Advancements in the Manufacture of Honeycomb Cores［C］. 42nd International SAMPE Symposium，4 - 8 May 1997：1531 - 1542.

［19］ HexWeb Honeycomb Selector Guide［M］. Hexcel Composites，1999.

［20］ Black S. Improved Core Materials Lighten Helicopter Airframes［J］. High-performance Composites，2002：56 - 60.

［21］ Gintert L，Singleton M，Powell W. Corrosion Control For Aluminum Honeycomb Sandwich Structures［C］. 33rd International SAMPE Technical Conference，5 - 8 November 2001.

［22］ Radtke T C，Charon A，Vodicka R. Hot/Wet Environmental Degradation of Honeycomb Sandwich Structure Representative of F/A - 18：Flatwise Tension Strength［R］. Australian Defence Science & Technology Organization (DSTO)，Report DSTO-TR-0908.

［23］ Whitehead S，McDonald M，Bartholomeusz R A. Loading，Degradation and Repair of F -

111 Bonded Honeycomb Sandwich Panels-A Preliminary Study [R]. Australian Defence Science & Technology Organization (DSTO), Report DSTO - TR - 1041.

[24] Loken H Y, Nollen D A, Wardle M W, et al. Water Ingression Resistant Thin Faced Honeycomb Cored Composite Systems with Facesheets Reinforced with Kevlar Aramid Fiber and Kevlar with Carbon Fibers [M]. E. I. DuPont de Nemours & Company.

[25] Shafizadeh J E, Seferis J C. The Cost of Water Ingression on Honeycomb Repair and Utilization [C]. 45th International SAMPE Symposium, 21 - 25 May 2000: 3 - 15.

[26] Stankunas T E, Mazenko D M, Jensen G A. Cocure Investigation of a Honeycomb Reinforced Spacecraft Structure [C]. 21st International SAMPE Technical Conference, 25 - 28 September 1989: 176 - 188.

[27] Brayden T H, Darrow D C. Effect of Cure Cycle Parameters on 350 ~ Cocured Epoxy Honeycomb Panels [C]. 34th International SAMPE Symposium, 8 - 11 May 1989: 861p - 874.

[28] Zeng S, Seferis J C, Ahn K J, et al. Model Test Panel for Processing and Characterization Studies of Honeycomb Composite Structures [J]. Journal of Advanced Materials, 1994: 9 - 21.

[29] Renn D J, Tulleau T, Seferis J C, et al. Composite Honeycomb Core Crush in Relation to Internal Pressure Measurement [J]. Journal of Advanced Materials, 1995: 31 - 40.

[30] Hsiao H M, Lee S M, Buyny R A, et al. Development of Core Crush Resistant Prepreg for Composite Sandwich Structures [C]. 33rd International SAMPE Technical Conference, 5 - 8 November 2001.

[31] Harmon B, Boyd J, Thai B. Advanced Products Designed to Simplify Cocure Over Honeycomb Core [C]. 33rd International SAMPE Technical Conference, 5 - 8 November 2001.

[32] Weiser E, Baillif E, Grimsley B W, et al. High Temperature Structural Foam [C]. 43rd International SAMPE Symposium, 31 May - 4 June 1998: 730 - 740.

[33] Herbeck I L, Kleinberg M, Schoppinger C. Foam Cores in RTM Structures: Manufacturing Aid or High-performance Sandwich? [C]. 23rd International Europe Conference of SAMPE, 9 - 11 April 2002: 515 - 525.

[34] Carstensen T, Cournoyer D, Kunkel E, et al. X-Cor TM Advanced Sandwich Core Material [C]. 33rd International SAMPE Technical Conference, 5 - 8 November 2001.

[35] Burkes J M, Griffen M A, Parr C H. Performance of Aluminum Honeycomb Panels with Structural Defects and Core Anomalies: Part I-Test Methodology and General Results [J]. SAMPE Journal, 1992,28(2): 25 - 31.

[36] Burkes J M, Griffen M A, Parr C H. Performance of Aluminum Honeycomb Panels with Structural Defects and Core Anomalies: Part II-Specimen Description and Test Results [J]. SAMPE Journal, 1992,28(3): 35 - 42.

[37] Moors G E, Arseneau A A, Ashford L W, et al. AV - 8B Composite Horizontal Stabilator Development [C]. 5th Conference on Fibrous Composites in Structural Design, 27 - 29 January 1981.

[38] Watson J C, Ostrodka D L. AV - 8B Forward Fuselage Development [C]. 5th Conference on Fibrous Composites in Structural Design, 27 - 29 January 1981.

9 液态成形：良好的制件来自良好的预成形体和模具

液态成形是一种可用来制造高复杂度和高精度零件的复合材料制造工艺。液态成形的一个主要优点是减少零件数量。借助这一工艺，一些通常单独制造并通过紧固件或胶接相连的零件可合并为一个单独的整体成形件。液态成形的另一个优点在于其可以进行带嵌入物的制件成形。如在液态成形的制件内部嵌入夹芯块材。树脂转移成形(RTM)是应用最广的液态成形工艺，这种采用对模的工艺非常适合于制造在不同表面均有严格尺寸要求的三维(3D)结构。只要模具表面具备足够的光洁度，制件表面的光洁度即有可能达到极高水平。RTM的主要局限性在于对模的制造需要高额的初始投入。足够的零件产量，通常在100～5000的范围，对于模具的这种高额一次性成本而言，是支持其合理性的必要条件。表9.1中给出RTM工艺优缺点的简要总结。

表 9.1　RTM 工艺的优缺点[1]

优　点	缺　点
● 最严格的容差控制——由模具来控制制件尺寸。	● 零件质量极易受模具设计影响。
● 制件表面光洁度可达到一流水平。	● 大规模生产时的模具成本会较高。
● 可通过在制件表面添加凝胶涂层来进一步改善表面光洁度。	● 成形时树脂注入渗透率的数据库很有限。
● 工艺周期的时间可以非常短。	● 树脂注入分析软件仍处于发展阶段。
● 成形时可在制件中放置嵌入物、小配件、肋材、轴套、增强材料。	● 对预成形体和增强纤维在模具中的排列方式的要求极严格。
● 低压下操作[通常小于 100 psi(689 kPa)]。	● 产量通常限于 100～5000 的范围。
● 原型模具成本相对较低。	● 须采用闭合，无渗漏模具。
● 挥发分(如苯乙烯)散发被闭合模具所限制。	
● 劳动量和技能水平要求较低。	
● 相当好的设计灵活性：增强材料、铺层顺序、夹层芯材、混合材料。	

（续表）

优 点	缺 点
<ul><li>力学性能与热压罐成形件相近（孔隙含量 $<1\%$）。</li><li>适用零件的尺寸范围和复杂程度令人瞩目。</li><li>零件内外表面的光洁度高。</li><li>接近无余量成形。</li></ul>	

RTM 工序为：制造干态纤维①预成形体，再将其置于闭合的模具之中浸渍树脂，然后在模具中固化。树脂转移模塑工艺的基本流程如图 9.1 所示。主要步骤包括：

- 制造干态纤维预成形体；
- 将预成形体置于闭合的模具之中；
- 在一定压力下将低黏度液态树脂注入预成形体；
- 在高温和压力条件下，制件在闭合模中固化；
- 将固化后制件脱模并对其进行清理。

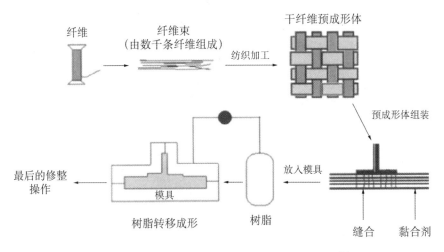

图 9.1　树脂转移成形法（RTM）的工艺流程示意[2]

近年来，又有许多 RTM 的派生工艺得到发展，诸如树脂膜浸注（RFI）工艺，真空辅助树脂转移成形（VARTM）工艺，以及 Seeman 复合材料树脂浸注成形工艺（SCRIMP）等。所有这些工艺的目标是以较低的成本制造接近无余量成形的复合材料零件。本章将对 RTM 基本工艺以及过去几年中由此发展而来的主要派生工

---

① 未浸渍树脂的纤维——译注。

艺做一细察。表9.2较为全面地列举了一些目前得到发展应用的不同形式液体成形工艺。

表 9.2　各种液体成形工艺的比较

工艺名称	工 艺 特 点
树脂转移成形 （RTM）	● 树脂在压力下被注入对模。 ● 可以采用真空辅助措施，也可以不采用。 ● 制件内外表面均有极好的光洁度。 ● 可得到较高的纤维体积含量（57%～60%）。 ● 被称为共注入 RTM(CIRTM) 的工艺方法可在注入过程中使用不同的树脂体系。
真空辅助 RTM （VARTM）	● 通常使用单面模具。 ● 通过抽真空使液态树脂渗入预成形体（不施加压力）。 ● 需采用低黏度树脂。 ● 与模具型面相贴的制件表面有极好的光洁度。 ● 相比于 RTM 工艺，模具较为便宜。 ● 得到的纤维体积含量通常较低（50%～55%）。 ● 一些派生的专利工艺如 SCRIMP（Seeman 复合材料树脂浸注成形工艺）和 FASTRAC 采用特殊的浸注手段来加速树脂的渗透。
树脂膜浸注（RFI）	● 在模具底部放置树脂膜，通过热压罐的热压环境熔融树脂并使其进入预成形体。 ● 对于复杂零件通常需采用对合模具。 ● 存在一些派生工艺，如以液态树脂取代树脂膜的液体树脂浸注（RLI）工艺，以及预成形体铺叠时将树脂膜分布于各铺层之间的 SPRINT 工艺。 ● 有能力形成高质量的零件，但取决于模具状态。
膨胀 RTM	● 热膨胀 RTM(TERTM) 采用对模并配之以内芯，内芯在 RTM 过程中通过膨胀提供压力。 ● 橡胶辅助 RTM(RARTM) 采用受热膨胀的硅橡胶在 RTM 过程中提供压力。

根据参考文献[1]编写

9.1　预成形体技术

对于液态成形工艺，最为重要的纤维预成形体类型为：①机织物；②经编织物；③缝合体；④三维编织体；⑤非编织的纤维毡。在许多场合对普通的纺织设备进行了改进，以适应结构应用所需高模量纤维的处理要求，同时通过自动化来降低成本。此外，为满足对三维增强预成形体的持续增长需求，制造商还开发了专门的设备。可供使用的先进纺织产品种类繁多，图9.2给出其中的一部分。在用于航空航天的预成形体纺织技术方面，NASA 的 Langley 研究中心引领了大量的发展进程。从参考文献[3]中可以找到有关其工作的一个很好的回顾。

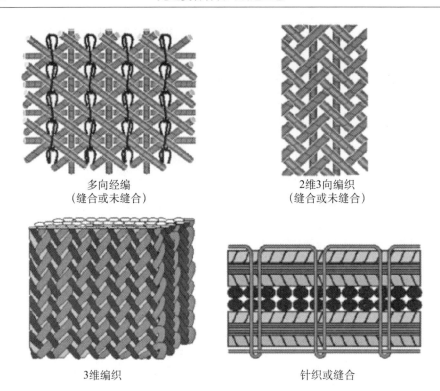

多向经编
（缝合或未缝合）

2维3向编织
（缝合或未缝合）

3维编织

针织或缝合

图 9.2　先进的纺织材料形式——多向经编、2 维 3 向编织、3 维编织和针织/缝合[3]

9.2　纤维

　　现有纺织设备能够适应大部分复合材料结构常用纤维的加工操作，包括玻璃纤维、石英纤维、芳纶纤维和碳纤维。而主要的局限性在于大多数纺织工艺会使纤维束发生弯曲和磨损。尽管设备进行了改进以减少纤维损伤，但一些脆性或刚性极大的纤维仍会在加工过程中遭受显著的强度损失。一般情况下，纤维的模量越高，对其加工的难度及其发生损伤的可能性也就越大。随所测性能类别和制造预成形体所用纺织工艺的不同，强度损失的程度也会有所变化。在纤维上常覆有聚合物涂料来改善其可加工性，减少加工过程引起的强度损失。涂料在加工后可以去除，也可存留于纤维以满足铺叠工序需要。如涂料存留于纤维，其与基体树脂的相容性十分重要。经常需要对纤维表面进行一定的处理，以改善纤维与基体树脂的粘接状况。

　　传统纺织工艺过程中，纺线通常要加捻来改善其可加工性、结构完整性以及维形能力。不过，加捻处理会降低纤维的轴向强度和刚度，而此性能对于结构应用极为重要。因此，用户更趋于选择少加捻或不加捻的产品（股和束）。不同的工艺和纺织方法对纤维的股、束尺寸有不同的要求。通常，纤维束尺寸越小，每磅材料的成本就越高。对于碳纤维，情况尤其如此。

9.3 机织物

机织物[2]可分为二维增强体(x 和 y 向)或三维增强体(x，y 和 z 向)形式。二维机织增强体被用于对面内刚度和强度有高要求的场合。在前面第 2 章"纤维和增强体"中，已对不同类型的二维机织物做了介绍。需要指出的是，二维机织产品既可以是预浸料，也可以是干态纤维布，用于手工铺叠、预成形体制作或修理场合。二维机织物具有以下优点：①可以采用自动化铺层切割设备来进行精确的切割；②可以实现包含铺层递减的复杂铺叠形式；③纤维、丝束尺寸和织物的类型繁多，并已商品化；④对于薄结构，二维机织物比三维机织物具有更好的适应性。

三维增强的机织物通常用于：①改善预成形体的后续工艺可操作性；②改善复合材料结构的抗分层能力；③需有 z 向纤维来承受较大一部分载荷的复合材料结构，如载荷路径复杂并面外载荷突出的复合材料零件。如果以改善后续工艺可操作性为目标，z 向纤维体积含量通常保持在 $1\%\sim2\%$ 的低水平即为足够。要使复合材料结构的抗分层能力有显著改善，z 向纤维体积含量只需要达到 $3\%\sim5\%$。但 z 向纤维体积含量如继续上升，抗分层能力和耐久性也会继续增长[4]。如果应用对象要承受显著的面外载荷，对 z 向增强纤维的含量要求可能会高达 33%。此时纤维的排列要求是：使结构沿笛卡尔坐标系三轴向具备大致相同的承载能力。

9.4 三维机织物

从历史上看，复合材料的设计范围局限于主要承受面内载荷的结构对象，如机身和机翼蒙皮。之所以极少在诸如接头、隔墙等复杂结构上使用复合材料，是因为二维复合材料对于复杂的面外载荷缺乏有效的承受能力。复合材料对平面载荷的承受能力取决于由纤维主导的性能状况，其要求载荷路径清楚确定。遗憾的是，平面载荷最终须通过某个三维接头传至相邻结构(如与隔墙相连的蒙皮)。这些三维接头会面临很高的剪切、面外拉伸和面外弯曲载荷。而如采用传统的复合材料设计方案，所有这些载荷将主要由基体承受。由于在设计实践中，让基体来承受高水平主载荷的做法绝非可行，复合材料结构因此须使用金属接头和金属紧固件来与金属隔墙实现连接。随着高性能三维织物(包括机织和编织)的出现，复合材料设计面临的这一障碍有可能被消除。

三维预成形体技术促成了可有效承受面外载荷的复合材料结构方案。其实施途径在于将纤维织入 x，y，z 三个方向。结构设计上由此得到的其他收益包括复合材料飞机加筋壁板整体结构，其中加强筋与蒙皮结构编织为一体，因此无须通过机械连接或胶接来安装加强筋，从而降低零件数量和装配成本。

三维机织物通常用如图 9.3 所示的多经纱织机制造。在常规的二维织机中，综片带动经纱上下反复运动来使其交织。而在多经纱织机中,不同的综片分别将不同组的经纱带至不同高度。一部分经纱构成织物层,另一部分则将织物层编合为制件预成形体形状。三维机织物中包含有多个平面,每个平面由直的经纱组成,并有纬纱穿插其中。各平面的叠合连接由经纱织线完成,以此形成整体的结构。图9.4给出了一些最常见的机织种类。每一种类中均存在若干可变参数。角联锁织物可以通过经纱织线所穿越的层数来细分。织线穿越全厚度的联锁织物在图9.4(a)中示出。图9.4(b),图9.4(c)示出的则是层-层联锁织物,其中任一给定织线仅将两层纬纱连接起来,而全厚度的绑定通过所有织线来共同完成。通过对织线所穿越层数的规定,可生成形形色色的中间组合。对于正交联锁织物,经纱织线穿越厚度的走向与两个面内主方向垂直,如图9.4(d)所示。联锁织物的制造有时会不采用经纱,以此来生成以单方向增强为主旨的复合材料。联锁织物还可以通过纬纱(而非经纱)联锁而制得。三维机织物的主要局限性是难以引入斜向纤维束来实现面内准各向同性。解决这个问题的一个方法是将织物预成形体与附加的±45°向二维织物层进行缝合。三维机织能够产生多种多样结构制品,图9.5为其中的一部分。图9.6给出一种较新的三维机织方法。在这种被称为"三维机织物"的工艺中,z向纤维垂直编入结构,以改善最终产品的力学性能[7—9]。

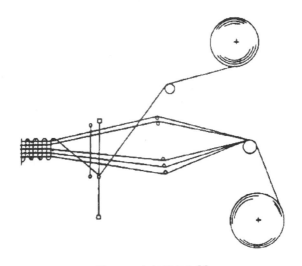

图9.3 多经纱织机[5]

虽然三维机织有能力制造复杂形状的无余量预成形体,但工作准备耗时较长,机织进程缓慢。此外,在一些场合必须采用高成本的小尺寸丝束,以获得较高的纤维体积含量,同时消除易在制件固化或使用中产生微裂纹的较大树脂堆积区。

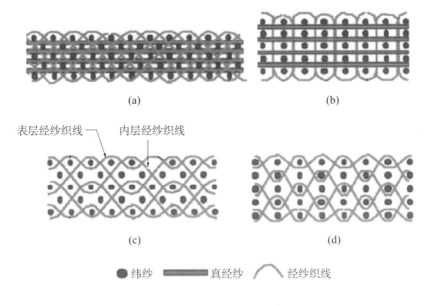

图 9.4　三维机织结构[2]

（a）织线穿越全厚度的角联锁织物　（b）正交联锁织物　（c）层-层角联锁直线交织结构　（d）层-层角联锁波状交织结构

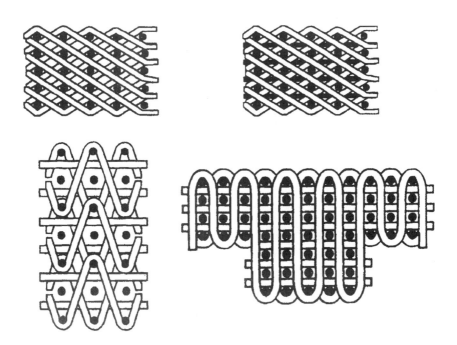

图 9.5　三维机织结构示例[6]

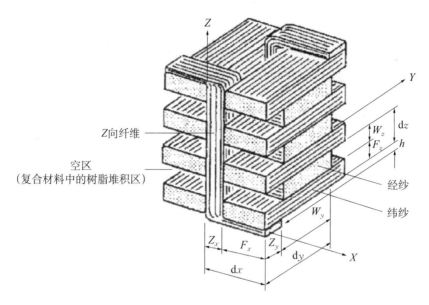

图 9.6　3Weave 三维机织结构[7]

9.5　针织物

传统的针织物,如图 9.7 所示的纬编和经编织物,为高度柔性和随形的织物形式。但其内部纤维在极大程度上呈波状弯曲,导致结构性能较低。不过,针织方法可有效用于生产多向经编织物(MWK)。此类织物又被称为缝联,其将单向带的力学性能优点与织物的易操作性和低成本优点结合于一体。如图 9.8 所示,MWK 由高强、刚性的单向纤维丝束与玻璃或聚酯细丝相织而成。玻璃或聚酯细丝的含量通常仅为总重的 2%,主要用于绑定单向纤维束,以利于其后的各类加工操作。这种工艺的一个优点是 x,y 两向的丝束能保持很好的准直状态,不会在编织中产生波状弯曲,从而避免显著的性能减损。

MWK 工艺可用于对 $0°$,$90°$ 和 $\pm\theta°$ 的单向纤维层进行绑定。针织过程中,聚酯细线穿绕于主丝束之间并相互锁接成环。通过对各方向丝束的百分比加以选取,可对叠层的力学性能进行调整。MWK 叠层的厚度在 $2\sim9$ 层之间,可对其再作铺叠以达到结构的预期厚度。多个 MWK 叠层通常在后续工序中通过缝合来得到满足任一厚度要求的叠层块,并可将其铺叠、折叠和缝合来得到所需的结构形状。此外,缝合加工可以显著改善固化后复合材料的耐久性和损伤容限。MWK 具有相当好的低成本优点,厚度均匀,可定制成毯状预成形体,非常适用于大型蒙皮等小曲率或零曲率结构件。

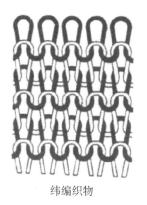 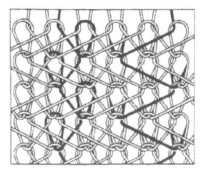

纬编织物　　　　　　　　　　　　　经编织物

图 9.7　基本针织结构[6]

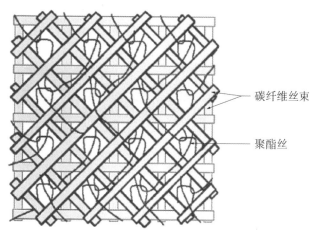

碳纤维丝束

聚酯丝

图 9.8　多向经编结构[2]

9.6　缝合

缝合[2]的使用已有 20 余年历史。缝合可对复合材料结构进行厚度向增强,首要的目标是改善损伤容限。近年来,液态成形工艺的引入为制造技术的一大进步。该工艺允许干态纤维(而非预浸料)预成形体的缝合。这一进步提升了加工速度和材料的缝制厚度,并大大减少了会降低面内性能的纤维损伤。除改善损伤容限外,缝合对制造过程也有助益。许多纺织工艺生成的预成形体并非直接为完整结构,缝合提供了对无树脂预成形体元件进行结构互联的一条途径,可以使组合后的预成形体在后续操作过程中不发生错位和损伤。另外,缝合可使纤维预成形体变得更为密实,从而更加接近最终的厚度要求。因此,将预成形体装入模具所要求的压实力会相对较低。

结构上常用的缝合形式有两种:改良的锁缝形式和链缝形式(见图 9.9)。链缝仅用一条缝线,而锁缝则需分别使用底线和针线。改良的锁缝过程中,通过对缝线张力的调整来使线结处于叠层外表面而非叠层内部,以此帮助减小叠层的扭曲。重要的缝合参数包括针距、缝合行距、缝线材料以及缝线重量。目前有一些采用机器人的三维缝合设备,此类设备能以锁缝或 Tufting[10] 方式进行单面缝合。Tufting缝合过程中,从制件的一侧表面植入一个缝线环,该环的弯折位于制件背面,以此保证增强效果。

有多种缝线材料得到成功应用,包括碳纤维、玻璃纤维和芳纶纤维,其中以Kevlar29 芳纶纤维应用最为普遍。Kevlar 缝线的重量在 $800 \sim 2\,000$ 丹尼尔之间。不过,芳纶的一个缺点是吸湿,有时在蒙皮的缝制处会出现渗漏的问题。通常认为,当缝线占单位面积纤维总重的 $3\% \sim 5\%$ 时,在损伤容限方面可以得到满意的效果(冲击后压缩强度)。

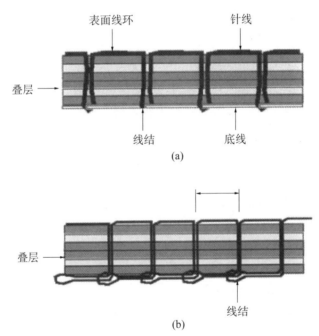

图 9.9　采用改良的锁缝和链缝来对预成形体进行缝合[2]

(a) 锁缝　(b) 链缝

9.7　编织

编织[2]作为一种民用纺织工艺可追溯到 1800 年代。编织过程中,一芯模在机器中央匀速进给,纤维束通过机器上不断运转的导丝器在芯模上以一定速率进行编织。导丝器成对工作,以完成上/下编织工序。图 9.10 为编织基本原理的示意图。

两个或多个丝束组斜向相缠，形成一完整结构。编织涉及的重要参数包括丝束张力、芯模进给速率、编织转速、导丝器数量、丝束宽度、编织周长以及换向环尺寸。

编织所制预成形体具有高度的随形性、扭曲稳定性和抗损伤能力。无论是干丝束或预浸丝束，均可进行编织。常用的纤维包括玻璃纤维、芳纶纤维和碳纤维。与缠绕工艺相比，编织所制零件的纤维体积含量通常较低，但其对复杂形状的适应性则远为高出。导丝器的转速与芯模移动速度共同对丝束的方向形成控制。芯模截面可变化，而编织物能与芯模保持一致。

典型的编织机具有 3～144 个导丝器。图 9.11 为一种简

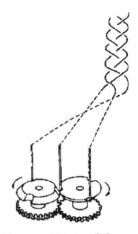

图 9.10　编织原理[11]

单的平面编织机示意图。主要的组成部分包括轨道板、卷轴导丝器、型模和收拉装置。轨道板对导丝器形成支撑，并通过一系列机制轨道对导丝器的运行路径进行控制。卷轴导丝器上携有纤维丝束，并常配有弹簧机构来控制丝束的张力。图 9.12 给出典型导丝器机构细节，图 9.13 则为编织过程的一个示意说明。导向装置或型模用于控制编织物尺寸及形状，收拉装置则用于收起已成形的编织物。图 9.14 为配备 144 个导丝器的大型编织机示意图，图 9.15 为工作中的真实编织机。

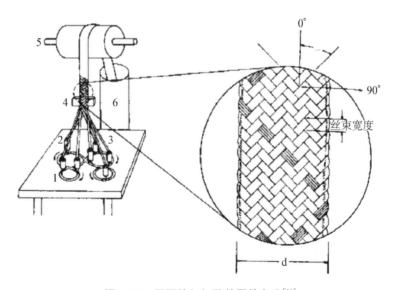

图 9.11　平面编织机及其零件名称[11]

1—轨道板；2—卷轴导丝器；3—用于编织的纤维束；4—编织点和型模；5—可调整的收拉装置；6—传送罐

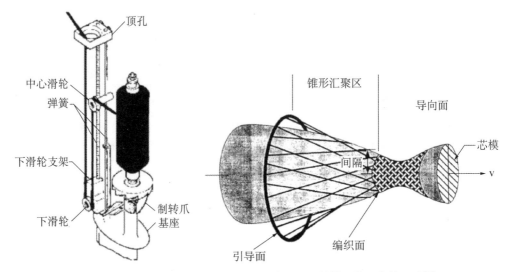

图 9.12　典型的编织机导丝器设计[12]　　　　图 9.13　芯模上编织物的形成[5]

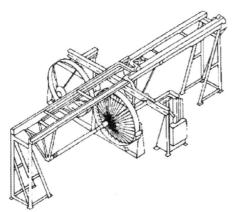

图 9.14　配有 144 个导丝器的卧式编织机[11]　图 9.15　正在进行复合材料预成形体编织的编
织机[3]

　　对于给定周长的零件,丝束宽度和导丝器数量决定编织角的近似值,相应关系
如下:

$$\sin \theta = \frac{WN}{2P}$$

式中:θ 为编织角;W 为丝束宽度;N 为导丝器数量;P 为零件周长。

　　通过控制导丝器数量和编织速度,可对编织角方向和编织直径进行控制。编织
件的厚度则可通过重复编织实现。此过程中芯模在编织机中央多次移动,形成一系

列近乎相同的编织层,犹如层合结构。可能的纤维方向包括 $\pm\theta'$ 或 $0°/\pm\theta'$。90°向无法实现,除非编织机配有纤维缠绕的功能。

导丝器的数量越多,制品直径的可实现范围就越大。因此,建造更大,配有更多导丝器的编织机,已成为一种趋势。A&P Technology 公司开发的 Megabraiders[13] 系列,所配导丝器数量范围为 172~800。这些大型设备能够编织的零件直径可达 100 in(2540 mm),长度可达 15 ft(4.572 m)。最新的编织设备可对所有编织参数进行全面的控制,控制范围涉及芯模的平移和旋转、在线检测显示系统、检测编织精度的激光投影系统,甚至包括周向的纤维缠绕功能。

由于编织产品所固有的材料随形特点,其可从原编织芯模上卸下,并在不同形状的芯模上固化成形。在另外一些场合,编织件则直接在原芯模上固化。所用芯模可以是永久性芯模,也可以是水溶芯模或易碎除芯模。

在编织机导丝器运行轨迹的中央还可加入定直的轴向(0°)丝束。编织丝束将轴向丝束锁入织物,形成三向编织体,该编织体在面内的三个方向上得到增强。如将圆柱芯模上的薄编织体切开取下并展开,即可得到编织而成的平板。

三维编织可用于制造大厚度,与零件要求形状一致的预成形体。其中丝束相互交织,不再清楚呈现多层结构特征。图 9.16 给出三维编织工艺的一个示意说明。该工艺中,导丝器(线轴)以二维网格状分布,通常为矩形或环形,有时则为制件的截面形状。而多个矩形也可拼接成更为复杂的截面形状。编织操作通过导丝器的行

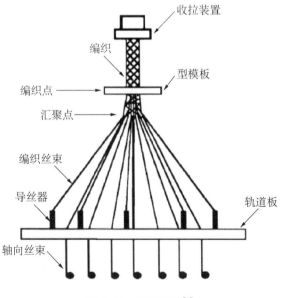

图 9.16　三维编织[5]

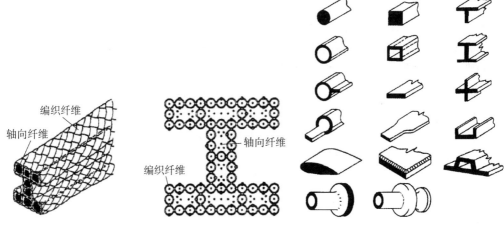

图 9.17　三维编织工型梁[6]　　　　　　图9.18　无余量成形的三维编织结构示例[6]

列交替变换得以进行。用来移动导丝器的每条轨道虽经几步后即折返到起始点,但导丝器自身可通过换轨来形成复杂的运动路径。三维编织物还可制成适用于接头和加强筋的预成形体形式。由于编织工艺的本质特点,斜向或 45°向纤维是编织预成形体的固有组分,理论上其可使预成形体承受较高的剪切载荷,而无须手工加入45°包覆层。三维编织设备能够被设定制造形状接近于零件最终要求的编织体。图 9.17所示的Ⅰ型梁结构是可用三维编织来实现的复杂纤维结构的一个实例。图 9.18则给出有可能采用三维编织制造的结构形状范围。三维编织的缺点与三维机织类似,即其复杂的设置和较低的生产效率。此外,由于能得到的最大纤维体积含量为 45%~50%,树脂的微裂纹也可能成为问题。

国家复合材料中心

图 9.19　采用 P4A 工艺制造预成形体

9.8　P4A 工艺

短切玻璃纤维喷射成形是一种用于制造民用结构产品的工艺方法。但由于纤维长度短小,取向随机,这种工艺方法在结构应用上不存在比强度优势。Owens-Corning 为汽车工业开发了一种工艺方法,采用计算机操控的机器人来将短切纤维以定向方式进行喷射成形。这种被称为程控粉状预成形体工艺(P4)的方法后被改进用于航空航天工业的碳纤维材料(P4A)。计算机操控的机器人和高速短切纤维喷枪(见图9.19)会对计算机反馈信息,从而实现工艺过程的实时控制。短切纤维喷枪设计允许纤维长度(0.5～5.0 mm)在预成形体的制造过程中发生改变。借助喷嘴端部的导流板，高达90%的短切纤维可按预期方向排列。这些纤维与粉末粘接材料一起，被定向布放于制成要求形状的多孔预成形网栅之上，并通过真空系统保持其排列状态。在制件表面(单面或双面)可加膜，以改善表面光洁度。预成形体随后通过热压来密实至要求厚度。密实工序中粉末粘接材料发生熔融和流动，由此可实现对预成形体的加工处理。虽然这一工艺无法制造出性能可与连续纤维增强件比肩的产品，但有潜力在降低成本的同时获取值得注目的力学性能。图9.20给出工艺成本与性能之间的比较示意。

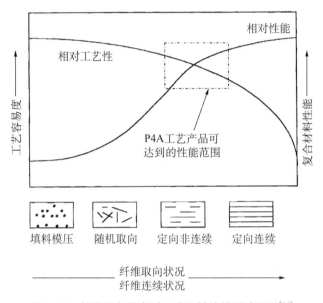

图 9.20　纤维取向状态对工艺和性能的影响作用[14]

9.9　纤维随机取向的毡料

许多用于民用对象的预成形体并不要求很高的力学性能，这类产品可采用纤维随机取向的毡料。纤维毡既可以使用非连续的短切纤维制造，也可以是纤维卷曲缠结而形成的毡体。对于多曲面组合的复杂形状产品，这是一种十分经济的制造途径。由于纤维的体积含量最高在40%左右，纤维毡易被浸渍，适用于各种液体成形方法。

9.10　预成形体的优点

在复合材料行业，纺织预成形体因其在改善损伤阻抗和降低复合材料零件成本方面的潜力，将继续发挥不可或缺的作用。

- 与单向带相比，纺织预成形体具有更好的后续工艺可操作性。预成形体由于态纤维制成,纤维相互结合但无聚合物或基体材料加入其中。纺织预成形体可被运输、储存、铺贴(在一定限度内,取决于纤维织物的种类)和压装进入成形模具。最终的产品可在模具中通过液态成形方法完成固化。

● 如果对接头的强度要求适中,不同预成形体可以方便地采用共固化来相互结合。如果对接头的强度要求较高,也可采用缝合方法。纺织产品的多样性使设计人员可以跨出传统的层压板理念。例如,采用传统的带铺放途径,层压蒙皮为防止屈曲需加筋增强。加强筋为单独零件,需另通过共固化、胶接或机械连接等工序与蒙皮结合。而纺织预成形体和液体成形工艺则使无余量整体构件的制造成为可能。相对于预浸料铺叠,整体结构的无余量制造具备相当大的降低成本潜力。这是因为通过手工铺叠来实现复杂形状构件的难度极大,而且整体结构还减免了连接工序。整体结构在性能上也存在优越之处,如设计得当,将不会再出现互粘接零件分层的失效模式。

● 通过预成形,可将 RTM 工艺过程中与昂贵金属对模相关的操作减少到仅剩装模、固化、卸模。实际工作中一般采用低成本的预成形模具来进行预成形体的铺叠和加热定型。

9.11　预成形体的缺点

对于采用预成形体的大部分产品而言,虽其损伤容限可得到改善且成本较低,但与单向带所制产品相比,呈现出较低的力学性能。较低的力学性能是多种因素共同作用的结果。

● 高强度纤维,特别是玻璃纤维和碳纤维,每受一次处理或弯折,其性能即会有所减损。而在上述多种纺织工艺过程中,纤维束会相当大程度上产生机械磨损和弯折。

● 在机织和编织过程中,纤维排列方式的联锁特征导致纤维的弯折。而在由单向带制成的层压板中则无此现象发生。机织物中的纤维叠交点处,纤维束还会受到相当大的挤压。而经编或缝合的单向预成形体性能通常与单向带材料更为相近。

● 平面的机织预成形体在复杂型面的模具上贴模成形时,纤维的取向会发生改变,初始的正交排列方式会被扭曲。对于编织产品,芯模直径的变化通常会使编织角发生改变。对于三维的机织产品,在致密过程中,z 向增强纤维会因受压而丧失准直度。

● 一般情况下,预成形体的形状越为复杂(如三维机织预成形体),要使固化后复合材料的纤维含量达到单向带的高水平,也将越为困难。例如,单向带所制层压板的纤维体积含量通常可达 60％ 左右,而大量三维增强产品的纤维体积含量则在 50％~55％ 的范围内。这一缺点还将导致树脂堆积区的出现,该区域极易在固化后的冷却过程中产生微裂纹[15]。

制造预成形体所用不同纺织工艺的一些优缺点在表 9.3 中概要列出。

表 9.3　各种纺织工艺的优缺点对比[16]

纺织工艺	优　点	缺　点
低褶皱单向织物	● 面内性能高 ● 可设计性良好 ● 预成形体制造工艺高度自动化	● 横向和面外性能低 ● 织物稳定性差 ● 铺叠的劳动量大
二维机织物	● 良好的面内性能 ● 良好的可铺贴性 ● 预成形体制造工艺高度自动化 ● 有可能织出完整的制件形状 ● 适用于大面积制件 ● 具有大量的数据积累	● 偏轴性能可设计性受限 ● 面外性能低
三维机织物	● 面内、面外性能适中 ● 预成形体制造工艺自动化 ● 织物形状具有一定的可实现范围	● 偏轴性能可设计性受限 ● 可铺贴性差
二维编织预成形体	● 偏轴性能可得到良好的均衡 ● 预成形体制造工艺自动化 ● 适用于复杂曲面制件 ● 可铺贴性良好	● 预成形体制造过程缓慢 ● 面外性能低
三维编织预成形体	● 面内和面外性能可得到良好的均衡 ● 预成形体制造工艺自动化 ● 适用于复杂曲面制件	● 预成形体制造过程缓慢 ● 尺寸受限于设备能力
多向经编织物	● 可设计性良好,可得到均衡的面内性能 ● 预成形体制造工艺高度自动化 ● 可大批量生产的多层叠合材料,适用于大面积制件	● 面外性能低
缝合	● 面内性能良好 ● 制造工艺高度自动化,具有极好的损伤容限和面外强度 ● 作为优异的组装途径	● 面内性能稍有降低 ● 对复杂曲面的适应性差

9.12　采用纺织工艺制造的整体结构

通过制造整体结构来消除接头的方法在性能和生产上的优越之处使其颇具吸引力。在织物的宽度或长度方向,其纺织模式可不尽相同。通过对织机的程序控制,有可能使织物在某些部位不发生沿特定平面的全厚度联锁。所得到的平面织物可展为分枝状结构。这一方法能用于制造相交叉的加强筋,纤维可在穿过交叉区域的同时保持其连续性。

图 9.21 给出采用机织技术制造蒙皮和加强筋整体构件的一个实例。蒙皮包含正交的经、纬丝束,同时包含±45°偏轴铺层。所有这些组分为联锁结构中穿越厚

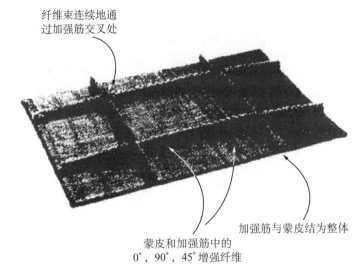

纤维束连续地通过加强筋交叉处

蒙皮和加强筋中的
0°，90°，45°增强纤维

加强筋与蒙皮结为整体

图 9.21　整体加强的机织预成形体[2]

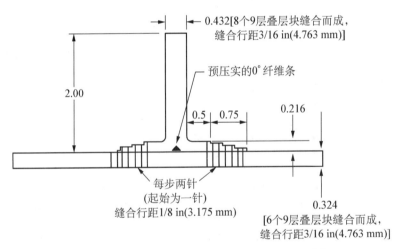

0.432[8个9层叠层块缝合而成，缝合行距3/16 in(4.763 mm)]

预压实的0°纤维条

2.00

0.5　0.75

0.216

每步两针
(起始为一针)
缝合行距1/8 in(3.175 mm)

0.324

[6个9层叠层块缝合而成，
缝合行距3/16 in(4.763 mm)]

图 9.22　采用缝合将加强筋安装至蒙皮的示例[2]

度向的增强纤维所支撑。加强筋由偏轴丝束构成，这些丝束连续地从蒙皮向上穿越加强筋，然后再返回蒙皮。加强筋和蒙皮由此在同一机织工序中以完全整体的方式构成。图 9.22 则为通过缝合来整体构造蒙皮和加强筋的示意说明。如前所述，结构最终的固化可采用液态成形方法在无余量的成形模具中完成。

9.13　预成形体的铺叠

由于聚合物基复合材料的刚度和强度为增强纤维所决定，在所有的制造工序中，保证纤维准确定位极为重要。对预成形体的不良操作和加工会破坏纤维排列的一致性。在材料的处理、材料在曲面模具上的铺贴、预压实、模具封装等诸多方面，控制一旦失当，即会导致纤维的散乱和扭曲。应通过对工艺验证件的考核来确认是否满足纤维体积含量的下限要求，对于接头等细节部位尤其需给予关注。当织物发生铺贴变形时，保证设计所要求的纤维含量即成为最具挑战性的问题。织物在单曲型面上的可铺贴性与织物的剪切柔性直接相关。相比于平纹织物，缎纹织物上丝束交汇点较少，剪切刚度较低，因此铺贴更为容易。织物在复杂型面上的铺贴状况还取决于其面内的可延展性和可压缩性。对于含有大量接近准直状态的面内纤维的织物(这恰为大部分结构应用案例所要求)而言，复杂型面上的铺贴存在较大难度。此类织物仅对轻度双曲型面有较好的铺贴适应性而不发生纤维排列规律的显著破坏。不过，复杂型面制件可以通过其他一些尺寸无余量的工艺获得，诸如在芯模上进行的编织。此时可以避免可铺贴性问题。

预成形工艺要先于注射工艺进行，其原因有以下两方面。首先，预成形无须使用昂贵的对模，此类模具可仅用于制件固化而预成形操作可提前和分开进行。其次，良好的预成形体(见图 9.23)应具备相当的刚度和形状稳定性，而直接将松散的织物铺放入固化模具无法做到这一点。因此，预成形工艺可以改善最终制件内部的纤维排列状况，减少每个制件之间的差异。

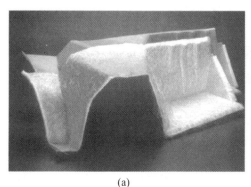 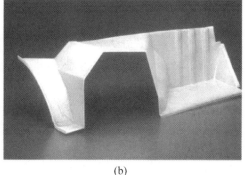

(a)   (b)

图 9.23 预成形体和液态成形零件的实例

(a) 玻璃纤维预成形体 (b) 液态成形零件

平面织物预成形体可以通过缝合或粘合结为一体。定形剂通常为未固化的热固性树脂，以薄膜、喷雾溶液或粉末形式提供。薄膜可置于相邻的织物层之间，热压环境下使其在叠层块中熔融而形成预成形体。定形剂也可用溶剂稀释，然后喷覆至织物层上。第三种方法是将粉末状定形剂布于织物表面，再加热熔融粉末，使其浸润织物。带有定形剂的织物可视为一种低树脂含量(通常为 4%～6%)的预浸料，可使用常规的自动化织物切割设备进行套裁。非常重要的一点是应将定形剂含量保持在尽可能低的水平上，因为定形剂会降低预成形体的渗透率，使树脂的充填变得困难。此外,定形剂与注入树脂的化学相容性也十分重要,两者最好为同类的树脂体系[17]。织物层放置定形剂后,在低成本的预成形模具上成形至预期形状,并在 200℉(93℃)左右加热 30～60 s 以完成热定型。预成形体的密实度取决于所用的预成形方法、增强纤维种类、定形剂、压实力和压实温度。图 9.24 示意地给出压实力和温度的影响效应。定形剂可以起到润滑剂的作用并使密实度得以提升,但同时也降低了预成形体的渗透率,使树脂的注入变得更为困难。对于任何形式的预成形体,其在注入树脂前的干燥处理十分重要。大气环境下,预成形体表面会凝有水分,干燥处理可对此加以去除。

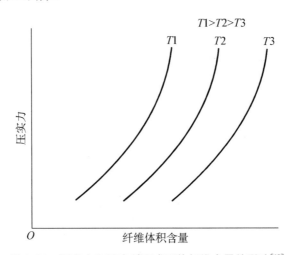

图 9.24　压实力和温度对预成形体纤维含量的影响[18]

9.14　树脂的注入

树脂的注入遵循多孔介质中流体的 Darcy 定律。根据该定律,单位面积上的树脂流动速率(Q/A)正比于预成形体的渗透率(k)和压力梯度($\Delta P/L$),反比于树脂的黏度(η)和流径长度(L):

$$\frac{Q}{A} = \frac{k\Delta P}{\eta L}$$

因此,要在短时内完成注入(高 Q/A),需要有较高的预成形体渗透率(k),较高的压力(ΔP),较低的树脂黏度(η)和较短的流径长度(L)。这一方程为 RTM 工艺提供了有用的指导方针:①采用低黏度树脂;②采用高压力来提高注入速度;③采用多个注入口和排气口来提高注入速度。

用于 RTM 的理想树脂应具备:①低黏度,以使树脂流入模具和充分浸渍预成形体;②足够的适用期,在此适用期中树脂能够保持足够低的黏度,以在合理的压力下完成注入；③低挥发分含量，以减少空隙和孔隙的产生；④合理的固化时间和温度，以使制件得到完全的固化。表 9.4 更为详细地列举了 RTM 工艺的影响因素。

表 9.4　RTM 工艺因素及其影响[1]

RTM 工艺因素	对工艺过程和结构的可能影响
树脂黏度	● $100\sim1000\,cPs$① 为典型的流动工艺操作区间。 ● 高温下 $10\sim100\,cPs$ 的工艺操作也具典型性。 ● 黏度过高，预成形体无法被浸渍。 ● 黏度过低，快速渗透可能导致干区和孔隙。
树脂适用期	● 过短，树脂无法充填预成形体。 ● 过长，工艺过程不必要地延长。
树脂注入压力	● 帮助驱使树脂进入模具和预成形体。 ● 过快或过高，可能使预成形体在模具内移位。 ● 过高，可能破坏模具。 ● 过高，可能撑破密封处而导致渗漏。 ● 过低，工艺过程耗时过长。 ● 过低，树脂在注入过程中可能发生凝胶。
树脂注入时的真空度水平	● $10\sim28\,in(254\sim711\,mm)$汞柱为典型的工艺操作范围。 ● 帮助将树脂吸入模具和预成形体。 ● 有利于减少孔隙含量。 ● 帮助模具保持紧密对合状态。 ● 有利于去除水分和挥发分。
多个注入口	● 通常用于保证浸渍的充分性。 ● 有时用于逐步填充超长零件。
内部的橡胶/高弹体软模	● 橡胶嵌件用于提供很高的压实力。 ● 可以获得高纤维含量（$>65\%$）。 ● 一般可将孔隙含量降至极低。 ● 模具须足够坚固，以能够承受高压。
合模压力	● 树脂注入后压力升至 $100\sim200\,psi(689\sim1379\,kPa)$。 ● 压碎气泡以减少微小孔隙。
纤维上浆剂或耦合剂	● 上浆剂的化学特性须与所选树脂相容。 ● 上浆剂含量会降低树脂的流动性（渗透率下降）。
纤维体积含量	● 树脂流动渗透率与纤维体积含量成反比。 ● 高纤维体积含量（$>60\%$）的实现需在浸渍上耗费更大的工作量。 ● 民用市场，纤维体积含量通常为 $25\%\sim55\%$。 ● 航空航天应用，纤维体积含量通常为 $50\%\sim70\%$。
成形中加进嵌入件和接头	● RTM 工艺对此有很大的可行性。 ● 接头周边的树脂流动有可能造成干区和孔隙。

---

① cPs 为单位厘泊的复数形式。——编注

　　选用 RTM 树脂体系时,黏度是一个主要的考虑因素。适用的低黏度树脂的理想黏度范围为 100~300 厘泊(cPs),500 cPs 则为黏度上限。虽然有更高黏度树脂被成功注入的案例,但须具备很高的注入压力或温度环境,而这将导致更为厚重的模具以防止其发生变形。通常树脂在注入模具前进行混合和催化。当树脂在室温下为固体并使用潜伏性固化剂时,须加热使之熔融。在注入口对树脂进行真空脱气(见图 9.25)是去除混合时所裹入的空气及低沸点挥发分的一个好办法。无论是环氧树脂还是双马来酰亚胺树脂均能制成适合于 RTM 工艺的类型,预先配制的树脂产品可从众多供应商处获得。与预浸料树脂的情况相似,掌握 RTM 所用树脂的黏度和固化动力学十分重要。

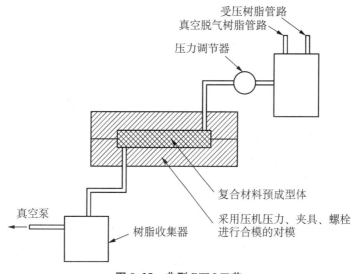

图 9.25　典型 RTM 工艺

　　尽管树脂的注入压力范围可从仅为真空直至 400~500 psi(2 758~3 447 kPa),但一般情况下所用压力在 100 psi(689 kPa)以下。虽然经常需要用高压力来对预成形体进行充分浸渍,但注入压力越高,预成形体移位的可能性就越大。也就是说,树脂流前端压力可将干态预成形体从其应处位置推出。普通情况下,对注入成形模具的设计或要保证其有足够的刚度来抵抗注入压力,或可考虑将其置于压机平台,用压机压力来抵抗注入压力。根据经验,注入压力越高,模具的成本也越高。可在注入工序以前或中间对树脂或模具进行加热以降低树脂黏度,不过这也会缩短树脂的可操作期或适用期。在注入工序前通常对树脂进行真空处理,以尽可能多地排除挥发分,从而降低固化后制件出现孔隙的可能性。注入工序中还经常采用抽真空来去除预成形体和模具中裹入的空气。真空负压还有助于将树脂吸入模具和预成形体内部,有助于排除水分和挥发分,有助于减少孔隙。曾有报道指出,对真空的应用是从减少孔隙角度来对产品质量加以完善的重要调节因素[19]。

树脂充填模具所用时间取决于树脂黏度、纤维预成形体的渗透率、注入压力、注入口的数量及位置，以及制件的尺寸。注入的工艺方法一般包括如图 9.26 所示的三种类型：①点注入；②边缘注入；③外围注入。点注入通常在制件中心处注入树脂，并在制件周边抽真空，使树脂快速地流入纤维增强体之中。而边缘注入则在制件的一端注入树脂，并在另一端抽真空，使树脂单向地流过制件全长。外围注入过程中，树脂被注入围绕于制件周边的沟槽内，并在制件中心处抽真空，使树脂快速地从外围向内流动。一般而言，外围注入为三者中之最快，但在同一制件上使用一种以上方法的实例也非鲜见。此外，要有效完成树脂充填，避免空气裹入和未浸渍干斑，对注入口和排气口位置的深思熟虑极为重要。尽管在缩短充模时间方面存在多

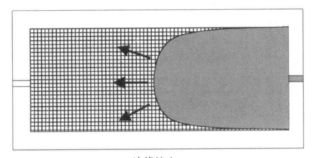

边缘注入

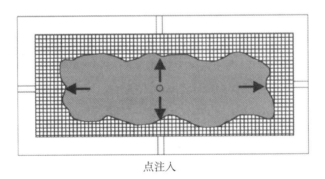

点注入

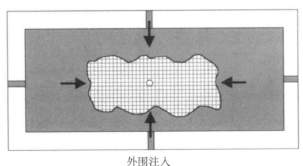

外围注入

图 9.26　树脂注入方法

种途径,诸如采用更低黏度的树脂或更高的注入压力,但最为有效的办法是设计可以将树脂流动距离减至最小的注入及排气口系统。在注入及排气口系统的设计中,最重要的考虑因素是使系统能够将裹入空气的可能性降至最小,因为裹入的空气会导致固化后制件出现未浸渍干斑。在外围注入过程中,有可能发生所谓"跑道"现象,此时树脂经过外围的注入沟槽后向内移动裹入空气,导致干斑的产生。一般情况下,这一现象可通过对排气口位置和数量的审慎选择来加以克服。

注入过程中的真空辅助措施通常有助于孔隙含量的减少。但是,一旦决定使用真空辅助措施,确保模具的真空密封性十分重要。如果模具发生渗漏,空气将随之吸入模具,导致发生高孔隙含量的可能性。除预成形体和模具内的裹入空气外,树脂自身中的裹入空气、水分及挥发分也是孔隙生成的一个源头。常用的对策是树脂注入前,在常温或低度加热条件下对树脂混合物进行彻底的真空脱气处理,以对这些气体加以驱除。在注入工序中,当模具即将被充满时,树脂会开始从排气口系统流出。如有迹象表明流出的树脂中存有气泡,需让工序继续进行直至流出树脂中的气泡消失。一旦注入工序完毕,可封闭各排气口,同时继续抽真空来加强模具内的树脂液压,以进一步减少孔隙生成的可能性。

9.15 固化

固化可采用以下几种方法实现:

- 对模内装热源——电、热水或热油。
- 将对模置于烘箱之中。
- 将对模置于压机的加热板之间,由压机为模具提供热源和合模压力。
- 对于仅使用抽真空进行注入的液体成形工艺如 VARTM 和 SCRIMP,通过单面模具配以真空袋来实现压力的施加。在此场合,热源可装于模具中,也可以是烘箱,或甚至是加热灯。

GKN 航空服务

图 9.27 RTM 碳纤维复合材料制件

在热压罐固化过程中,操作者可对时间、温度、压力(t, T, P)等参数进行控制。与此不同,在 RTM 工艺过程中,参数 P 通常根据注入工艺所加于树脂的压力预先确定,在 VARTM 工艺过程中,则受限于真空所能促成的压力[$\leqslant 14.7\,\mathrm{psi}(101\,\mathrm{kPa})$]。在一些使用对模的场合,排气口可以封闭,通过抽真空来保持压力的施加。为提升生产效率,RTM 制件经常在模具中固化后即脱模,然后在烘箱中以自由状态完成后固化。图 9.27 给出一些完工的 RTM 复合材料制件实例。

9.16　RTM模具

模具可能是RTM工艺独一无二的最重要影响因素。合理设计和制造的模具通常会生成良好的制件,而设计制造不当的模具则几乎肯定会导致有缺陷的产品。设计RTM模具时,须对以下几方面加以认真考虑:

- 模具须有足够的刚度,当预成形体开始装入时,模具不会因此发生变形。同时模具须能承受成形过程中的树脂注入压力。如模具将独立使用(而非置于压机之中),需在其外部加装增强结构,以防止模具在注入工序中发生变形。

- 当在注入工序中采用真空辅助措施时,模具应能保证真空密封,以防止空气被吸入模具内,这一点极为重要。针对这个问题可以采用了很多不同的方法,但通常都是将某种形式的橡胶O型圈安装于设置在模具周边的沟槽中。如有可能,最好保证密封区位于简单平面之中。沿曲面来进行有效密封的难度会比较大。

- 锁模系统须能在预成形体压缩和树脂注入过程中充分保证模具处于闭合状态。虽有在大批量生产中采用液压系统的案例,但大型螺栓仍为经常的选项。必须指出,注入压会对模具施加极大的分离力。例如,对面积为 $20\,in^2$ ($12\,903\,mm^2$)的模具施加 $60\,psi$($414\,kPa$)的注入压时,模具受力可达 $80\,t$。

- 为进行固化,模具或需自身具备热源,或需被置于烘箱或压机之中。

- 模具的注入口和排气口系统须能保证树脂注入过程中预成形体被完全浸渍,模具被完全充满。注入口和排气口的位置和数量并非学术问题,对其所做的决策通常来自经验和试错。

常规的RTM模具由对模组成,通常采用工具钢加工获得。钢制模具具有适合大批量生产的长寿命,并在使用中不易遭受损伤。模具的型面通常经过调制和抛光而具有很高的光洁度,能够生成表面完好的RTM制件。许多金属对模的构成具备充分的刚度,在注入和固化过程中无需将其置于压机来抗衡树脂的注入压力。由于这些模具必然十分沉重,模具中需附加相应装置来使其能够被起重机吊运。这些模具的锁合通过一系列大型螺栓实现,并常常备有内部端口用于水或油加热。热水可有效加热至 $280\,°F$ 左右。更高的温度则须采用热油实现。在模具中也可安装电加热装置,但存在损坏后难以更换的维修问题,因此可靠性一般不及热油。RTM模具还可放置于对流烘箱中加热,但对于大型模具,加热的速度极为缓慢。

钢制对模有两方面的缺点:①模具昂贵;②加热和冷却速度缓慢。金属对模还可采用Invar42材料制造,以与碳纤维复合材料的热胀系数相匹配。铝材也可用于模具制造,其易于加工(成本较低),较高的热胀系数适合于某些应用场合。但与钢材和Invar材料相比,铝材易被磨损。对于原型件和小批量产品,对模可采用耐高温树脂制造,通常加入玻璃纤维或碳纤维进行增强。原型模具可以直接对块材进行数控加工而成,也可在母模上铺叠而成,或在母模上铺叠固化后再由数控加工设备磨光其表面。

对于 VARTM 和 SCRIMP 等仅采用抽真空进行注入和固化的工艺方法,模具大幅度减重和相对便宜是其突出的优点。实际上,这些工艺大部分仅在制件一侧使用单面硬模,而在另一侧使用真空袋。在纤维预成形体之上几乎总是放置一层多孔介质,以辅助注入过程中的树脂充填。

9.17　树脂转移成形效果

制件的拐角半径如设计得过小,常会在预成形体拐角处发生架桥现象,从而如图 9.28 所示,在拐角外侧形成富脂区。由于树脂得不到纤维增强,该区常会发生裂缝或折断。如拐角处的架桥现象极为严重,还会存在铺层无法压实并出现分层的问题。根据经验形成的一条准则为:拐角直径应至少为制件厚度的 3 倍。拐角直径过小可能带来的其他问题包括:①可能限制树脂的浸渍;②将预成形体装入模具将变得更为困难;③合模后纤维可能受损;④如模具采用层压复合材料等较软材料制成,模具自身会遭损坏。

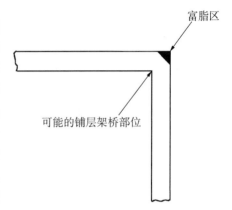

图 9.28　在预成形体与模具之间形成的富脂区[18]

注入过程中树脂具有很高流动性,其流径沿最小阻力处推进。如有间隙存在于预成形体与模具之间,或存在于预成形体内部,此处的渗透率必高于平均水平,因此树脂有可能局部超越流动前沿而在预成形体内形成空气滞留区,从而导致干斑或未浸渍部位。图 9.29 给出此类"跑道"现象的示意。注入口和排气口系统的合理设计对于"跑道"现象的防止极为关键。对于外围注入系统,这一问题较点注入或边缘注入更具普遍性。与之类似的现象还可能发生于夹层结构(见图 9.30),其中沿一侧表面的树脂流动快于另一侧表面,导致蒙皮厚度的不均匀。事实上芯材会被树脂流前沿推向较薄的一侧面板。为解决使用泡沫塑料芯材时存在的一些注入问题,芯材制造商在所提供的芯材表面上刻有交错的线槽作为注入途径,甚至在泡沫塑料芯材上钻打穿透孔洞,以让树脂通过而平衡两侧压力。这一方法常用于 VARTM 来减少注入时间和改善制件质量。

注入压力如过高,树脂流前沿可使部分预成形体移位而发生"纤维冲蚀"。对于纤维体积含量较低的制件,这种现象更为普遍。随纤维体积含量的提高,通常会受到来自模具的更高压实力,这可对纤维所受的冲蚀力形成制衡。不过,较高的压实力也会降低预成形体的渗透率,使树脂的注入更为困难。

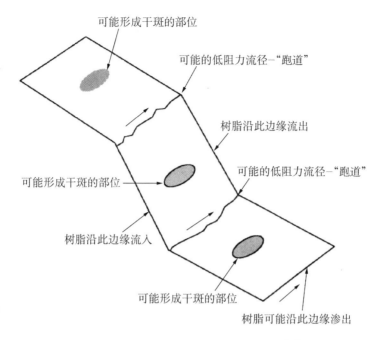

图 9.29　树脂注入过程中的"跑道"现象[18]

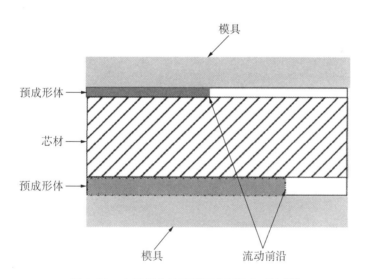

图 9.30　夹层板中的面板厚度不均匀现象[18]

　　与传统的热压罐固化制件相比，树脂转移成形制件的孔隙问题通常不是很突出。但若在注入工艺过程中采用真空辅助措施驱除模具内空气，孔隙仍有可能产生。这经常是因为模具的密封系统出现渗漏，使得抽真空操作实际上又将外面的空气吸入模具。可采取一系列步骤来减少孔隙：①确认模具的真空密封良好，在注入工艺过程中准备抽真空的场合尤须如此；②注入前对釜中树脂进行真空脱气来驱除挥发分和裹入空气；③让树脂在排气口不断流出，直至其中无气泡存在；④在模具排气口封闭后继续施加压力，以确保树脂在固化过程中维持足够的液压。

　　包括 RTM 在内的所有液态成形工艺均可通过对预成形和注入过程的数学建模而受益。图 9.31 给出可行步骤的一个示例。根据产品几何形状，可建立有限元模型来预测预成形过程中纤维的移动和扭曲变形，以及注入过程中树脂进入模具和预成形体的流动行为。对这些先进建模能力的正确使用可显著减少新产品结构开发所耗费的时间和成本。对模型的合理应用还可有效辅助新模具方案中注入口和排气口的设计决策。在参考文献[20]中，可以看到关于液态成形模拟技术的现状综述。

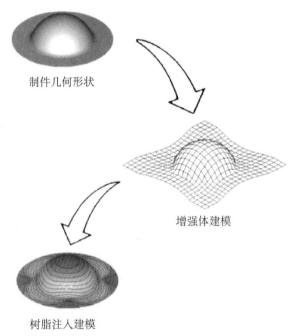

制件几何形状

增强体建模

树脂注入建模

图 9.31　增强体铺贴和树脂向模具中注入过程的建模

9.18　树脂膜浸注

　　RFI 为 NASA 和麦道公司(现并入波音)长滩分部开发的一种工艺技术。该工艺的开发初衷有二：①希望采用三维增强体来制造高损伤容限的民用飞机机翼；②希望采用已经过取证的预浸料树脂体系作为基体材料。将预浸料树脂体系用于常规 RTM 工艺所存在的问题是：其最低黏度(>500 cPs)仍高出将树脂成功注入和充满缝合预成形体的可行上限。所开发的这一工艺的示意说明如图 9.32 所示，其中将定量的基体树脂(Hexcel 3501-6)层片置于模具底部,该树脂层片在室温下为固态。再将缝合预成形体装入模具,置于树脂层片上部。热压罐固化过程中树脂熔融,在真空和热压罐压力的作用下,液态树脂由下而上在模具中浸注预成形体。浸注完成后,将温度升至固化温度,制件在热压罐的热压环境下完成固化。RFI 工艺的关键在于对预成形体压实状况和渗透率的了解,以及对树脂体系黏度及反应动力学行为的掌握。例如,对一大型预成形体的浸注,可能需要在树脂黏度低于250 cPs 的 250°F 环境下经历 1~4 h 完成。此外,预成形体的设计及其在模具内的铺放,模具的设计和尺寸控制对此工艺也极为重要。须设计专门的固化工艺规范来得到能够确保预成形体被充分浸注的时间-温度-黏度曲线。此工艺的一个派生种类为树脂液体浸注(RLI),其中采用液态树脂取代固态树脂。预成形体入模前,树脂先被放置或注入模具底部。

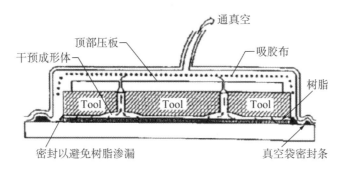

图 9.32　树脂膜浸注(RFI)工艺[4]

在 NASA 的复合材料机翼项目中,波音长滩分部成功设计、制造、装配和测试了采用 RFI 工艺的复合材料机翼。该机翼的长度为 42 ft(13 m),宽度为 8 ft(2.4 m)。此项目采用了 3501-6 基体树脂和德国 Saertex 公司提供的缝合预成形体。图 9.33 为完成缝合、浸注、固化的机翼蒙皮。

Saertex 所供材料一般为 7 或 9 层的厚叠层块,典型的铺层取向为 0°,±45°,90°。此类材料采用 Libra 经编设备(见图 9.34)制造,采用 72-丹尼尔的聚酯线将铺层结合为一体。此法的主要优点之一是各层纤维保持准直而不发生机织产品通常存在的弯折[22]。

图 9.35 和图 9.36 为缝合工艺的示意说明。蒙皮、长桁、肋板夹各自先行缝制,然后再将三者缝

图 9.33　采用 RFI 工艺制造的机翼整体壁板[21]

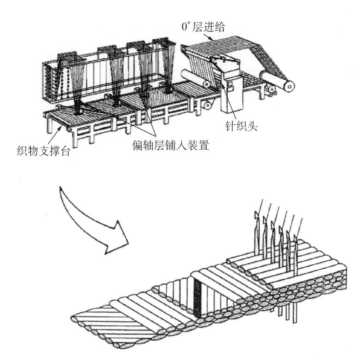

0°层进给

针织头

织物支撑台

偏轴层铺入装置

图 9.34　Libra 经编设备和典型形式产品的制造[3]

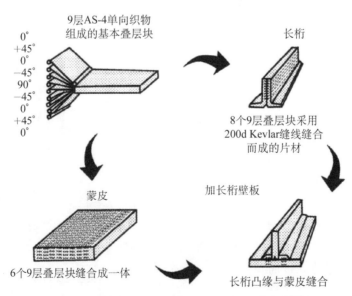

9层AS-4单向织物
组成的基本叠层块

长桁

0°
+45°
0°
−45°
90°
−45°
0°
+45°
0°

8个9层叠层块采用
200d Kevlar缝线缝合
而成的片材

蒙皮

加长桁壁板

6个9层叠层块缝合成一体

长桁凸缘与蒙皮缝合

图 9.35　对 RFI 机翼蒙皮进行缝合的工艺流程[3]

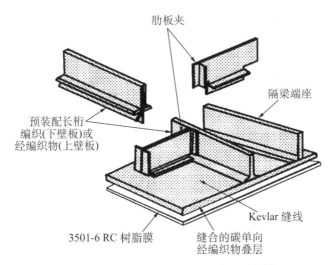

肋板夹

隔梁端座

预装配长桁
编织(下壁板)或
经编织物(上壁板)

Kevlar 缝线

3501-6 RC 树脂膜

缝合的碳单向
经编织物叠层

图 9.36　RFI 整体机翼蒙皮的基本结构[3]

合为一体。图 9.37 为典型的缝合模式，图中的 Saertex 叠层块采用 1600 丹尼尔的
Kevlar29 缝线进行缝合。叠层块的缝合形式为改良的锁缝，缝合行距为 0.20 in
（5.08 mm），针距为每英寸 8 针。大机翼蒙皮一般由 5～11 个 Seartex 材料叠层块
组成，加强区则可达 17 个叠层块之厚（0.94 in）。图 9.38 和图 9.39 给出用于制造机
翼蒙皮的大型缝合设备。图 9.40 则给出肋板夹构件的缝制细节。

　　为加长低黏度延续时间，所采用的 3501-6 树脂为降低了催化剂含量的改性制
品，其可保持低黏度状态（100～300 cPs）达 120 min，从而有足够的时间来使树脂向
上流遍模具并浸注预成形体。对树脂还进行了真空脱气处理，以减少内部空隙和表
面孔隙的形成。图 9.41 给出典型的固化工艺规范。其中很重要的一点是：从开始
加热到 250°F（121℃），再在 250°F（121℃）保温所经历的时间有足够的长度来确保
树脂熔融并充分浸注预成形体。

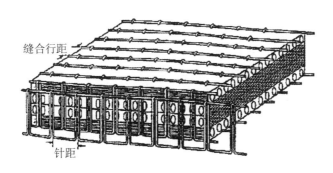

缝合行距

针距

图 9.37　叠层块缝合模式示意[23]

图9.38　大型多轴缝合设备的前视图[21]

图9.39　用于机翼蒙皮的大型多轴缝合设备[21]

图9.40　肋板夹构件与机翼蒙皮的缝合[21]

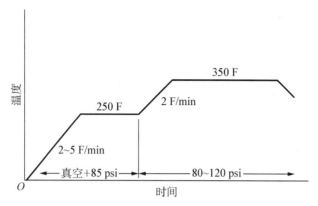

图 9.41 用于 RFI 工艺的典型热压罐固化规范[21]

RFI 工艺的一个派生种类采用置于干预成形体层间的树脂薄膜来替代置于模具底部的大块状树脂。这一派生种类有时被称为 SPRINT，其优点在于树脂无须流动很远就能浸渍每一铺层，而真空袋压通常足以保证充分的浸渍。

9.19 真空辅助树脂转移成形

真空辅助树脂转移成形（VARTM）工艺中，树脂的注入和固化均仅仅通过真空压力实现，因此其特有的最大优点是模具成本和模具设计的复杂性远低于 RTM 工艺。此外，由于固化无须采用热压罐，VARTM 工艺具备用于制造特大型结构件的可行性。VARTM 工艺所使用的压力很低，因此便于在铺层中加入轻质泡沫塑料芯材。VARTM 类型的工艺多年来被用于制造玻璃纤维船壳，直到近年才得到航空航天工业的关注。

图 9.42 给出 VARTM 工艺的一个典型示例。其中包括单面模具和真空袋。VARTM 工艺通常在预成形体之上放置某种形式的多孔介质，以帮助树脂在预成形体中的流动和对预成形体的充分浸渍。这一多孔分流介质应为高渗透率材料，可容

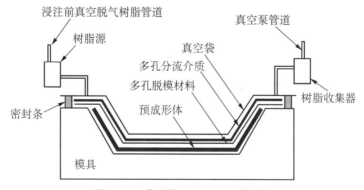

图 9.42 典型的 VARTM 工艺装置

许树脂方便流过其中。使用多孔分流介质时,树脂一般均通过分流材料而流入预成形体。典型的分流材料包括尼龙网和聚丙烯针织物。由于树脂沿厚度向渗流,"跑道"现象和预成形体周边的树脂渗漏可有效避免[24]。

VARTM 类型工艺的一个突出优点是能以较低的模具成本来造出特大型的制件(见图 9.43)。图中制件采用 SCRIMP 专利工艺制造,通过特殊的树脂分流介质来在较短的时间内实现大面积的树脂浸注。值得注意的是:树脂对预成形体的浸渍部位显示出多个注入口被采用。另一实例是复杂的直升机机身构件(见图 9.44),其中框和隔板采用 RTM 工艺制造,然后在 SCRIMP 工艺过程中实现与蒙皮的胶接共固化。

源自波音公司

图 9.43 采用 SCRIMP 浸注的大型制件　图 9.44 采用液态成形工艺制造的复杂直升机机身

参考文献[25]给出一种可快速浸注树脂而无须多孔介质的新颖方法。该法被称为快速长程促流通道方法(FASTRAC),图 9.45 给出其示意。FASTRAC 过程中,在内外真空袋之间抽真空。外真空袋上带有一系列脊条,内真空袋在真空作用下被吸附于脊条之上,从而形成多个通道供树脂注入。浸注完成后,外真空袋被去除,并在内真空袋中抽真空以提供固化过程所需的压实力。由于 FASTRAC 的外真空袋不接触树脂,其可被多次使用。关于这一工艺,曾有文献报道其达到极高的浸注速度。

VARTM 工艺仅采用真空压力实现树脂的注入和固化,因此无须热压罐,并能够制造特大型制件。通常所用为烘箱和自带热源模具。由于压力较低[≤14.7 psi(101 kPa)],低成本的轻质模具即可满足要求。一些制造商采用双真空袋来减少压实力的波动并提防主真空袋发生渗漏。在两层真空袋之间放置一层透气材料会有助于渗漏处所入空气的排除。可重复使用的真空袋还可降低复杂形状

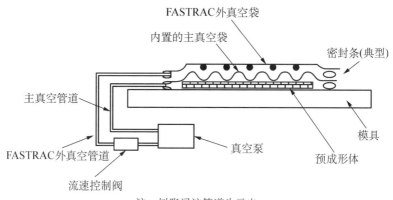

注：树脂浸注管道为示出

图 9.45　FASTRAC 工艺原理示意[25]

制件的真空封装成本。

　　VARTM 工艺所用树脂的黏度需要低于传统 RTM 树脂。要使树脂具备仅在真空压力下浸渍预成形体的流动性，必要的黏度应在 100 cPs 以下。树脂浸注前常进行真空脱气处理，以帮助驱除树脂混合时裹入的空气。一些树脂可在室温下浸注，而其他一些则需进行加热。应该确保树脂源和真空收集器远离被加热的模具，以方便树脂源的温度控制并减少树脂在收集器中发生放热反应。

　　对于大尺寸制件，需采用多个注入口和排气口。经验表明，树脂供给管道和真空源的安置应保持 18 in(457.2 mm)左右的间距。当树脂从树脂源流出时，其速度遵循 Darcy 定律发生下降。制件最终厚度和树脂含量的降、升态势如图 9.46 中直线所示。对于厚预成形体，实现较高纤维体积含量的难度会更大。由于纤维束的堆

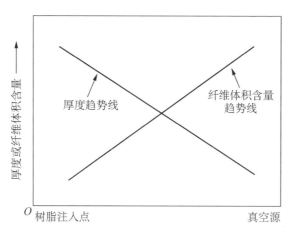

图 9.46　固化后制件厚度和纤维体积含量与真空源相
隔距离之间的变化关系[26]

叠无法达到完美的紧密有序状态,每添加一个铺层,预成形体内部的空隙体积就会随之增长,这也就导致了大厚度制件纤维体积含量较低的现象。

由于所用压力远小于常规 RTM 工艺或热压罐工艺,要获得与高压工艺产品相同的高纤维体积含量,所面临的困难非常大。不过,此工艺的这一缺点可通过制造近乎无余量的预成形体加以克服。此外,VARTM 工艺无法达到如同常规 RTM 工艺的制件尺寸精度,真空袋一侧成形的表面光洁度无法达到硬模成形表面的水平。厚度控制一般取决于预成形体的铺叠、铺层的数量、纤维体积含量和工艺过程中的真空程度。在 NASA 的先进复合材料机翼项目[21]中,研究人员除 RFI 外还对 VARTM 工艺进行了评估。他们所做第一块机翼壁板构件的纤维体积含量要求较低(≥54%),故采用 VARTM 对壁板进行浸注,然后在热压罐中完成加压固化。最终所获壁板(见图 9.47)的纤维体积含量(57%)符合要求。研究人员将这一工艺称为 VARTM‐PB(PB 为加压吸胶之意)。

图 9.47　采用 VARTM‐PB 制造的整体机翼壁板[21]

9.20　总结

对于尺寸精度要求高,构型复杂而难以在一致性基准上实施手工铺叠的制件,RTM 是极佳的工艺选择。但这一工艺的主要缺点在于模具成本。得到良好设计和制造的模具是获取良好制件的先决条件。液态成形工艺一旦与三维纺织结构相结合,可具潜力将复合材料的应用拓展到原来仅限使用金属材料的新领域,诸如接头和舱壁等存在多向复杂传载路径以及无法通过二维增强设计满足其要求的结构件。

预成形体的制造可采用多种工艺,包括机织、针织、缝合和编织。机织产品可以是常规的二维织物,也可以是更加复杂的三维增强体。MWK 是面向结构复合材料的针织物,其中多个单向铺层通过针织或缝合结为一体,从而至少在三个方向得以增强并具备后续工艺可操作性。MWK 材料，以及二维机织物或编织物，经常通过缝合来得到真实的三维增强效果。二维和三维增强的编织物适用于旋转体零件，但也可从芯模上切开取下制成其他形状结构件。对于结构功能要求较低的制件，P4A 和随机取向的毡状材料也是制作预成形体的有吸引力选项。

预成形体的主要优点在于减免了对复杂形状制件进行层层手工铺叠所必需的劳动量，以及提供了三维增强的可能性。但因预成形体的纤维体积含量较低，同时纤维受到扭曲和磨耗损伤，其面内力学性能会低于单向带产品。须将这一问题与预成形体的上述优点进行权衡考虑。

RTM 是一种最为成熟的高性能复合材料液态成形工艺。RTM 过程中，预成形体被置于大刚度的对模内，液态树脂在压力作用下注入模具，然后制件在模具内完成固化。RTM 工艺可以生产精度极高且力学性能良好的制件，但模具费用通常比较昂贵。

RFI 是另一种液态成形工艺，在此场合树脂被置于对合模具的底部。固化过程中，采用热压罐压力来驱使树脂自下而上地浸渍预成形体。该工艺的另一些派生种类则是将树脂制成薄膜放置于预成形体的各铺层之间。

VARTM 通过抽真空，而非施加注入压力，来驱使树脂进入预成形体。通常采用单面模具和真空袋，再配以多孔介质材料来帮助树脂浸注。VARTM 类型工艺的主要优点在于其能够降低模具成本。同时，由于固化无须热压罐，此类工艺可以生产大尺寸的制件。虽然 VARTM 工艺多年来被用于民用造船工业，将其用于高性能复合材料的相关技术仍在发展之中，但在降低成本方面已显现出极大的潜力。

参考文献

［1］ Beckwith S W, Hyland C R. Resin Transfer Moulding：A Decade of Technology Advances ［J］. SAMPE Journal, 1998,34(6)：7 - 19.

［2］ Cox B N, Flanagan G. Handbook of Analytical Methods for Textile Composites ［R］. NASA Contractor Report 4750, March 1997.

［3］ Dow M B, Dexter H B. Development of Stitched, Braided and Woven Composite Structures in the ACT Program and at Langley Research Center (1985 to 1997) ［R］. Summary and Bibliography, NASA/TP - 97 - 206234, November 1997.

［4］ Palmer R. Techno-Economic Requirements for Composite Aircraft Components ［C］. Fiber-Tex 1992 Conference, NASA Conference Publication 3211,1992.

［5］ Ko E K, Du G W. Processing of Textile Preforms ［M］. Advanced Composites Manufacturing, Wiley, 1997.

［6］ Gutowski T G. Cost, Automation, and Design ［M］. Advanced Composites Manufacturing, Wiley, 1997.

［7］ Singletary J N, Bogdanovich A E. Processing and Characterization of Novel 3 - D Woven Composites [C]. 46th International SAMPE Symposium, May 2001: 835 - 845.

［8］ Dickinson L, Salama M, Stobbe D. Design Approach for 3D Woven Composites: Cost vs. Performance [C]. 46th International SAMPE Symposium, May 2001: 765 - 777.

［9］ Mohamed M H, Bogdanovich A E, Dickinson L C, et al. A New Generation of 3D Woven Fabric Preforms and Composites [J]. SAMPE Journal, 2001,37(3): 8 - 17.

［10］ Wittig J. Robotic Three-dimensional Stitching Technology [C]. 46th International SAMPE Symposium, May, 6 - 10,2001: 2433 - 2444.

［11］ Ko EK. Braiding [M]. Volume 1 Engineered Materials Handbook-Composites, ASM International, 1987: 519 - 528.

［12］ Sanders L R. Braiding-A Mechanical Means of Composite Fabrication [C]. 8th National SAMPE Conference, October 1976.

［13］ Braley M, Dingeldein M. Advancements in Braided Materials Technology [C]. 46th International SAMPE Symposium, May 2001: 2445 - 2454.

［14］ Reeve S, Robinson W, Cordell T, et al, Carbon Fiber Evaluation for Directed Fiber Preforms [C]. 46th International SAMPE Symposium, May 2001: 790 - 802.

［15］ Shim S B, Ahn K, Seferis J C. Cracks and Microcracks in Stitched Structural Composites Manufactured with Resin Film Infusion Process [J]. Journal of Advanced Materials, 1995: 48 - 62.

［16］ Poe C C, Dexter H B, Raju I S. A Review of the NASA Textile Composites Research [M]. AIAA, 1997.

［17］ Kittleson J L, Hackett S C. Tackifier/Resin Compatibility is Essential for Aerospace Grade Resin Transfer Moulding [C]. 39th International SAMPE Symposium, April 1994: 83 - 96.

［18］ Gebart B R, Strombeck L A. Principles of Liquid Moulding [M]. Processing of Composites, Hanser, 2000: 359 - 386.

［19］ Hayward J S, Harris B. Effect of Process Variables on the Quality of RTM Mouldings [J]. SAMPE Journal, 1990,26(3): 39 - 46.

［20］ Simacek E, Lawrence J, Advani S. Numerical Mould Filling Simulations of Liquid Composite Moulding Processes-Applications and Current Issues [J]. European SAMPE, 2002: 137 - 148.

［21］ Karal M. AST Composite Wing Program-Executive Summary [R]. NASA/CR - 20001 - 210650, March 2001.

［22］ Palmer R. Manufacture of Multi-axial Stitched Bonded Non-crimp Fabrics [C]. 46th International SAMPE Symposium, May 2001: 779 - 788.

［23］ Hinrichs S, Palmer R, Ghumman A. Mechanical Property Evaluation of Stitched/RFI Composites [C]. 5th NASA/DoD Advanced Composites Technical Conference, NASA CP - 3294, vol. 1,1995: 697 - 716.

［24］ Loos A C, Sayre J, McGrane R, et al. VARTM Process Model Development [C]. 46th International SAMPE Symposium, May 2001: 1049 - 1060.

［25］ Rigas E I, Walsh S M, Spurgeon W A. Development of Novel Processing Technique for Vacuum Assisted Resin Transfer Moulding [C]. 46th International SAMPE Symposium,

May 2001: 1086 - 1093.

[26] Rigas E I, Mulkern T J, Walsh S M, et al. Effects of Processing Conditions on Vacuum Assisted Resin Transfer Moulding Process (VARTM) [R]. Army Research Laboratory, Report ARL - TR - 2480, May 2001.

10 热塑性复合材料：一个未实现的希望

1980 年代和 1990 年代前期，政府部门、航空航天承包商和材料供应商花费了数以亿计的美元来研发可替代热固性复合材料的热塑性复合材料。但尽管付出了所有这些投资和努力，连续纤维增强热塑性复合材料在民用和军用飞机上仅得到极少量的应用。本章将讨论热塑性复合材料的潜在优点及其工艺特性，并指出其无法替代热固性复合材料的原因所在。

10.1 热塑性复合材料概况

在讨论热塑性复合材料潜在优点之前，有必要对热固和热塑性材料之间的不同之处做一了解。如图 10.1 所示，热固性材料在固化过程中通过分子交联而形成刚硬的难熔融固体。固化以前，树脂为低分子量的半固体，在固化的初始阶段其可熔融并发生流动。随固化过程中分子量的增长，树脂黏度上升至凝胶状态。其后的固化过程进一步形成强有力的共价键交联。高性能的热固性体系由于交联密度极高，

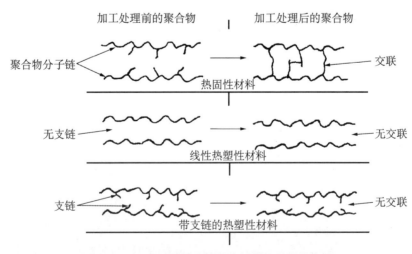

图 10.1 热固性和热塑性聚合物的分子结构比较

如不采取增韧措施，其必然呈脆性特征。而另一方面，热塑性材料则为高分子量的树脂，在加工处理前其已充分反应。在工艺过程中其发生熔融和流动，但不会发生交联反应。树脂的分子主链通过相对较弱的次级键聚集到一起。但是，由于分子量较高，工艺过程中热塑性材料的黏度相比于热固性材料可高出几个数量级（热塑性材料的 $10^4\sim10^7$ P 相比于热固性材料的 10P[1]）。由于热塑性材料在工艺过程中不发生交联，其可被重复加工处理。比如，只要简单地重新加热至特定处理温度，材料即可热成形至所需要的构件形状。与此不同，热固性材料因其高度交联的分子结构，无法对其进行重复加工处理。当温度高至一定程度时，其将发生热降解并最终碳化。不过，即便对于热塑性材料，可被重复加工的次数亦有一定限制。由于加工处理温度接近于聚合物的降解温度，多次的重复加工处理可最终导致树脂降解，在某些场合也可能引起分子交联。

通过热固性和热塑性材料的分子结构差异可以发现热塑性材料的一些潜在优点。由于热塑性材料不发生交联，其本质上具备远高于热固性材料的韧性。因此，相比于 1980 年代中期使用的未增韧热固性树脂，热塑性材料具有更高的损伤容限和抵抗低速冲击损伤的能力。但是，如今已有通过不同途径实现增韧的热固性树脂（在树脂中加入热塑性添加剂为主要的做法），其所呈现的韧性可与热塑性材料比肩。

由于热塑性材料为已经充分反应的高分子量树脂，其在成形过程中并无化学反应发生。因此理论上这类材料的加工会更为简单和迅速。热塑性材料可在几分钟（甚至几秒钟）内完成固化和热成形。而热固性材料则需较长的固化时间（几小时），经过化学反应来逐步增大分子量并完成交联。但是，由于热塑性材料已充分反应，其不具备黏性，预浸料呈刚硬状态。此外，作为竞争选项的热固性环氧树脂的加工温度通常为 $250\sim350°F$（$121\sim177℃$），而高性能热塑性材料的加工温度则需高达 $500\sim800°F$（$260\sim427℃$）。这一特点导致加工操作大为复杂化，不但需要高温的热压罐或压机，同时也要求真空袋材料能够承受更高的工作温度。热塑性复合材料的另一个优点与健康安全问题有关。由于这类材料已充分反应，操作人员无须面对来自低分子量未反应树脂组分的危险。另外，热塑性复合材料预浸料无须像热固性预浸料一样被冷藏，其基本上无适用期限制，但在成形加工前可能需要做烘干处理以驱除表面水分。

热塑性材料的另一潜在优点是低吸湿特性。热固性复合材料固化后从大气环境中吸入水分，其高温（湿-热）性能会因此降低。而大量热塑性材料吸湿量极低，在设计时无需将湿热条件下的性能减损放在会对结构产生严重影响的决定性位置。不过，由于热固性材料高度交联，其对与之接触的大部分液料和溶剂具备抵御能力。而一些无定形热塑性材料则对溶剂极为敏感，甚至可能溶于去除涂料经常用及的二氯甲烷。但另外一些半晶体热塑性材料则对溶剂和液料有一定抵御能力。

　　由于只需将温度升至熔融点以上即可对热塑性材料进行重复加工,热塑性材料在成形和连接上似乎有便利之处。例如,可在热压罐或压机中制作大尺寸的热塑性复合材料平板,再将其切割为小块坯材,然后再次加热成形至所需的结构件形状。令人遗憾的是,经验表明将此设想付诸实施的难度远高于原本的预期。由于连续纤维的不可伸展特性,压机成形工艺仅限适用于几何形状相对简单的制件。当发现有缺陷(如脱粘)存在时,虽然常可以对制件进行重新加工来加以修复,但实际上这种修复很难避免不希望的纤维扭曲和伴随的结构性能减损。除常规的胶接和机械紧固件连接外,热塑性材料的可熔融特性使另外一些颇具吸引力的连接途径也可成为选项,诸如熔焊、电阻焊、超声焊和感应焊等。

10.2　热塑性复合材料基体

　　1980 年代期间,工业可用的热塑性基体产品有数十种之多,而今天市场提供的此类材料的数量则大为减少。图 10.2 给出 4 种最重要的热塑性材料,其中聚醚醚酮(PEEK)、聚苯硫醚(PPS)、聚丙烯(PP)为半晶体热塑性材料,聚醚酰亚胺(PEI)为无定形热塑性材料。PEEK,PPS 和 PEI 通常用于连续纤维增强的热塑性复合材料,PP 则为耐温性较低的树脂,多与短切玻璃纤维一起制成所谓的玻璃毡增强热塑性材料(GMT),用于汽车工业。高性能的热塑性材料,诸如 PEEK,PPS 和 PEI,具有较高的玻璃化转变温度 T_g,其优良的力学性能远高于常规的热塑性材料,但也更为昂贵。高性能热塑性材料通常为芳香族化合物,其所包含的苯环(确切地讲为亚苯环)起到提升 T_g 和改善热稳定性的作用。此外,当"n"(即分子链上的单元数量)越大时,液态下分子取向度也越高。而高取向度有助于提升冷却过程的结晶度[1]。高芳香族热塑性材料碳化后会生成表面保护层,因此呈现出良好的阻燃特性。

聚醚醚酮
熔融温度 T_m=633~650℉(334~343℃)
玻璃化转变温度 T_g=284~293℉(140~145℃)
加工温度=680~750℉(360~399℃)

聚苯硫醚
熔融温度 T_m=527~555℉(275~291℃)
玻璃化转变温度 T_g=185~194℉(85~90℃)
加工温度=600~650℉(316~343℃)

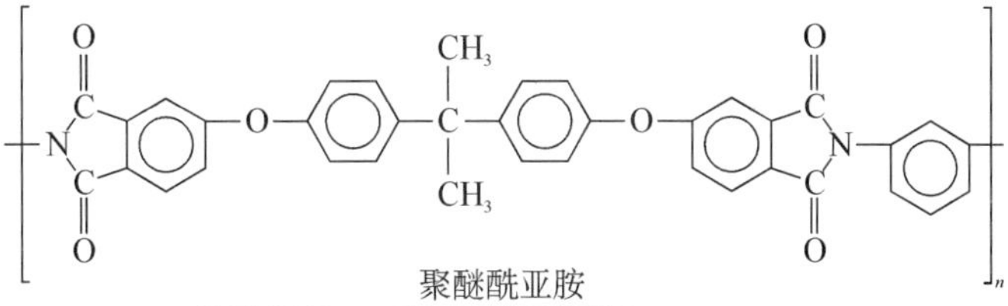

聚醚酰亚胺
熔融温度T_m=不定(无定形材料)
玻璃化转变温度T_g=420~423℉(216~217℃)
加工温度=645~750℉(341~399℃)

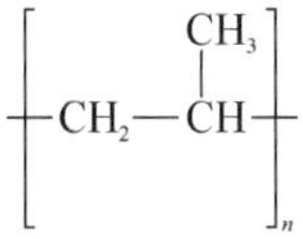

聚丙烯
熔融温度T_m=325~349℉(163~176℃)
玻璃化转变温度T_g=−17℉(−27℃)
加工温度=160~175℉(71~79℃)

图 10.2　几种热塑性树脂的化学结构

图 10.3 给出无定形与半晶体热塑性材料之间的差别。无定形热塑性材料中，

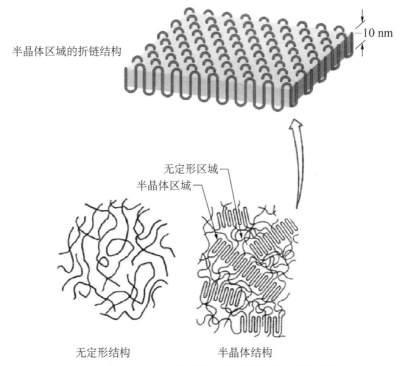

半晶体区域的折链结构

10 nm

无定形区域
半晶体区域

无定形结构　　　　半晶体结构

图 10.3　无定形和半晶体热塑性材料的分子结构比较

分子链相互缠结,形成大量不规则形状的团块。分子链本身的聚合通过强有力的共价键实现,而不同分子链的聚集则靠弱得多的次级键来完成。当材料加热至加工温度时,这些薄弱的二级化学键被打开,分子链因此可发生相对的错动和滑移。无定形热塑性材料显示出良好的延伸性、韧性和抗冲击损伤特性[1]。分子链变长的同时,分子量也随之增加,从而导致更高的黏度和熔点,以及更大程度的分子缠结,而所有这些又意味着更高的性能[2]。半晶体热塑性材料中的部分区域由紧凑弯折的分子链构成(晶区),这些区域与无定形区连接为一体。如图 10.4 所示,无定形热塑性材料被加热后呈现逐渐软化的特性,而半晶体热塑性材料则呈现明确的熔点,在此熔点晶区开始熔融。半晶体聚合物的温度趋近熔点时,晶格发生破碎,分子即可自由转动和平移。而非晶体的无定形

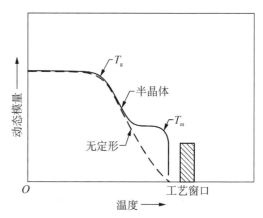

热塑性材料从固态到液态的转变则是一个逐渐的过程。通常,分子链长度的增长,分子链之间吸引力的增长,分子链刚性的增长以及结晶度的增长,均会伴以熔点 T_m 的上升。而自由体积的缩小、分子之间吸引力的增长、分子链可活动性的下降、分子链刚性的增长、分子链长度的增长以及热固性材料交联密度的增长,则均会伴以玻璃化转变温度 T_g 的上升[3]。对于热塑性材料,结晶度的一些相关特点如下:

图 10.4　基体刚度与温度的关系

 ● 各个结晶区通过无定形区结为一体。可得到的最大结晶度为 98% 左右。而金属材料结构的结晶度一般为 100%,结构的规整性远为突出。

 ● 结晶度的增长导致密度上升。密度的上升被认为可改善抗溶剂特性,因为紧密聚集的微晶使溶剂分子难以穿透。

 ● 结晶度的增长导致强度、刚度、抗蠕变能力和耐高温能力的上升,但通常会降低韧性。紧密聚集的晶体结构由于降低和限制了分子链的可活动性,其性能特点在一定程度上与交联的热固性材料相似。

 ● 晶体状聚合物具不透明或半透明特点,而透明的聚合物必然为无定形结构。

 ● 可通过机械拉伸来提高结晶度。

 ● 结晶为放热过程。通过放热来达到最低自由能状态。

用于复合材料基体的热塑性材料通常含有 20%~35% 的晶体结构。此外需指出,所有的热固性树脂均为无定形结构,但其通过交联来获得强度、刚度和热稳定性。作为聚合物的一个基本类型,热塑性材料比热固性材料得到远为广泛的应用,生产量达到聚合物的 80%[2]。

球状晶体的形成发生于从熔点冷却的过程中，如图 10.5 所示，包含成核和生长两步。球晶由多组微晶以单个晶核为中心向外扩散排列而成[4]。如有碳纤维存在，球晶多在纤维表面成核，并向外生长直至与其他球晶发生碰撞。结晶度取决于冷却速率。如图 10.6 所示，可以将材料从熔点以高冷却速率迅速降温，以此来形成以无定形状态为主的材料结构。而晶体的成核和生长过程则需要较低的冷却速率，以保证这一过程所必需的时间。对于 PEEK，较优的冷却速率范围为 0.2～20℉/min，在此范围可以生成 25％～35％ 的晶体含量[4]。如果材料经历了快速冷却而生成无定形结构，通过 430～520℉（221～271℃）下的短时间（1min）退火处理，可以得到适当的结晶度。此外结晶速率还取决于所规定的退火温度。正如图 10.7 所示，结晶速

图 10.5 PEEK 中球晶的成核和生长

（a）纯 PEEK 树脂中球晶的成核   （b）碳纤维表面的球晶成核

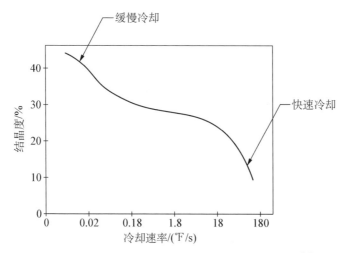

图 10.6 碳/PEEK 层合材料结晶与冷却速率的关系[5]

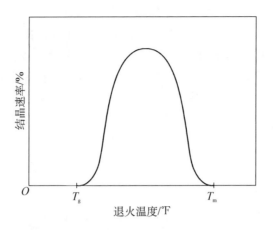

图 10.7 退火温度对结晶速率的影响作用[5]

率的峰值大约对应于玻璃化转变温度(T_g)和熔点(T_m)的中值处。图 10.8 中的比容-温度曲线则表述了结晶过程中自由体积的减少状况,这一点有助于说明半晶体热塑性材料突出的抗溶剂能力。无定形热塑性材料的密度不发生阶梯状突变,因此迅速冷却造成的残余应力一般较低,较少发生翘曲或扭曲。

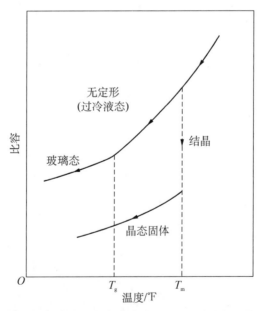

图 10.8 无定形和半晶体热塑性材料的冷却特性

应指出的是,许多缩合聚酰亚胺也属热塑性材料。其中一些(如 Avimid K-III)常常被视为伪热塑性材料,因为在加工过程中材料会发生轻度交联。这些材料可以以低分子量或高分子量形式提供。当以低分子量预浸料形式提供时，其加工方式类似于热固性预浸料，比如，需要较长的固化时间来进行分子量的增长。低分子量热塑性聚酰亚胺预浸料通常采用常规的热固性预浸料设备制造。因此，无论是单向带还是织物形式，均有现成产品提供。不过对于某些树脂，由于组分的化学惰性，必须将其溶于高沸点溶剂（如 N - 甲基吡咯烷酮）以方便预浸料的制造。虽然部分溶剂可在其后的烘干处理过程中被驱除，但还是会有相当一部分滞留下来（对于 Avimid K - III，滞留量为 12%～18%）。滞留溶剂引起的问题是，其会在高温加工过程中转变为挥发分，从而导致微小孔隙的产生。此外，缩合反应还会产生水和乙醇，这又进一步加剧了孔隙问题。充分使用透气毡和设置抽真空口会有助于挥发分的驱除。尽管此类热塑性材料具备黏性和可铺贴性，但就制件的批生产而言，其可操作性远未达到碳/环氧树脂预浸料的程度。如要将此类预浸料铺贴成复杂形状，需使用高温的热吹风机并佩戴口罩。高分子量形式材料的加工相对容易，但其中某些材料在附带的高温反应中会生成二氧化碳，因此也有可能形成内部孔隙。

低分子量热塑性聚酰亚胺预浸料的制件工艺在形式上类似于热固性复合材料，但所加温度和压力会高出很多。预浸料可以铺叠、真空封装并在热压罐中固化。工艺过程的耗时须较长，并需要很高的温度[650～700°F（343～371℃）]来获得所要求的最终分子量，同时保证有充分的时间来驱除挥发分。水分、乙醇和其他溶剂的作用使工艺所面临的问题变得复杂化。这些可挥发产物会在最终的层压制件中形成孔隙。因此，这类材料的成形工艺难度极高。当材料初步驱除挥发分并固化后，其可再次在压机上加热成形；但此时材料黏度极高，即便是简单形状的制件也须使用很大的压力。K 系列聚合物属于聚酰胺酰亚胺一族，实际上为带黏性的预聚物。该材料先被聚合成粉末状固体，其中的挥发分可因此在最终的熔融加工前得以驱除[6]。此外，由于这类材料中的很大一部分可发生轻度交联（10%～15%），其可成形性远不如真正可熔融的热塑性材料。正因为如此，此类材料并非真正的热塑性材料。不过，尽管轻度交联给此类材料的再加工和热成形添加了众多困难，但这种交联确实提升了材料的抗溶剂能力。本章以下各节的讨论对象将限于真正可熔融的热塑性材料。

10.3 产品形式

热塑性复合材料可以是多种不同的产品形式，图 10.9 给出其中一部分。单向带、束和织物预浸料刚硬而无黏性。如树脂为无定形材料（如 PEI），则可将其溶于溶剂并制成与热固性材料相类似的预浸料。这种工艺的一个突出不利之处是成形前必须将溶剂驱除。由于溶剂的增塑效应，即便微量的溶剂存在也会降低复合材料的 T_g 和其他性能。曾有研究工作[7]表明，当残留溶剂含量从 0% 上升至 3.7% 时，T_g 从 400°F（204℃）降低至 250°F（121℃）。半晶体热塑性材料不溶于溶剂，制造预浸料需加热熔融，其难度远大于热固性材料的相应工艺。为熔融高分子量的树脂，要求有更高的温度条件。而温度即便达到熔点，黏度仍会比热固性树脂大出几个数量级。这使得纤维的均匀浸渍变得十分困难，掌握这一工艺的厂商均将其视为须严加守护的商业秘密。参考文献[4]报道了一种树脂促流方法。此法采用一系列多孔的加热散流板和送压辊来推动树脂进入纤维束，然后再行挤压。挤压模具强迫树脂流过加热区而生成较大的剪切应力[2]，由此造成剪切致稀（将黏度降低几个数量级）效应。高黏度聚合物预浸料的热熔法制造需采用较高的压力、较慢的速度和较薄的纤维层[8]。浸渍良好的热熔预浸带通常会带有富脂表层。

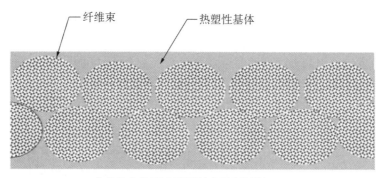

纤维束　　　　　　热塑性基体

热熔单向带/丝束预浸料/织物预浸料

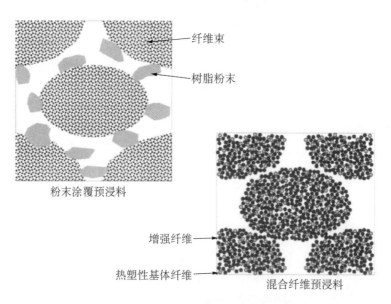

纤维束

树脂粉末

粉末涂覆预浸料

增强纤维

热塑性基体纤维

混合纤维预浸料

图 10.9　热塑性复合材料预浸料形式

针对碳纤维束开发的另一种预浸方法被称为粉末涂覆法。如图 10.10 所示，该法采用一个流化座来驱使树脂粉末附着于碳纤维表面，在烘箱中粉末熔融于纤维表

面。粉末被充以电荷并流化，而
纤维束则伸展并接地，以接收带
电粉末[8]。得到开发的还有其他
一些工艺，诸如静电干燥粉末法
和浆液涂覆法等。还有一种可用
来制造具有良好可铺贴性预浸料
产品的工艺方法为混合纤维法。
此法先将热塑性树脂挤压成细纤
维，再将其与碳纤维束进行混合。
无论是涂覆了粉末的纤维束还是
混合纤维束，通常均被制成无黏
性但可铺贴性极好的织物形式。
应该指出，相比于浸渍方法，粉末
涂覆法和混合纤维法所得产品的

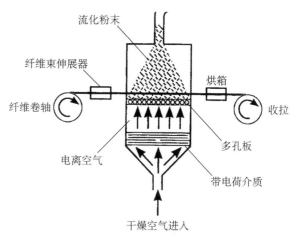

图 10.10　热塑性材料对纤维束的粉末涂覆[9]

纤维分布均匀性有所不如。因此，在固化成形时很难实现恒定的纤维体积含量。除
此以外，在这些产品中存在一定程度的材料堆积现象。在材料的铺叠和固化中，这
种堆积加上材料的铺贴大变形会导致纤维的褶皱和弯曲。

10.4　固化

　　如图 10.11 所描述，可熔融热塑性材料的固化工艺包括加热、固化和冷却。与
热固性复合材料相同，主要的工艺参数为时间(t)、温度(T)和压力(P)。加热可采
用红外加热器、常规烘箱、平板加热压机和热压罐来完成。升至固化温度所需的时
间仅与加热方法或模具质量有关而无须考虑化学反应。固化温度取决于热塑性树
脂的种类，对于无定形树脂应高于 T_g，对于半晶体树脂则应高于 T_m。根据一般的
经验法则，无定形热塑性复合材料的加工温度应比其 T_g 高 400°F(204℃)，而半晶体
材料的加工温度应比其 T_m 高 200°F(93℃)或稍低[11]。但对于大部分热塑性材料，
加热超过 800°F(427℃)将导致降解。固化温度的保持时间主要与材料的产品形式
相关，例如，得到良好制备的热熔预浸带可以在极短的时间内完成固化(几秒或几分
钟)，而粉末覆盖法所制织物或混合纤维预浸料则需较长的时间，以保证树脂的流动
和对纤维的浸渍。有时候会用到一种称为薄膜铺叠的方法，此法将热塑性材料薄膜
和干织物布交替铺叠并固化。由于高黏度树脂需要流动更长的距离，完成薄膜铺叠
叠层块固化所需要的时间也变得更长。对于薄膜铺叠层压板，要保证树脂的充分浸
渍和完全固化，典型的工艺参数为 150 psi(1034 kPa)压力下保持 1h。与加热过程类
似，固化后的冷却速率也与所用工艺方法及模具质量有关。冷却过程中唯一要注意
的是：半晶体热塑性材料的冷却不应过快，以避免无法形成所期望的具备优良高温

性能和抗溶剂性能的半晶体结构。冷却过程中,在温度下降至显著低于树脂 T_g 之前应保持压力的存在。这可以限制孔隙的成核和纤维层的弹性复原,有助于将尺寸保持在要求水平[8]。此外,成形工艺过程中所施压力还可以促使铺层紧密接触并合为一体,同时帮助树脂进一步地浸渍纤维层。应指出的是:溶剂预浸、粉末涂覆、混合纤维和薄膜铺叠等方法所制层压板的性能与热熔预浸料相比有所不如,这是因为在热熔预浸工艺过程中,纤维和基体形成了更为完好的结合。

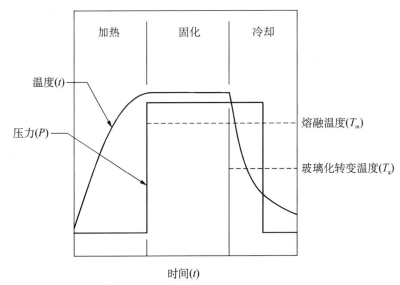

图 10.11　典型的热塑性复合材料工艺规范[10]

热塑性材料的固化通过图 10.12 所描述的所谓自黏合过程进行。当两个界面相邻时,须有紧密的接触方能使聚合物的分子链做跨越界面的扩散并实现充分的固化。由于热塑性预浸料的低流动性和高度不均匀性,要在热压作用下实现层间界面的紧密接触以使分子链跨越其间,预浸料表面必然发生物理变形。为实现这种紧密

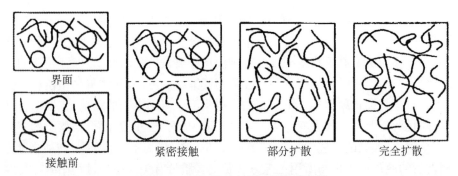

图 10.12　热塑性材料界面的自黏合[5]

接触和自黏合,无定形材料须加热至 T_g 以上,半晶体材料则须加热至 T_m 以上。一般情况下,较高的压力和较高的温度可以缩短固化时间。自黏合是一种以扩散为主的过程,过程中聚合物分子链移越界面与相邻分子链相互缠结。随接触时间的增长,聚合物分子的缠结程度也发生增长,从而在层界面形成强有力的连接[8]。对于无定形热塑性材料,固化时间通常较长。因为此类材料不发生熔融并在加工温度下一般保持有更高的黏度[12]。不过,如提高所施加的压力,固化时间则有可能缩短。自黏合所需要的时间与聚合物的黏度直接成正比[4]。因此,自黏合开始前界面上材料须先行本体固化到一定程度。如图 10.13 所示,所施加的压力促使层间接触并最终实现 100% 的自黏合,同时也引起树脂的流动,而这种流动也有助于材料的固化。当纤维层被压至一定厚度后,所产生的反力与加工压力形成平衡,而加工过程至此也基本完成。

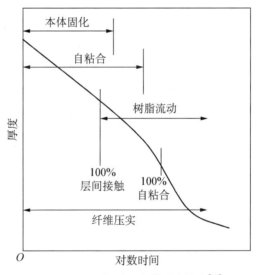

图 10.13　固化过程中的厚度缩小[10]

固化热塑性复合材料所用的方法有多种。可将材料预先固化制成平板坯料以供其后在平板压机上成形使用。图 10.14 给出两种使用压机的工艺示意。预制叠层块在烘箱中经过预热后,被迅速送入平板压机的加压区进行固化。如材料要求有足够的时间来供树脂流动,以实现完全的固化或控制结晶度,则可能需对压机进行加热。而如采用固化状态良好的预浸料,在不加热的平板压机上进行迅速冷却可以满足制造要求。需要指出,上述工艺仍需进行叠层块或铺层的铺叠,通常以手工方式完成。由于材料无黏性,多采用加热至 800~1 200℉(427~649℃)的焊接熨斗来粘合制件边缘,以避免材料发生滑移。手持超声枪也可用于铺层的黏合。双带压机法是一种连续作业的固化工艺,该工艺系统包括热压和冷压两个区域。这一工艺被广泛用于为汽车工业制造玻璃毡热塑性(GMT)预浸料,这种材料由 PP 树脂和随机取向的玻璃毡组成。对 GMT 的加工工艺将在第 11 章"民用产品复合材料工艺"中进行讨论。

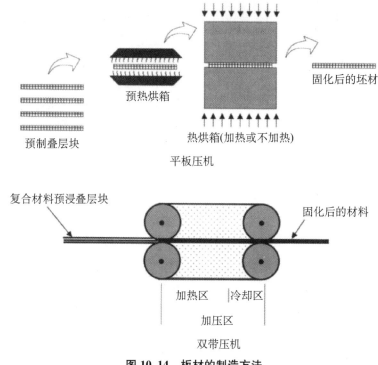

固化后的坯材

预制叠层块　　　预热烘箱　　　热烘箱(加热或不加热)

平板压机

复合材料预浸叠层块　　　　　　　　　　　　固化后的材料

加热区　冷却区

加压区

双带压机

图 10.14　板材的制造方法

对于复杂形状制件,热压罐固化无疑是一种方法选项。但是,热压罐固化存在一些缺点。首先,一些先进热塑性材料需要 650～750℉(343～399℃)和 100～200 psi(689～1 379 kPa)的加工环境,即便是寻找具备这种能力的热压罐也会是十分困难的事情。其次,要承受上述温度,模具将很昂贵且笨重,而其加热和冷却速率则会很慢。第三,由于需要很高的加工温度,制件和模具热胀系数的匹配将变得非常重要。对于碳纤维增强热塑性材料,常需采用块状石墨、浇铸陶瓷和 Invar42 合金来制造模具。第四,真空封装材料必须能够承受相应的高温和高压。在通常的封装操作中(见图 10.15),所需要的材料包括耐高温聚酰亚胺真空袋膜、玻璃吸胶布和硅橡胶密封条。与 250～350℉(121～177℃)下用于固化热固性材料的尼龙薄膜相比,聚酰亚胺真空袋膜(如 Kapton 或 Uplilex)更为脆硬,相关操作也更为困难。此外,高温硅橡胶密封条的黏性很差,很难在室温下得到良好的封装效果。因此室温下常需在密封区周边安置夹具来帮助封装。温度上升时,压力下密封条会逐渐变黏,密封效果也会随之变好。碳/PEEK 预浸料热压罐固化的典型工艺规范是温度 680～750℉

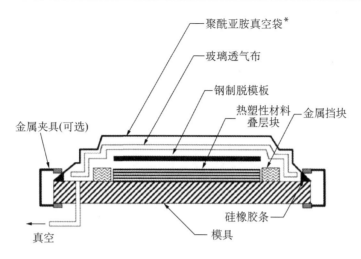

*-由于高温加工可采用双真空袋。

图 10.15 典型的真空封装形式[4]

（360～399℃），压力 50～100 psi（345～689 kPa）下保持 5～30 min。但对于大型模具，加热和冷却的时间通常会达到 5～15 h。尽管有这些缺点，对于形状复杂而难以采用其他方法制造的热塑性复合材料零件，热压罐法仍存在应用价值。

可熔融热塑性材料的自动固化或实时铺放包含了一系列工艺方法，如加热带铺放、缠绕以及纤维铺放等。在自动固化过程中，仅对当前要进行固化的区域加热至熔融温度以上，而制件其他部位的温度则保持在远低于熔融温度的水平。图 10.16 给出两种工艺方法：一是加热带铺放工艺，该工艺依靠"热座"来实现热传导和冷却。二是纤维铺放工艺，该工艺将激光汇聚于加工点来实现加热。其他的加热途径还包括高温气体喷枪、石英灯和红外加热器。

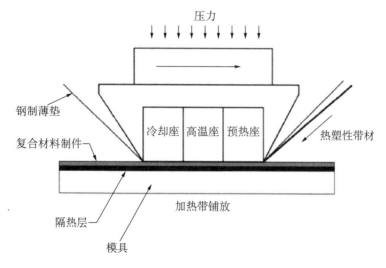

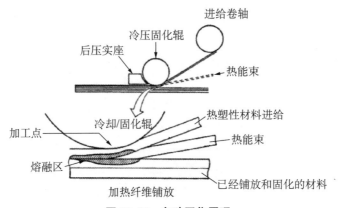

图 10.16　自动固化原理

　　自动固化可行这一事实表明,对于许多热塑性聚合物,正常加工温度下的接触压施加时间可以很短。只要层间界面能够得到足够的接触压力,自动固化可以在不到半秒的时间内发生。如图 10.17 所示,热塑性材料在高温下长时间放置(特别是在开敞的空气环境中)会导致性能的退化。例如,PEEK 在高温下暴露于有氧环境会发生交联,使其黏度上升,并使其可结晶性下降[4]。一般情况下,这对于自动固化或热成形等快速加工方法虽不成为问题,但在热压机上进行材料固化时应将此因素纳入考虑范围。

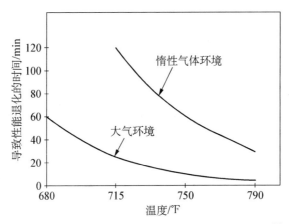

图 10.17　PEEK 表面性能退化与时间和温度的关系[5]

　　自动固化工艺的一个潜在问题是固化不完全,这源于扩散时间的不足。如果采用浸渍良好的预浸料,需进行固化的部位将仅限于层间界面。但如层内存有孔隙,则难以在如此短暂的加工时间内完成对孔隙的修复和压实。此时需进行后固化处理来得到充分的固化结果。以往的研究工作表明,在 4% 的范围内,孔隙率每增长 1%,复合材料的层间剪切强度将下降 7%。孔隙率控制的合理目标是 0.5%,或者更低[13]。有报道称加热带铺放工艺可达到的固化程度通常为 80%～90%,这表明有必要通过二次加工来实现完全的固化。不过，对于加热带铺放等工艺，其生产率可达到传统手工铺叠方法的 200%～300%[14]。

10.5 热成形

热塑性复合材料的主要优点之一是可以通过热成形来迅速地将其加工成各种结构形状。热成形这一术语覆盖了相当宽广的制造方法范围，但所指的基本工艺是采用热压环境来将平板或叠层块成形为结构形状。如图 10.18 所示，可熔融热塑性材料的典型成形工艺包括：①铺层叠合；②在压机上进行平板坯料的固化；③将坯料移至另一压机上进行冷却；④将坯料修切成所需形状；⑤将坯料加热至熔点以上并迅速将其移至模压压机，该压机所带模具的形面为所要求的制件形状。制件须保持受压直至温度降到 T_g 以下，以避免产生残余应力和制件翘曲。

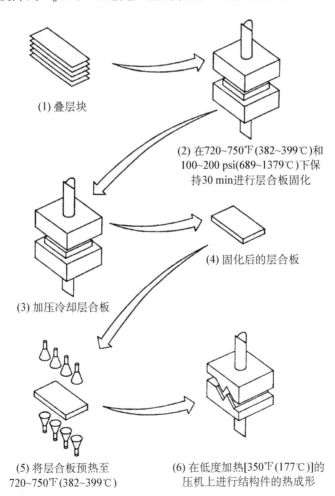

(1) 叠层块

(2) 在720~750℉(382~399℃)和100~200 psi(689~1379℃)下保持30 min进行层合板固化

(4) 固化后的层合板

(3) 加压冷却层合板

(5) 将层合板预热至720~750℉(382~399℃)

(6) 在低度加热[350℉(177℃)]的压机上进行结构件的热成形

图 10.18　碳/PEEK 制件的典型热成形工艺过程

对于热压成形,用于预热的基本手段为红外(IR)加热装置、对流烘箱和平板热压机。采用红外预热时,加热时间一般较短(1～2 min),但在厚叠层块中可能形成温度梯度。由于表面的加热速度显著快于中心处,如对温度缺乏细致控制,将存在过热的危险。此外,对于复杂形状制件,很难得到均匀的加热效果。尽管如此,对于形状复杂度适中的较薄预固化坯料,红外加热是一个适宜的选项。而另一种对流加热的方法耗时较长(5～10 min),但厚度方向上的温度分布的均匀性较好[15]。对于未固化坯料和形状复杂坯料,这种方法比较合适。冲击加热是对流加热的一个变异类别,其采用大量的加热气体高速喷射至坯料表面,极大地提升了热流速度并缩短了加热制件所需的时间[16]。

虽然热成形可采用对模,但此类模具昂贵并适应性较差。也就是说,如果模具的制造精度偏低,将导致欠压或过压点的存在,从而在制件上形成缺陷。此类模具内部可自带加热和/或冷却装置。如在对模的一个半模表面包覆耐热橡胶(通常为硅橡胶),对压力的均匀性会有所帮助。为达到类似目的,模具的一个半模也可完全由橡胶制成,或为平面块状(见图 10.19),或浇注成制件形状(见图 10.20)。平面块状半模的制造虽简单和便宜,但形面半模可以产生更均匀的压力分布和更好的制件精度[2]。所用硅橡胶的肖氏 A 硬度值一般为 60～70。对于深凹陷模具,通常更宜采用金属制造凸模而用橡胶制造凹模。如果凹模材料为金属(中度凹陷模具所习惯采用),则需带有 2～3°的锥度来方便制件脱模[2]。成形过程中的另一种加压方法为液压(见图 10.21),此法采用液体压力强迫一弹性囊体压向制件和底模。典型的热成形压力为 100～500 psi(689～3 447 kPa)。但一些液压机能够提供的压力可高达10 000 psi(68 948 kPa)[15]。

在任何热成形操作过程中,坯料从预热处向压机转移所耗费的时间非常关键。对于无定形树脂,转移和成形须在温度降至低于 T_g 前完成。对于半晶体树脂,则须在温度降至低于 T_m 前完成。鉴于这一点,一般要求转移时间应在 15 s 以内。为得到最佳的制造结果,多选择具有较快闭合速度[即 200～500 in/min(5.08～12.7 m/min)]并能提供 200～500 psi (1 379～3 447 kPa)压力的压机。对于热成形工艺,采用预固化坯料或松散未固化叠层哪一个更好,仍有一些争议。预固化坯料的优点在于固化状况良好而无孔隙存在。但相比于松散未固化叠层,成形过程中各层的可滑移性会有所不如。

由于连续增强纤维的不可延伸性,上述各种方法表面上看似相当简单,实际上则颇为复杂。进行热塑性复合材料制件成形时需要应对四种主要的树脂流动现象(见图 10.22):①树脂的浸渗;②横向挤压流动;③层间滑移;④层内滑移。树脂浸渗和挤压流动一般发生在固化工序,但对成形工序也有影响作用。树脂浸渗为黏流态聚合物穿越纤维层的流动行为,其使各铺层可以粘接为一体。横向挤压流动则使各层预浸料纤维在压力作用下最终均匀散布,以消除各层预浸料之间的细微厚度差

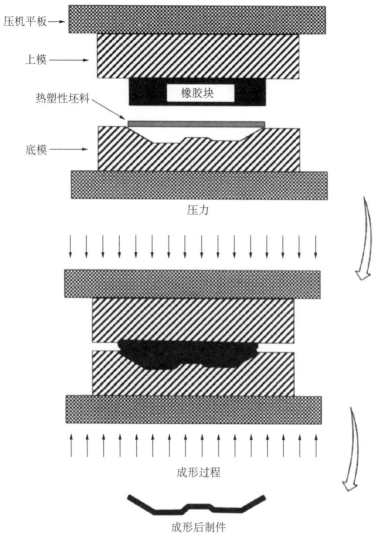

压机平板→

上模→

热塑性坯料

橡胶块

底模→

压力

成形过程

成形后制件

图 10.19　采用橡胶块模具的成形工艺

异。聚合物基体倾向做平行于纤维层的流动,穿越纤维层的流动则极为困难。当发生偏离纤维轴向的流动时,纤维易随树脂而移动[8]。层间滑移为富脂的层间界面上所发生的滑移现象。层内滑移则为铺层自身内部的滑移现象,通常发生于热成形过程中,由横向和轴向剪切的综合作用所引起[17]。如果不掌握成形过程中这些滑移现象的内部机制,会导致增强纤维折断或屈曲,甚至制件成形工序的失败。图 10.23 从另一角度来观察上述流动机制。成形双曲面制件时四种流动现象均会发生。成形单曲面制件时会发生三种。平面或小曲率蒙皮的固化仅会发生前两种。图 10.24 给出相应流动机制的一些示例。在第一例中,单曲面制件内的树脂横向流动常常会

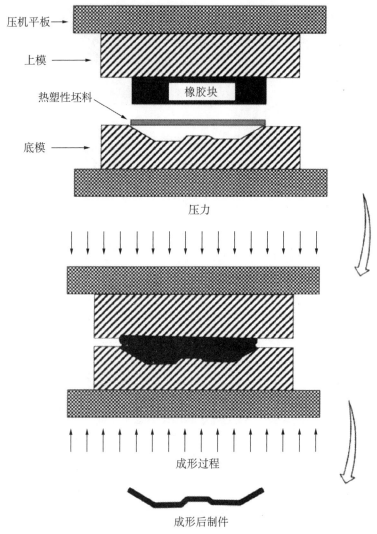

压机平板

上模

热塑性坯料

橡胶块

底模

压力

成形过程

成形后制件

图 10.20 采用带形面橡胶块模具的成形工艺

导致铺层变厚或变薄,在拐角部位尤其如此。而在第二例中,层间滑移可以避免拐角部位铺层的屈曲或褶皱。

黏流态热塑性树脂中的碳纤维仍具备很高的拉伸强度,但在压力作用下会发生屈曲或褶皱。因此,无论是制件形状还是模具,在设计时均须考虑保证纤维在整个成形过程中处于拉伸状态,同时允许其在层间和/或层内发生滑移。如果制件形状或模具设计无法使纤维避免压缩屈曲,在成形过程中可以使用特殊的夹持装置。此类夹具可以是简单形式的坯料边缘夹,其允许材料在成形过程中发生必要的滑移。也可以是比较复杂的装置,其包含有安放在关键位置的弹簧来提供可变的拉伸力。

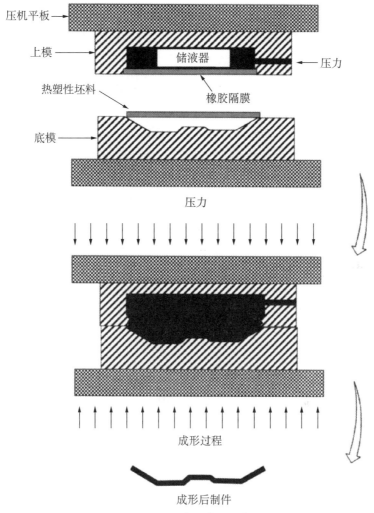

压机平板

上模

储液器

压力

热塑性坯料

橡胶隔膜

底模

压力

成形过程

成形后制件

图 10.21 液压成形工艺

设计得当的弹簧可以使制件发生面外转动来形成沿纤维排列方向的补偿力，并允许制件的下陷深度有更宽的变化范围[2]。夹持装置的类型及其弹簧位置通常根据以往经验和大量试错结果来加以确定。降低成形速度也有助于减少皱褶和屈曲[19]。参考文献[19]研究表明，屈曲和皱褶可使制件强度降低 50%，而 40～100 psi(276～689 kPa)的张力通常可足以抑制纤维的屈曲。

隔膜成形是一种比较独特的工艺方法。相比于热压成形，该法适用的制件构形和曲面复杂程度范围更为宽广。图 10.25 给出 PEEK 热塑性材料制件典型的隔膜成形过程。隔膜成形既可在压机上进行，也可在热压罐中进行。在此工艺过程中，未固化的叠层块(比预固化坯料有更大的层间滑移空间)被置于两片柔性隔膜之间，

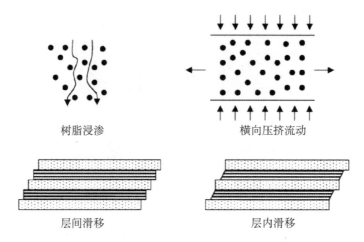

树脂浸渗　　　　　　　横向压挤流动

层间滑移　　　　　　　　层内滑移

图 10.22　热塑性复合材料加工过程中的树脂流动模式[4]

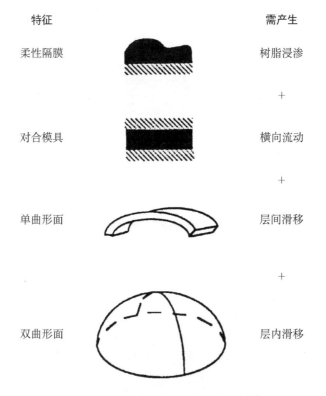

图 10.23　固化和成形中的形变过程[4]

并在隔膜之间抽真空以驱除空气并给叠层块施加一定张力。然后,将叠层块移至压机并加热至熔融温度,再采用气体压力使叠层块贴覆模具形面以成形。成形过程

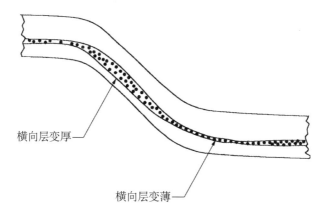

横向层变厚

横向层变薄

反单曲形面中的横向流动[11]

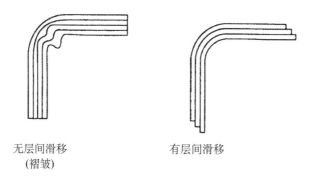

无层间滑移
(褶皱)

有层间滑移

成形过程中层间滑移的重要性[18]

图 10.24 热塑性材料成形过程中的横向流动和滑移

中,各铺层在隔膜内部发生滑移,所形成的拉应力可减少叠层的褶皱。气体压力促使制件在模具形面上成形并完成固化。压力范围通常为 $50 \sim 150 \, psi$($345 \sim 1034 \, kPa$),成形时间为$20 \sim 100 \, min$。不过对于厚重模具,成形时间也可长达 $4 \sim 6$ h。压力的施加速度以缓慢为好,这样可以避免制件的面外屈曲。

隔膜材料包括 Supral 超塑性铝片和高温聚酰亚胺薄膜(Upilex-R 和 Upilex-S)。Supral 铝片较聚酰亚胺薄膜昂贵,但不易在成形过程中发生破裂。聚酰亚胺薄膜适用于拉伸度不大的薄制件,而 Supral 铝片适用于复杂形状的厚制件。对于 Supral 铝片,典型的隔膜成形温度为 $750°F$($399℃$),对于聚酰亚胺薄膜,则为 $570 \sim 750°F$($299 \sim 399℃$)[15]。图 10.26 给出制件厚度变化及成形压力与所用隔膜材料之间关系。需注意的是,即便采用隔膜成形,也会在凸圆角处发生制件厚度下降,凹圆角处发生制件厚度增加。这种工艺的一个缺点是适用材料的成形温度须符合所用隔膜的要求。此外,隔膜材料比较昂贵,且只能一次性使用。

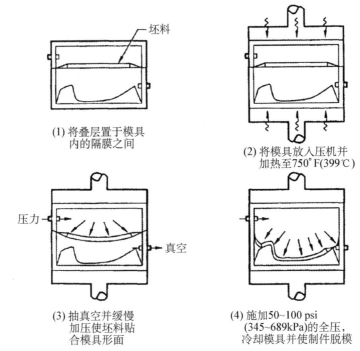

(1) 将叠层置于模具
内的隔膜之间

(2) 将模具放入压机并
加热至750°F(399℃)

(3) 抽真空并缓慢
加压使坯料贴
合模具形面

(4) 施加50~100 psi
(345~689kPa)的全压，
冷却模具并使制件脱模

图 10.25　碳/PEEK 制件的隔膜成形方法

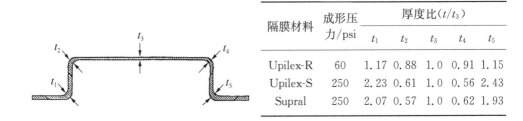

隔膜材料	成形压力/psi	厚度比(t/t_3)				
		t_1	t_2	t_3	t_4	t_5
Upilex-R	60	1.17	0.88	1.0	0.91	1.15
Upilex-S	250	2.23	0.61	1.0	0.56	2.43
Supral	250	2.07	0.57	1.0	0.62	1.93

图 10.26　隔膜成形制件厚度变化的观察结果[18]

　　还有许多工艺方法也被尝试用于热塑性复合材料结构的成形，包括滚压成形、拉挤成形、甚至树脂转移成形。图 10.27 给出典型的滚压成形工艺示意。预固化的坯料被加热至熔融温度以上，然后经过一系列压辊来逐渐成形至所需形状。有一些加工案例仅对需成形的坯料部分进行加热。滚压成形的关键是：在制件的加热、成形、冷却全过程中，制件的每一部位要始终保持均匀的压力。如果被成形制件的熔融部位不能保持均匀的压力，则会因纤维层发生松弛而导致固化不当的结果。拉挤工艺也能够成功用于热塑性复合材料，但相比热固性材料远为困难和昂贵。对于以上所讨论的热塑性材料，树脂转移成形缺乏可行性。树脂过高的黏度无法满足 RTM 工艺的长流程要求，对增强纤维层的浸渍很难得以充分完成。不过，有一类称为"cyclics"的相对

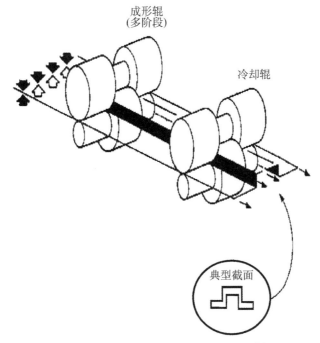

成形辊
(多阶段)

冷却辊

典型截面

图 10.27　热塑性复合材料的滚压成形[4]

新颖材料具备使用 RTM 工艺的较大可能性。这类材料熔融后的最初阶段可具有类似热固性材料的流动性,然后在进一步的加热条件下经历开环反应而形成线性的热塑性材料[20]。借助负离子催化剂[2],分子量在加热过程中发生增长。目前该技术仅适用于低温热塑性材料,诸如尼龙和聚对苯二甲酸丁二酯(PBT)。这些材料在汽车等民用工业领域显示出很好的应用前景。将来,如果上述技术能够扩展到高温热塑性材料,热塑性复合材料的加工和应用前景将会产生巨大的变化。

有参考文献[16]指出:"热塑性板材的热成形过程中,对纤维排放状态的精度控制实质上无法达到预浸带手工或机器铺叠的水平。对于有高强度要求的制件,这是一个不利因素。"

10.6　连接

热塑性复合材料的另一独特优点是其颇为宽广的连接途径选择范围。热固性材料的连接途径仅限于共固化、胶接和机械连接,而热塑性复合材料的连接除了可采用胶接和机械连接等常规方法外,还可通过熔融、双树脂胶接、电阻焊、超声波焊以及感应焊等途径实现。

胶接。一般而言,采用热固性胶黏剂(如环氧树脂)的热塑性复合材料胶接结构的胶接强度比起热固性复合材料有所不如。这一现象被认为主要源于热固性材料与热塑性材料的表面化学特性差异。热塑性材料的表面呈惰性和无极性,因此会阻碍胶黏剂对表面的浸润。一些不同类型的表面处理方法曾被考察评估,包括[2]:

- 氢氧化钠浸蚀;
- 喷砂;
- 酸蚀;
- 等离子处理;
- 硅烷耦合剂;
- 电晕放电;
- Kevlar(芳纶)剥离层。

尽管上述表面处理方法或其组合可以实现要求的胶接强度,但热塑性材料胶接接头在长期使用耐久性方面仍存在问题。

机械连接。热塑性复合材料能以相同于热固性复合材料的方式进行机械连接。对于热塑性材料,最初曾担心其在机械连接后发生过度蠕变,导致紧固力消失而降低连接强度。但大量的试验表明这一担心并无必要,机械连接的热塑性复合材料接头性能与热固性复合材料接头极为相似。

熔融。通过将无定形材料加热至 T_g 以上或将半晶体材料加热至 T_m 以上,热塑性材料可多次加工而少有性能减损。因此熔融法本质上可生成强度与基体树脂相当的接头。在胶接部位可以添加一层纯树脂膜,以此充填间隙并保证有足够的树脂来帮助形成良好的接头。但局部连接时,对热影响区必须施加充分压力来预防纤维叠层块在层间界面发生分离。

双树脂胶接。此法实施时,在接头的胶接界面上放置一层熔融温度较低的热塑性树脂膜。如图 10.28 所示,在被称为无定形胶接或热胶接的工艺过程中,无定形 PEI 层被用于胶接两块 PEEK 复合材料层压板。为得到最好的胶接强度,PEI 材料在胶接前预先被熔融放置于两块 PEEK 层压板表面,以促进树脂的混合。除此以外,在胶接界面还另添加一层胶膜以充填间隙。由于 PEI 的加工温度低于 PEEK 层压板的熔融温度,PEEK 基材内部发生分层的风险可得以避免。与熔融法类似,双树脂胶接通常可用于大面积零件的互联,如长桁与蒙皮的胶接等。

电阻焊。采用电阻焊连接热塑性复合材料零件可通过两种途径实现。如图 10.29所示,既可将碳纤维层用做电阻热源,也可在胶接部位嵌入单独的金属热源。碳纤维层方法的优点在于胶接后不会在胶接区遗留外来物,热塑性树脂与碳纤维的粘接会好于与金属材料的粘接。一般情况下,与电线相连的铺层端部的树脂需被清除。不过,碳纤维层方法加热接头的效率与嵌入金属热源相比较差,在胶接过程中发生电流短路的可能性也比较高。在电阻热源的两侧通常要放置聚合物薄膜,以此对碳纤维进行电绝缘隔离,并提供额外的基体材料来填充任何连接间隙。对于热塑性复合材料的所有熔焊操作,任何加热至熔融温度以上部位必须保持充分的压力。

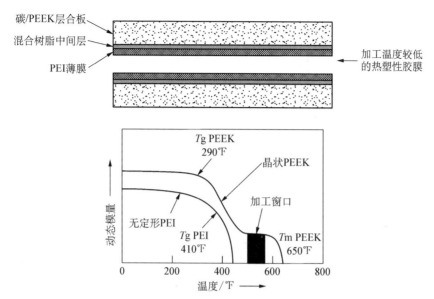

图 10.28　无定形或双树脂胶接

如果不能对超越熔融温度的部位保持压力,因纤维层松弛而引起的固化不良现象即有可能发生。在制件冷却至 T_g 以前,压力应始终保持。典型的电阻焊加工时间为 $30\,s\sim 5\,min$,压力为 $100\sim 200\,psi(689\sim 1\,379\,kPa)^{[21]}$。

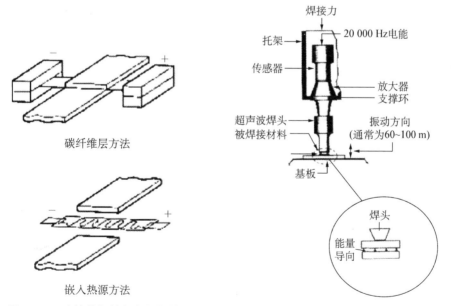

图 10.29　连接热塑性复合材料的电阻加热方法

图 10.30　连接热塑性复合材料的超声波焊接方法[21]

超声波焊。此法在民用领域广泛用于加工温度较低的无增强热塑性材料连接，同时也可以用于先进的热塑性复合材料。如图 10.30 所示，超声波焊头（通常也称为超声波发生器）在复合材料连接界面生成超声能量。电能被转换为机械能。焊头与参加连接的零件之一相接触，另一零件保持静态，振动零件在连接界面上生成摩擦热。通常采用的超声能为 20～40 kHz。如果参加连接的一个表面有一定粗糙度，则可以起到能量导向或强化的作用，此法也因此能达到最好的使用效果。粗糙表面受到的能量密度较高，会先于周边材料熔融。随加工时间、压力和超声波振幅的增长，连接质量会有所提升[2]。与其他方法类似，通常也会添加一层纯树脂薄膜来充填连接间隙。典型的焊接工艺参数为 70～200 psi（483～1 379 kPa）压力，保持时间不大于10 s[21]。这一工艺类似于金属材料的点焊，难以扩展应用于大面积连接。

感应焊。与电阻焊类似，感应焊工艺可在连接部位放置金属感应器，也可不放置。一般认为采用金属感应器可以得到更高的连接强度。图 10.31 给出典型的感应焊设置。其中感应线圈产生电磁场，在导电的感应器内部形成涡流，并/或通过磁滞损耗进行加热。用于感应器的材料包括铁、镍、碳纤维和铜网。如同电阻加热法，通常也会在金属感应器的两侧放置聚合物薄膜。典型的焊接工艺参数为压力 50～200 psi（345～1 379 kPa）保持 5～30 min[21]。

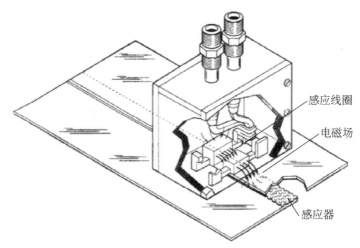

感应线圈

电磁场

感应器

图 10.31　连接热塑性复合材料的感应焊方法[21]

图 10.32 给出采用上述不同连接方法的热塑性复合材料单搭接剪切强度比较。应指出的是，相比于熔融连接方法，胶接接头的强度较低，同时在很大程度上取决于所采用的表面处理工艺。而热压罐共固化（熔融）接头的强度接近于热压罐成形制件的原有强度。一般而言，电阻焊和感应焊得到的接头强度相似，性能差别很小，两者均强于超声波焊接结果。

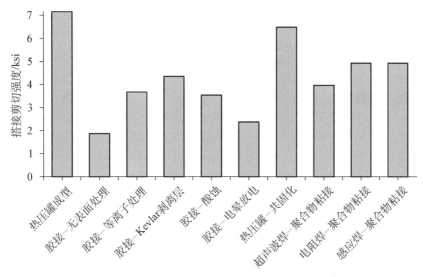

图 10.32 不同连接方法的搭接剪切强度比较[21]

10.7 总结

相比于热固性复合材料，热塑性复合材料具有一些确定的优点。但是，尽管在过去 20 年中给予大量投入，进入生产应用的连续纤维增强热塑性复合材料仍极为鲜见。

相比于热固性复合材料，热塑性复合材料具备加工时间耗费少的潜力，但其固有特性使其无法在航空航天工业领域取代热固性复合材料。这是因为：

- 过高的加工温度[500～800℉(260～427℃)]增加了预浸料的成本，并使常规工艺设备的应用变得复杂化。
- 预浸料缺乏黏性并过于刚硬，导致昂贵的手工操作。
- 连续纤维增强热塑性材料的热成形难度被证明远高于最初预期。如果不在成形过程中对纤维保持拉伸力，其将趋于发生皱褶和屈曲。
- 由于高韧性热固性树脂的出现，以前所被看重的高韧性和高损伤容限优势在很大程度上被削弱。
- 对于无定形热塑性复合材料，耐溶剂及油液特性方面的不足是其应用的一大障碍。

笔者认为，要发挥连续纤维增强热塑性复合材料的优点，有两条标准须满足：①对制件有大批量生产的要求；②制造过程须自动化，以消除几乎所有的手工操作。令人遗憾的是，在航空航天工业领域，产品批量较小，生产效率上可得到的好处不足以支持对高度复杂自动化设备进行投资的合理性，因此两条标准均无法满足。而GMT 在汽车工业领域的显著进展令人关注并具深远意义，此领域对制件的需求量巨大,同时相关工艺已几乎完全实现自动化。

参考文献

[1] Strong A B. Fundamentals of Composite Manufacturing [M]. Materials, Methods, and Applications, Society of Manufacturing Engineers, 1989.

[2] Strong A B. High Performance and Engineering Thermoplastic Composites [M]. Technomic Publishing, 1993.

[3] Rosen S L. Fundamental Principles of Polymeric Materials [M]. Wiley, 1971.

[4] Cogswell EN. Thermoplastic Aromatic Polymer Composites [M]. Butterworth-Heinemann, 1992.

[5] Astrom B T. Manufacturing of Polymer Composites [M]. Chapman & Hall, 1997.

[6] Gibbs H H. Processing Studies on K-Polymer Composite Materials [C]. 30th National SAMPE Symposium, 1985: 1585 - 1601.

[7] Lesser D, Banister B. Amorphous Thermoplastic Matrix Composites for New Applications [C]. 21st SAMPE Technical Conference, September 25 - 28, 1989: 507 - 513.

[8] Muzzy J D, Colton J S. The Processing Science of Thermoplastic Composites [M]. in Advanced Composites Manufacturing, Wiley, 1997.

[9] Jang B J. Advanced Polymer Composites [M]. Principles and Applications, ASM International, 1994.

[10] Muzzy J, Norpoth L, Varughese B. Characterization of Thermoplastic Composites for Processing [J]. SAMPE Journal, 1989, 25(1): 23 - 29.

[11] Leach D C, Cogswell EN, Nield E. High Temperature Performance of Thermoplastic Aromatic Polymer Composites [C]. 31st National SAMPE Symposium, 1986: 434 - 448.

[12] Loos A C, Min-Chung L. Consolidation during Thermoplastic Composite Processing [M]. in Processing of Composites, Hanser/Gardner Publications, 2000.

[13] Strong A B. Manufacturing [M]. in International Encyclopedia of Composites (ed. Stuart Lee), VCH Publishers, 1990: 102 - 126.

[14] Harper R C. Thermoforming of Thermoplastic Matrix Composites—Part II [J]. SAMPE Journal, 1992, 28(3): 9 - 17.

[15] Okine R L. Analysis of Forming Parts from Advanced Thermoplastic Sheet Materials [J]. SAMPE Journal, 1989, 25(3): 9 - 19.

[16] Harper R C. Thermoforming of Thermoplastic Matrix Composites—Part I [J]. SAMPE Journal, 1992, 28(2): 9 - 18.

[17] Cogswell EN, Leach D C. Processing Science of Continuous Fibre Reinforced Thermoplastic Composites [J]. SAMPE Journal, 1988: 11 - 14.

[18] Dillon G, Mallon P, Monaghan M. The Autoclave Processing of Composites [M]. in Advanced Composites Manufacturing, Wiley, 1997: 207 - 258.

[19] Soil W, Gutowski T G. Forming Thermoplastic Composite Parts [J]. SAMPE Journal, 1988: 15 - 19.

［20］ Dave R S, Udipi K, Kruse R L. Chemistry, Kinetics, and Rheology of Thermoplastic Resins Made by Ring Opening Polymerization ［M］. in Processing of Composites, Hanser/Gardner Publications, 2000.

［21］ McCarville D A, Schaefer H A. Processing and Joining of Thermoplastic Composites ［M］. in ASM Handbook Volume 21 Composites, ASM International, 2001: 633 – 645.

11 民用产品复合材料工艺：制件数量远超高性能产品工艺的制造方法

相比于高性能的航空航天产品，一些重要的复合材料制造工艺在民用产品上得到远为广泛的应用。此类工艺中，本章将涉及最重要的 5 种：铺叠、模压、注射成形、反应注射成形(RIM)和拉挤。其中一些工艺的年产制件数量可达百万以上，而另外一些则更适用于低生产率场合。一些工艺局限于热固性树脂，而另外一些则适用于热固性树脂和热塑性树脂两者。一些工艺采用连续纤维增强体，而另外一些则局限于短切纤维增强体。尽管有多种不同类型的增强体可供使用，玻璃纤维的用量因其相对为低的成本、对形形色色产品类型的适用性以及良好的物理力学综合性能，占有主导的位置。

11.1 铺叠工艺

铺叠工艺非常适合于制造小批量的中大型产品。该工艺能够以极低的模具成本来制造大型零件，诸如定制的游艇船壳等。但是，手工铺叠工艺(与第 5 章"铺叠"中所述的工艺相似)的劳动量极大，且产品质量在很大程度上取决于操作人员的技能水平。此处将述及 3 种铺叠工艺：①湿法铺叠；②喷射成形；③低温固化/真空袋(LTVB)预浸料铺叠。

湿法铺叠。如图 11.1 所示，湿法铺叠过程中，未浸渍树脂的增强体(通常为机织的玻璃纱或玻璃布)被手工铺放于模具之上。然后，通过倾注、涂刷、喷涂等方法手工将低黏度的液态树脂散布于增强体之上。再采用压辊将叠层压实，使增强体得到充分浸润，并驱除多余的树脂和裹入的空气。如此一层一层地叠出层合结构，直至厚度满足预定要求。E 玻璃纤维是使用最多的增强材料，但 S-2 玻璃纤维、碳纤维、芳纶纤维也会在某些场合被用及，在这些场合材料高成本的合理性为性能的提升所支持。采用厚玻璃纱织物($500\,g/m^2$)可以较快速地铺叠出特定厚度的制件，从而降低人工成本。由此所得制件的玻璃纤维含量为 40% 左右。尽管采用厚玻璃纱织物可以节省铺叠时间，但与薄玻璃布相比，树脂对其的浸润更为困难。在无须玻璃纱织物或玻璃布高强度特性的场合，可使用玻璃毡来节省成本。玻璃毡既可以是连续纤维毡（制造时将连续的玻璃纤维缠结于运动的载体之上，然后添附黏合剂），也可以是短切纤维毡[制造时将约 $1\sim2\,in(25.4\sim50.8\,mm)$ 的短切纤维喷涂至运动的载体上，并在加热条件下添附液体或粉状的黏合剂]。为节省重量和人工成本，经常采用蜂窝、轻质木或泡沫塑料来制造夹层结构。当用于游艇船壳时，夹层结构还有助于漂浮特性的改善。一般情况下，泡沫塑料芯材在进入铺叠前应进行密封处理以减少树脂的过量吸入。由于树脂浸渍通过手工完成，孔隙、富脂区、贫脂区均是可能发生的问题。在增强体铺放于模具前对其进行预浸渍，可以改善浸渍的均匀性。相应的工艺过程如下：在平面工作台上铺放一层聚酯薄膜（干净的塑料片材）；在聚酯薄膜上放置未被浸渍的增强体；施放预先定量的树脂；再放置另一层聚酯薄膜；通过充分的滚压使树脂进入增强体。在预浸渍铺层铺叠前的搬运过程中，聚酯薄膜可对其起到支撑作用。一些制造商建造了他们自己的预浸设备，以此来改善产品质量和生产效率。

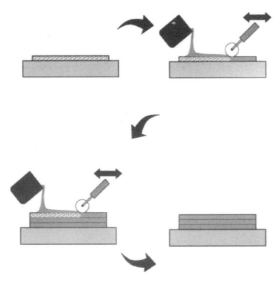

图 11.1 典型的湿法铺叠操作

为使制件有光洁的贴模表面，在铺叠开始前，通常在模具的可脱模表面上再施放一凝胶涂层。凝胶涂层是采用专门配方制作的树脂，其可在固化后的层合结构上形成富脂表面。凝胶涂层的施放可通过涂刷或喷涂实现。凝胶涂层的正常厚度应为 $0.020\sim0.040\,in(0.508\sim1.016\,mm)$。如凝胶涂层过厚，制件使用中树脂可能产生裂纹。通常在凝胶涂层固化至具一定黏性后再进行铺叠。凝胶涂层可通过配方调整来改善其柔性、耐候性和韧性，并避免气泡和瑕疵。具备韧性和弹性的凝胶涂层可以提升层合结构表面的抗冲击和抗磨损能力。凝胶涂层还可添加染料，使固化后的制件呈现不同的颜色。一些制造商还将细毡或织物布（覆面层）作为表面层。

这种主要用做表面层的面膜由极细纤维织成，以此来提升表面光洁度。

如果制件在室温或较低的加热温度下固化，可采用木材、石膏、金属薄板或玻璃钢来制造极便宜的模具。在因制件尺寸和成本耗费而不宜采用热压罐固化的场合，这些模具选项使这种工艺极具吸引力。对于原型件，由于设计方案在批量生产前可能改变，这种工艺也是一条良好的制造途径。一般情况下，湿法铺叠成形在非闭合的单面模具上进行。模具构形的设计方案或可考虑对制件内表面的形状和光洁度进行控制（凸模），或可考虑对外表面的形状和光洁度进行控制（凹模）。固化后的制件具备一个光洁表面（即贴模面），其光洁程度与模具形面一致。而制件的非贴模面则会比较粗糙。

湿法铺叠制件通常在室温下固化而不采用真空袋封装。使用真空袋虽会增加成本，但可得到更好的固化质量和更为均匀的层合结构。真空袋固化还可以生成具有较高增强纤维含量的层合结构、更一致的厚度分布以及更好的表面光洁度。真空袋另可用于铺叠过程中的压实处理。如果制件需在稍高于室温[＜200°F（93℃）]的温度条件下固化，经常采用加热灯或强制空气对流简易烘箱来为制件提供加热环境。此类烘箱通常采用胶合板和绝热泡沫塑料制造，由热吹风机进行加热。采用这一工艺时，最好在产品制造前对模具进行加热过程测试，以确定模具各区域的冷热分布。模具上可安放热电偶来监测固化过程。

聚酯和乙烯基酯是湿法铺叠玻璃纤维增强制件的主导基体树脂。事实上，在所有的民用复合材料制件中，聚酯是最为广泛使用的热固性树脂。这些树脂具有良好的力学、化学、电性能，良好的尺寸稳定性，并易于手工操作并成本低廉。经过适当配制，这些树脂可用于低温或高温场合，可在室温或高温固化，可制造出柔性或刚性的制件。通过在树脂中加入添加剂，可以得到良好的阻燃特性、良好的表面光洁度、良好的着色效果、低收缩率、耐候特性以及其他方面的性能改善。如第 3 章所讨论，乙烯基酯虽较常规聚酯为昂贵，但其具备韧性和耐候性（低吸湿）方面的优点。乙烯基酯还可配制用于高温场合。

聚酯树脂通常以液态形式提供，为树脂和液态单体（多为苯乙烯）的混合物。树脂的黏度主要为单体含量所决定。催化剂的加入和随之被激活（多在加热条件下）引发交联反应。反应的完全程度取决于树脂配方，以及对所选配方的固化工艺。对于室温固化的树脂体系，可采用促进剂来加快催化反应。也可采用抑制剂来减缓固化速度，从而获得更长的工作期（即适用期）。工作期对于大型制件的铺叠是极为重要的考虑因素。由于聚酯树脂比环氧更易受放热量的影响，对其固化过程须加以适当的控制。

聚酯树脂可通过配方调整来获得特殊的工艺特性，比如[1]：

（1）热强度。可保证加热的制件从模具上脱离后不会变形或丧失尺寸稳定性。

（2）低放热量。可减少厚层合结构的固化放热。对于存在大厚度区域的制件是重要的考虑因素。

（3）更长的适用期。为大型复杂制件所必需，以保证铺叠和固化过程中树脂有充分的时间进行必要的流动。

（4）空气干化。可进行室温下的无黏性固化，对于制造船壳和游泳池等超大型产品十分有用。

（5）触变性。可阻止树脂在垂直面上的向下流动。对于船壳和游泳池的铺叠十分有用。

（6）最终用户所要求的特殊性能。通过在树脂配方中加入添加剂而实现。添加剂包括以下各种：

a. 着色剂。可使产品涂覆几乎任何一种颜色。也可以加入到凝胶涂层之中。

b. 填充剂。通常为惰性的无机物，可改善表面形貌、可加工特性、部分力学性能以及降低成本。

c. 阻燃剂。通常用于内装饰件的制造。在此场合火焰导致的有毒烟雾尤其受到关注。

d. 紫外线吸收剂。将其加入树脂后可以改善制件抵抗长期日晒的能力。

e. 脱模剂。可直接用于模具，也可与树脂混合来方便制件脱模。

f. 降低收缩率和改善表面平整度的添加剂。一般为热塑性添加剂，可使固化后的制件表面平整并具低收缩率。

与聚酯树脂相比，环氧树脂有更好的耐温特性。其比强度可达优良水平，并具备更好的尺寸稳定性。环氧树脂非常适用于高温环境，但其不如聚酯树脂便宜。不过其综合性能的优势使其在特定场合物有所值。在环氧树脂中也可加入阻燃、着色以及其他添加剂。环氧树脂可以配制成室温固化类型，但为获得较高的力学性能，更为普遍的是对树脂进行加热固化。

喷射成形。喷射成形是另一种适用于低—中批量产品制造并采用单面模具的成形方法。对简单中大型产品的适用性与手工铺叠方法相类似，不过喷射成形法可以制造出更为复杂的结构形状。此法将连续的玻璃纱股以进给方式装入具有切断和喷射组合功能的喷枪中。喷枪（见图 11.2）同时将短切玻璃纱[1～3 in(25.4～76.2 mm)长]和经催化的树脂喷涂到模具表面。然后采用压辊将叠层压实，驱除裹入的空气，并使树脂充分浸渍增强纤维。如此将短切纤维和树脂一层层地叠合起来，直至厚度满足要求。固化过程一般在室温下进行，但也可通过中温加热来加快固化。类似于手工铺叠，正式喷射成形前如在模具表面先喷涂一层凝胶，可以得到更好的表面光洁度。有时会在叠层中加入玻璃纱织物或玻璃布，以提升特定部位的强度。此外，还可以在叠层中方便地加入芯材。对于一般的应用对象，也是多采用室温或低度加热固化的聚酯树脂和单面成形模具。制件较为复杂时，如有需要可将模具制成组合形式，制件脱模后再将模具拆散。如同湿法铺叠工艺，此法的主要优点在于模具成本低廉、工艺操作简单、设备便于携带且允许实地操作以及对制件尺寸无本质性限制。喷射成形法的另一个优点是十分适宜于自动化,从而可减少人工成本和避免操作者吸入有害烟雾的风险。喷射成形法制造的玻璃纤维制件的纤维含量最高为35%左右。

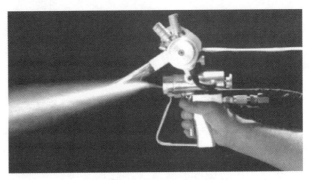

图 11.2　短切纤维喷枪

如制件需具备较高的力学性能,下述方法可用于减少孔隙和保证均匀一致的玻璃纤维含量:

(1) 真空袋。一种柔性薄膜(尼龙),完全覆盖于铺叠叠层块或喷射叠层块之上。周边与模具密封粘接,袋内抽真空。可采用吸胶材料来去除多余树脂并帮助空气的排出。真空袋压有助于减少层合结构内部的孔隙,并促使多余树脂和空气逸出叠层块。增加压力还可以使玻璃纤维的排列更为紧凑,并可以使夹层结构的各层间形成更为良好的胶接结合。

(2) 压力袋。一种经裁剪的橡胶薄片,紧贴于所制成的铺叠叠层块或喷射叠层块之上。在橡胶薄片和压板之间注入空气来形成压力。同时可采用蒸汽对树脂进行加热,以加快固化速度。压力可消除孔隙,将多余树脂和空气从层压结构中排出,并对结构进行压实和改善表面光洁度。

(3) 热压罐。无论是真空袋工艺还是压力袋工艺,均可通过使用热压罐来得以进一步完善。热压罐能够提供更大的热量和压力,生成更为密实的层压结构。此法通常用于生产航空航天领域的高性能环氧树脂体系层压结构。但是,无论是压力袋法还是热压罐法,一般都会显著提升成本,从而使湿法铺叠和喷射成形的许多低成本优势不复存在。

湿法铺叠和喷射成形工艺的主要优点在于方法简单、模具成本低廉、工艺简便,所能生产的制件尺寸范围十分宽广,设备所需的投入也极小。但是,需要有熟练的操作人员来保证制件质量的稳定性。同时制造环境较为杂乱,劳动量强度很高。

低温固化/真空袋预浸料铺叠。LTVB 预浸料法最初针对复合材料模具制造而开发[2]。但在过去 10 年中,其已发展到可用来制造复合材料结构产品的水平。其所用预浸料通常为浸渍了低温固化环氧树脂的碳纤维织物,但也可以采用其他形式的增强材料(甚至单向带材料)。相比于湿法铺叠材料,此类材料的优点在于:①通过制成预浸料,树脂含量可得到远为精准的控制;②不存在液态树脂可能发生的混合失误;③纤维体积含量可达55%~60%,远高于典型湿法铺叠所能达到的30%~50%;④这些预浸料为无须吸胶类型,固化过程中不必去除多余的树脂;⑤预浸料既可为单向带,也可为织物形式。而其缺点在于其成本可与常规250~350℉(121~177℃)固化预浸料比肩,不过多出的材料成本中,很大一部分可与湿法成形所涉及的人工成本相抵,这些人工操作包括树脂的混合、铺层的浸渍以及空气和多余树脂的驱除。相对于湿法铺叠和喷射铺叠,采用LTVB材料的主要动机仍在于以最低的模具投入来制造大型产品。此类预浸料已在航空航天领域成功用于多种小批量原型件的制造[3-5]。

由于此类材料的配制着眼于100~150℉(38~66℃)的固化温度范围,其所含固化剂的活性很高。与前面第5章讨论的预浸料相比,适用期通常较短。一般情况下,材料固化温度越低,可放置时间会越短[6]。例如,某种材料可在低达100℉的温度条件和真空袋压力下保持14 h直到固化,但材料的可放置时间仅为2~3天。另一方面,如果模具设计成可持续12 h经受150℉(66℃),通过调整材料配方可使室温放置时间增加到6~7天。图11.3给出典型的固化和后固化工艺参数曲线。制造过程中先采用廉价模具在较低温度[100~160℉(38~71℃)]和真空袋条件下将制件固化,时间为12~14h。廉价模具可使用胶合板、石膏、合成芯材、胶泥等材料制造。固化加热通过将制件放入烘箱来实现。烘箱也可以是采用泡沫塑料自制的廉价形式,通过制件四周的热吹风机进行加热。这一初始的较低温度下固化过程可

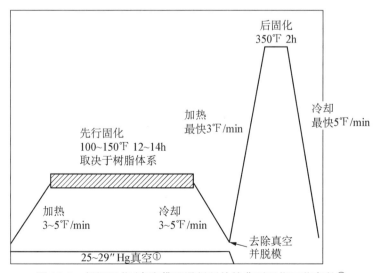

图11.3 低温固化/真空袋预浸料制件的典型固化工艺参数①

---

① 原文为"Hg Vacuum,即英寸汞柱。——编注

使制件的固化程度达到40％～50％。该过程结束后制件被脱模，并在350°F(177℃)下进行后固化以提升力学性能和耐高温性能。如制件使用温度较低，后固化温度也可以较低。在初始固化过程中制件初步形成的强度足以阻止其在后固化过程中发生弯曲或扭曲。随制件被加热至后固化温度，其玻璃化温度 T_g 会增长到高于后固化温度的水平，这也有助于防止制件的变形。由于此类材料的凝胶和固化在相对较低的温度下进行，所呈现的回弹变形通常会小于250～350°F(121～177℃)固化的常规材料[7]。

　　此类材料最初开发用于航空航天器上原型件时，孔隙过多是一个问题。对于某些材料(比如织物)和铺层取向，高达3％～5％的孔隙率时可遇见。考虑到固化压力仅为真空压[<15 psi(103 kPa)]，出现这种现象并不为奇。由于初始固化在较低温度下[100～160°F(38～71℃)]下进行，与第6章讨论的250～350°F(121～177℃)固化体系不同，水分和其他挥发分的蒸汽压在此应不成问题。应该看到，常规350°F(177℃)固化预浸料如仅仅在真空压下固化，由于裹入空气和挥发分(如水分)的逸出，孔隙率可以达到5％甚至更高[8]。不过，铺叠过程中裹入的空气仍可能成为低温固化材料的主要问题。曾有工作尝试通过降低树脂黏度来减少孔隙，这方面的努力虽有一定成效，但孔隙问题并未完全消除，因为随铺叠过程中树脂放置时间的增长，其黏度会持续发生变化。要改善或完全解决孔隙问题，相关制造商开发了3种方法[6,9](见图11.4)

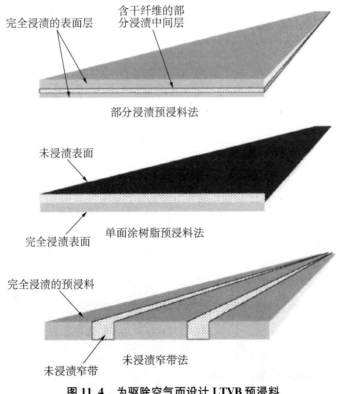

完全浸渍的表面层　　含干纤维的部分浸渍中间层

部分浸渍预浸料法

未浸渍表面

完全浸渍表面　　单面涂树脂预浸料法

完全浸渍的预浸料

未浸渍窄带　　未浸渍窄带法

图11.4　为驱除空气而设计 LTVB 预浸料

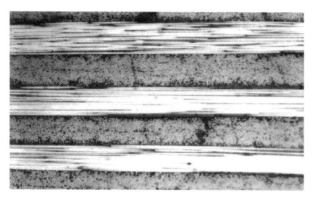

图 11.5　LTVB 固化的层压板[9]

来促成初始固化过程中的空气驱除。其一是部分浸渍的预浸料。这种方法最初针对 350°F(177℃)固化预浸料开发，以帮助消除孔隙。部分浸渍的预浸料在其中间部位包含了一些"干纤维"来形成导出空气的气路。在后续进行的初始固化加热过程中，树脂流在空气导出后完全浸渍铺层。从采用这一技术制造的碳/环氧树脂层压板显微照片(见图 11.5)上可以看到，材料内部基本无显著孔隙存在。第二种方法是仅将树脂涂于预浸料的一个表面，使裹入的空气可以从未涂树脂的表面导出，然后树脂流穿过纤维层而完全浸渍铺层。最后第三种方法则使用未浸渍的窄带[宽 0.50~1.50 in(12.7~38.1 mm)]来导出空气。这些方法成功地将孔隙含量降至 1%以下，基本上与热压罐固化产品相同。

　　由于采用此类材料成功制造良好产品的关键在于初始固化过程中的空气排除，因此在铺叠和真空袋封装过程中也有必要采取一些预防措施。在铺叠过程中，应尽可能将空气驱出叠层块。铺层的铺贴应从其中间部位开始，然后向外直至边缘。应着重注意避免发生层间"架桥"或间隙，特别在加强筋的内拐角部位尤须如此。应将铺叠过程中的预压实次数控制到最小，因为预压实处理经常会将制件边缘的气路封闭，从而使裹入空气的排除变得更为困难。必须预压实时，应在制件周边放置透气材料来保证真空袋不会夹封制件边缘。图 11.6 给出推荐的预压实和固化真空袋封装方式示意，该图说明了空气排出过程中制件边缘的树脂流出以及避免真空袋夹封的重要性[9]。由于铺层固化的唯一压力源为真空袋压，应在固化过程中保证真空袋不发生泄漏，并在袋内实现尽可能高的真空度。对真空度的最低要求为 25 in (85 kPa)汞柱。一些制造商建议，一旦完成最后的真空封装，制件应在真空下保持 4~8 h 以使空气有充分的时间完全排出[9]。固化过程中，加热速率不应超出材料制造商推荐的范围。此类树脂含有反应活性极高的固化剂，如加热过快，有可能发生爆聚反应。

　　应指出的是，这类材料也可采用热压罐工艺。由于初始固化温度较低[100~

160℉(38～71℃)],许多低成本模具在此场合仍可采用。不过模具须能承受 50～100 psi(345～689 kPa)的热压罐压力。虽然热压罐并非处处都能具备,但其确可提供高于大气压的压力,并可用来制造真空袋法无法单独完成的复杂结构。此外,如果允许使用更高的固化温度,可以使 12～14 h 的初始固化过程显著缩短。

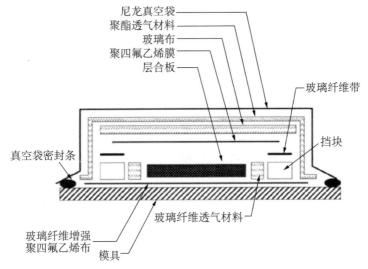

尼龙真空袋
聚酯透气材料
玻璃布
聚四氟乙烯膜
层合板
玻璃纤维带
真空袋密封条
挡块
玻璃纤维透气材料
玻璃纤维增强聚四氟乙烯布
模具

图 11.6 LTVB 真空袋封装示意[9]

原型件模具。如图 11.7 所示,对于大规模生产,模具成本分摊于大量产品后,其比例会很小。但如仅仅计划生产几个制件,模具成本则会成为项目全成本的主要部分。如制造适合热压罐工艺的常规模具(参见第 4 章),其成本比例可高达 60%～70%[10]。这里所述的模具手段用于湿法铺叠和 LTVB 预浸料,其中一部分也可用于喷射成形方法。

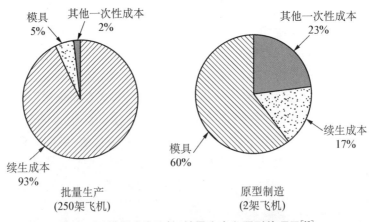

模具
5%
其他一次性成本
2%
其他一次性成本
23%
续生成本
93%
模具
60%
续生成本
17%
批量生产
(250架飞机)
原型制造
(2架飞机)

图 11.7 模具成本比较-批量生产和原型件项目[10]

低成本模具可通过多种途径制造,图 11.8 给出其中的几种。可采用不同的片材和胶合板制造模具结构,包括薄铝材、可铺贴的胶合板、湿法铺叠或喷涂制造的玻璃钢(如有母模存在)等。许多制件可直接使用母模制造,母模材料可为石膏、数控加工的聚氨酯或其他的合成泡沫塑料。如不具备制件完整的 CAD 数模,可先加工成简单的铝坯。超大型制件的模具可分块制造(见图 11.9),然后连接成一体,并对表面进行光顺和密封处理。

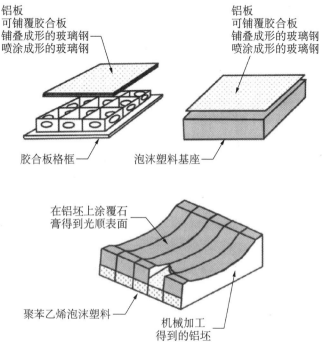

铝板
可铺覆胶合板
铺叠成形的玻璃钢
喷涂成形的玻璃钢

铝板
可铺覆胶合板
铺叠成形的玻璃钢
喷涂成形的玻璃钢

胶合板格框

泡沫塑料基座

在铝坯上涂覆石膏得到光顺表面

聚苯乙烯泡沫塑料

机械加工得到的铝坯

图 11.8 低成本的蒙皮模具

11.2 模压

在制造方法系列的另一端,模压是一种可用于大批量生产的高压力工艺,适合于成形复杂的高强度玻璃纤维增强制件。无论是热固性还是热塑性树脂均可采用这种方法。模压工艺(见图 11.10)采用对模,能够制造较大和具有复杂形状的产品。产品的表面光洁度极高,其尺寸也可得到良好的控制。大批量生产的含义指每年的产品量达到 1000 件以上。但更为典型的说法是每年达到 100 000 件左右的水平,只有如此才能彰显设备和模具上资金投入的合理性。在热固性材料的模压过程中,预先混合短切纤维束和树脂,制成模塑料。模塑料的形状可为片状[片状模塑料(SMC)]或团状[团状模塑料(BMC)]。将此模塑料放入金属对模并在热压环境下固化。固化过程中材料发生流动并充模。对于比较复杂的制件,可预先制造玻璃纤

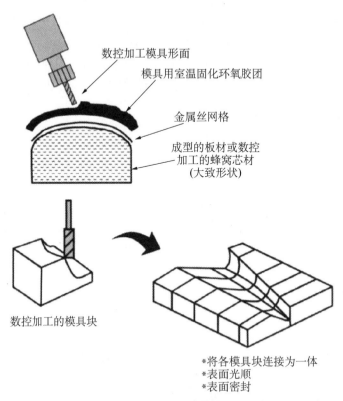

数控加工模具形面

模具用室温固化环氧胶团

金属丝网格

成型的板材或数控加工的蜂窝芯材（大致形状）

数控加工的模具块

*将各模具块连接为一体
*表面光顺
*表面密封

图 11.9　大尺寸原型件铺叠模具的制造

维预成形体,然后将其放入模具进行固化。一般而言,由于增强纤维含量通常较低（20%～30%）、纤维长度较短[<2in(50.8mm)]、纤维取向随机,与采用连续纤维增强的高纤维含量制件相比,模压制件的力学性能低得多。

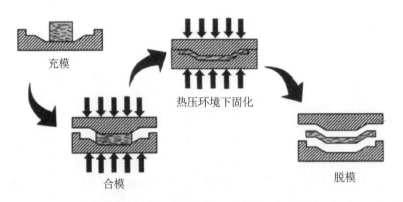

充模

热压环境下固化

合模

脱模

图 11.10　热固性材料的模压工艺

模塑料。模塑料通常采用酚醛树脂，但烃基或环氧树脂模塑料也可从市场购得。典型的模塑料包含 40% 的玻璃纤维，纤维长度为 0.040 in(1.016 mm)或更短。模压前，模塑料被堆制成直径为 0.5~2.5 in(12.7~63.5 mm)，长度为 0.25~1 in(6.35~25.4 mm)的圆柱体。酚醛树脂的典型模压工艺参数为 340~375°F(171~191°C)，700~3 000 psi(4 826~20 684 kPa)下保持 1~10 min。如要求较好的耐高温性能，常需对制件进行后固化处理。

片状模塑料。图 11.11 给出用于热固性 SMC 的典型工艺过程示意。连续的玻璃纤维纱束被短切至要求长度[1~2 in(25.4~50.8 mm)]，然后被堆积于涂覆了糊状聚酯树脂的聚乙烯传送薄膜之上。完成纤维堆积后，该薄膜与涂覆了糊状树脂的另一条薄膜相贴合，形成连续的玻璃纤维/树脂夹层体。再在一定张力下对夹层体进行滚压，制成标准尺寸的卷料。典型的 SMC 片料厚度为 0.25 in(6.35 mm)，成卷宽度为 40~80 in(1 016~2 032 mm)。SMC 卷料还需在 85~90°F(29~32°C)下老化 7 天，通过增稠将其黏度从 100 P 增至 10 000~1 000 000 P[11]。

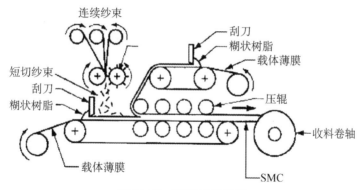

连续纱束
刮刀
糊状树脂
载体薄膜
短切纱束
刮刀
糊状树脂
压辊
收料卷轴
载体薄膜
SMC

图 11.11　SMC 制造工艺

片状模塑料的典型组分包括 25% 的聚酯树脂、25% 的玻璃纤维和 50% 的填料[12]。不过也存在玻璃纤维含量高达 60% 的模塑料。虽然聚酯在模塑料市场占有主导位置，但乙烯基酯、酚醛、尿素塑料、三聚氰胺和环氧树脂也常用于模塑料。如有较高性能要求时，可采用短切纤维束毡料，在一些场合甚至可加入经向玻璃纤维束。树脂可以是标准聚酯，也可以是低收缩型或无收缩型聚酯。标准聚酯用于对力学性能有高要求的场合，但其成形过程中的收缩率也最大(0.3%)。低收缩型聚酯收缩率较小(0.05%~0.3%)，而无收缩型聚酯几乎无收缩发生(<0.05%)，由此可得到更高的表面光洁度，并降低裂纹生成的可能性。采用碳酸钙、氢氧化铝或高岭土(黏土)等填料也可以降低成本和收缩率。在材料配方中经常会加入锌或硬脂酸钙等脱模剂，以促成自脱模特性。并可加入增稠剂[MgO，CaO(OH)$_2$或 Ca(OH)$_2$]以增加黏度，调整材料在模压过程中的流动特性。

如图 11.12 所示，SMC 可分为 SMC-R(纤维随机取向)，SMC-C(连续纤维)，SMC-R/C(纤维随机取向/连续纤维)几类。SMC-R 包含 1~2 in(25.4~50.8 mm)长的随机取向玻璃纤维，SMC-C 则由定向排列的单向丝束组成。SMC-R/C 为两者的混合，其中随机取向纤维被置于单向丝束之上。由于单向丝束的存在，SMC-C 和 SMC-R/C 有更高的强度，但其成形也更为困难。SMC-R 因其低成本、良好的流动性和易成形特点，应用更为广泛。

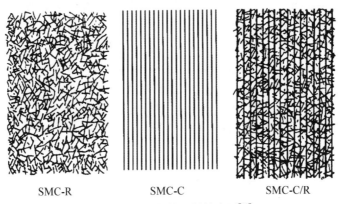

SMC-R   SMC-C   SMC-C/R

图 11.12　片状模塑料的类型[12]

模压过程中将 SMC 层叠放入模。装料尺寸一般比模具的投影面积小 40%~70%[12]。装料重量按成形件的重量确定，此外再添加材料以供边缘修整。为适应制件的厚度或几何形状变化，在模具不同部位的装料厚度可各不相同。对装料重量和尺寸的严格控制可使模压件固化后的边缘修整量变得极小。装料入模时应尽量减少材料接缝，因为接缝处为两股树脂流动前缘的汇合部位，其强度会有所减低。材料在流水线烘箱中采用红外热源或强制空气对流热源先行加热，然后装入加热的对模并在压机上固化。

团状模塑料。BMC 是短切玻璃纤维[0.125~1.25 in(3.175~31.75 mm)]和树脂的混合物，树脂中含有填料、催化剂、颜料和其他添加剂。增强纤维含量的水平通常为 10%~20%。BMC 多采用挤压方法制造。预混的材料(黏稠度与模型黏土相当)可以团状提供，也可挤压成条状[1~2 in(25.4~50.8 mm)直径]或圆木状以方便后续操作。与 SMC 类似，BMC 被定量放置于加热的金属对模之中，然后合模加压进行固化。制件脱模前的固化时间从几秒到数分钟不等，取决于制件的尺寸和厚度。BMC 商品覆盖众多树脂、添加剂和增强纤维的组合，可满足终端用户进行大批量应用时提出的不同需求，诸如良好的光洁度、良好的尺寸稳定性、对制件复杂程度的适应性以及良好的综合力学性能。与 BMC 制件相比，SMC 允许的纤维长度更长，因此可产生更高的力学性能，对于截面厚度较小的制件尤其如此。事实上，相比于传统的模压成形工艺，BMC 更多地被用于热固性材料的注射成形。

预成形体。增强玻璃纤维和树脂预混模压备料的第三种形式是预成形体。预成形体为加入了维形用黏合剂的短切玻璃纤维束毡,被制成模压产品的大致形状。预成形体的制造方法有两种,即纤维导入法和充气室法。采用纤维导入法(见图 11.13)时,连续的玻璃纤维纱束被短切至 $1\sim2$ in($25.4\sim50.8$ mm),并与黏合剂一起被喷射到形状与最终制件相近的旋转金属网上,同时通过吸附力使纤维定位。在烘箱中对黏合剂进行热定形处理后,预成形体即可装入模具。充气室法与纤维导入法类似,但是将短切纤维和黏合剂散布于气室之中,其随后吸附于旋转的预成形网上。预成形体方法适用于截面一致性相对较好,玻璃纤维含量较高的中大型制件。采用预成形体方法时,在预成形体即将装模或装模后加入大部分树脂。

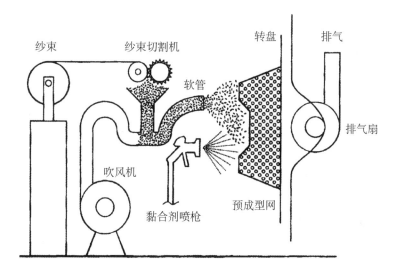

图 11.13　预成形体的纤维导入喷涂工艺[13]

虽然在大部分应用场合需要采用 SMC 或 BMC,但对于平板或简单形状制件,可直接将玻璃毡装模,再在玻璃毡上倾倒树脂,然后合模并在压力下完成树脂和玻璃纤维的固化。对于复杂形状制件,通常会在材料装模前先将其制成预成形体。对模被放置于液压或改良的机械压机上,如图 11.14 所示。模具两半对合后进行加热和加压[$225\sim320$℉($107\sim160$℃),$150\sim200$ psi($1034\sim1379$ kPa)]。高玻璃纤

图 11.14　模压设备

维含量或复杂形状的制件需要较高的压力。固化时间的范围为 $1\sim5\,\mathrm{min}$，取决于制件的厚度、尺寸和形状。压机的闭合由两步完成，起始步速度较快，第二步降低速度以保证材料的流动时间。较高的模压温度和较短的固化时间要求较快的闭合速度来防止过早凝胶的问题。如果模压所用树脂为酚醛等缩合固化类型，通常在固化过程中会短暂开模以驱除挥发分。固化后，再打开模具将制成的产品脱模。如果制件为腔体形状，可采用低熔点金属制作型芯，制件成形后再将型芯熔融取出。金属对模可为单腔或多腔，并淬火镀铬，经常中间挖空以供蒸气或热油加热。而电加热或热水加热的方法也会被用及。模具中还时会加入侧型芯、嵌入件等组分。此外，模具还要配有制件顶出装置，可使用机械销，也可使用空气压力。模具材料包括铸钢或锻钢、铸铁、铸铝。如果在高精度对模上的投入可被足够的产品批量所合理分摊，模压是一种理想的工艺选项。不过随铝制模具高速加工技术的出现，对于较小批量的产品生产，此工艺的经济性也趋于改善。模压工艺能够制造高表面光洁度的制件，制件的一致性极为出色。嵌入物和其他附件可在模压过程中装入制件，制件的最终修整和加工工作量很小。

转移成形。转移成形（见图 11.15）与模压工艺相似，但模塑料在分置的箱体中先被加热至 $300\sim350\,^\circ\mathrm{F}$（$149\sim177\,^\circ\mathrm{C}$），再在热压条件下通过活塞装置转移到用于制件成形的闭合模之中，通常会在 $45\sim90\,\mathrm{s}$ 内完成固化。这一工艺适用于小尺寸、复杂形状且高精度要求的制件。虽然要求树脂有较好的流动性，但装料量偏差对此工艺的影响作用较小。典型的增强纤维含量水平为 $10\%\sim35\%$。

玻璃毡增强热塑性材料。玻璃毡增强热塑性材料（GMT）通常采用聚丙烯基体，其在模压过程中的充模流动特性与热固性树脂相似。图 11.16 给出典型 GMT 生产线示意。增强纤维可采用不同形式，包括连续纤维毡、短切纤维毡和单向纤维

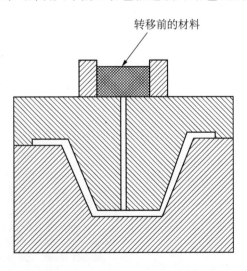

转移前的材料

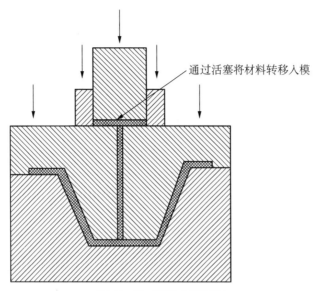

图 11.15 转移成形原理

毡。材料中玻璃纤维体积含量一般为 40%。这一工艺在汽车行业占有重要位置,原因在于其所具备的自动化特点和短加工周期。加工周期最短可至 30 s,但有时需加延长来获得适当的结晶度。GMT 材料采用第 10 章中述及的双带工艺制造,再通过红外加热烘箱在 2～3 min 内加热至 600°F(316℃)。然后将材料装入在高速液压压机上预热至 275°F(135℃)的模具中,并在 1000～4000 psi(6895～27579 kPa)的压力下完成固化。一般会采用两步加压工序。在第一步中迅速施加压力[200～500 in/min(5.08～12.7 m/min)],后续第二步中加压速度减缓到 1～10 in/min(25.4～254 mm/min),以允许材料有充分的时间流动充模[14]。在一些场合,冷却过程需采用夹具来减少制件的扭曲或翘曲。

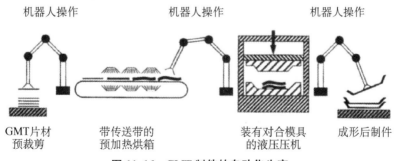

| 机器人操作 | 机器人操作 | | 机器人操作 |

图 11.16 GMT 制件的自动化生产

非连续长纤维增强热塑性材料。长纤维热塑性材料(LFT)也采用玻璃纤维做增强体,基体为聚丙烯。纤维长度通常为 0.5,1.0 或 2.0 in(12.7,25.4 或

50.8mm)。与 GMT 工艺相比,该工艺的自动化程度甚至更高。工艺过程中聚丙烯被加入一拉挤装置,该装置对材料加热使其熔融。再在挤出端部加入玻璃纤维。材料然后被直接送至模压压机,而无须像 GMT 工艺一样进行再次加热,从而进一步降低成本。对于 GMT 和 LFT 工艺,为降低成本还经常会使用经回收得到的材料。

11.3　注射成形

热塑性材料的注射成形。在所有玻璃纤维增强材料制造工艺中,注射成形是最适用于大批量生产的方法。制件年产量可达百万以上。制件无论有无纤维增强,均可采用注射成形工艺制造。与模压工艺类似,注射成形因加工温度和压力较高而需要采用昂贵的金属对模。不过,由于许多复杂制件的产量很高,分摊到各个制件上的模具成本通常会比较少。尽管也会采用其他增强材料,玻璃纤维增强产品始终占有主导地位。由于纤维长度较短[0.03~0.125in(0.762~3.175mm)],纤维的体积含量比较低(通常为30%~40%)。纤维的取向为随机分布,或按材料的注入流向排列。注射成形制件的力学性能也远低于连续纤维增强制件。不过,对于复杂形状制件,通过注射成形可使其所有表面的质量得到很好控制。对于大批量生产的复杂形状制件,可采用单腔或多腔模具来达到极高的生产率。同时可用于注射成形的热塑性树脂范围宽广,产品性能具有很大的选择空间。注射成形玻璃纤维增强热塑性材料在汽车和家庭用品行业得到广泛应用,原因可归结为良好的设计适应性(即玻璃纤维增强热塑性材料可制成各种复杂形状)、极高的生产效率以及极低的单件成本。

注射成形过程中,球状、黏稠状或干混料状的模塑料在成形机的注射室中被加热。图11.17给出典型的注射成形工艺过程说明。材料在随螺杆前进的同时,通过料筒加热和螺杆剪切作用熔融。材料聚集于料筒后,在高压下以热流体形式被注入

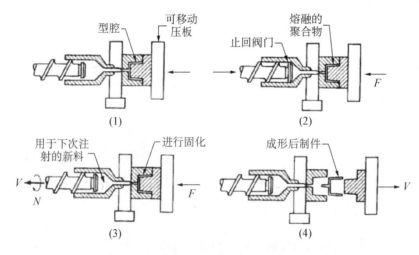

图 11.17　注射成形设备的工作流程[15]

温度较低的闭合模具内。当达到预期的注射量后，螺杆停止转动并以一定速率向前移动，其作用犹如活塞，强制其前方的熔融模塑料进入模腔之内。熔融材料通过喷嘴流入水冷模具，经注口和流道，最终过闸道进入模具型腔。模具充料完毕后，螺杆停留在原位以保持模具中热塑性材料的成形压力，同时向模具注射附加的熔融材料来补偿冷却导致的材料收缩。注入口冷却后，模具与注射单元脱离。螺杆前端处聚集的熔融材料推动螺杆后移，螺杆同时保持转动。在螺杆前方，熔融模塑料为下一次注射而积聚，积聚的速度由返回压力(施加于螺杆的液压)所控制。在螺杆前方积聚起足够的熔融模塑料后，螺杆停止转动；同时，模具中的制件被冷却和固化。经过短暂的冷却过程(通常为 20～120s)后，制件的固化程度可足以保证其脱模后不发生变形。加工周期的长短多由冷却速度所控制。而冷却速度通常取决于模具设计方案、制件厚度和增强纤维含量。冷却结束后，脱模销将制件从模具中顶出。注口、流道和闸道中的滞留材料需从制件上切除，通常会回收碾成粉末，与新材料混合再次使用。

　　几乎所有的热塑性材料均可注射成形，包括尼龙、缩醛、聚氯乙烯、聚碳酸酯、聚乙烯、聚苯乙烯、聚丙烯、聚砜、改性的聚苯醚、碳氟化合物、聚硫醚、丙烯腈-丁二烯-苯乙烯(ABS)和苯乙烯-丙烯腈(SAN)。对于注射成形，可将短切玻璃纤维束与热塑性树脂模塑粉或小球混合制料，也可采用碳纤维来满足力学性能方面的较高要求，并提升材料的导电和导热性能。碳纤维常常作为导电填料加入材料，以满足电磁干扰(EMI)屏蔽、抗静电、静电释放(ESD)等要求并用于各类电子设备。

　　低成本热塑性材料通常可通过添加增强玻璃纤维来提升强度，与未加增强玻璃纤维但价格更为昂贵的树脂相比，可以提供更为优良的性能选择。此外，玻璃纤维具备足够的强度和尺寸稳定性，可以使许多玻纤增强的热塑性材料能够有效替代模锻金属板材或金属铸件。热塑性模塑料一般包含颜料、填料、脱模剂、润滑剂，有时还会根据特殊的目的加入其他添加剂。材料抗腐蚀和在成形中实现颜色要求的特点也为产品设计提供了便利。可采用注射成形的玻璃纤维增强热塑性材料种类繁多，其中包含的树脂类型可提供极为广阔的力学、化学、电和热性能选择空间。一些聚合物在成形过程中会要求对注射速度和注射压力进行变化。如果注射速度过快，一些热敏性聚合物的性能有可能发生退化。强迫聚合物高速通过窄小的注口、流道和闸道系统会加剧其内部的剪切，从而使温度升至可导致材料性能受损的水平。注射工艺过程中可能需要预设不同的注射速度和压力来防止树脂性能的退化。

　　注射成形模塑料的供应形式常保证其可被直接装入注射成形设备。一般将短切纤维与粉状或球状树脂在压挤设备中混合得到模塑料。压挤过程中，纤维断裂是主要的问题。为减少纤维断裂，可采用深螺线螺杆或双螺杆，并在树脂熔融后再将纤维送入料筒。预制的球状模塑料能以一定的增强玻璃纤维/树脂比例提供，其中还可包含颜料、阻燃剂、稳定剂和润滑剂等特殊添加剂。几乎所有普遍使用的注射成形热塑性材料均可制成此类球状模塑料。浓缩型模塑料与普通玻璃纤维/树脂球状模塑料相似，但其中玻璃纤维与树脂的重量比可高达80%，而普通球状模塑料仅为10%～40%。通过将浓缩型球状模塑料与无增强纤维的球状热塑性模塑料进行混合，成形后制件可达到特定的玻璃纤维/树脂比例要求。借助上述配方设计，注射成形工艺可以根据最终用户对力学性能、化学性能、冲击强度、表面光洁度和着色方面的要求来选择适宜的玻璃纤维增强模塑料。注射成形前，材料须充分干燥。干燥工序可以是离线的批处理操作，也可通过注射机上的料斗干燥器在线进行。应该指出，一些聚合物主要在表面吸收水分（非吸水性材料），而另一些则会将水分吸入到球粒内部（吸水性材料）。对于聚丙烯和聚乙烯等非吸水性材料，只需简单地将表面水分蒸发掉即可。但对于尼龙和聚碳酸酯等吸水性材料，则须采用已去湿的热空气来驱除水分，干燥处理的时间一般较长。实际操作中常常会使用最高比例可达20%的回收物料来制作注射成形件。但回收物料含量的增加常会使制件性能产生下降，添加前应进行必要的试验。玻璃纤维和碳纤维的增强效果会因反复加工而下降，原因在于纤维发生断裂和树脂多次暴露于热环境而产生热降解。

与无增强的制件相比，玻璃纤维增强注射成形件具有较高的拉伸强度和模量、较高的抗冲击性能、较小的收缩率、较好的尺寸稳定性和耐温性。聚合物的收缩率通常在5%左右，而纤维增强件的收缩率通常在1%以下。纤维增强件的缺点在于韧性较低。一般情况下，纤维增强件由于成形黏度较高，所需的注射压力和料筒温度会稍高于无增强件。注射成形设备的混料和剪切作用会降低纤维的长度，因此闸道和流道应尽可能设计得大一些。注射压力通常为 10～15 000 psi（69～103 421 kPa）。为避免过多的纤维断裂，返回压力[25～50 psi(172～345 kPa)]和螺杆速度(30～60 r/min)应尽可能为小。对模腔的充填应尽可能迅速完成，以减小纤维的定向分布趋势并改善接缝处的完整性，对于薄壁件尤须如此。注射成形纤维增强件时，为减少纤维的断裂，会采用较高的料筒温度（比无增强件高30～60℉）来熔融聚合物，而非螺杆剪切作用产生的热量。模腔充满后，将温度和压力保持一定时间，以使制件尺寸稳定。纤维增强件的一个问题是纤维取向在很大程度上为物料流动行为和制件几何形状所控制，因此可使制件各部位的强度不尽相同。此外，物料流动前缘汇合处生成的接缝也会是一个强度受损区域。对于含有较长纤维和具备较高纤维含量的制件，这个问题尤其重要[14]。

注射成形设备（见图11.18）的主要部分为夹持单元和注射单元。夹持单元用于安放模具，可对模具进行闭合、夹持和打开。该单元配备固定和可移动的金属板和导柱，以及用于模具开闭和夹持的机械装置。注射单元（或增塑单元）用于热塑性材料的熔融，并将材料注入模具。此外还有驱动单元来为注射和夹持提供动力。虽然存在活塞和螺杆两种机型，但螺杆式设备在注射成形应用领域占有主导位置。往复活塞式设备与螺杆式相比有所不如，其所有热量均需由料筒热源通过传导方式提

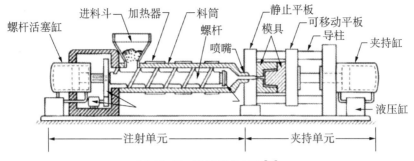

图 11.18 注射设备示意[15]

供,对物料的混合效果非常不好,会生成低增塑(熔融)率和热分布不均匀的熔体。
螺杆类设备可在材料内部生成热量并较好地混合物料,从而得到较为均匀的熔体。

一般而言,螺杆包括三个区域:①进料区;②压缩区;③计量区。进料区将球状
模塑料从料斗移至料筒的加热区。而后在压缩区,聚合物在料筒热源和螺杆剪切作
用下发生熔融。这一部分的螺杆螺纹逐渐减少,以补偿材料的密度变化。最后在计
量区螺纹尺寸一致,物料完全熔融并混合。螺杆的设计方案根据所要成形的材料而
改变[17]。图 11.19 给出三种螺杆的设计方案。图 11.19(a)为针对高结晶度聚合物
的设计方案。由于这类材料的熔点分布极窄,压缩区可做得极短。对于半结晶的热
塑性材料[见图 11.19(b)],压缩区变得较长,以适应相对渐进的熔融行为。而对于无
定形的热塑性材料[见图 11.19(c)],因其不存在真正的熔融温度,螺杆设计成压缩作
用随长度渐增的形式。料筒热源被分放于不同区域,使加热过程得到更好的控制。

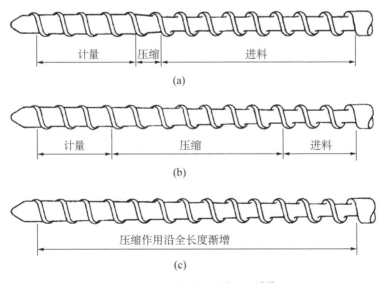

图 11.19 注射成形螺杆设计[17]

　　注射设备按可夹持的模具吨位和一次可注射物料量进行分级，从实验室[2 t，0.25 oz(7.09 g)]级别直至大型工业级别[3 500 t，1 500 oz(42.52 kg)][18]。图 11.20 给出一套典型的实验室级别注射设备。夹持装置必须提供足够的锁模力来抗衡熔融聚合物在高压下对模具的冲开力。由于纤维增强热塑性树脂的黏度高于无增强树脂，其注射需在更高的压力下进行，这也意味着夹持装置必须更为牢固。模具的夹持压力通常由套环锁或液压缸提供，也可由两者共同提供。现代化的注射成形设备配有自动反馈控制系统，可以对工艺参数进行监测，从而得到稳定的高质量产品。需控制的重要工艺参数包括注射压力和夹持压力、活塞的位置和速度、返回压力及螺杆速度。料筒和喷嘴的温度控制对于降低被成形制件内部的热应力极为重要。较低的成形温度可加快冷却过程并提高生产率，但制件的质量较差。过快的冷却会对内部应力、纤维定向程度及脱模后收缩率产生不利的影响。

图 11.20　注射成形设备

　　用于热塑性制件生产的金属对模一般采用高强工具钢制造，通常镀有涂层以提高抗磨损能力。典型的涂层材料包括浸渍了聚合物的镍磷、硬铬、非电镀镍、氮化钛和钻石黑(加硫化钨的碳化硼薄膜)。双模板冷流道形式的模具[见图 11.21(a)]中，物料经注口衬套和流道，通过闸道注入模具型腔。图 11.22 给出一套典型 8 型腔模具的注口、流道和闸道系统示意。冷却后的制件与注口、流道、闸道中的滞留材料一起脱模，滞留材料随后通过手工切除并回收。图 11.21(b)底部所示的三模板冷流道形式模具中，制件脱模弹出时中间模板则将注口、流道和闸道滞留材料与制件分离。另外还存在三模板热流道的模具，此类模具在工艺全程保持注口、流道和闸道中的物料处于熔融状态。尽管模具成本较高，但可以避免注口、流道和闸道滞留材料回收引起的工时和材料耗费。注射成形模具通常带有排气口，当高温聚合物流体进入模具型腔时，可使模内空气从排气口排出。排气口一般设置在料流最后充填之处、接缝附近甚至流道之中。注口和流道应避免突然的弯曲。流道尽可能短，以避免压力的下降。材料充模的速度、流入型腔的材料量以及材料的固化速度为闸道所控制。闸道设计应避免或尽量减少弱结合区或接缝区。如需有多个闸道进行充模，将会有接缝产生。应使接缝位于制件的低应力部位。由于冷却过程常为注射成形工艺中耗时最长的部分，模具设计需对有效的冷却液通道设置给予特殊关注。一般而言：①由于冷却速度与导热厚度有关，要使冷却流体接近型腔表面；②冷却流体通道应准确地处于对制件进行均匀冷却所必须的位置上；③保证冷却流体为湍流，以达到最大的传热效应（突拐和高速可以促使湍流产生）；④所设计的冷却系统应能均匀冷却每个半模[19]。

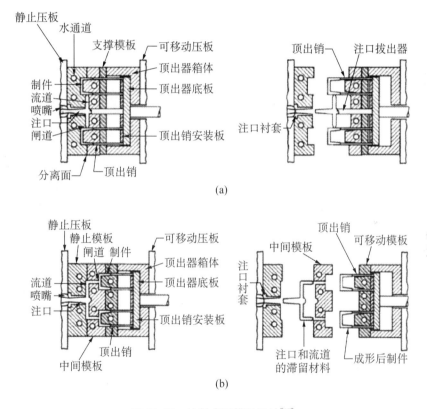

图 11.21　注射成形模具设计[15]

（a）双模板冷流道系统　（b）三模板冷流道系统

注射成形的一个主要问题是如何制造具有良好尺寸精度且翘曲变形尽可能小的产品。当制件的内部应力超越制件的固有刚度时即会翘曲，并产生永久变形。冷却过程中的温度梯度导致不同部位的收缩差异，是造成制件翘曲的主要原因。影响收缩的因素包括材料、制件设计方案、模具设计方案和工艺参数。无定形树脂固有

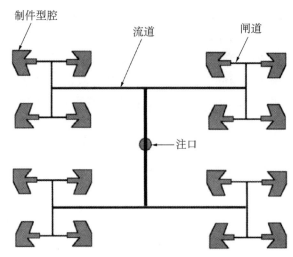

制件型腔　　　　流道　　　　闸道　　　　注口

图 11.22　8 型腔模具系统

收缩率较低,因此比半晶体树脂更多地在容差要求严格的场合中得到应用。一般情况下,纤维的加入会增加制件的翘曲程度,因为纤维随物料流动方向排列,流动方式决定了材料的各向异性特征。由于冷却速度的差异,变壁厚制件会产生比均匀壁厚制件更严重的翘曲。在设计上经常采用加强筋或加强片来减少翘曲程度。闸道位置和冷却流通道是模具设计的重要考虑内容。理想的情况是,模具在注射过程中被均匀填充,然后均匀冷却至可脱模状态。如果闸口和冷却通道设计不当,制件的凹陷部位会被过早填充并在其他部位被填充前开始固化。同样,不合理的冷却系统会在冷却过程中造成不均匀的热分布。加工过程中,型腔填充所用时间十分重要。如果时间过短,高剪切速率会对熔体产生较大的剪切作用并形成较高的残余应力,从而导致翘曲。如时间过长,充模后熔体温度突降形成的温度梯度也会导致翘曲的发生。

　　气体辅助成形(GAM)是一种用于注射成形中空制件的工艺方法,该法在聚合物热熔体中注入定量的惰性气体(N_2)[①]。气体在熔体中高温低黏的厚区部分形成连续的气道。气体辅助注射成形的压力通常为 $400 \sim 800 \, psi(2758 \sim 5516 \, kPa)$。另一种从注射成形衍生的方法为注射模压(ICM)法。此法将熔融的聚合物注入部分敞开的模具。然后闭合模具、加压,将熔体分布到整个型腔。ICM 工艺有利于防止纤维断裂,从而改善制件的成形质量。薄壁注射成形(TWIM)法适于制造壁厚为 $0.020 \sim 0.080 \, in(0.508 \sim 2.032 \, mm)$,注射流程与厚度之比($L/t$)大于 75 的制件。由于薄壁冷却迅速,需要使用能够提供极高注射压力[$15 \sim 35\,000 \, psi(103 \sim 241\,317 \, kPa)$]的设备,在极短的时间($<0.75 \, s$)内完成制件的注射成形。这种工艺通常要求较厚的模具来阻止变形,并配备特殊设计的流道和排气口系统。结构用泡

① 原文描述为惰性气体,实际上 N_2 不属惰性气体。——编注

沫塑料成形(SFM)法采用化学发泡剂来制造带实体蒙皮和泡沫塑料芯材的制件,可用来制造高比强度的大型制件,同时对尺寸进行良好控制。对于某些构形的制件,可采用铝制模具来降低成本。

　　热固性材料注射成形。热固性模塑料可用于注射成形。但成形设备的注射螺杆或活塞,以及装料室均应保持较低的温度。与热塑性材料不同,热固性材料的模具本身需要加热[250~400℉(121~204℃)]。这可使热固性材料在几分钟内通过模具内部的热压环境完成固化。对温度和工艺过程的时间须给予精确的控制,以防止树脂在料筒中发生凝胶。所用树脂需能在一定时间内保持低黏度,并能在凝胶后迅速固化。可把短切玻璃纤维和碾磨纤维[<0.80 in(20.32 mm)]等特殊填料用作增强体,但与微粒填料相比,短切纤维和碾磨纤维会更多地增加树脂黏度,使成形变得更为困难。对于热固性材料的注射成形,所用螺杆一般较短,压缩比也更小。料筒温度会设置得较低[160~212℉(71~100℃)],固化在加热模具中进行,注射压力为7 500~15 000 psi(51 711~103 421 kPa)。挥发分的排出极为重要,对于缩聚固化的酚醛树脂尤其是如此。排气通道设置在模具内部的分模面、顶出销和芯销等部位。该工艺所制产品的最大重量为10 lb(4.5 kg)左右。热固性材料注射成形件还会经常使用团状模塑料(BMC)。模塑料由聚酯、乙烯基酯或环氧与0.25~1 in(6.35~25.4 mm)的玻璃纤维混合而成。与常规的热固性材料注射成形用例相比,采用BMC时,常常会借助更大的设备在更低的压力[750~1 500 psi(5 171~10 342 kPa)]下制造出更大的产品。典型的固化过程在2~5 min内完成。

11.4　结构反应注射成形

　　如图11.23所示,反应注射成形(RIM)是用于快速制造无增强热固性材料制件的一种工艺方法。该法将双组分的高反应活性树脂体系注入闭合的模具,树脂在模具中迅速反应和固化。RIM树脂须具备低黏度(500~2 000 cPs)和快速固化的特点。聚亚安酯的应用最为普遍,但尼龙,聚脲,丙烯酸,聚酯和环氧也有被用及。树脂的两个组分(如聚亚安酯中的异氰酸酯和多元醇)分开放置,并在高压下做恒速回流。然后两者在动态混料头内的高压[1 500~3 000 psi(10 342~20 684 kPa)]下高速[4 000~8 000 in/s(102~203 m/s)]混合。交联反应主要因混合而非加热引起,凝胶快达2~10 s。实际的注射压力较低,模具需加热至120~150℉(49~66℃)以加快固化速度并在固化后期吸收固化反应热。RIM树脂体系的黏度较低,可在低压[<100 psi(689 kPa)]下注射,因此可使用低成本的模具和低夹持力的夹持系统。典型的模具用材包括钢、铸铝、电铸镍和复合材料。曾有文献报道[18],大型汽车保险杠可在短达2 min的时间内完成制造。由于异氰酸酯蒸气为有害物,RIM工作间须装有排气通风设备。

　　增强反应注射成形(RRIM)与RIM类似,不同之处只是在一种树脂组分中加入了短切玻璃纤维。纤维必须非常短[如0.03 in(0.762 mm)],否则树脂黏度会变得

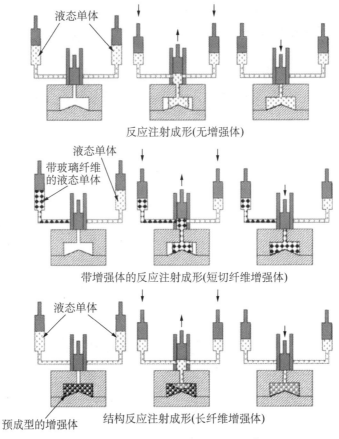

图 11. 23　RIM，RRIM 和 SRIM 工艺

很大。通常使用的增强体形式为短切纤维、研磨纤维或玻璃鳞片。与 RIM 的情况相同，聚亚安酯也是使用最为普遍的树脂体系。加入纤维后，材料的模量、抗冲击性能和尺寸稳定性均有改善，热胀系数则会变低。

　　结构反应注射成形(SRIM)与上述两种工艺类似，但在注射前先将连续玻璃纤维预成形体放入模具。这种工艺通常只适用于聚亚安酯。因树脂反应活性高，成形周期短，SRIM 不能像 RTM(参见第 9 章)一样用于生产大型制件。同时，相比于 RTM 制件，SRIM 制件的纤维含量较低，孔隙率较高。

11.5　拉挤

　　拉挤[20]是一种成熟度较高的工艺，从 1950 年代起就一直用于生产民用制品。拉挤过程中，连续增强纤维被基体树脂浸渍并持续不断地固化为复合材料固体。尽管拉挤工艺有不同的演变类型，但针对热固性复合材料的基本工艺如图 11.24 所示。增强纤维(通常为玻璃纱)从轴架上的线轴上被拉出并逐渐合为一股，再进入树脂槽被液态树脂所浸渍。浸渍后的增强纤维先被引入预成形模具，在模具中排列成制件形状。然后再被引入加热的恒定截面模具，穿过该模具后制件即完成固化。制件的固化由外而内发生。虽然开始由模具加热树脂，但树脂固化过程生成的反应热也为固化提供了重要的热源。反应放热所引起的温度峰值发生于材料为模具所约束之时。从出口处离开模具后，复合材料会产生收缩。出模后的复合材料制件即已充分固化，在牵引装置处继续冷却。最后采用切割锯将制件切至要求长度。尽管拉挤工艺的优点是以极出色的成本效益来制造等截面长条形复合材料零件，但因制备生产线的成本较高，无疑是一种更适合大批量生产的方法。此外，该法要求制件必须为恒定截面，增强纤维取向的选择也受到一定限制。虽然玻璃纤维/聚酯材料在拉挤产品市场占有统治地位，但人们也开展了大量工作来将此工艺发展用于高性能的碳/环氧材料，以满足航空航天工业的需求。民用飞机地板梁就是一个潜在的应用对象。如图 11.25 所示，拉挤工艺能用于制造众多形状的结构件，包括采用芯模得到的中空型材。

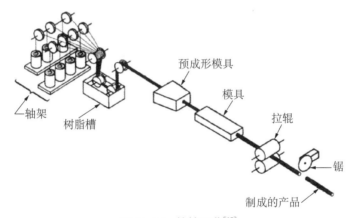

图 11.24　拉挤工艺[15]

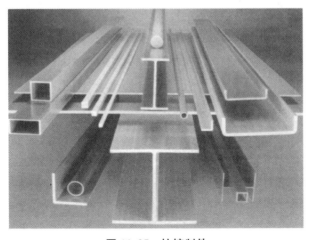

图 11.25　拉挤制件

　　拉挤工艺的主要优点在于因工艺连续性而导致的低廉生产成本,低廉的原材料成本和极高的材料利用率,简单的生产设备,以及高度的自动化。其缺点包括:工艺局限于恒定截面制件;工艺准备和启动过程的劳动量很大;制件的孔隙率可能会超出某些结构应用对象的允许范围;大部分增强纤维的取向为制件轴向;所用树脂必须为低黏度并有较长的适用期;在使用聚酯的场合,苯乙烯的挥发散出会对工人的健康产生不良影响。关键的工艺影响因素包括模具的设计、树脂的配方、对浸渍前后材料的牵引以及模具温度的控制。

　　拉挤的工艺特性决定其必须采用连续纤维。材料形式可为纱束、织物卷,也包括连续纤维毡或覆面毡。为方便工艺准备,轴架经常安放于轮车之上,因此大部分准备工作可离线进行,从而减少拉挤设备的停机时间。如采用预浸渍牵引装置,需要考虑的是增强纤维一般较脆,而当其为玻璃纤维或碳纤维时,还易磨损。因此经常采用陶瓷小圈来对未浸渍树脂的干纱束进行牵引,以达到减少纤维及牵引装置磨损的目的。对织物、纤维毡和覆面毡的牵引可借助带有孔槽的塑料片或钢片进行。常用短切纤维毡的单位面积重量为 $1.5\,\mathrm{oz/yd^2}$[①]($50.83\,\mathrm{g/m^2}$),成卷包装,卷内材料长度可达300ft(91.44m),最小宽度为 4in(101.6mm)。为在浸渍前使增强纤维逐渐排列成制件形状,可能需要采用多套牵引装置。在一种被称为拉挤–缠绕的工艺操作中,移动的纤维缠绕单元对单向增强纤维主体进行包裹,由此提升制件的抗扭刚度。

　　浸渍操作可采用几种不同的方法。最为普通的第一种是将增强纤维直接牵引进入敞开的树脂槽,纤维上下前行经过槽内的多个杆件,通过毛细管作用实现浸渍。这种方法可以产生良好的浸渍质量,且简单易行。但是,在采用聚酯树脂的场合,苯乙烯的挥发会造成问题。为解决苯乙烯的挥发问题,第二种方法采用封闭的树脂槽。增强纤维通过槽端的切缝水平移动进出此槽。这种方法的优点是增强纤维不会发生弯曲,同时苯乙烯的挥发散出可得到一定控制。在树脂槽上常设有排风罩来帮助将苯乙烯气体驱离工作现场。第三种方法称为注射拉挤或反应注射拉挤(见图 11.26),该法在增强纤维进入模具后将树脂加压注入。虽然这种方法可在根本

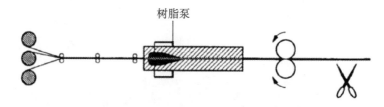

増强纤维轴架　増强纤维牵引　浸渍区域　加热的模具　牵引装置　切割装置

图 11.26　注射拉挤工艺[20]

① yd 为长度单位码,1yd = 0.9144m。——编注

上消除苯乙烯挥发的问题，但对注射点的模具温度须严加控制，以防树脂过早凝胶。还应指出的是，这种方法显著增加了模具设计的复杂程度。与普通模具相比，此法所用模具通常更长、更复杂和更昂贵。第四种方法采用预浸渍的增强纤维，到目前为止应用较少。此法的成本虽高于在线浸渍方法，但预浸渍可对树脂含量和纤维单位面积重量实现更好的控制。

对于采用敞开树脂槽的浸渍工艺，树脂必须具备很低的黏度（约10 P）和较长的适用期，只有这样才能使树脂充分浸渍纤维且不会在槽中发生凝胶。树脂浸渍槽的长度一般为3～6 ft(0.91～1.22 m)。通过加热可以降低树脂黏度，但一般也会大大缩短适用期。对于注射拉挤工艺，可采用反应活性较高、适用期较短的树脂。制件在离开模具以前，其全厚度方向上的树脂均应完成交联反应。在控制反应放热以减小残余热应力和防止树脂裂纹的前提下，交联反应越快，这一工艺的生产效率就越高。但是，对于不像聚酯和乙烯基酯那样可快速反应的环氧树脂而言，拉挤完成后可能需在烘箱中进行自由状态下的后固化，以使固化反应充分进行。增强纤维被浸渍后，会通过另一牵引装置来使其排列形状进一步接近制件，然后再进入模具型腔。这些牵引装置可在制件固化前使增强纤维的排列逐渐地趋于要求形状。

拉挤模具本身通常采用工具钢加工而成，一般长度为24～60 in(610～1 524 mm)。模具除入口端带有一定缓变截面外，模腔截面一般保持恒定。其表面须非常光滑，并镀铬以增加耐久性和减少摩擦。几乎所有的模具均分块组装而成，便于拆分进行检查和清洗。拉挤模具一般具有多个加热区，可使温度沿模具长度方向变化分布。对于聚酯等高反应放热树脂体系，模具出口处附近可能会设置冷却区来帮助保持对温度的控制。

制件在模具中固化后，还需被夹持牵引足够长的一段距离来使制件得到充分冷却，再按要求长度进行切割。工业上采用多种不同的牵引装置。最简单的方法是使用一系列橡胶滚轮来成双夹持制件并对其进行牵引。尽管此法简单并便宜，但只适用于对牵引力要求较低的小截面制件。比较传统的方法是采用带状牵引装置，装置多为履带形式，履带上安装有连续的橡胶垫。而使用最为普遍的牵引方法则采用液压夹持牵引装置。牵引运动可为间歇和连续两种。需注意的是橡胶垫须剪裁至与制件形状一致，否则制件会遭受过大的侧压。典型牵引装置具备的牵引能力为10 000～20 000 lb(4.54～9.08 t)。但也有更大的设备，其牵引能力可达数百吨。完成拉挤的制件通过水冷磨切锯切割至要求长度。该磨切锯安装于拉挤设备之上，并可随牵引装置移动。根据被切割材料的特性，切割操作可采用干态切割或水冷切割。为减少粉尘，切割一般会采用金刚砂或碳化钙轮锯。

玻璃纤维/聚酯是用于拉挤制件的主要材料。其他被用及的基体材料包括乙烯基酯、丙烯酸树脂、酚醛和环氧。聚酯和乙烯基酯的工艺优点是较高的固化收缩率（7%～9%）。这一优点可使制件在模具中收缩，从而减少摩擦和所需的牵引力。而环氧树脂的固化收缩率很低(1%~4%),相应的摩擦力和牵引力会非常高。一般而言,用环氧树脂难以制造出具良好表面光洁度的产品,同时工艺过程须在较高的温度和较慢的速度下进行。聚酯的典型牵引速度为 24~48 in/min(610~1 220 mm/min),但在特定条件下,速度可接近 200 in/min(5.08 m/min)。牵引速度增加时,牵引力也需随之增加。过快的牵引速度有可能导致制件在出模后才达到放热峰温度,从而产生鳞斑、表面裂纹、孔隙和内部裂纹、翘曲、变色等缺陷。尽管较长的模具可保证放热峰发生在模具内部,但相应的代价是需要更高的牵引力。实际上,拉挤过程中所需的牵引力通常被视为工艺正常与否的一个标志。牵引力一旦增长至所要求的正常水平以上,即表明可能发生了工艺控制方面的问题。

连续纱束为最常见的增强材料形式,但可在其中加入短切或连续纤维毡来改善横向性能,或在表面加入纤维毡、覆面毡和非织物材料来改善表面光洁度。当应用对象要求具备较高的横向强度或扭转刚度时,也可采用缝合的织物或编织物。

11.6 总结

本章叙述的民用产品制造工艺能够在任何地方进行年产量从 1 件到高于 1 000 000 件的生产活动。如从盈利和产量的角度考虑,其重要性远高于本书用大部分篇幅讨论的高性能复合材料产品制造工艺。以 E-玻璃纤维为主的玻璃纤维增强体因低廉的价格和丰富多样的产品形式,为大多数工艺所选用。聚酯,以及较晚出现的乙烯基酯,呈现出将低成本和较好性能集于一身的出色特点。同时,聚丙烯等热塑性树脂也为众多用户提供了低成本的材料选项。

铺叠工艺包括湿法铺叠、喷射成形和 LTVB 预浸料法。这些工艺可用于低-中生产率的场合,能够以最少的设备和模具投入制造大尺寸的制件。

模塑工艺,诸如模压成形、注射成形及反应注射成形等工艺,其产品虽不具备连续纤维复合材料的强度和刚度优点,但能够大批量地制造出比较复杂和高精度的产品。

拉挤工艺是一种比较特殊的制造方法,适用于生产恒定截面的型材结构件。一旦完成生产准备,此法可无间歇地进行连续生产作业。

应该指出,除本书述及外,还有其他许多工艺方法也可用于制造无增强或增强的聚合物民用产品。

参考文献

[1] FRP-An Introduction to Fiberglas-Reinforced Plastics/Composites [M]. Owens/Corning Fiberglas Corporation,1976.

[2] Ridgard C. Composite Tooling-Design and Manufacture, Getting It Right [M]. The

Advanced Composites Group.

[3] Ridgard C. Affordable Production of Composite Parts Using Low Temperature Curing Prepregs [C]. 42nd International SAMPE Symposium，May 4 – 8，1997：147 – 161.

[4] Dragone T L，Hipp P A. Materials Characterization and Joint Testing on the X – 34 Reusable Launch Vehicle [J]. SAMPE Journal，1998，34(5)：7 – 20.

[5] Niitsu M，Uzawa K，Kamita T. HOPE-X：Development of the Japanese All-composite Prototype Re-entry Vehicle Structure [J]. SAMPE Journal，2002，38(4)：34 – 39.

[6] Jackson K. Low Temperature Curing Materials-The Next Generation [C]. 43 rd International SAMPE Symposium，May 31 – June 4，1998：1 – 8.

[7] Ridgard C. Low Temperature Moulding (LTM) Tooling Prepreg with High Temperature Performance Characteristics [J]. Reinforced Plastics，1990：28 – 33.

[8] Xu G E，Repecka L，Boyd J. Cycom X5215 – An Epoxy Pregreg that Cures Void Free Out of Autoclave at Low Temperature [C]. 43rd International SAMPE Symposium，May 31 – June 4 1998：9 – 19.

[9] Repecka L，Boyd J. Vacuum-bag-only Prepregs that Produce Void-free Parts [C]. SAMPE 2002，May 12 – 16，2002.

[10] Ridgard C. Advances in Low Temperature Curing Prepregs for Aerospace Structures [C]. 45th International SAMPE Symposium，May 21 – 25，2000：1353 – 1367.

[11] Astrom B T. Manufacturing of Polymer Composites [M]. Chapman & Hall，1997.

[12] Peterson C W，Ehnert G，Liebold K，et al. Compression Molding [M]. in ASM Handbook Volume 21 Composites，ASM International，2001：515 – 535.

[13] Jang B Z. Advanced Polymer Composites [M]. Principles and Applications，ASM International，1994.

[14] Strong A B. High Performance and Engineering Thermoplastics [M]. Technomic Publishing，1993.

[15] Groover M E. Fundamentals of Modern Manufacturing-Materials，Processes，and Systems [M]. Prentice-Hall，1996.

[16] User's Guide For Short Carbon Fiber Composites [M]. Zoltek Companies，2000. [1]

[17] John V. Introduction to Engineering Materials [M]. Industrial Press，1992：342 – 343.

[18] Rosen S L. Fundamental Principles of Polymeric Materials [M]. Wiley，1982.

[19] Injection Molding Processing Guide [M]. LNP Engineering Plastics，1998.

[20] Astrom B T. Pultrusion [M]. in Processing of Composites，Hanser，2000：318 – 357.

① 参考文献[16]原文未注明引用标志。——编注

12 装配：最佳装配即无需装配

复合材料的主要优点之一是可用于制造大型整体结构，而无需使用机械紧固件将零件装配为一体。许多结构可通过共固化或胶接来将相当数量的零件集成为整体的组件。但虽有此技术进步，装配仍在全部的制造成本中占有显著比例。如图 12.1所示，装配成本可高达制件交货时所耗全部成本的 $50\%^{[1]}$。装配属于劳动密集型，包含了多道工序。例如，图 12.2 所示复合材料机翼的装配需要：①进行骨架定位，使所有梁肋处于正确的位置并用抗剪带相连；②将每一块蒙皮在骨架上定

骨架定位

蒙皮安装

装配完毕的抗扭翼盒

波音公司

图 12.1 高成本的装配操作[1]

图 12.2 装配的复杂性

材料和制造
50%

紧固件和装配
50%

全部成本

位,添加垫片,钻孔和采用紧固件进行安装,在蒙皮的安装中和安装后还须进行各种密封处理;③在所得到的抗扭翼盒上进行前缘/翼尖和控制面的装配。以上仅仅是对大型结构部件装配复杂性的粗略简介。本章将对基本的机械加工和装配操作进行介绍,重点为孔的制备和各类用于复合材料结构的机械紧固件。

12.1　制件修整和机械加工

与普通金属相比,复合材料在修整和钻孔过程中更易遭到损伤。复合材料中,高强度和粗糙的纤维通过相对脆弱的基体结合到一起。机械加工时材料容易发生分层、开裂、纤维拔出、纤维起毛(尤其是芳纶纤维)、基体破碎和过热损伤。因此,减少加工过程中的材料受力和热量生成极为重要。金属材料加工时,碎屑帮助带走切割操作所产生的大部分热量。而纤维(特别是玻璃纤维和芳纶纤维)的导热系数极低,热量可迅速聚集并使基体树脂性能退化,导致基体开裂甚至分层。对复合材料进行机械加工时,通常会使用较高的刀具转速、较低的进给速率和较小的切割深度来尽量减少损伤[2]。

大部分复合材料制件在固化后需要进行边缘修整。边缘修整通常可由人工采用高速切割锯进行,也可采用数控高压水切割设备自动进行。激光经常被建议用于固化后复合材料的边缘修整和制孔,但加工表面会因高热而碳化,因此大部分结构制造实际并不采用。

碳纤维表面极为粗糙,会迅速磨损普通的钢制切割刀片。因此,修整操作应采用金刚砂轮锯片、碳化钙外形铣刀或金刚砂外形铣刀。典型的边缘修整操作如图 12.3所示,使用高速风动(如 20 000 rpm)金刚砂轮或碳化钙外形铣刀(更为普遍)进行。制件常被玻璃纤维层压样板夹持在一起,以确保修整中走刀路径的准确性,

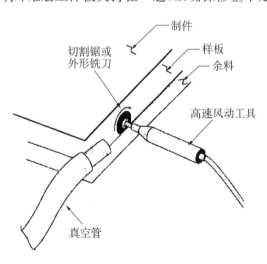

图 12.3　手工修整[3]

同时对制件边缘提供支撑以免分层。典型的进给速率为 10～14 in/min（254～356 mm）。手工修整操作在粉尘中进行，操作者应使用口罩，对眼睛和耳朵进行保护，并佩戴厚重的工作手套。许多工厂配备有通风的修整工作间，以此来对噪声和工作所产生的粉尘进行控制。由于是手工作业，切割质量在很大程度上取决于操作人员的技能水平。过快的进给速率可引起热量的增加，从而导致基体树脂发生过热和材料出现分层。

　　对于固化后的复合材料，高压水切割可能已经成为最受欢迎的修整手段，相关设备为昂贵的大型数控机床（见图 12.4）。高压水切割的优点在于可始终如一地避免在制件周边出现分层。同时，由于走刀路径由数控机床控制，所需工装会大为简单。高压水切割本质上是一种侵蚀工艺而非真正的切削工艺，切割过程中制件受力很小，因此加工时仅需简单的夹具来对制件进行支持。此外，切割不产生热量，无需担心树脂性能会发生退化。图 12.5 给出典型高压水切割头的截面示意。水从切割头顶部低流量[1～2 gal/min（3.8～7.6 L/min）]泵入，然后与从 0.040 in（1.016 mm）直径蓝宝石喷嘴进入的石榴石砂砾相互混合[4]。一般情况下，砂砾目数越高（即砂砾直径越小），加工表面的光洁度越好。典型的砂砾目数为♯80，所形成的磨料浆液穿透复合材料层压结构后，一个装有旋转钢球的收集器会将磨料浆液驱散并加以收集。除设备价格昂贵外，此法的另一主要缺点是加工过程所产生的噪声。这种切割噪声往往会超过100 dB，因此对耳朵保护必不可少，许多加工单元需单独置于隔音间中。

波音公司

图 12.4　高压水切割设备

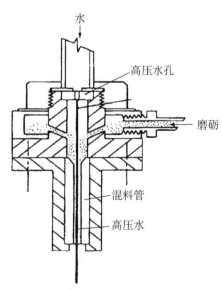

水

高压水孔

磨砾

混料管

高压水

图 12.5　高压水切割头[4]

高压水切割的进给速度需保持在相当低的水平,对于厚层压板尤须如此。过快的进给速度会引起图 12.6 所示的"水流滞后"现象,导致切割后边缘呈斜坡状[5]。0.50 in(12.7 mm)以下厚度碳/环氧树脂复合材料边缘的典型切割进给速度为15 in/min(381 mm/min),更厚的板材则须采用更低的速度。随切割深度的增长,切割表面会变得更为粗糙。喷嘴至工件之间的相隔距离是需要考虑的另一个问题。当距离增长时,空气的进入和砂砾的散开(如圣诞树状)会使高压水流形成发散,水流的外径会随之增长。因此,水压越高,相隔距离越小,切割后边缘就越少出现斜坡状[6]。当高压水流出现"喷吐"(喷嘴发生堵塞,后又突然将大量磨料浆液喷至切割区域)时,复合材料有可能发生分层。这一现象通常表明喷嘴被磨损,或者砂砾被污染。

如制件边缘需要打磨,可采用研磨机进行。速度为 4 000～20 000 r/min。粗磨采用 80 目氧化铝砂纸,抛光则采用 240～320 目金刚砂纸[5]。

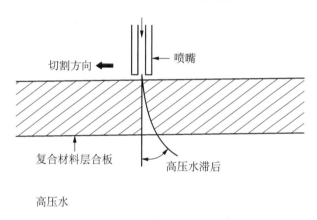

图 12.6　高压水滞后现象[6]

12.2　对装配的一般性考虑

就复合材料而言,机械紧固件材料的选择对于预防腐蚀问题极为重要。铝制紧固件和镀镉的钢制紧固件与碳纤维接触会发生电腐蚀。而钛合金(Ti-bAl-4V)因其较高的比强度和抗腐蚀特性,通常是碳纤维复合材料所用紧固件的首选材料。如对强度有较高要求,可选用 A286 冷作不锈钢或 Inconel718 镍基合金。如因接头载荷极大而对强度有更高的要求时,可选用 MP35N 和 MP159 镍-钴-铬多相合金。应该指出,玻璃纤维和芳纶纤维为非导体,与金属紧固件接触不会发生电腐蚀问题。

在复合材料层压板上制孔会产生应力集中,层压板的承载能力会严重受损。机械紧固件连接接头即便设计得当,其拉伸强度也仅仅为层压板基材的 20%～50%[7]。图 12.7 给出复合材料接头的各种破坏模式。其中唯一合理的破坏模式为：接头呈现挤压破坏，参与连接的零件不发生突然的分离。挤压破坏表现为局部的损伤，诸如孔的周边分层和基体树脂开裂。图中其他破坏模式的可能原因为：

- **剪切**。孔与制件边缘之间的距离过小，或与载荷相同取向的铺层数量过多。
- **拉伸**。制件宽度过小，或与载荷相同取向的铺层数量过少。
- **劈裂**。孔与制件边缘之间的距离和制件宽度过小，或斜交铺层（即 $+45°$ 和 $-45°$）过少。
- **紧固件拔出**。沉头孔过深，或使用了抗剪紧固件。
- **紧固件破坏**。相对于层压板厚度紧固件过小，连接间隙未充垫或过分充垫，或紧固件夹持力不足。

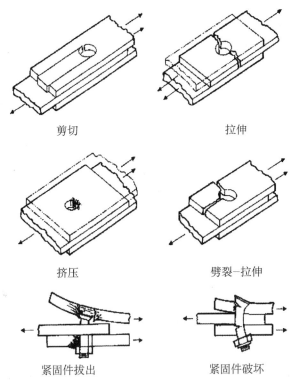

剪切　　　　　　　　　　拉伸

挤压　　　　　　　　劈裂-拉伸

紧固件拔出　　　　　　　紧固件破坏

图 12.7　复合材料连接破坏模式

钻孔和紧固件安装前，对所有接头连接间隙的检查非常重要。与金属相比，复合材料脆性更大而韧性不足，过大的连接间隙会在紧固件安装时导致分层。紧固件促使零件相互贴合形成的压力使复合材料发生弯曲，从而在孔的周边发生基体树脂开裂和/或分层。开裂和分层经常发生于沿厚度方向的多个铺层之上，会对接头强度形成不利影响[8]。连接间隙还会留存金属切屑，并使孔背部发生劈裂。如果结构的蒙皮由复合材料制造而骨架为金属，紧固件安装时如连接间隙控制不当，复合材料蒙皮常会发生开裂和分层。如果蒙皮和骨架均为复合材料,则其中之一,甚至两者均会发生开裂。结构骨架的开裂经常发生于加强筋顶部凸缘与腹板之间的拐角处。为避免开裂和分层,所有的连接间隙均须加以检测,并对任何超过 0.005 in(0.127 mm)的间隙添加垫片。触变胶制造的液体垫片可用于充垫 0.005~0.030 in(0.127~0.762 mm)的连接间隙。如连接间隙超过 0.030 in(0.762 mm),通常要使用固体垫片。但连接间隙达到这一程度时,要被允许需事先得到有关工程部门的批准。固体垫片采用实体金属,层压金属或复合材料制成。层压金属可通过剥层来对厚度进行调节。选择固体垫片材料时,需注意可能存在的接头电腐蚀问题[9]。

制造液体垫片时,首先需在两个相配的连接零件上钻制一系列小尺寸孔,用于安装临时紧固件。临时紧固件可在液体垫片制造过程中轻微施力将零件夹持在一起。液体垫片通常与两个零件的相连表面之一粘连。被粘表面需清洗和打磨,以确保可被粘连。另一零件的相连表面则用脱模胶带或薄膜加以覆盖。液体垫片完成混合后,先涂覆于第一个零件相连表面,然后将另一零件的相连表面定位,并用涂覆脱模剂的临时紧固件进行夹持。液体垫片一般在混合后 1 h 发生凝胶,凝胶前需将多余的胶料移除。垫片胶料固化后(通常为 16 h),再将零件拆散,并对垫片上存在的任意孔洞进行修补。

12.3 钻孔

复合材料的钻孔难于金属材料,主要原因是材料易受热损伤,同时厚度方向的强度较低。航空航天结构上常用孔径的范围为 0.164~0.375 in(4.166~9.525 mm),通用的紧固件尺寸为 3/16 in(4.763 mm)[10]。复合材料极易产生表面劈裂(见图 12.8),尤其是单向带材料表面。劈裂在钻头的进、出两面均可发生。如图 12.9 所示,当钻头从材料上表面进入时,会拉扯顶部铺层并对基体树脂形成剥离力。当钻头透出时,其冲力同样在底

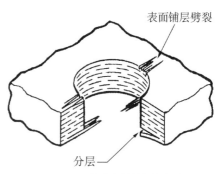

图 12.8 复合材料钻孔劈裂

表面铺层上产生剥离力。如发生上表面劈裂,通常表明进给速度过快。而在钻头透出表面上的劈裂则表明进给力过高[9]。一般会在复合材料制件的上下表面各加一层固化织物,这种方法可在很大程度上解决钻孔劈裂问题。

环氧树脂基复合材料被加热至 400°F(204℃)以上即开始退化,因此尽可能减少钻孔时生成的热量十分重要。典型的钻孔工艺参数为转速 2000~3000 r/min,进给速度为每转 0.002~0.004 in(0.051~0.102 mm)。但随所用钻头形状和设备类型的不同,这些参数会有所变化。在确定钻孔工艺参数的试验中,经常采用热电偶和

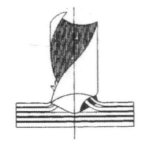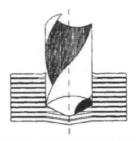

钻头进入时对顶部铺层形成剥离力　　钻头透出时对底部铺层形成冲力

图 12.9　钻孔对复合材料层压板所形成的力[2]

示温漆来监测热量生成。复合材料和金属叠合钻孔的工艺参数更多地由金属所决定。例如,将碳/环氧树脂和铝材叠合钻孔时,会采用转速 2 000~3 000 r/min,进给速度 0.001~0.002 in/r(0.025~0.051 mm/r)。而将碳/环氧树脂和钛材叠合钻孔时,则需要较低的转速(如 300~400 rpm①)和较高的进给速度(0.004~0.005 ipr②)。热量积聚极易对钛合金(Ti－6Al－4V)产生影响(因此需低转速)。此外,采用较小的切削力时钛合金会迅速硬化(因此需高进给速度)。

　　图 12.10 给出对复合材料钻孔时常见的其他两种缺陷。纤维拔出是指孔壁上某些铺层被小块拔出,形成不光滑孔壁。这种缺陷常通过对钻头形状和加工参数的调整来加以控制。将复合材料和金属叠合钻孔时,还会发生所谓的"后扩孔"现象。钻孔产生的金属切屑(铝或钛)在钻槽中移动时会对较软的液体垫片和复合材料基体产生磨蚀,导致受蚀后孔径变大。对后扩孔现象的控制可通过以下措施进行:①避免所有间隙;②采用生成小切屑的钻头形状;③改变转速和进给速度;④完善夹持方式;⑤钻孔后再将孔径铰至所需尺寸;⑥啄式钻孔[9]。啄式钻孔(见图 12.11)过

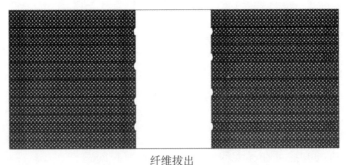

纤维拔出

图 12.10　纤维拔出和后扩孔

---

① rpm 即转每分。——编注
② ipr 即英寸每转。——编注

程中,钻头周期性从孔中退出以清除钻槽中的切屑。将碳/环氧树脂和钛材叠合钻孔时,鉴于坚硬钛屑造成的后扩孔问题,啄式钻孔几乎是唯一可行的方法。同时这种方法也能大量减少在钛合金钻孔时迅速积聚的热量。如图 12.12 所示,另一种控制后扩孔现象和改善制孔质量的方法是全钻头冷却。冷却剂可帮助冲出孔中的切屑。在此装置的示图中,钻孔和锪窝刀具被设计为一体,从而在制孔过程中完成锪窝操作。

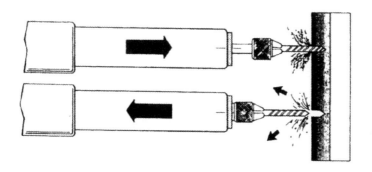

图 12.11　啄式钻孔[9]

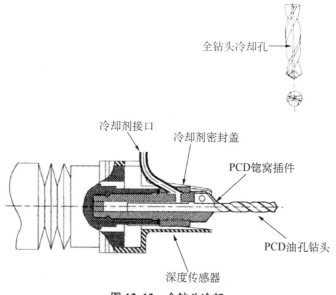

全钻头冷却孔

冷却剂接口　　冷却剂密封盖

PCD锪窝插件

PCD油孔钻头

深度传感器

图 12.12　全钻头冷却

对于复合材料,可用的钻孔驱动装置有多种形式,但主要分为手持电动进给或自动钻机两类。典型的手持电动进给钻机如图 12.13 所示。无论对于复合材料件还是复合材料-金属叠合件,采用自由手工钻孔来制作高精度孔[+0.003/-0.000 in

（＋0.0762～－0.000 mm）]的可行性极小。此时实际可控的工艺参数仅为钻头转速,操作者需靠自己做到:①保证转头准确定位;②保证钻头垂直于被制孔表面;③保证足够的进给压力来完成制孔,但压力不能过高而对孔造成损伤。在被制孔件背面夹持铝或复合材料的支撑块通常可避免在该表面出现孔周劈裂。对于厚度在0.250 in(6.35 mm)以下的的碳/环氧树脂层压板件,一般不使用冷却剂。尽管自由手工钻孔明显不是最好的制孔方法,但仍得到广泛的使用。因为此法无需工装(如样板)方面的投入,同时在许多操作空间受限的场合,可能是唯一可行方法。对于窄小操作空间,直角手持电钻是适宜的选择。进行自由手工钻孔时,建议操作者使用钻套或三脚架来保证垂直度,同时须具备详细的制孔/检测作业指导书。由于是手工作业,操作者还需备有真空吸尘装置,并始终佩戴保护眼镜和口罩。

自由操作的手持电钻

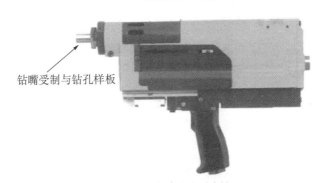

钻嘴受制与钻孔样板

电动进给啄式钻

Cooper 电动工具

图 12.13　典型手持电钻

电动进给钻十分适用于手工制孔。电动进给钻孔时,钻头受制于钻孔样板,后者可进行孔的定位并保证钻头的垂直度。钻孔开始后,钻机可按预设的转速和进给速度进行操作。有些钻机(见图12.13)还可预设不同的啄钻工艺参数。所有这些控制措施可保证更为良好和稳定的制孔质量,复合材料-金属叠合件上的制孔尤为如此。在碳/环氧树脂与钛材的叠合件上钻制 3/16 in(4.76 mm)直径孔洞时,典型的啄钻工艺参数为 550 rpm 转速,0.002～0.004 ipr(0.051～0.102 mm/r)进给速度,每英寸厚度30~60次啄动[11]。

对于大批量的制孔操作，可设计制造自动化的钻孔设备用于特定对象[12]。由于这种大型复杂设备的成本极其昂贵，设备的投入需要足够大量的制件量和制孔量支持。图12.14给出此类设备的一个示例。设备具有极高的刚性来精确保证孔的定位和垂直度。由于设备采取数控方式，钻孔无需配备样板。所示设备装有视觉系统对被加工结构进行扫描，并备有软件根据结构的实际位置调整制孔位置以满足设计容差要求。设备可针对不同的材料调整速度和进给量，对所有钻孔工艺参数进行自动控制。对机翼结构的厚叠层进行钻孔时，通常在操作中会使用水溶性冷却剂。所有的制孔数据均会被自动记录和储存，以进行质量控制。钻头夹持装置含有与钻孔程序相配合的条形码，以保证将正确的钻头用于正确的孔位。此类设备还可以在制孔过程中安装临时紧固件将蒙皮固定在骨架上。并且会经常采用集钻孔/锪窝功能于一体的刀具，以将钻孔和锪窝在一次操作中完成。但从当前的行业发展趋势看，此类大型装配设备正在被较小且更为灵活的机械装置所取代[13, 14]。

图 12.14　自动的机翼钻孔系统

针对复合材料已开发出多种独特几何形状的钻头，图12.15示出其中一部分。钻头的设计方案和制孔工艺在很大程度上取决于所加工的材料。例如，碳和芳纶纤维呈现有不同的加工特性，因此所需的钻头形状和钻孔工艺也有所不同。而复合材料-金属叠合件的钻孔对刀具和工艺又会有另外的要求。扁平两槽和四槽匕首钻被专门开发用于碳/环氧树脂层压板。两槽钻头通常采用2000~3000rpm的转速，四槽钻头则采用18000~20000rpm的转速[9]。当在复合材料-金属叠合件上钻孔时，钻头的形状在一定程度上取决于金属，经常会采用标准的螺旋钻头。对于这些特殊形状钻头，任一航空航天企业均建有自己的规范，并将其视为知识产权。芳纶纤维因压缩强度较低,钻孔过程中易压入基体树脂而难以被整洁切断,导致起毛和纤维散开。因此,用于芳纶的钻头包含一"C"形刀刃来拔出孔外纤维,使纤维在被切割过程中保持受拉状态。芳纶纤维复合材料的典型钻孔工艺参数为 5 000 rpm 转速和 0.001 ipr(0.025 4 mm/r)进给速度[11]。

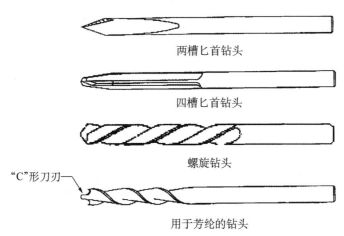

两槽匕首钻头

四槽匕首钻头

螺旋钻头

"C"形刀刃——

用于芳纶的钻头

图 12.15　用于复合材料的钻头构型

标准的高速钢(HSS)钻头适用于玻璃纤维和芳纶纤维复合材料,而对于磨蚀性极强的碳纤维则需采用碳化钙钻头来确保足够的钻头寿命。例如,高速钢钻头在碳/环氧树脂材料上也许只能钻 1~2 个合格孔,而同样形状的碳化钙钻头则可轻松地钻 50 个合格孔,甚至更多。当采用刚性自动钻孔设备对碳/环氧树脂材料进行制孔时,多晶金刚石(PCD)钻头(见图 12.16)对生产率有显著的改善作用。尽管 PCD 钻头价格昂贵,但每个钻头的制孔数量和较少的变动需求仍然使其具有良好的成本效益。需注意的是,PCD 钻头不能与自由操作的手持电钻或非刚性的加工装置配合使用,且在钻孔过程中如有任何振颤,钻头会立即碎裂。

复合材料结构的锪窝与金属类似,但需注意两点:①锪窝深度须严格控制,以免在薄结构件上形成刃状孔边(见图 12.17);②沉头窝向孔过渡部位的拐角圆弧半径须与紧固件钉头与钉杆间的拐角圆弧半径相同。由于复合材料层间剪切强度较低,上述两点任一控制不当,材料将会在紧固件安装时的外力作用下发生裂纹和分层。复合材料的锪窝刀具通常可采用实心碳化钙制造,也可采用带碳化钙或 PCD 嵌入物的钢坯制造。导向锪窝钻有助于保证刀具中心与孔中心的一致。锪窝深度则通过可微调的限动器进行控制。

虽然操作者希望通过一次钻孔操作得到符合最终尺寸要求的孔,但有时仍须扩孔达到最终尺寸。扩孔采用碳化钙铰刀进行,其转速约为钻孔速度的一半(即 500~1 000 rpm)。在一些复合材料-金属连接结构中,紧固件与复合材料采用动配合,与

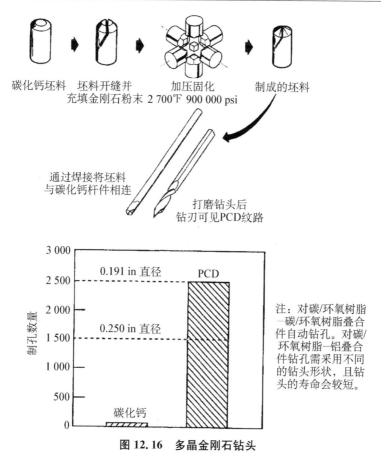

碳化钙坯料　坯料开缝并　　加压固化　　制成的坯料
　　　　　充填金刚石粉末 2 700℉ 900 000 psi

通过焊接将坯料
与碳化钙杆件相连

打磨钻头后
钻刃可见PCD纹路

图 12.16　多晶金刚石钻头

注：对碳/环氧树脂
－碳/环氧树脂叠合
件自动钻孔。对碳/
环氧树脂－铝叠合
件钻孔需采用不同
的钻头形状，且钻
头的寿命会较短。

金属则采用干涉配合，以提升疲劳寿命。这种情况下，需先在复合材料-金属叠合件上钻孔至要求孔径，然后将复合材料蒙皮移开并对其进行扩孔处理，为紧固件的装入提供必要间隙。复合材料-金属连接结构最终装配时，紧固件安装可实现与复合材料的动配合和与金属的干涉配合。

12.4　紧固件安装

在将紧固件安装于复合材料结构之前，应先测量该紧固件的握固长度。从市场购得相应的测量器具，将其放入孔中即可测出真实的握固长度。正确的握固长度可以保证紧固件螺纹在结构承载过程中不过度受力。

与钻孔相似，相比金属材料，紧固件在复合材料中的安装更为困难和更易导致损伤。图 12.18 给出一些在紧固件安装中可能出现的问题。恰如前面所讨论，当紧固件被安装并将两个零件连为一体时，未得到充垫的连接间隙可在复合材料蒙皮或复合材料骨架（或两者）上引起开裂。在油箱部位，密封槽常被用于避免油料渗漏，而该部位所用紧固件更配以 O 形密封环来对渗漏进行进一步防范。经验表明，这一

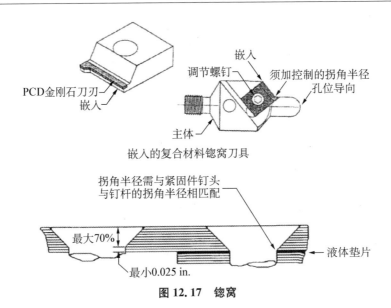

图 12.17　锪窝

部位较易发生层间开裂。虽然牢固的夹持效果是对紧固件的当然要求,但紧固件承受过大扭矩时也会导致材料发生开裂。如果沉头窝拐角半径过小而不能与紧固件钉头-钉杆拐角半径相配,紧固件会在该部位造成集中载荷,并引起开裂。紧固件如对位失准,与孔及沉头窝的位置错移,同样会形成集中载荷和导致开裂。此外,承载过程中紧固件如发生翘起(见图 12.19),也会形成集中载荷,并在疲劳循环过程中导致损伤的逐步增大。

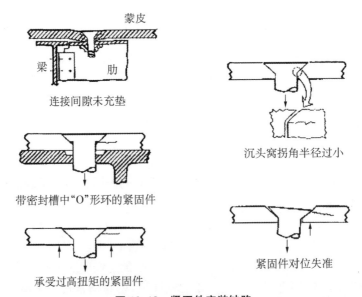

图 12.18　紧固件安装缺陷

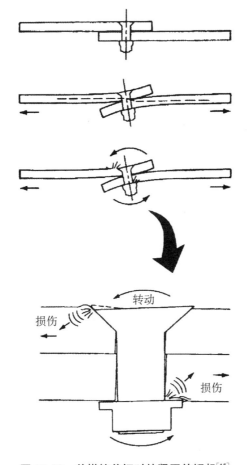

图 12.19　单搭接剪切时的紧固件翘起[15]

任何机械紧固件接头中,高夹持力对静强度和疲劳强度均有助益。高夹持力在接头内部所形成的摩擦可以延缓紧固件翘起并减少疲劳载荷下接头的渐进移位。由于紧固件翘起并形成局部挤压应力,多数孔的最终破坏原因为挤压[15]。在制件表面不发生局部压坏的前提下,为实现最大夹持力,复合材料专用紧固件被设计成大接触面形式(采用较大的钉头和螺母来与复合材料相贴压),以将紧固件的夹持载荷分布到尽可能大的区域。在紧固件螺母或套环下还经常加有垫圈,以进一步分散夹持载荷。一般情况下,受压面积越大,可施加于复合材料的夹持力也越大,接头强度也可随之改善[16]。此外,抗拉钉头紧固件比抗剪钉头紧固件更为常用,其对疲劳循环中的螺栓弯曲以及薄结构中紧固件安装时所受到的拉力有更好的抵抗能力。

铆钉连接大量用于承受小载荷的金属薄板结构,但很少用于复合材料。原因有二:①铝铆钉与碳纤维接触会产生电腐蚀问题;②铆接过程中铆钉的振动和膨胀会使复合材料产生分层。确要使用铆钉时,铆钉通常为双金属形式,其中钉身采用

Ti‐6Al‐4V,钉的尾端则采用较软的钛‐铌合金。铆钉的安装应采用压铆而避免锤铆。此外,受镦钉头须位于金属结构一侧而非复合材料一侧。铆钉可被设计成尾端为空心,其余部分为实心的形式。当用于双沉头孔的复合材料制件时,允许末端外扩来避免因膨胀造成的损伤[16]。

　　多种钉形带套环紧固件可用于结构的永久性连接。但如紧固件以后须被拆卸,螺杆配以托板螺母或开槽螺母可以满足使用要求。钉形带套环紧固件常见于无需再拆卸的长久使用场合。一种典型的钉形紧固件为如图 12.20 所示的高锁螺栓。该紧固件通常采用 Ti‐6Al‐4V 制造,螺母采用 A286 不锈钢。钛制螺母偶尔也会被用及,不过其螺纹如不覆以防粘连的润滑涂层,则易发生螺纹咬死现象。而润滑涂层又会对紧固件的长期夹持能力产生不利影响。安装时在紧固件的钉杆中插入六角键条,用于抗衡螺母所受扭矩。将螺母旋紧至预设的扭矩水平后,螺母顶部被移除。在钉头下部可加垫圈,以帮助分散复合材料表面所承受的载荷。

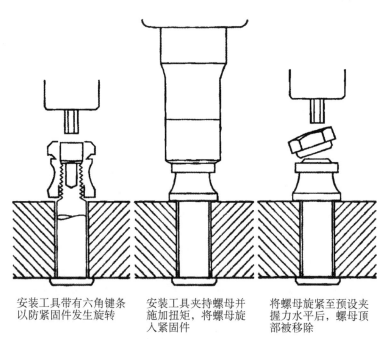

安装工具带有六角键条以防紧固件发生旋转　　安装工具夹持螺母并施加扭矩,将螺母旋入紧固件　　将螺母旋紧至预设夹握力水平后,螺母顶部被移除

图 12.20　高锁螺栓的安装[15]

　　环槽铆钉是另一种普遍使用的钉形带套环紧固件。安装过程中,从背面拉拔钉杆并压入套环。图 12.21 给出普通拉式环槽铆钉的安装步骤。环槽铆钉与高锁螺栓的不同之处在于:高锁螺栓中存在真实的螺纹以供螺母旋入,而环槽铆钉上存在的是一系列环形槽,套环受挤压后变形进入槽内。一旦挤压到位,套环无法再次退出,连接结构具备很好的抗振特性[16]。在复合材料上安装环槽铆钉时须注意两点:①将套环与

钉杆挤合时需对钉杆进行拉拔,因此拉式环槽铆钉会在一定程度对复合材料施力。如果复合材料过薄,紧固件很可能被完全拔出。如果存在未充垫的连接间隙,钉杆上部被移除时会发生复合材料开裂和分层。②如果环槽铆钉后端(称为环槽铆钉桩头)安装在复合材料上,则在安装中需采用可对挤合操作进行细致控制的自动化设备。

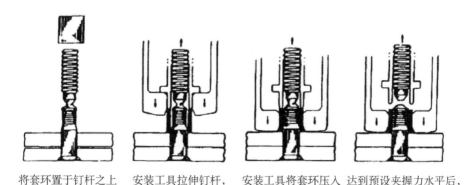

| 将套环置于钉杆之上 | 安装工具拉伸钉杆,使零件相互贴合 | 安装工具将套环压入钉杆上的环形槽,形成永久性的锁合 | 达到预设夹握力水平后,紧固件钉杆上部被移除 |

图 12.21　拉式环槽铆钉的安装[15]

第三种钉形带套环紧固件为图 12.22 给出的埃迪(Eddie)螺栓。如图 12.22 中

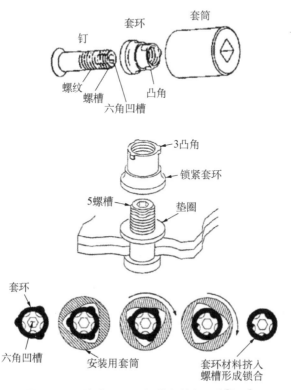

图 12.22　埃迪(Eddie)螺栓自锁紧固件[15, 16]

安装步骤所示,套环最初通过螺纹与钉杆结合,但后被挤入钉杆上的螺槽以完成锁合。埃迪螺栓的优点在于其锁紧功能,所能保持的夹持力强于仅依赖安装扭矩的高锁螺栓。但这种紧固件及其安装工具价格昂贵,套筒易被磨损,安装工序的难度较大。其多被专用于进气道部位,该部位的紧固件一旦发生松动,就会被卷进发动机叶片,从而对发动机造成破坏。

上述实心钉形带套环紧固件因其较高的强度和抗疲劳特性,一般情况下为用户所喜用。但当操作空间有限或结构背面区域无法进入或接近时,则会使用单面紧固件。图 12.23 给出两种单面紧固件,分别为穿芯螺栓和拉式紧固件。穿芯螺栓(见图 12.24)通过内螺纹装置使钉头发生变形并拉拔紧固件使之夹持结构。而拉式单

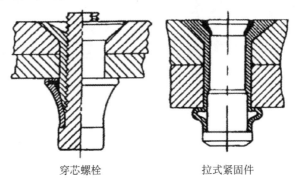

穿芯螺栓　　　　　　　　拉式紧固件

图 12.23　单面紧固件[15]

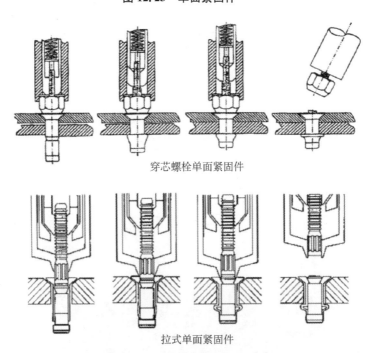

穿芯螺栓单面紧固件

拉式单面紧固件

图 12.24　单面紧固件的安装[15]

面紧固件仅通过拉拔来使位于结构背面的钉头变至要求形状。采用穿芯螺栓可获得较高的夹持力和较大的接触面积，从而有利于延长疲劳寿命。而拉式紧固件则安装更为迅速，重量更轻，价格更为便宜。

金属结构中常采用干涉连接紧固件来提升疲劳寿命。干涉连接紧固件安装于金属后，孔周小区域上会发生塑性变形，形成一个压应力场。当疲劳载荷主要为拉伸类型时，压应力场可起到有益的作用。复合材料不会发生塑形变形，干涉连接紧固件对疲劳寿命没有改善作用。但在复合材料结构上使用干涉连接紧固件的潜在好处在于帮助"锁固"结构，疲劳载荷下可避免接头发生任何移位(可称为渐进错移)。研究工作表明，在复合材料上安装标准干涉连接紧固件时，0.0007in(0.0178mm)的微小干涉量即可导致开裂和分层[15]。为解决这方面的问题，人们专门设计了一种袖式干涉连接紧固件(见图12.25)。紧固件袖套在安装过程中可均匀分散载荷，从而防止分层的发生。在干涉量高达0.006in(0.152mm)的情况下，仍可保证复合材料不受损伤。无论是钉形带套环紧固件(环槽铆钉)，还是穿芯螺栓单面紧固件(见图12.26)，均可制成带袖形式。在复合材料结构上使用干涉连接紧固件具有以下潜在好处[15]：

- 接头偏移较小；
- 减少紧固件翘起，以免因此造成局部的高挤压应力；
- 锁固结构以免疲劳载荷下的渐进错移；

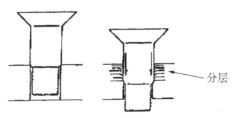

普通干涉连接紧固件的安装
可导致复合材料结构的分层

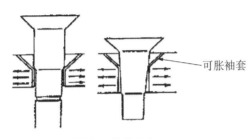

袖式干涉连接紧固件的安装
均匀散力防止分层

图12.25　用于复合材料的干涉连接紧固件[15]

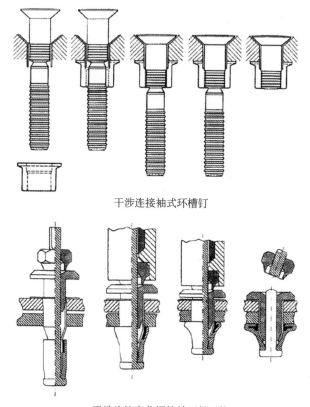

干涉连接袖式环槽钉

干涉连接穿芯螺栓单面紧固件

图 12.26 袖式干涉连接紧固件的安装[15]

● 当与之相连的金属结构要求干涉连接时,装配成本可降低(无需对复合材料另行扩孔)。

高强度螺杆,配以托板螺母或成组游动托板自锁螺母,可用于蒙皮需要被拆卸的场合。图 12.27 给出典型的托板螺母和成组游动托板自锁螺母。每一个托板螺母需有三个孔,两个小孔用于将托板铆接于结构之上,而主孔内则备有螺纹供螺杆进入。针对不同的装配要求,托板螺母的构型种类众多,其中包括自对准托板螺母。成组游动托板自锁螺母则常用于长行排列的紧固件安装场合,此时无需再对每个紧固件开设两个铆接用孔。紧固件沿槽等距分布,装配劳动量可得以减少。螺杆配以托板螺母或成组游动托板自锁螺母所显现出的静态力学性能和疲劳性能均不如单面紧固件,这是因为接头偏移较大,而紧固件系统的刚度也较小[15]。

12.5 密封

许多结构要求进行密封。原因是:①防腐蚀;②避免水分进入结构;③避免油

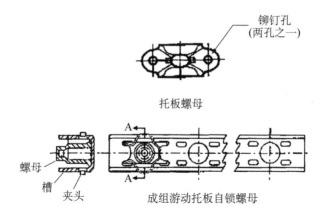

托板螺母

螺母

槽

夹头

成组游动托板自锁螺母

图 12.27 托板螺母或成组游动托板自锁螺母[15]

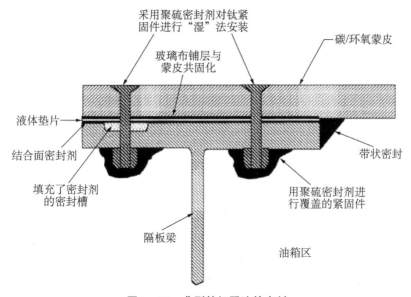

图 12.28 典型的机翼油箱密封

料泄漏。如图 12.28 所示的典型机翼油箱结构可用以说明不同的密封和防腐蚀方法。对于碳/环氧树脂和铝制零件的连接接头，通常会在碳/环氧树脂零件表面共固化或胶接一玻璃布薄层作为电隔离屏障，以防止铝材发生电腐蚀。

良好的密封剂须具备良好的粘接性和延伸性，并具备必要的耐温性和耐化学性。密封剂通常采用聚硫橡胶，有多种产品形式可应对不同的黏度和固化时间要求。聚硫橡胶密封剂的使用温度范围通常为 $-65 \sim 250°F(-54 \sim 121℃)$，短期耐温能力可达 $350°F(177℃)$。密封剂中含有可滤的耐腐蚀成分，以保护铝制基材避免腐蚀。使用温度要求更高时可采用硅密封剂，其耐温能力可高达 500℉(260℃)[17]。标准紧固件常常采用"湿"法安装，即安装前先将密封剂置于紧固件上，螺母则经常在安装后再用密封剂进行覆盖。装配过程中，先对连接表面进行密封，再在连接区周边添加带状密封条。连接表面不应视为最主要的密封区域，因为密封层极薄，并会因结构变形而开裂。装配后进行的带状密封则为最主要的密封手段，必须杜绝所有可能的渗漏渠道。密封条须通过专门的工具进行铺敷，以清除气泡和孔洞，并实现要求的条带形状。密封条的尺寸十分重要，应足以防止渗漏发生。对密封剂适用期的选择也很重要。如选择不当，密封剂有可能会在密封操作结束前定形，或耗费过长的固化时间从而影响生产进程。

　　油箱经常备有密封槽，槽中充填氟硅氧烷密封剂，其中含有 10% 左右的微球以更有效地充满间隙。微球直径分布范围为 0.002～0.030 in(0.051～0.762 mm)。微球有助于保持密封剂位于槽内，并可有效地对宽达 0.010 in(0.254 mm)的间隙进行密封。当油料与密封剂发生接触时，密封剂会发生膨胀，从而更加有助于结构的密封。通常会将部分密封剂预先装入密封槽，装配后通过加压[最高 4 000 psi(27 579 kPa)]注射再做进一步充填。注射点的相互间隔距离一般为 4～6 in(102～152 mm)，可设置在紧固件安装孔位置，也可以采用专门设计的带注入口紧固件。

12.6　涂漆

　　对比金属结构，油漆对复合材料结构的黏附比较容易。对被漆表面应先清洗所有的污渍和油迹。如制件带有可剥层，应先将其移除。表面处理可采用 150～180 目砂纸打磨或轻度喷砂完成。对于航空航天应用对象，标准的抛光材料体系为环氧树脂底漆加聚亚安酯表层。环氧树脂底漆为加成固化反应的聚酰胺类型，其中包含：①锶铬酸盐，该成分对铝材防腐具有突出的作用；②钛二氧化物，用于提升耐久性和耐化学性；③硅石等填料，用于控制黏度和降低成本。打磨完成后，制件应在 36 h 内完成底漆涂敷。底漆膜厚度为 0.000 8～0.001 4 in(0.020 3～0.035 6 mm)，固化时间至少为 6 h。聚亚安酯表层材料为脂肪族酯基聚亚安酯，该材料具有良好的耐候性、耐化学性、耐久性和柔韧性。表层材料的膜厚约 0.002 in(0.051 mm)，在 2～8 h 内完成初始固化，并在 7～14 天内完全固化[18]。一些更环保的油漆材料也在发展之中，这些材料不含或少含溶剂，被称为低挥发分有机化合物(VOC)涂料。此外，有毒重金属(如铬)正逐渐被自带底漆的表层材料所替换。后者为固态程度较高的无铬聚亚安酯涂料，可同时取代环氧树脂底漆和传统的聚亚安酯表层材料[18]。

12.7　总结

　　鉴于装配操作的劳动集约和高成本特点，复合材料结构的设计应尽可能减少装配工作量。但复合材料零件之间及复合材料与金属结构之间的机械紧固件连接需求,在可预见的将来不会完全消失。

相比于铝等金属材料,对复合材料的机械加工和制孔更需小心进行。机械加工和制孔操作时要对复合材料的脆性、低层间强度、低剥离强度和较差的耐热性给予特殊的关注。

在制孔和紧固件安装之前,非常关键的一项工作是对零件之间存在的任何连接间隙加以确定,并在实际装配开始前对此间隙进行适当充垫。间隙问题如处理不当,在紧固件装配及其对零件的夹持过程中,会导致复合材料开裂和分层问题。已为复合材料开发出多种特殊形状的钻头,以减少孔周劈裂和纤维拔出。对复合材料结构应尽可能避免采用手持工具的自由钻孔,电动进给或自动化的制孔设备可以获得更优异和稳定的制孔质量。

选择用于连接碳/环氧树脂复合材料的紧固件时,首要的考虑是与避免腐蚀有关的相容性问题。应选择大接触面的紧固件来分散复合材料表面受到的夹持载荷。应杜绝使用可对制件引发振动或冲击载荷的紧固件安装工艺。

对复合材料的密封和涂漆工艺与金属材料所用工艺极为相似。事实上,复合材料自身并不易发生腐蚀。在一些场合,由于无需使用特殊的阻蚀化合物,工作可变得大为简便。此外,在得到适当表面处理的前提下,油漆对复合材料的黏附性可与金属材料相当,甚至高于对金属材料的黏附性。

参考文献

[1] Taylor A. RTM Material Developments for Improved Processabilityand Performance [J]. SAMPE Journal, 2000,36(4): 1 - 24.

[2] Astrom B T. Manufacturing of Polymer Composites [M]. Chapman & Hall, 1997.

[3] Price T L, Dalley G, McCullough P C, et al. Handbook: Manufacturing Advanced Composite Components for Airframes [R]. Report DOT/FAA/AR - 96/75, Office of Aviation Research, April 1997.

[4] Kuberski L E. Machining, Trimming, and Routing of Polymer-Matrix Composites [M]. in ASM Handbook 21 Composites, ASM International, 2001: 616 - 619

[5] Strong A B. Fundamentals of CompositesManufacturing: Materials, Methods, and Applications [M]. SME, 1989.

[6] Ramulu M, Hashish M, Kunaporn S, et al. Abrasive Waterjet Machining of Aerospace Materials [C]. 33rd International SAMPE Technical Conference, November 5 - 8,2001.

[7] Niu M C Y. Composite Airframe Structures [M]. Practical Design Information and Data, Conmilit Press, Hong Kong, 1992.

[8] Fraccihia C A, Bohlmann R E. The Effects of Assembly Induced Delaminations at Fastener Holes on the Mechanical Behavior of Advanced Composite Materials [C]. 39th International SAMPE Symposium, April 11 - 14,1994: 2665 - 2678.

[9] Paleen M J, Kilwin J J. Hole Drilling in Polymer-Matrix Composites [M]. in ASM Handbook 21 Composites, ASM International, 2001: 646 - 650.

[10] Born G C. Single-pass Drilling of Composite/Metallic Stacks [C]. 2001 Aerospace Congress, SAE Aerospace Manufacturing Technology Conference, September 10 - 14, 2001.

[11] Bolt J A, Chanani J P. Solid Tool Machiningand Drilling [M]. in Engineered Materials Handbook, Volume I Composites, ASM International, 1987: 667 - 672.

[12] Bohanan E L. F/A - 18 Composite Wing Automated Drilling System [C]. 30th National SAMPE Symposium, March 19 - 21, 1985: 579 - 585.

[13] Jones J, Buhr M. F/A - 18 E/F Outer Wing Lean Production System [C]. 2001 Aerospace Congress, SAE Aerospace Manufacturing Technology Conference, September 10 - 14, 2001.

[14] McGahey J D, Schaut A J, Chalupa E, et al. An Investigation into the Use of Small, Flexible, Machine Tools to Support the Lean Manufacturing Environment, [C]. 2001 Aerospace Congress, SAE Aerospace Manufacturing Technology Conference, September 10 - 14, 2001.

[15] Parker R T. Mechanical Fastener Selection [M]. in ASM Handbook 21 Composites, ASM International, 2001: 651 - 658.

[16] Armstrong K B, Barrett R T. Care and Repair of Advanced Composites [M]. SAE International, 1998.

[17] Hoeckelman L A. Environmental Protection and Sealing [M]. in ASM Handbook 21 Composites, ASM International, 2001: 659 - 665.

[18] Spadafora S J, Eng A T, Kovalseki K J, et al. Aerospace Finishing Systems for Naval Aviation [C]. 42nd International SAMPE Symposium, May 4 - 8, 1997: 662 - 676.

13 无损检测和修理：应对意外之所需

与制造人员的愿望相悖，复合材料制造过程的任一阶段几乎都可能产生缺陷问题。图 13.1 给出一些可能出现的缺陷和损伤。在铺层铺叠过程中，外来物的裹入

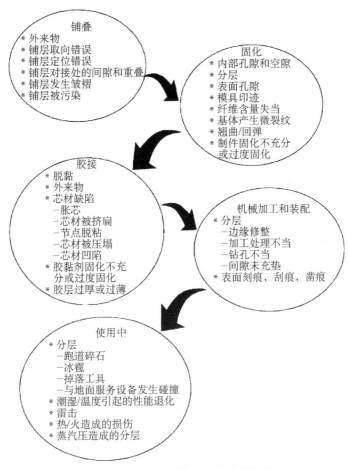

图 13.1　复合材料制件中损伤的可能形式

是最严重的问题。这些外来物包括预浸料的纸衬或塑料衬、脱模薄膜和胶带等铺叠辅助材料和刀片等工具。由于这些外来物可导致材料固化时发生严重分层,一旦被发现其尺寸超出容限或位于高应力区,通常需对制件进行修理或加以废弃。固化过程中也可能产生缺陷,其中最为严重者为孔隙和空隙,本书第 6 章讨论固化问题时对此已有述及。当涉及胶接操作时,胶黏剂脱粘可谓最严重的缺陷。紧随其后的是一系列可能发生的芯材缺陷。机械加工和装配过程中,可能出现的最严重缺陷为分层,多因不当的边缘修整、制件搬运、钻孔操作和紧固件连接间隙未加充垫而引起。使用过程中,分层仍为最主要的损伤危害。跑道碎石对机翼控制面的冲击、雨中的冰雹、机械维护中掉落的工具、与叉车等地面服务设备的碰撞,均可引起不同程度的损伤。这些缺陷和损伤须被可靠发现,并在得到相关部门批准的前提下对其进行修复。

　　无损检测(NDT)方法通常用于对完成制造的零件或胶接组件进行检测,以确保任何缺陷的尺寸不超出允许范围且不位于可在结构使用中导致失效的关键区域。制件一旦投入使用,仍需采用 NDT 方法来发现损伤和评估损伤程度。根据损伤的严重程度,决定是否需要进行修理。本章将对复合材料的无损检测基础进行介绍,同时涉及一些常用的修理方法。

13.1　无损检测

　　无损检测是一个重要的工程学科领域。任何大型的航空航天企业和许多其他制造商均配备有 NDT 团队,其工作专为开发和改善产品的检测方法。NDT 方面的相关文献颇为广泛[1-5],而本章仅仅涉及这方面的一些基础,并介绍如何使用 NDT 来探测复合材料制件中的缺陷。NDI 方法的范围可从简单的目视检测到具备大量数据处理能力的复杂自动化系统。需指出的是,相比于金属材料,复合材料因其非均质特点,一般更加难以进行检测。包含不同铺层取向和厚度变化的层压结构即为其中一例。此外,从事 NDI 工作的技术人员须得到培训,对相关方法的使用应取得必要的资格。

13.2　目视检测

　　目视检测方法对复合材料制件十分有用,但作用范围有限。由于仅仅表面或边缘的缺陷可被目视发现,该法不能揭示结构内部的完整性状况。不过,所有制件确需对表面裂纹、起泡、孔隙、凹陷或波状起伏、边缘分层、涂料变色进行周期性的目视检测。检测中可适当借助照明设备和低倍(5～10 倍)放大镜。如受检区域在直接目视范围之外,常使用管窥镜和镜子来帮助检测。为提高边缘分层和表面浅裂纹的易检性,可用干净棉布蘸丙酮等溶剂擦拭受检区域,并观察溶剂的挥发情况。如有裂纹或分层存在,残余溶剂会不断从其中渗出,从而显示裂纹或分层的尺寸和深度。普通的带颜色渗透剂不应在此使用,因为此类物质会污染分层表面,使随后的修理更为困难或无法进行。

　　敲击测试尽管通常被归类于声波测试方法,但实际上是一种低频振动方法。之所以在此节讨论,是因为此法经常在目视检测过程中使用。敲击测试中,采用大硬币、垫圈或小榔头轻叩被测表面。如被叩区域为正常,回声中会包含较多的高频振动,从而较为响亮。如被叩区域非正常(如脱粘),回声中会包含较少的高频振动,从而比较沉闷。对于面板较薄[<0.040 in(1.016 mm)]的蜂窝组件,敲击测试能可靠地发现其中的脱粘和分层[6]。对于复合材料层压板,敲击测试能发现临近表面的铺层间发生的分层,但无法探测厚度深处的缺陷。此法可发现缺陷的最小直径为0.50 in(12.7 mm),缺陷位置的深度最大为0.25 in(6.35 mm)[1]。可以采用电子敲击测试设备来提高判别的一致性。尽管敲击测试可作为一种初步筛检方法来加以使用,但缺陷尺寸的最终确定仍应采用超声检测设备进行。例如,冲击导致的分层有可能仅在表面受冲击点上留下微小印迹,但分层经常会从受冲击点扩散,在材料内部形成大面积的网状基体裂纹和分层。

13.3　超声检测

　　对于复合材料制件,超声检测是最为有用的检测技术。实体复合材料的两种最主要制造缺陷为孔隙和外来物。孔隙中包含有固-气界面,可透过该界面的声波极少而反射极多,孔隙由此可被检测。而对于夹杂或外来物,只要其声阻抗显著不同于复合材料,也可得以探测。

　　超声波的行为遵循声波传输和反射的相应原理。超声波穿越复合材料层压板时如遇缺陷(如孔隙),在界面处会反射一部分能量,其余能量则会透过孔隙。孔隙越严重,反射的能量越多,透过缺陷的能量越少。超声波可通过一个电信号发生器生成。该装置对换能器中的压电晶体发出电脉冲,导致晶体发生振动并将电脉冲转换为机械振动(超声波)。而当超声波从制件返回时,压电晶体又会将接收到的返回波转换为电能。可以采用同一晶体来发送和接收超声波,也可采用两晶体来分别发送和接收超声波。缺陷会改变返回接收器的能量,可因此被检测。

　　超声检测被定义为在1～3 MHz频域进行的检测方法,不过大部分复合材料结构通常在1～5 MHz的频率范围内进行检测。高频(短波长)波对小缺陷更为敏感,而低频(长波长)则可穿越更深的厚度。当超声波束穿越复合材料时,会因散射、吸收和波束分散而衰减(损耗)。这种损耗或衰减通常用分贝(dB)表示。厚层压板相比于薄层压板,对超声波的削弱程度会更大。

　　对于完成制造的复合材料层压零件和组件,超声透射(TT)是两种最常用的检测方法之一。此法如图13.2所示,发射器产生一纵波,其穿越层压板并被放置在制件另一侧的接收器所接收。如制件中含有孔隙或分层等缺陷,部分(或全部)超声波或被吸收,或被散射。这样,必有一些(或全部)超声波无法被接收器所接收。透射法用于探测孔隙、脱粘、分层和某些类型夹杂的效果优异,但不能发现所有类型的外

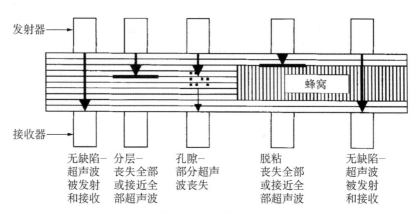

图 13.2　超声透射法

来物,且无法给出缺陷的深度。聚酯薄膜和尼龙胶带就难以被透射法检出。透射法检测通常需在水箱中进行,或需有喷水装置的帮助。

　　由于透射法不能检测出部分类型的外来物以及缺陷的深度,常用超声脉冲回波(PE)检测法配合透射法来对制件进行检测。脉冲回波法中(见图 13.3),超声波的发射和接收由同一换能器进行。因此,当制件仅有一侧表面可被接触时,这是极好的检测方法。如结构中存在缺陷,来自背侧表面的回波振幅会有所衰减。结合内部缺陷引起的超声波衰减状况和脉冲时间的迟滞,可以得到缺陷的深度。超声脉冲回波法可以检测出几乎所有类型的外来物,但确定孔隙水平的能力达不到透射法的成熟程度。在合适参考标准的指导下,脉冲回波法可用于测量层压板的厚度和缺陷的深度。相比于透射法,脉冲回波法更易受换能器摆放状态的影响。对于脉冲回波检测,换能器与被测表面的垂直度须被控制在 2°左右的范围内,而透射法的容限则可放宽到 10°左右[1]。

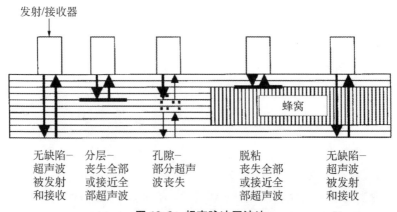

图 13.3　超声脉冲回波法

　　由于空气和固体之间界面存在严重的阻抗不匹配,超声波在空气中的传播受到影响。因此,需采用耦合介质来帮助超声波从换能器向制件的有效传送。手动检测常采用甘油,而自动化系统则采用水介质。如图13.4所示,自动化系统或为喷水类型,或为水下反射板类型。喷水系统在生产中应用最多,通常为大型龙门设备(见图13.5),可在计算机控制下扫描制件表面并确保换能器与之垂直,同时在每次扫描历程结束处做出标记。超声能可转换为数字数据,并存入文件。图像处理软件可通过灰度或颜色来显示 C‐扫描结果。现代设备的扫描速度可高达 40 in/s (1.016 m/s),一些设备还可同时记录透射和脉冲回波数据,以免对制件进行二次扫描。还有一些带有转盘的特殊设备,转盘在扫描过程中持续转动,专门用于圆柱形制件的检测。

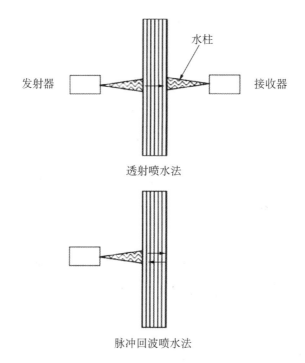

发射器　　　　　　水柱　　　　　接收器

透射喷水法

脉冲回波喷水法

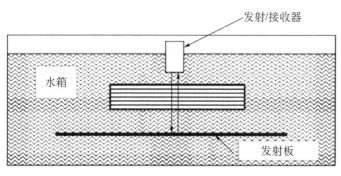

发射/接收器

水箱

发射板

图 13.4　自动超声扫描设备

波音公司

图 13.5　现代的超声扫描设备

上述自动化设备的输出结果以 C-扫描方式显示。C-扫描为制件的平面位图，图 13.6 中浅色（白色）区域表示超声波衰减较少而质量较高，暗色（灰色或黑色）区域则表示超声波衰减较多而质量较差。图 13.6 给出完好制件和带有孔隙的不合格制件的透射 C-扫描结果。制件上放置了用于确定位置的铅制参照标样。如图 13.7 所示，区域颜色越暗，超声波衰减越严重，制件的质量越差。应指出的是，虽然透射法适合于探测孔隙，但当缺陷密度相似时，无法区分分散孔隙（见图 13.8）和平面空隙。此外，如铺层皱褶等其他缺陷也会被与孔隙混淆。C-扫描设备可程控打印出以不同灰度表示的超声能量水平，也可设置成=否模式而仅仅将不合格区域打印示出。产品制造商通常会为每个制件设置一个以分贝（dB）表示的衰减基线。如衰减水平高出基线一定 dB 值，制件上该区域即为不合格。例如，如果完好层压板的

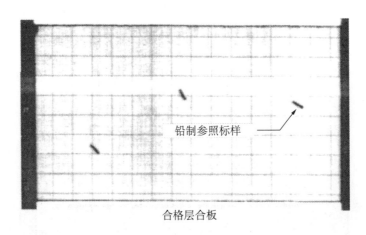

铅制参照标样

合格层合板

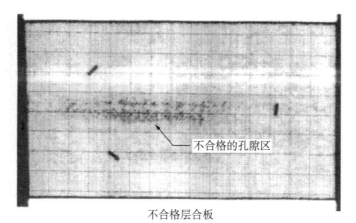

不合格的孔隙区

不合格层合板

图 13.6　复合材料层压板的超声 C‑扫描

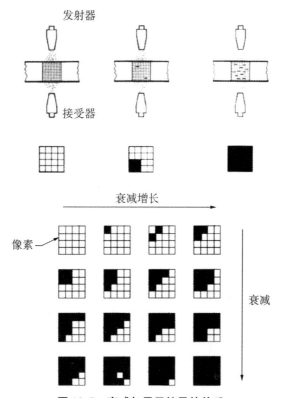

发射器

接受器

衰减增长

像素

衰减

图 13.7　衰减与显示结果的关系

基线为 25 dB，不合格门槛值为 18 dB，则任何高于 43 dB（25 dB＋18 dB）的区域均为不合格区。基线和门槛值通过缺陷作用试验加以确定。试验将已知完好的层压板与

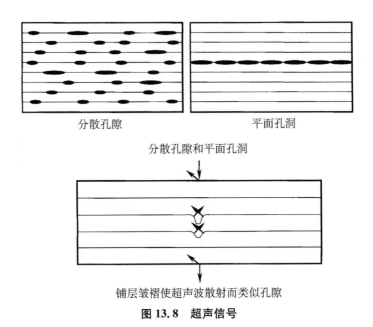

分散孔隙　　　　　　　　平面孔洞

分散孔隙和平面孔洞

铺层皱褶使超声波散射而类似孔隙

图 13.8　超声信号

含有不同程度孔隙的层压板进行比较,内容包括显微照片和力学性能,进而设立门槛值水平。为降低成本可对制件进行分区域设置,高应力区相比于非关键的低应力区,会被对应于较低的门槛值。

　　碳/环氧树脂层压板的扫描频率通常在 5MHz 左右。对蜂窝夹芯组件则需采用较低的频率(1~2.25MHz),以使超声波穿透厚结构。泡沫塑料夹心结构则需要更低的频率,一般为 250kHz,500kHz 或 1MHz[1]。由于较低频率下设备对缺陷的探测能力会有损失,一般情况下的扫描会采用能穿透制件的最高频率。另一方面,对于蜂窝夹芯组件等低声阻抗(即低密度)材料,某些场合也会采用以空气为耦合介质的超声检测。空气耦合超声检测可用于最厚达 8in(203.2mm)的蜂窝夹芯材料[1]。换能器放置于制件表面附近[1in(25.4mm)内],所用频率为 50KHz~5MHz。

　　激光超声法是一种相对较新的超声检测技术[1]。其所提供的检测信息与普通超声方法相同,但速度较快,对于复杂形面制件尤其如此。检测采用两个激光器。第一个一般为二氧化碳激光器,通过在制件中引起热弹性膨胀产生超声波。而第二个通常为钕:钇-铝石榴石激光器,用于检测返回上表面的超声波信号。激光加热制件表面后,导致温度上升和材料局部膨胀。激光脉冲较短(10~100ns)时,膨胀所产生的超声波频率范围为 1~10MHz。接收端激光器对制件表面的散射光进行检测,并通过法布里-珀罗干涉仪来提取超声信号。此过程中非常重要的一点是:在不对复合材料表面造成热损伤的前提下,产生尽可能大的超声信号。表面温度通常限制在 150℉(66℃)以下。激光超声法的另一个优点是超声波垂直于制件表面传播,一定程度上不受激光入射角的影响。发射器和接收器与表面法向的偏移可高达±45°而不影响检测效果。不过,由于要求制件表面须存在树脂薄层以有效生成超声波,当制件表面贫脂或经过加工后,此检测的有效性会受到限制。

13.4 便携式设备

脉冲回波设备和透射设备均存在适用于外场检测的类型。图 13.9 为一种典型装置,由相连的换能器和控制箱组成。测试频率一般为 1～5 MHz,经常会采用糊状甘油而非水来作为耦合介质。此类设备多为脉冲回波形式,因为设备仅需一个换能器,从而可在无法接触被检件背面的情况下进行单面检测。检测结果的显示通常为 A-扫描方式,将信号振幅作为缺陷严重性的表征,而制件前面和背面的信号间隔则给出厚度方面的信息。

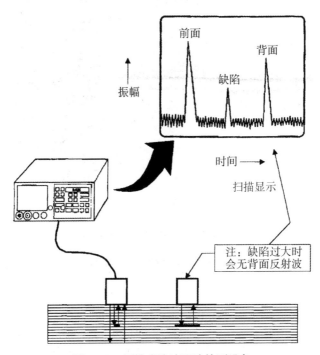

图 13.9 便携式脉冲回波检测设备

此外,还有相当多数量的"胶接测试仪"得到实际应用。该设备一般在 1 MHz 频率下工作,有些场合可低达或接近声频范围(15～20 kHz)。采用频率范围低端进行测试时,不再需要附加的耦合介质。表 13.1 给出一些设备的概况。先进的便携设备[如图 13.10 所示的可移动自动超声扫描(MAUS)系统]可以进行不同种类的检测操作,包括超声检测(透射、脉冲回波、剪切波),胶接检测(共振、一发/一收、机械阻抗)以及涡流检测(单频和双频)。

可移动自动扫描系统

真空吸附于飞机下部

波音公司

图 13.10　可移动自动扫描系统

表 13.1　胶接检测方法概要

方　法	特　　性
共振法	对换能器施加共振频率(25～500 kHz)来引起电阻变化,以此检测脱粘和分层。检测需使用耦合介质和设计不同类型的换能器。此法可检测出大于 0.50 in(12.7 mm) 的脱粘区。最大检测厚度为 0.5 in(12.7 mm)。但难以检测位于层压板底部的一到两个铺层出现的分层,因为这种情况下探头所检测到的材料阻抗变化过于微弱。
一发/一收扫视法	采用双换能器,一个换能器发射声波而另一个换能器接受声波。声波以板波形式穿过被检制件。通过声波的衰减可以检测出脱粘和较深的缺陷。换能器以圆周扫视的方式对缺陷进行检测。所用扫视频率通常为 20～40 kHz 或 30～50 kHz。无需使用耦合介质。
一发/一收脉冲法	采用双换能器,一个换能器发射声波而另一个换能器接受声波。所用探测频率为 5～25 kHz。声波以脉冲方式传入被检制件。通过声波的振幅和/或相位变化差异可检测出脱粘缺陷。无需使用耦合介质。

（续表）

方　法	特　　　　性
涡流声波测试法	换能器包含环绕声波接收器的涡流激励线圈。脉冲涡流使脱黏区发生振动，频率为声波接收器所测。所用操作频率在 14 kHz 左右，无需使用耦合介质。此法可发现制件两侧的脱粘缺陷，多用于铝蜂窝组件，也被称为谐波胶接检测器。也可用以检测芯材的压塌和断裂。
机械阻抗	采用双换能器，一个换能器发射声波，另一个作为接收器，通过制件的局部刚度变化来检测胶接质量变化状况。检测时发射器的扫视频率设置为 2.5～10 kHz。此法可检测脱粘、芯材压塌和复合材料层压板内的多种缺陷。无需使用耦合介质。但表面形状的变化可对测试结果造成影响。

13.5　X 射线检测

X 射线常被用于固化后复合材料层压板中的微裂纹检测，同时也广泛用于蜂窝夹芯组件中的缺陷检测。典型的蜂窝夹芯缺陷包括芯材压塌、芯材错移、胀芯、芯材凹陷、节点脱粘和格中积水。

如图 13.11 所示，X 射线穿过被检制件并在制件下方的底片上形成影像。底片中的影像反映了吸收 X 射线的不同状况，这种状况差异则由于材料特性和构成的变化所致。复合材料对于 X 射线几乎"透明"，故所用 X 射线为低能量类型。与高能量 X 射线相比，低能量 X 射线频率较低，波长较大。采用低能量 X 射线（一般低于 50 kV）可改善对被测件特征变化的敏感度（X 射线照片的对比度）。但要穿透大厚度或大密度材料，仍需采用较高能量的 X 射线。材料内部的孔隙或空隙会减少射线所穿越的固体材料总量，因此到达底片的辐射强度会有所增长，从而在底片上形成暗区。另一方面，金属夹杂物或金属蜂窝芯会增加射线所穿越的固体材料总量，减少到达底片的辐射强度，从而在底片上形成明区。

密度、厚度和制件结构的变化都会引起 X 射线影像的变化。密度变化可因制件厚度变化、裂纹、孔隙、芯材压塌或蜂窝格积水等因素引起。所使用的底片为高对比度和小颗粒类型。光源和底片之间的距离（SFD）应尽可能拉大，以获得最佳的分辨率。与超声检测方法类似，通常会用到参考标样。参考标样可如图 13.12 所示专门制造，但有时如采用来自废弃组件的切片，效果可能更好。因为其所含材料及厚度与所要检测的实际制件完全相同。缺陷的方向对于检测的可靠性十分关键。缺陷的主要尺寸方向应平行于射线方向，以获取最高的灵敏度。通过倾斜调整 X 射线源或制件，可在一定程度上获得深度分辨信息。

通常用于复合材料组件检测的 X 射线设备形式有数种。图 13.11 所示的静态 X 射线检测装置无法移动。被检制件由人工摆放于 X 射线源之下，并多次照相以对制件形成完全的覆盖。静态 X 射线检测装置既可为固定形式，也可为能带上飞机进

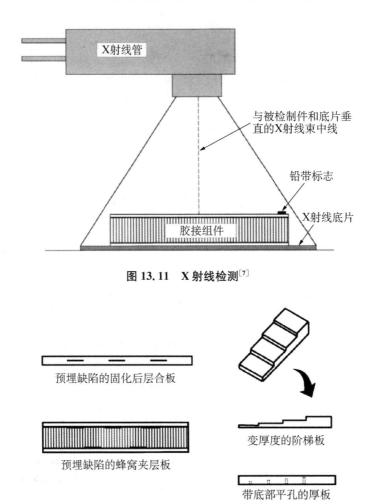

图 13.11　X 射线检测[7]

预埋缺陷的固化后层合板

变厚度的阶梯板

预埋缺陷的蜂窝夹层板

带底部平孔的厚板

图 13.12　典型的 NDI 参考标样

行检测的便携形式。这两种设备形式均需备有适当的人员防护设施。可移动 X 射线检测设备则配有两个机械手装置(射线源机械手和介质机械手),分别安装于一个龙门架之上。系统在计算机控制下使两个机械手沿被检制件同步运动。由于采取了计算机控制,系统可通过编程来实现沿结构长度方向的 X 射线参数的改变。

图 13.13 给出通过 X 射线可检测到的蜂窝组件胶接缺陷概要[8]。胶接过程中如发生真空渗漏,通常会导致胀芯缺陷。轻微渗漏可造成小面积的胀芯,而严重渗漏(如真空袋完全丧失密封)则会引起大面积的胀芯,以致制件无法修复而被废弃。芯材挤扁(即蜂窝格墙从侧面被压扁)通常因胶接过程中凝胶前的芯材滑移而引起。这种现象较多地发生于制件边缘或芯材斜削处。节点脱粘指蜂窝箔条在连接点分离。此类缺陷通常在芯材制造过程中形成,但也可在胶接时因不同蜂窝格内的气压

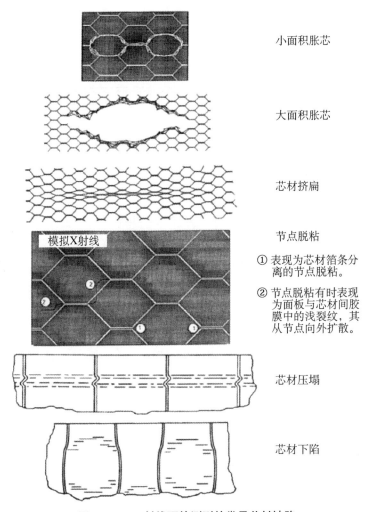

小面积胀芯

大面积胀芯

芯材挤扁

节点脱粘

① 表现为芯材箔条分离的节点脱粘。

② 节点脱粘有时表现为面板与芯材间胶膜中的浅裂纹，其从节点向外扩散。

芯材压塌

芯材下陷

图 13.13　X 射线可检测到的常见芯材缺陷

差而引发。芯材压塌经常因面板下陷，或低密度芯材厚区受到过度压力而发生。芯材凹陷（或蜂窝格墙呈波纹状）与芯材压塌现象类似，但一般不再允许返修。对于芯材压塌和芯材下陷缺陷，常会要求 X 射线以小角度进行检测。图中虽未指出，但对于蜂窝组件，芯材积水也是一个十分严重的问题。这一问题可导致铝芯材被腐蚀、节点脱粘、多次冷热循环条件下的面板-芯材脱粘，以及结构被加热至水沸点后发生的面板脱粘。对于蜂窝芯材中的积水，其含量只有达到蜂窝格体积 10％以上时方可被检测出。当复合材料或铝材面板厚度较大时，检测对水含量要求会更高。检测结果中水分表现为暗灰色区域，以多个或多组蜂窝格的形式离散分布。由于蜂窝格中积水和树脂的成像结果极为相似，在使用过程中可能出现的一个问题是：在不具备制件出厂时原始 X 射线检测结果的情况下，很难在现有结果中对两者加以区分。

泡沫胶层在胶接过程中会形成难以被检测的孔洞(见图 13.14)。如果泡沫胶孔洞小于泡沫胶层高度的一半,其可能无法被检出。如果在封头处存在疑似孔洞,允许采用脉冲回波设备或胶接测试仪来做进一步检测。

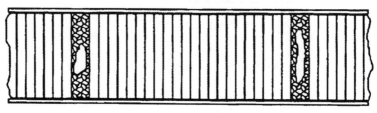

此孔洞难以被检出　　　　　　　　　　　　此孔洞可被检出

图 13.14　泡沫胶中的孔洞

相比于 X 射线法,超声方法一般更容易检测出夹层结构(见图 13.15)的面板-芯材脱粘。此类脱粘的可能原因包括:零件(面板、芯材和封头)的配合不当,架桥现象造成的局部压力不到位,裹入了挥发分(空气、水和残余溶剂),面板或芯材受到污染。虽然胶黏剂脱粘可被检测,但目前尚无可确定胶接强度的无损检测方法。高强度的胶接接头[剪切强度为 5 000 psi(34 474 kPa)]与低强度胶接接头[剪切强度为 500 psi(3 447 kPa)]可呈现相同的检测结果。因此,产品要求配制力学性能随炉试件,所用的表面预处理工艺和胶黏剂须与产品相同。

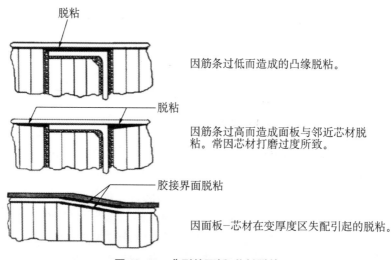

脱粘

因筋条过低而造成的凸缘脱粘。

脱粘

因筋条过高而造成面板与邻近芯材脱粘。常因芯材打磨过度所致。

胶接界面脱粘

因面板-芯材在变厚度区失配引起的脱粘。

图 13.15　典型的面板-芯材脱粘

从在役飞机上曾观察到蜂窝芯材的疲劳损伤。从 X 射线照片看,其影像与芯材压塌缺陷相似。但当有小块蜂窝格墙发生断裂并掉入蜂窝格中时,静态 X 射线可将蜂窝格墙投影至底片,是最适宜的检测方法。

13.6　热成像检测

　　热成像检测法的应用范围虽不如超声法和 X 射线法，但也是一种用途广泛、检测速度较快的非接触单面检测方法。此法可用于检测分层、冲击损伤、蜂窝积水、夹杂和密度变化。热成像检测过程中（见图 13.16），首先须均匀加热被测表面。一般使用毫秒级周期的闪光灯对被测表面进行热量传递。使用较多的高电压卤化钨灯泡可将被测表面温度提升 1～30℉。热量传入制件内部的同时，表面温度随之下降。由于缺陷使材料导热特性发生变化，缺陷区表面温度的下降速率与无缺陷区有所不同。制件表面为接收其热辐射的红外相机所监测，热辐射经成像软件逐像素分析后形成显示缺陷的表面位图。位图常为彩色形式，通过颜色对比来描绘温度的变化状况。由于铝材传热迅速，夹层结构中的铝芯材缺陷不易被检测。当芯材中存有积水时，热量通过面板和芯材传入水中。民航公司常使用热成像法来检测蜂窝胶接组件中有无液态水存在。此法可在飞机着陆后，水（或冰）尚未发生常温下熔融蒸发的状况下立即使用[6]。

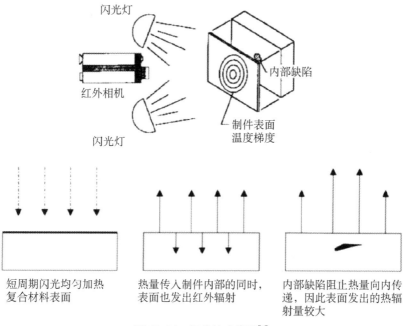

图 13.16　红外热成像法[1]

13.7　修理

　　所有复合材料或胶接结构的修理操作均应遵照结构修理手册（SRM）或飞机技术要求（TO）中的规定条文进行。这些手册应由飞机制造商提供并得到相关政府机构的批准。对于民用飞机，相关机构为联邦航空局。对于军用飞机，相关机构为空军/海军/陆军部。如果损伤超过手册规定的限制范围,则须由具备相应资格的强度工程师来批准修理计划的施行。所有进行结构修理的人员均需得到培训并获得从事修理的资格。修理手册中的规定条文须逐字执行。修理如进行不当,往往会导致涉及面更广并更为复杂的二次修理工作。

修理可分为填充、注射、螺接或胶接等几类。简单的填充修理(见图13.17)采用糊状胶来修补非结构性损伤,诸如刮痕、凿痕、刻痕和微槽。注射修理则将低黏度胶黏剂注入复合材料中的分层或脱粘部位。螺接修理常常被用于承受大载荷的复合材料厚层压板。而胶接修理则多被用于薄面板的蜂窝夹层结构。与无损检测相似,复合材料修理的相关文献也范围甚广。在参考文献[6]中,可以看到对于修理技术的出色而深入的论述。

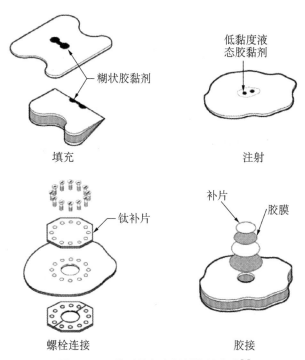

图 13.17　典型的复合材料修补方法[9]

13.8　填充修理

需强调的是,填充修理为非结构性的修理方法,因此仅适用于微小损伤的修补。此类修补通常采用双组分的高黏度触变环氧胶黏剂进行。被修理的制件表面需干燥,且不存在任何妨碍填料粘接性能的污染物。填充前,对制件表面应采用180～240目的碳化硅砂纸进行轻微打磨。胶黏剂混合并涂敷于制件表面后,室温下多数环氧树脂在 24 h 内充分固化，因此可与表面一起进行打磨清理。在室温下保持 5～7 天后胶黏剂的强度可达到最大值。经常采用加热灯来加速固化，该法将胶黏剂加热至 180°F（82℃）并保持 1h。另有一种称为气动表面光顺剂的特殊填料，其成分为橡胶增韧环氧树脂，使用中对微裂纹和裂纹有很好的抵御能力。建议各种填充修理操作的加热温度不超过 200°F（93℃），否则层压板中的水蒸气压力可能导致分层，这又会引发更大范围的修理问题。

13.9 注射修理

对于注射修理存在一定争议，此法生成的结果也比较复杂。如果所修理的缺陷为胶黏剂脱粘或固化分层时，材料内部的脱粘或分层表面一般会具光滑和氧化的特点，所注入的胶黏剂可能无法形成结构胶接的效果。另一方面，如果分层是为冲击所致的层间分离，则分层表面适于采用注射胶黏剂来得到胶接修复。但是，冲击所致的分层经常发生于多个层间，并伴有难以或无法填补的众多微裂纹。

如图 13.18 所示，低黏度双组分环氧胶黏剂的注射一般在低或中等压力水平下进行。如果分层未延展到制件边缘，可在被修件上钻制小直径 [0.050 in (1.27 mm)] 的平底孔，钻孔深度根据超声脉冲回波法检测结果确定。一般需要钻制两个以上小孔，一个用于注射，一个用于排气。为帮助树脂流入狭窄的分层空间，有必要将分层区预先加热至 120～140°F（49～60℃）。由于加热后树脂黏度降低，流入分层区会变得比较容易。对于表面紧贴的分层缺陷，如果在当前压力下并无胶黏剂从出气口中流出的征象，可将压力最高升至 40 psi（276 kPa）。但如压力施加在蜂窝芯材上，则须控制在 20 psi（138 kPa）以下以避免胀芯发生。流体的通畅性验证可采用如下方法：在注射孔中注入高压空气，在排气孔端密封连接一段橡胶软管，软管的另一头置于杯装水中。通过观察水中有无气泡出现，可以检测空气流动的通畅性。对于位于制

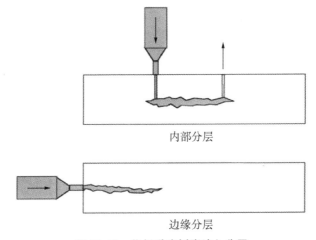

内部分层

边缘分层

图 13.18　将低黏度树脂注入分层

件边缘的分层,胶黏剂的注入比较容易,一般无需排气孔。此外,边缘分层被注入胶黏剂后需采用 C 形夹进行加压,以促进胶黏剂在分层区中的扩散,并将分开的铺层重新压紧。

　　图 13.19 给出紧固件孔周发生在多个铺层上的分层现象。导致这种现象的原因是紧固件被拧紧时存在未加充垫的连接间隙(参见第 12 章"装配")。从孔截面的显微照片(见图 13.20)可以看到分布于层压板多个铺层上,由分层和基体裂纹组成的复杂网状缺陷。值得注意的是,一些分层并未延伸至孔壁。针对此类分层的注射

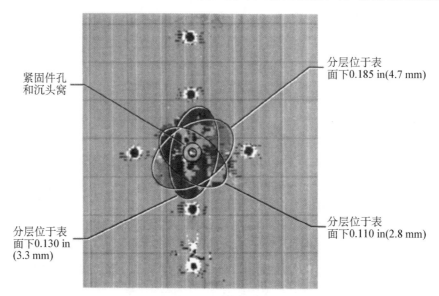

紧固件孔和沉头窝

分层位于表面下0.185 in(4.7 mm)

分层位于表面下0.130 in(3.3 mm)

分层位于表面下0.110 in(2.8 mm)

图 13.19　紧固件孔周的不同程度分层[9]

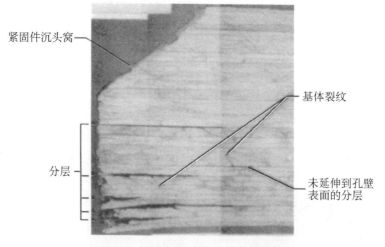

紧固件沉头窝

基体裂纹

分层

未延伸到孔壁表面的分层

图 13.20　分层和基体裂纹的显微照片[9]

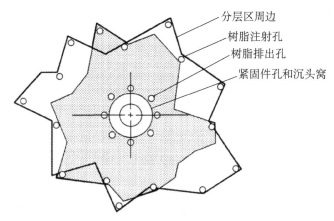

图 13.21 紧固件孔分层的注射修理工艺[9]

修理工艺(见图13.21)需钻制一系列的注射孔和排气孔。为提供固化所需压力,可在原孔中放置涂覆了脱模剂的临时紧固件,配以大尺寸垫圈后拧紧施压。如同前述,超声脉冲回波法也可在此使用,以确定分层的边界和深度。

如果面板-芯材的脱粘缺陷需用注射法修理,则蜂窝组件应被倒置,使脱粘部位处于底面,以防止低黏度树脂流入蜂窝格墙。

13.10 螺接修理

相比于胶接修理,一般情况下优先考虑螺接修理。因为螺接修理比较简单,而且不易出错。表13.2给出螺接和胶接两种修理方法适用场合的比较。螺接修理的优点是显而易见的。但是,结构设计从一开始就必须考虑到紧固件的挤压载荷。或者说,结构的初始设计应变必须有足够的裕量来使螺接修理方案有可能在充分的安全保障下承受极限设计载荷。

表 13.2 选择结构修理方法时的考虑[9]

条　　件		建　议	
		螺接	胶接
小载荷,小厚度[～<0.10 in(2.54 mm)]		X	X
大载荷,大厚度[～>0.10 in(2.54 mm)]		X	
高剥离应力		X	
要求高可靠性		X	
蜂窝结构修理			X
胶接表面	干	X	X
	湿	X	

（续表）

条　　件		建　议	
		螺接	胶接
	清洁	X	X
	污染	X	
要求密封		X	X
要求可拆卸		X	
恢复"无孔"强度			X

　　螺接修理所用补片（见图 13.22）可加于制件外表面、内表面或内外两表面。典型的螺接修理方案（见图 13.23）包括一块外部钛补片，位于损伤区的一个中心销，以及两块内部钛补片。内部补片之所以分为两块是为了使其能被放入蒙皮内。修理

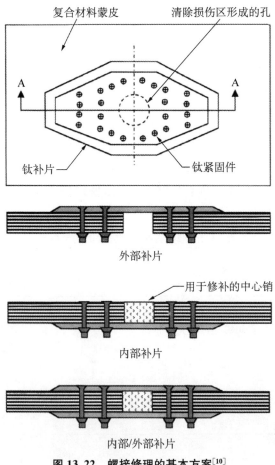

图 13.22　螺接修理的基本方案[10]

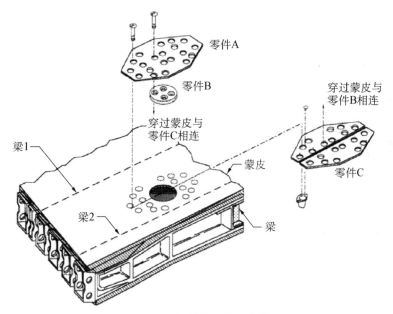

图 13.23 螺接修理的概念[9]

采用常规的复合材料钻孔工艺和紧固件安装工艺。补片可设计成外凸形式（见图 13.24），也可设计成平齐形式（见图 13.25），外凸形式补片的安装更为容易。

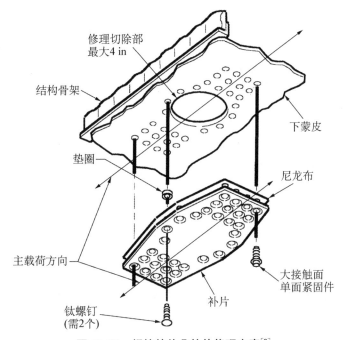

图 13.24 螺接的外凸补片修理方案[9]

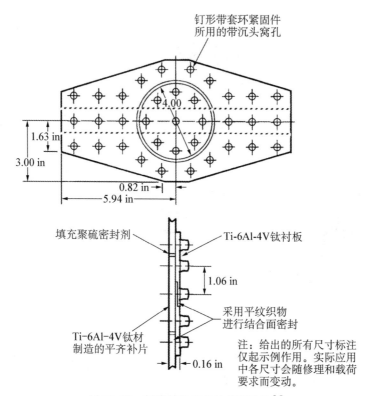

图 13.25　螺接的平齐补片修理方案[9]

　　如进行单面补片安装,需划出圆形或椭圆形的修理区域,该区域无锐利边缘,也无应力集中。在补片上需预先钻制尺寸较小的导向孔。为对补片进行定位,蒙皮上应画出确定 0°和 90°的十字标记。补片被定位放置到蒙皮上后,补片上位于左右两端的两个孔位在蒙皮上标出。然后移走补片,并在蒙皮上钻制这两个导向孔。制孔后再次将补片在蒙皮上定位,并用临时紧固件连接补片和蒙皮,以保持补片位置不发生移动。补片上其他几个导向孔随之被配钻到蒙皮上,并在所钻导向孔中添加临时紧固件以夹紧补片和蒙皮。所有导向孔钻制完毕并将补片固定到准确位置后,通过扩孔和铰孔来使孔径达到最终要求尺寸,容差一般为 +0.003~-0.000 in(+0.0762~-0.000 mm)。在此过程中,对补片和蒙皮的夹紧力仍需由临时紧固件提供。所有的孔扩铰到要求尺寸后,将补片卸下清理毛刺,并铺放一层浸渍密封剂的玻璃纤维织物以起到密封和防腐的作用。补片上的所有孔达到要求尺寸后均需加制沉头窝。补片的安装或采用单面紧固件,或采用钉形带套环紧固件。前者用于仅存在单面安装通路的场合,后者则用于双面都可通达的场合。所有紧固件安装时均需涂覆密封剂,补片边缘也须添加带状密封条。单面补片安装较易,但承载状态为非对称的单搭接剪切方式。

双面补片的承载状况为双搭接剪切方式，具有更均衡的载荷传递路径。但其安装更为困难，特别在仅存在单面安装通路的场合。在开始安装前，至少需配钻一个穿过内、外补片和其他零件的导向孔。内补片经常采用多块拼接形式，以使各小块可逐一通过蒙皮上的孔到达内表面。与单面补片情况相似，采用外补片来配钻蒙皮上的导向孔。内、外补片的定位通过其两端导向孔中放置的临时紧固件实现。借助外补片和蒙皮上的导向孔可配钻内补片各分块上的导向孔，再在所钻导向孔中安装临时紧固件。所有导向孔钻制完毕后，通过扩孔和铰孔来使孔径达到最终要求尺寸。然后将补片卸下，在外补片上加制沉头窝，清理毛刺，对结合面做密封处理，并用紧固件重新进行组装。如果仅存在单面安装通路，可采用单面紧固件或在内补片上采用托板螺母实现可拆卸螺钉的安装。如果双面均可通达，则可采用钉形带套环紧固件。

13.11 胶接修理

胶接修理的实施难度最大，并最易出错。这类修理方法的变种很多，下面给出的仅为其中几例。典型的胶接修理方法（见图 13.26）包括胶接补片法、嵌接法和阶

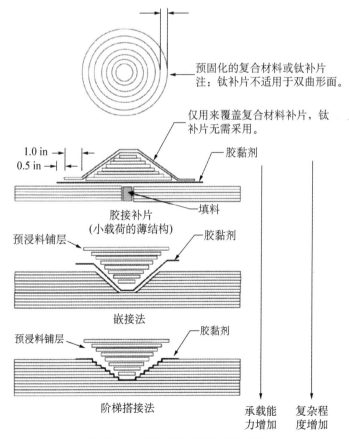

图 13.26 复合材料层压板修理方法

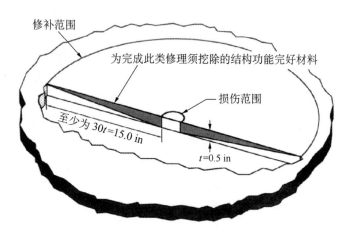

图 13. 27　胶接修理方案为有效传递载荷而设置的斜削区[9]

梯搭接法。胶接补片修理工艺可采用预浸料叠层,湿法铺叠叠层或通过多层胶黏剂结为一体的钛合金薄片进行。对于有较高承载能力要求的结构,一般会用嵌接法或阶梯搭接法进行修理。但这两种方法均需进行高精度的加工操作来实现有效的载荷传递。胶接修理还需要挖除较大面积的材料(见图 13.27),以防止胶黏剂承受较高的剥离应力。

典型的外场热胶接修理工艺由以下步骤组成:

● 采用超声脉冲回波方法确定损伤区域,并核实相应的修理是否为结构修理手册的限制范围所允许。

● 使用高转速剔刨工具将损伤层小心挖除,对剔刨深度应有准确控制。如需采用阶梯搭接的修理方式,可能会要采用缓慢的手工作业来逐层切出台阶。

● 如果修理结果的固化需在 200℉(93℃)以上的温度下进行,应将修理部位在 200℉(93℃)环境下做至少 4 h 的烘干处理。

● 如图 13.28 所示,用电热毯覆盖修理部位并对修理部位完全抽真空[至少 22 in 汞柱(74.5 kPa)],再缓慢加热至固化温度[250 或 350℉(121 或 177℃)]。在全真空和固化温度下按要求保持足够长的时间(2～4 h)。其后的降温过程中,对已固化补片施加的真空压力一直保持到温度降至 150℉(66℃)。

● 拆卸已固化补片的真空袋封装并清洁修理部位。采用脉冲回波法对修理质量进行检测。

从市场上可购得用于外场修理的成套装备(见图 13.29)。其中包括电源、热电偶读出仪和真空源。并可通过预设方式来实现均匀的加热、保温和降温。

胶接修理补片通常由预浸料叠层、湿法铺叠叠层、预固化的复合材料或通过胶黏剂粘接为一体的钛合金薄片构成。由于外场修理仅能在真空袋压力[≤14.7 psi(101 kPa)]的条件下进行,与在热压罐中 100 psi(689 kPa)高压下固化的原层压板材

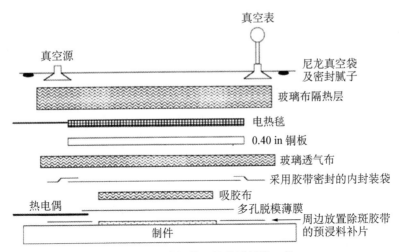

图 13.28　外场修理的典型封装工艺

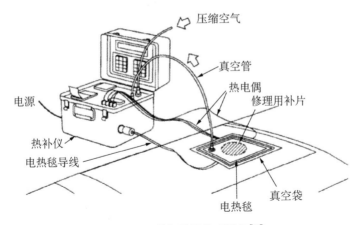

图 13.29　外场胶接修理装备[11]

料相比，质量有所不如。预浸料补片的质量会高于湿法铺叠补片，但预浸料必须在0℉（－18℃）下冷藏储存，其适用期限为一年或更短。而用于制造湿法铺叠补片的一些树脂可在室温下储存 6～12 个月。湿法铺叠补片的一个问题是，当原结构较薄且采用单向预浸料制造时，湿法铺叠补片因其织物特性，可能难于或无法达到与原结构强刚度相匹配的水平。容易与待修表面随形贴合，则是预浸料补片和湿法铺叠补片共同具备的优点。

　　预固化的复合材料补片，以及由多层 0.010～0.020 in(0.254～0.508 mm)厚钛合金片材胶接而成的补片，生成的修理制件一般少孔隙或无孔隙。由于无需吸胶层，真空袋封装操作也可简化。此类补片的最大缺点是与待修表面的随形贴合性有限，仅在须进行反复修理的场合有其实用意义。使用钛合金补片时，也须预先清洁其表面,涂覆底胶,并将其封装在防水薄膜袋中储存。

所有受损材料均需在修理中挖除,所形成的待修补孔或凹陷应呈圆形或椭圆形,且无锐利边缘。嵌接或阶梯搭接修理涉及的机械加工作业对细致度和技能有很高的要求。需采用样板和深度控制夹具来配合高转速打磨工具或剞刨工具的使用。在阶梯搭接修理场合,加工过程须避免对每个台阶下的铺层造成损伤。

待修理部位的彻底烘干处理十分重要,当修理需在 200℉(93℃) 以上进行时尤为如此。蒙皮中吸入的水分或蜂窝中的液态积水可转变为蒸汽,从而导致层压板分层和起泡。而芯材中的积水则可使蒙皮胀开或导致因胀芯而引起的芯材破坏。为预防水分造成的损伤,应将整个待修理部位缓慢加热(1℉/min)至 200℉(93℃)并保持一定时间。对于薄蒙皮,保持时间为 4 h,对于厚蒙皮,保持时间需更长。可将烘干处理当作修理工艺的一次预试,过程中用未浸渍树脂的玻璃布替代预浸料补片,并采用与真实补片固化工艺相同的真空袋封装方式。通过此类预试可以获得修理部位上可能的过热点和过冷点信息,以对真实修理过程的固化工艺参数做必要的修正。为得到均匀的温度分布效果,可能还需添加必要的绝热材料或多层电热毯来对温度进行控制。

为修理所选的树脂和胶黏剂类型也极为重要。例如,当原结构的胶接采用 250℉固化胶黏剂时,其修理自然不宜采用 350℉(177℃)固化胶黏剂。一般情况下,复合材料补片和胶黏剂的固化温度越低,则越容易得到不对结构形成附带损伤的成功修理结果。如果修理由产品原制造商进行,或在配备热压罐的场站实施,修理方案所用材料可与制件原用材料相同,因为制件的真空封装和修理部位的固化温度与压力可与制件的最初制造完全一致。例如,最初所用为 350℉(177℃)固化材料体系,当修理也在 350℉(177℃)下进行时,热压罐压力可保证所有铺层完好贴合。但所用压力如仅为局部的真空袋压,制件则可能因粘接界面在 350℉(177℃)下变弱而发生分层或脱粘。此外,层压板或蜂窝中的水分在 350℉(177℃)下形成的蒸气压会远高于 250℉(121℃)以下的蒸气压。因此,对于通常只备有真空压源的外场修理,所用修补材料的固化温度须远[50~100℉(10~38℃)]低于制件的最初固化温度。同时如前所述,无论是热压罐内的制件封装系统还是外场修理的局部真空封装区,修理组件均须确保干燥。一般情况下,诸如嵌接和阶梯搭接等涉及精确加工和复杂铺叠的高难度修理,应在产品原制造厂家,或配备较全工装和热压罐条件的场站进行。

现有环氧胶膜和预浸料的固化温度为 250~350℉(121~177℃),保持时间为 1~4 h。而湿法铺叠树脂和胶黏剂的固化需在室温下保持 5~7 天,或加热至 160~180℉(71~82℃)保持 1~2 h。虽然这类材料需 5~7 天才能形成完整的强度,但在室温保持 24 h 后即可具备足够的固化度来允许压力的卸除以及手工打磨和二次抛光等清理工作的进行。尽管从修理角度看低温固化材料具一定吸引力,但固化温度越低，玻璃化温度(T_g)和最高使用温度也会随之降低。如果湿法铺叠补片或预固化的复合材料补片与糊状胶黏剂一起固化，则需将一层轻质玻璃布埋入胶层之中，以此控制胶层厚度。另外，在碳纤维补片紧贴铝蜂窝芯材固化的场合，也可以起到防腐蚀的作用。

　　修理中的固化压力可由热压罐，机械装置（如C形夹）或真空袋提供。热压罐的优点毋庸置疑，其可提供的压力高[100 psi(689 kPa)]且均匀。但此法需对整个制件进行烘干处理（通常在烘箱中），并需对整个制件进行包裹式真空袋封装，或置于原制造模具上的真空袋封装。如修理区域较小且位于夹具可达之处，机械压力会十分有效。对于夹具的使用有两方面的顾虑：一是所施压力可能过大，造成制件的局部破坏。二是夹具会产生吸热效应，导致难以得到均匀的加热效果。使用夹具时，应通过护垫来将夹具产生的局部压力分散到胶接表面。真空袋法常用于外场修理，因为在很多场合此法无需将制件移离飞机即可进行。真空袋法有几个缺点：①可获得的最大压力仅为10～15 psi(69～103 kPa)；②压力只施加于被修理部位，而附近区域被加热时得不到压力支持；③真空下固化时，基体或胶黏剂被加热后易从中逸出挥发分，从而形成孔洞、孔隙和泡状胶层。为改善真空袋固化的质量，可对固化前补片（预浸料或湿法铺叠叠层）采用如图13.30所示的双真空袋方法进行预处理。此法对新铺叠的补片进行真空袋封装，并对内部的尼龙真空袋施以全真空压力。再对

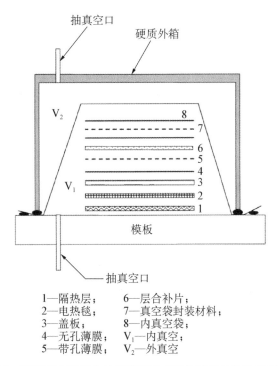

1—隔热层；　　　6—层合补片；
2—电热毯；　　　7—真空袋封装材料；
3—盖板；　　　　8—内真空袋；
4—无孔薄膜；　　V_1—内真空；
5—带孔薄膜；　　V_2—外真空

图13.30　采用双真空袋方法对预浸料或湿法铺叠补片进行预处理[10]

外部的硬质箱抽真空,并将补片加热至一定的预处理温度。预处理温度取决于所使用的树脂体系,在无压力迫使铺层紧密贴合的状况下,预处理温度既应高到足以使挥发分从层间逸出,同时又不至于使树脂发生凝胶。例如,对于 350°F(177℃)固化的胶黏剂,预处理温度可定为 240~260°F(116~127℃),保持时间为 30 min。预处理完成后,硬质箱上外真空袋被撤除,从而使内真空袋可起到压实铺层的作用。补片冷却到 150°F(66℃)后,真空压力可被卸除。经过预处理的补片可通过热风机的二次加热来软化树脂并成形至所需形状。补片最终可采用普通的真空袋方法完成固化。上述方法可有效降低固化后补片中的孔隙和空隙。

固化所需热量可通过热压罐、烘箱、电热毯或加热灯提供,具体选择取决于在什么地方进行修理和如何进行修理。热压罐和烘箱可提供最好的温度控制。而像前面所讨论,如采用电热毯,则建议进行预试来确认热量是否充分,并发现任何过热点和过冷点。电热毯可用对象的尺寸范围及其螺旋管的设计空间均十分广大,必要时可采用多层电热毯来获得均匀的加热效果。加热灯多用于简单修理,诸如填充修理或注射修理中对局部区域的预热。在上述所有场合,应细心布放数量充分的热电偶,确保温度最高和最低点可得到监测。固化温度应根据温度最高点处的热电偶读数加以限制,而固化时间则应根据温度最低点处的热电偶读数进行控制。

补片完成固化并在压力下冷却至 150°F(66℃)后,可撤除真空袋封装,并进行清理、检测、密封和二次抛光。清理工作包括去除所有树脂斑块和做光顺打磨。固化前可通过在补片周围放置除斑脱模胶带来减少清理工作量,但胶带不宜与补片顶部铺层相距过近,以免妨碍补片与蒙皮结合面周边的密封。铺叠过程中,胶膜尺寸可大于复合材料补片,以保证形成良好的胶瘤。所有胶接补片固化后均应采用超声脉冲回波法进行检测,以确定补片的质量状况。必要时可采用油漆和低黏度树脂对补片进行密封,固化后打磨平整。制件原有的涂层系统(底胶和表面涂料)可随之补加。

蜂窝胶接组件的修理与层压板修理相似,但蜂窝本身往往会发生损伤而必须进行替换。蜂窝组件的烘干处理比较困难。当蜂窝芯材中存有积水时,薄层压板所用的烘干工艺[200°F(93℃)保持 4 h]可能不足以解决问题。如制件已在服役,烘干处理前需对其进行 X 射线检测,以确定是否有积水存在。如发现积水,则在 200°F(93℃)下烘干 4 h,然后再做 X 射线检测。如此反复循环直至积水消失后,再做胶接前的最后一次烘干处理,参数仍为 200°F(93℃)下保持 4 h。这一过程看似极为费工,但水分的确可能是许多胶接修理之所以失败的主要原因所在。

小面积简单修理(见图 13.31)的通常做法是挖除芯材的受损部分,并用糊状胶黏剂和玻璃纤维研磨颗粒的混合物加以填补。填料固化后对表面进行打磨,再进行修理补片的胶接。如损伤面积较大,则须在挖除受损芯材后填补一块同等密度的完好芯材。图 13.32 给出典型的单面和双面修理方案。对芯材进行挖除时,多采用锋利的油灰刀切开蜂窝格墙,再用尖嘴钳将受损蜂窝块夹出。对完好蒙皮胶膜上的芯材残留物则加以碾除。新填补芯材与芯材主体的胶接一般采用泡沫胶或糊状胶进行。泡沫胶通常在产品原制造厂家和修理场站使用,这些单位由于备有烘箱,可避免泡沫胶在真空下发生过度发泡。糊状胶黏剂则常用于外场修理。新填补芯材的格墙条带取向须与结构中的芯材主体相一致。

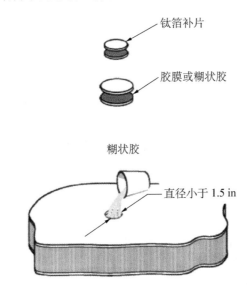

图 13.31 复合材料蜂窝夹层结构的小面积修理[9]

13.12 总结

在复合材料的制造和使用过程中,几乎任何部位均有可能发生缺陷损伤。最严重的制造缺陷为孔隙、空隙、脱粘和分层。产品一旦投入使用,分层则为最普遍和最严重的损伤。蜂窝芯材中的液态积水也是胶接结构的一大隐患,并会使修理工作变得更为困难。

无损检测方法被用于产品完成制造后的质量评估,以及产品使用寿命期间的周期性检测。超声波和 X 射线为两种最有用的检测方法。对于复合材料层压板结构,通常采用超声透射法来检测孔隙,采用超声脉冲回波法来检测外来物。X 射线在一些场合会被用于带拐角的复合材料制件检测,以发现此类部位可能存在的微裂纹。对于蜂窝胶接组件,超声波和 X 射线这两种检测手段均会用及。X 射线法可发现蜂窝芯材中存在的多种类型缺陷,而这些缺陷为超声波所无法单独测出。

修理可分为填充、注射、螺接和胶接几大类。填充修理主要为装饰性处理,无法恢复制件的承载能力。注射修理可以恢复结构的部分强度,但与分层或脱粘的具体

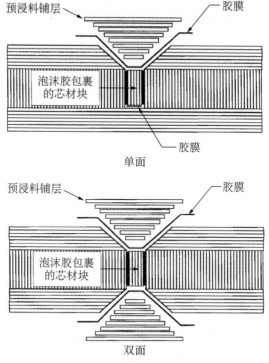

图 13.32 复合材料蜂窝夹层结构胶接修理

特征有关。螺接修理通常用于实体复合材料层压板修理。此类结构对承载能力有较高要求,如要考虑采用螺接修理,结构的原始设计方案应具备承受挤压载荷的必要能力。胶接修理则经常用于薄面板的蜂窝结构件。

参考文献

［1］ Nondestructive Testing ［M］. in ASM Handbook Volume 21 Composites, ASM International, 699 - 725,2001

［2］ Krautkramer J, Krautkramer H. Ultrasonic Testing of Materials ［M］. 4th edition, Springer, 1990.

［3］ Nondestructive Testing Handbook ［M］. 2nd edition, American Society of Nondestructive Testing, 1991.

［4］ Nondestructive Evaluation and Quality Control ［M］. ASM Handbook Volume 17, ASM International, 1989.

［5］ Maldague X P V. Nondestructive Evaluation of Materials by Infrared Thermography ［M］. Springer, 1993.

［6］ Armstrong K B, Barrett R T. Care and Repair of Advanced Composites ［M］. Society of

Automotive Engineers，1998.

[7] Price T L，Dalley G，McCullough EC，et al. Handbook：Manufacturing Advanced Composite Components for Airframes [R]. Report DOT/FAA/AR - 96/75，Office of Aviation Research，April 1997.

[8] Hagemaier D J. Adhesive-bonded Joints [M]. in ASM Handbook Volume 17 Nondestructive Evaluation and Quality Control，ASM International，1989：610 - 640.

[9] Bohlmann R，Renieri M，Renieri G. Miller Advanced Materials and Design for Integrated Topside Structures [C]. training course given to Thales in The Netherlands，April 15 - 19,2002.

[10] Chapter 8. Supportability [M]. in MIL - HDBK - 17 - 1F，Volume 3，Materials Usage，Design，and Analysis，Department of Defense，2001,12：1 - 60.

[11] Composite Repair [M]. Hexcel Composites，April 1999.

索　引

B

编织　12

表面处理　6

玻璃化转变温度　8

玻璃纤维　1

C

层压板　2

层压板评估　171

超声检测　173

D

低流动性树脂体系　136

短切纤维　1

F

反应热　72

芳纶纤维　1

纺织工艺　12

酚醛树脂　7

蜂窝加工　206

蜂窝芯材　123

缝合　10

复合材料　1

复合芯材　214

G

固化残余应力　152

固化过程监测　159

固化模型　159

H

化学成分的可变因素　142

化学特性　135

环氧基复合材料的固化　128

环氧胶黏剂　53

环氧树脂　6

J

机械加工　6

机织物　12

基体　1

夹层结构　26

胶接　22

胶接工序　187

胶接检测　357

胶接接头的设计　183

胶接修理　364

胶黏剂试验　183

紧固件安装　22

聚酰亚胺树脂　7

聚乙烯(UHMPE)纤维　33

聚酯树脂　13

均压板　78

K

孔隙的形成　259

L

拉挤　9

零吸胶树脂体系　144

流变特性　170

螺接修理　364

M

密封　58

模具制造　80

模具准备　97

模压　10

目视检测　62

N

黏附　100

P

P4A工艺　240

泡沫塑料芯材　178

平面铺叠　101

铺叠　96

铺叠的可变因素　146

铺叠工艺　213

铺叠间环境　97

Q

轻质木　212

氰酸酯树脂　58

R

RTM模具　250

热成像检测　362

热成形　60

热分析　71

热固性树脂　8

热塑性复合材料　8

热塑性复合材料的连接　289

热塑性基体　8

热性能　52

S

石墨纤维　6

手工铺叠　96

树脂的注入　214

树脂静水压力　133

树脂膜浸注　228

树脂转移成形　252

双马来酰亚胺树脂　7

缩合反应固化的材料体系　150

T

碳纤维　1

填充修理　364

涂漆　346

W

无损检测　68

X

X射线检测　359

纤维　1

纤维缠绕　9

纤维的术语　29

纤维铺放　43

纤维随机取向的毡料　241

修理　25

修整操作　327

Y

应用　5

预成形体的铺叠　242

预成形体的缺点　242

预成形体的优点　13

预浸料的可变因素　144

预浸料的物理性能　145

预浸料控制　96

预浸料制造　41

预压实处理　135

原材料产品形式　123

Z

增韧方法　62

增压块　150

针织物　232

真空成形　101

真空袋封装　116

真空辅助　18

整体共固化结构　178

整体结构　178

制造方法　96

质量控制　68

注射成形　26

注射修理　364

自动铺带　14

钻孔　92

大飞机出版工程
书　目

一期书目（已出版）

《超声速飞机空气动力学和飞行力学》(俄译中)

《大型客机计算流体力学应用与发展》

《民用飞机总体设计》

《飞机飞行手册》(英译中)

《运输类飞机的空气动力设计》(英译中)

《雅克-42M和雅克-242飞机草图设计》(俄译中)

《飞机气动弹性力学和载荷导论》(英译中)

《飞机推进》(英译中)

《飞机燃油系统》(英译中)

《全球航空业》(英译中)

《航空发展的历程与真相》(英译中)

二期书目（已出版）

《大型客机设计制造与使用经济性研究》

《飞机电气和电子系统——原理、维护和使用》(英译中)

《民用飞机航空电子系统》

《非线性有限元及其在飞机结构设计中的应用》

《民用飞机复合材料结构设计与验证》

《飞机复合材料结构设计与分析》(英译中)

《飞机复合材料结构强度分析》

《复合材料飞机结构强度设计与验证概论》

《复合材料连接》

《飞机结构设计与强度计算》

三期书目（已出版）

《适航理念与原则》

《适航性：航空器合格审定导论》(译著)

《民用飞机系统安全性设计与评估技术概论》

《民用航空器噪声合格审定概论》

《机载软件研制流程最佳实践》

《民用飞机金属结构耐久性与损伤容限设计》

《机载软件适航标准 *DO*-178*B/C* 研究》

《运输类飞机合格审定飞行试验指南》(编译)

《民用飞机复合材料结构适航验证概论》

《民用运输类飞机驾驶舱人为因素设计原则》

四期书目(已出版)

《航空燃气涡轮发动机工作原理及性能》

《航空发动机结构强度设计问题》

《航空燃气轮机涡轮气体动力学:流动机理及气动设计》

《先进燃气轮机燃烧室设计研发》

《航空燃气涡轮发动机控制》

《航空涡轮风扇发动机试验技术与方法》

《航空压气机气动热力学理论与应用》

《燃气涡轮发动机性能》(译著)

《航空发动机进排气系统气动热力学》

《燃气涡轮推进系统》(译著)

五期书目(已出版)

《民机飞行控制系统设计的理论与方法》

《现代飞机飞行控制系统工程》

《民机导航系统》

《民机液压系统》

《民机供电系统》

《民机传感器系统》

《飞行仿真技术》

《民机飞控系统适航性设计与验证》

《大型运输机飞行控制系统试验技术》

《飞控系统设计和实现中的问题》(译著)

六期书目(已出版)

《航空发动机高温合金大型铸件精密成型技术》

《民用飞机构件先进成形技术》

《民用飞机构件数控加工技术》

《民用飞机热表特种工艺技术》

《民用飞机自动化装配系统与装备》

《飞机材料与结构检测技术》

《民用飞机复合材料结构制造技术》

《复合材料连接技术》

《先进复合材料的制造工艺》(译著)

《聚合物基复合材料:结构材料表征指南(国际同步版)》(译著)

《聚合物基复合材料:材料性能(国际同步版)》(译著)

《聚合物基复合材料:材料应用、设计和分析(国际同步版)》(译著)

《金属基复合材料(国际同步版)》(译著)

《复合材料夹层结构(国际同步版)》(译著)

《夹层结构手册》(译著)

《ASTM D 30 复合材料试验标准》(译著)

《飞机喷管的理论与实践》(译著)

《大飞机飞行控制律的原理与应用》(译著)

七期书目

《民机航空电子系统综合化原理与技术》

《民用飞机飞行管理系统》

《民用飞机驾驶舱显示与控制系统》

《民用飞机机载总线与网络》

《航空电子软件工程》

《航空电子硬件工程技术》

《民用飞机无线电通信导航监视系统》

《综合环境监视系统》

《民用飞机维护与健康管理系统》

《航空电子适航性设计技术与管理》

《民用飞机客舱与信息系统》